Rauberger
Umweltleistungsbewertung in der chemischen Industrie

GABLER EDITION WISSENSCHAFT

Rainer Rauberger

Umweltleistungsbewertung in der chemischen Industrie

Die ökologische Wirksamkeit der EG-Öko-Audit-Verordnung

Mit einem Geleitwort
von Prof. Dr. Bernd Wagner

Deutscher Universitäts-Verlag

Die Deutsche Bibliothek - CIP-Einheitsaufnahme

Rauberger, Rainer:
Umweltleistungsbewertung in der chemischen Industrie : die ökologische Wirksamkeit der EG-Öko-Audit-Verordnung / Rainer Rauberger. Mit einem Geleitw. von Bernd Wagner.
- 1. Aufl.. - Wiesbaden : Dt. Univ.-Verl., 2001
(Gabler Edition Wissenschaft)
Zugl.: Augsburg, Univ., Diss., 2000
ISBN-13:978-3-8244-7543-8 e-ISBN-13:978-3-322-81406-7
DOI: 10.1007/978-3-322-81406-7

Kontaktadresse:
Rainer Rauberger, c/o Institut f. Management und Umwelt
Gratzmüllerstr. 3, D-86150 Augsburg,
e-mail: rainer.rauberger@web.de

1. Auflage Dezember 2001

Lektorat: Brigitte Siegel / Jutta Hinrichsen

Der Deutsche Universitäts-Verlag ist ein Unternehmen der Fachverlagsgruppe BertelsmannSpringer.

www.duv.de

Gedruckt auf säurefreiem und chlorfrei gebleichtem Papier.

ISBN-13:978-3-8244-7543-8

GELEITWORT

Rainer Rauberger greift mit der vorliegenden Arbeit eines der zentralen Probleme der betrieblichen Umweltdiskussion auf, die Bewertung der ökologischen Verbesserungen in den Unternehmen. Im Vordergrund steht dabei, die Wirksamkeit der EG-Öko-Audit-Verordnung aus umweltpolitischer Sicht zu überprüfen bzw. zu bewerten, am Beispiel einer ausgewählten Branche, der chemischen Industrie. Die (positive) Beantwortung dieser Frage gilt als wesentliche Voraussetzung, um das derzeit von Politik und Wirtschaft verstärkt diskutierte Ersetzen von starren Umweltvorgaben durch mehr unternehmerische Selbstkontrollen weiter zu verfolgen.

Dabei geht es um eine Reihe praktischer und methodischer Grundsatzprobleme, auf die es bislang keine befriedigenden Antworten gefunden wurden: Was überhaupt ist unter "ökologischer Wirksamkeit" und „kontinuierlicher Verbesserung" zu verstehen? Anhand welcher – in den Betrieben erhebbarer und wissenschaftlich anerkannter – Parameter kann die Umweltleistung gemessen werden? Und wie werden geeignete Vergleichsmaßstäbe definiert, um betriebliche und branchenübergreifende Verbesserungen bewerten zu können? Die Beurteilung notwendiger Fortschritte wirft somit zugleich methodische Fragen der Bewertung der Umweltleistung wie auch nach Standards der Umweltberichterstattung von Unternehmen auf.

Diese Fragestellungen wurden in den letzten Jahren international auf verschiedenen Ebenen unter dem Stichwort der Environmental Performance Evaluation diskutiert:

- Auf politischer Ebene zur Beurteilung des Erfolgs oder Misserfolgs umweltpolitischer Maßnahmen
- Auf Branchenebene zur verbandspolitischen Bewertung von Verbesserungen und Industrieprogrammen (bspw. Responsible Care in der chemischen Industrie), auch zum so genannten Benchmarking
- Auf Unternehmensebene, um ökologische Unternehmenswirkungen sowie die Effizienz von einzelnen Maßnahmen beurteilbar zu machen.

Herr Rauberger hat auf allen drei Ebenen in seiner Berufspraxis konkret gearbeitet – in Unternehmensprojekten, in der wissenschaftlichen Forschung sowie in der internationalen Normung – und bringt diese Erfahrungen in die vorliegende Arbeit ein. Insofern ist es nicht wunderlich, dass die vorliegende Arbeit den aktuellen internationalen Diskussionsstand umfassend aufgreift und verarbeitet. Sie zeigt Zusammenhänge zwischen Umweltmanagement und Umweltleistung auf und entwickelt ein Modell, wie anhand eines begrenzten Satzes an Kernkennzahlen einzelbetriebliche

Fortschritte gemessen sowie anhand branchenbezogener Vergleichswerte beurteilt werden können.

Die Arbeit macht insbesondere eines deutlich: so lange Umweltwirkungen und Umweltleistungen nicht mess- und vergleichbar sind, bzw. gemacht werden, so lange werden sie auch von den unternehmerischen oder politischen Entscheidern weder wahrgenommen noch Berücksichtigung finden. Und selbst bei Wahrnehmungsbereitschaft kann keine adäquate Steuerung erfolgen, so lange keine akzeptierten Kriterien vorliegen, an denen eine Steuerung sich orientieren könnte. Herr Rauberger geht ohne Umschweife und mit wissenschaftlicher Präzision dieses Problem an, zeigt pragmatisch anstehende Handlungsoptionen auf und definiert abschließend weiteren Forschungsbedarf. Es ist zu wünschen, dass diese Ergebnisse in die aktuelle Diskussion in einzelnen Unternehmen, auf Verbandsebene sowie in den politischen Institutionen des Bundes und der EU angemessenen Eingang finden.

apl. Prof. Dr. Bernd Wagner
Zentrum für Weiterbildung und Wissenstransfer der Universität Augsburg

VORWORT

Die vorliegende Arbeit reflektiert die Ergebnisse einer Vielzahl von Forschungs- und Kooperationsprojekten zum betrieblichen Umweltmanagement, die im Laufe meiner beruflichen Tätigkeit am Institut für Management und Umwelt in den Jahren 1993 bis 1999 durchgeführt wurden, baut darauf auf und vertieft sie. Mein Dank geht daher sogleich an alle Kollegen und Kooperationspartner, mit denen zusammen wesentliche Grundlagen für diese Forschungsarbeit geschaffen wurden.

Ein erster wichtiger Grundstein stellt dabei das 1994/95 mit Unterstützung der ständigen Kommission für wissenschaftlichen Nachwuchs an der Universität Augsburg durchgeführte ENVIROREPORT-Projekt „Stand und Entwicklung der betrieblichen Umweltberichterstattung in Deutschland“ dar. Es legte die Basis für die vertiefte Auseinandersetzung mit den Anforderungen der zielgruppengerechten Kommunikation mit Anspruchsgruppen und weckte das Interesse daran, komplexe Informationen zur betrieblichen Umweltleistung komprimiert und verständlich zusammenzufassen.

Im Spannungsfeld von Umweltberichterstattung und Benchmarking war die Initiierung und Leitung des internationalen Expertenkreises „Umweltberichte und Kennzahlen von Banken“ im Verein für Umweltmanagement in Banken, Sparkassen und Versicherungen (VfU) e.V. von wesentlichem Erkenntnisgewinn begleitet (1995/96). Am Beispiel des Finanzdienstleistungssektors wurden dabei branchenbezogene Grundlagen für eine fundierte Umweltkommunikation mit Umweltberichten erarbeitet sowie ein allgemeines Set an Kern-Kennzahlen für die Umweltberichterstattung abgestimmt. Zur Umsetzung in die Praxis wurden die Ergebnisse in einem Leitfaden für Finanzdienstleister veröffentlicht (siehe VfU, 1996). Die Anwendung dieses Reportingstandards führte zum ersten branchenbezogenen Benchmarking mit Umweltkennzahlen in Deutschland.

Von Bedeutung für die Themen Umweltkennzahlen, Umweltleistungsbewertung und Benchmarking, auch im Hinblick auf die in der vorliegenden Arbeit fokussierten chemischen Industrie, war ferner das 1995 bis 1997 im Auftrag von Bundesumweltministerium und Umweltbundesamt bearbeitete Forschungsvorhaben „Entwicklung von Umweltkennzahlen für das betriebliche Umweltcontrolling“. Das Vorhaben bestand aus einer internationalen Sachstandsanalyse, der Konzeption und Praxiserprobung eines allgemeinen Umweltkennzahlensystems mit Darlegung der

Ergebnisse in einem Praxisleitfaden sowie einer Dokumentation zum Stand der internationalen Normung von Umweltkennzahlen[1].

Eng damit in Verbindung steht die Kooperation mit der Projektgruppe „Environmental Performance Evaluation" im Verband der chemischen Industrie (VCI) e.V., in der die Ergebnisse des Forschungsvorhabens begleitend diskutiert und weiterentwickelt wurden. Darin beinhaltet war auch die Erstellung und Veröffentlichung des ersten Responsible Care Jahresberichts durch den Verband der chemischen Industrie e.V. (siehe VCI, 1996).

Von Relevanz für das Verständnis unterschiedlicher Standpunkte interessierter Gruppen sowie die Bedeutung der Konsensfindung und des Interessensausgleichs im Umweltschutz – auf nationaler wie auf internationaler Ebene – war die Mitarbeit im Normungsausschuss Grundlagen des Umweltschutzes (NAGUS), Arbeitsausschuss 5 „Umweltleistungsbewertung" am Deutschen Institut für Normung (DIN) e.V. sowie in dessen Auftrag als deutscher Delegierter im Technical Committee 207 „Environmental Management", Subcommittee 4 „Environmental Performance Evaluation" der International Organization for Standardization (ISO).

Nicht zuletzt die praktische Auseinandersetzung in den im Rahmen meiner beruflichen Tätigkeit seit 1993 durchgeführten betrieblichen Kooperationsprojekte zur betrieblichen Umweltbilanzierung, zur Messung der Umweltleistung mit Kennzahlen, zur Umweltberichterstattung sowie zur Umsetzung der EG-Öko-Audit-Verordnung, u.a. bei der Augsburger Kammgarnspinnerei AG (Textilindustrie), der Haindl GmbH (Papierindustrie), der Henkel KGaA (Chemieindustrie), der Hilti GmbH für Befestigungstechnik (Bauchemie- und Baustoffindustrie), der Kunert AG (Textilindustrie) und der SKW Trostberg AG (Chemieindustrie), haben wesentlich mein Interesse an dem von mir gewählten Forschungsthema bestärkt und zu wertvollen Grundlagen beigetragen, die als Erkenntnishintergrund in die vorliegende Arbeit einfließen konnten. Allen beteiligten Firmen sei hiermit ausdrücklich gedankt, vor allem für die gewöhnlich vorbehaltlose Bereitschaft, ihre Erfahrungen zugänglich zu machen und der wissenschaftlichen Auswertung zur Verfügung zu stellen.

---

[1] Die Ergebnisse des Forschungsvorhabens wurden in drei Teilen veröffentlicht: Die Sachstandsanalyse sowie die Dokumentation des Stands der internationalen Normung wurden in zwei vom Umweltbundesamt herausgegebenen Berichten zusammengefasst (siehe Rauberger, R. / Wagner, B. 1997a, b). Der Leitfaden wurde vom Bundesumweltministerium zusammen mit dem Umweltbundesamt veröffentlicht (siehe BMU / UBA 1997).

Mein Dank gilt ferner einer Reihe von Personen und Institutionen, die mich im Laufe meiner wissenschaftlichen Auseinandersetzung mit dem Thema der umweltorientierten Unternehmensführung im Allgemeinen – sowie der ökologischen Erfolgsmessung und Kommunikation im Besonderen – begleitet haben. Allen voran will ich apl. Prof. Dr. Bernd Wagner danken, nicht nur für die Betreuung meiner Dissertation, sondern auch für die reichhaltigen Erfahrungen, die ich mit ihm im Laufe der Jahre durch viele gemeinsame Forschungs- und Kooperationsprojekte sammeln konnte.

Weiterhin gilt mein Dank allen Kooperationspartnern, die obige Projektarbeiten ermöglicht haben und mit denen ich diesbezüglich zusammengearbeitet habe, insbesondere Herrn Reinhard Peglau und Dr. Werner Schulz vom Umweltbundesamt, Dr. Frauke Druckrey vom Verband der chemischen Industrie e.V. sowie stellvertretend Dr. Gabriele Wagner-Youngman (SKW Trostberg AG) und Dr. Rüdiger Wagner (Henkel KGaA) für die Mitglieder der VCI-Projektgruppe EPE, allen Teilnehmern im VfU-Expertenkreis „Umweltberichte und Kennzahlen von Banken“, der ständigen Kommission zur Förderung der Forschung und des wissenschaftlichen Nachwuchses der Universität Augsburg sowie einer Reihe von Kollegen an kooperierenden Umweltinstituten (u.a. Akzente Kommunikationsberatung, München; Institut für Ökologische Wirtschaftsforschung Berlin, Hannover und Wien; Imperial College Centre for Environmental Technology, London).

Für die logistische Unterstützung in der Zeit des Zusammenschreibens danke ich ganz besonders Elizabeth Olival von der Umwelt- und Energieagentur von Madeira (AREAM) und Martin Freitas von der Wissenschafts- und Kultusbehörde in Funchal, sowie Gisa Schuh für ihren unbeirrbaren Einsatz beim Korrekturlesen nach der neuen Rechtschreibreform.

Schließlich danke ich ganz herzlich meinen Eltern und meinen Freunden, die mich im Laufe meiner Arbeit am Institut für Management und Umwelt und in der wissenschaftlichen Auseinandersetzung mit dem gewählten Forschungsthema begleitet, unterstützt und ermuntert haben.

Rainer Rauberger

INHALTSVERZEICHNIS

ABBILDUNGSVERZEICHNIS

TABELLENVERZEICHNIS

ABKÜRZUNGSVERZEICHNIS

abs.	absolut
Anh.	Anhang
Art.	Artikel
BMU	Bundesministerium für Umwelt, Naturschutz und Reaktorsicherheit
BStMLU	Bayerisches Staatsministerium für Landesentwicklung und Umweltfragen
BUND	Bund für Umwelt und Naturschutz Deutschland
CEFIC	Conseil Européen des Fédérations d'Industrie Chimique (Europäischer Chemieverband)
CEN	Comittée Européen de Normalisation (Europäisches Normungsinstitut)
CIA	Chemical Industries Association (Englischer Chemieverband)
CICA	The Canadian Institute of Chartered Accountants (Kanadischer Wirtschaftsprüferverband)
CIFF	Chemical Industry Federation of Finland (Finnischer Chemieverband)
DIN	Deutsches Institut für Normung e.V.
E.	Eintrag
ebd.	ebenda
ECU	European Currency Unit (Europäische Währungseinheit)
EEA	European Environment Agency (Europäische Umweltagentur)
EG	Europäische Gemeinschaften
EG-Kommission	Kommission der Europäischen Gemeinschaften
EG-Öko-Audit-Verordnung	Verordnung (EWG) Nr. 1836/93 des Rates vom 29. Juni 1993 über die freiwillige Beteiligung gewerblicher Unternehmen an einem Gemeinschaftssystem für das Umweltmanagement und die Umweltbetriebsprüfung

EGT	European Green Table
EMAS	Eco-Management and Audit Scheme (= EG-Öko-Audit)
ENDS	Environmental Network Data Services
EPA	Environmental Protection Ageny (US Umweltschutzagentur)
EPE	Environmental Performance Evaluation (Umweltleistungsbewertung)
EPER	European Pollutant Emission Register (Europäisches Schadstoffemissions Register)
EU	Europäische Union
EUROSTAT	Europäisches Amt für Statistik
f. / ff.	folgend / fortfolgend
FEDERCHIMICA	Federazione Nazionale dell'Industria Chimica (Italienischer Chemieverband)
FEIQUE	Federación empresarial de la industria química española (Spanischer Chemieverband)
FEU	Forschungsgruppe Evaluierung Umweltmanagementsysteme
GEMI	Global Environmental Management Initiative
GJ	Gigajoule
GRI	Global Reporting Initiative
GWh	Gigawattstunde
Hg.	Herausgeber
HSE	Health, Safety, Environment (Gesundheit, Sicherheit, Umwelt)
HUI	Hamburger Umwelt Institut
i.d.R.	in der Regel
i.e.S.	im engeren Sinn
ICC	International Chambers of Commerce (Internationale Handelskammer)
ICCA	International Council of Chemicals Associations (Internationaler Chemieverband)

IMU	Institut für Management und Umwelt
IMUG	Institut für Markt, Umwelt, Gesellschaft
IÖW	Institut für ökologische Wirtschaftsforschung
ISO	International Organization for Standardization (Internationale Normungsorganisation)
Kap.	Kapitel
KMU	Kleine und mittlere Unternehmen
LCA	Life Cycle Assessment (Produktökobilanzen)
LfU	Landesanstalt für Umweltschutz Baden-Württemberg
m^3	Kubikmeter
MA	Mitarbeiterinnen und Mitarbeiter (Anzahl)
Max	Maximum
Min	Minimum
MJ	Megajoule
MWh	Megawattstunde
n	Grundgesamtheit
n.r. (n.a.)	nicht relevant (not applicable)
NAGUS	Normenausschuss Grundlagen des Umweltschutzes im Deutschen Institut für Normierung (DIN) e.V.
o. J.	ohne Jahr
o. S.	ohne Seite
o. V.	ohne Verfasser
OECD	Organization for Economic Co-operation and Development (Organisation für wirtschaftliche Zusammenarbeit und Entwicklung)
OUE	Original-Umwelterklärung
PERI	Public Environmental Reporting Initiative
PRTR	Pollutant Release and Transfer Register
RC	Responsible Care (Verantwortliches Handeln)

rel.	relativ
S.	Seite
SAM	Sustainable Asset Management
SBVg	Schweizerische Bankiervereinigung
SHE	Safety, Health, Environment (Sicherheit, Gesundheit, Umwelt)
SKE	Steinkohleeinheiten
t	Tonne
TJ	Terajoule
toe	Tonnen Öl-Äquivalente (tons of oil equivalents)
TRI	Toxics Release Inventory
UBA	Umweltbundesamt
UGA	Umweltgutachterausschuss
UIF	Union des Industries Chimiques (Französischer Chemieverband)
UMS	Umweltmanagementsystem
UNEP	United Nations Environment Programme (Umweltprogramm der Vereinten Nationen)
UNI/ASU	Unternehmerinstitut e.V. / Arbeitsgemeinschaft selbständiger Unternehmer
UWS	Umweltschutz
VBU	Verband der Betriebsbeauftragten für Umweltschutz e.V.
VCI	Verband der Chemischen Industrie e.V.
VfU	Verein für Umweltmanagement in Banken, Sparkassen und Versicherungen
vgl.	vergleiche
VNCI	Vereniging van de Nederlandse Chemische Industrie (Niederländischer Chemieverband)
WBCSD	World Business Council for Sustainable Development
WICE	World Industry Council for the Environment
Ø	Durchschnitt

VERZEICHNIS DER CHEMISCHEN KÜRZEL

AOX	Adsorbierbare halogenhaltige Verbindungen
As	Arsen
BSB	Biochemischer Sauerstoffbedarf
CH_4	Methan
CKW	Chlorkohlenwasserstoffe
CO_2	Kohlendixoid
Cr	Chrom
CSB	Chemischer Sauerstoffbedarf
Cu	Kupfer
FCKW	Fluorchlorkohlenwasserstoffe
Hg	Quecksilber
N	Stickstoff
N_2O	Distickstoffoxid (Lachgas)
Ni	Nickel
NOx	Stickoxide
P	Phosphor
Pb	Blei
SO_2	Schwefeldioxid
VOC	Leichtflüchtige Kohlenwasserstoffe (Volatile organic compounds)
Zn	Zink

VERZEICHNIS DER LÄNDER- UND WÄHRUNGSKÜRZEL

A	Österreich (ATS)
B	Belgien (BEF)
CH	Schweiz (CHF)
D	Deutschland (DEM)
DK	Dänemark (DKK)
E	Spanien (ESP)
EU	Europäische Union (ECU/EURO[i])
F	Frankreich (FRF)
GB	Großbritannien (GBP)
GR	Griechenland (GDR)
I	Italien (ITL)
IRL	Irland (IEP)
JPN	Japan (JPY)
L	Luxemburg (LUF)
NO	Norwegen (NOK)
NL	Niederlande (NGL)
P	Portugal (PTE)
S	Schweden (SEK)
SF	Finnland (FIM)
USA	Vereinigte Staaten von Amerika (USD)

[i] ECU = European Currency Unit; ab 1.1.1999 EURO

EINLEITUNG

Die Chemiebranche ist einer der Wirtschaftsbereiche, die seit Jahren im Zentrum der öffentlichen Umweltdiskussion stehen. Andererseits haben die Unternehmen der chemischen Industrie wie kaum in einem anderen Produktionssektor Anstrengungen unternommen, die von ihrer Geschäftstätigkeit ausgehenden Umweltauswirkungen zu reduzieren. Seitens der Branche insgesamt, d. h. der Chemieverbände sowie der einzelnen Unternehmen, hat seit Beginn der 90er Jahre ein intensiver Kommunikationsprozess eingesetzt, in dessen Zentrum der Dialog mit der Öffentlichkeit über die erreichten Leistungen und die Ziele im Umweltschutz steht.

Waren die frühen Bemühungen zur Reduzierung der Umweltauswirkungen nahezu ausschließlich von immer stärker werdenden Auflagen des Gesetzgebers und der zuständigen Verwaltungsbehörden geprägt, so hat sich der Trend in den neunziger Jahren mehr zu einer proaktiven, eigenverantwortlichen und wirtschaftlichen Wahrnehmung von Umweltverantwortung durch die Unternehmen verstärkt (vgl. Wagner, B. 1999, E. 359ff.). Ein wesentlicher Meilenstein in dieser Entwicklungsgeschichte ist die auf europäischer Ebene verabschiedete EG-Öko-Audit-Verordnung[2] (siehe EG-Öko-Audit-Verordnung, 1993). Sie ermöglicht es Unternehmen, freiwillig Umweltmanagementsysteme aufzubauen, die zum Ziel haben, die Umweltauswirkungen über die gesetzlich geforderten Auflagen hinaus kontinuierlich zu verbessern. Die Ergebnisse werden in einer Umwelterklärung veröffentlicht, die ähnlich den von Wirtschaftsprüfern geprüften Geschäftsberichten von Unternehmen durch unabhängige, extern akkreditierte Umweltgutachter für gültig erklärt wird. Erfolgreich überprüfte Unternehmen erhalten eine Teilnahmeerklärung und dürfen damit an die Öffentlichkeit treten.

Für die Unternehmen ergibt sich die Motivation zur Teilnahme zunächst aus ökonomischen Gründen. Die Erhöhung der Rechtssicherheit, die Mitarbeitermotivation, die Verbesserung der Betriebsorganisation, das Erkennen von Einsparpotentialen und der Imagegewinn stehen dabei im Vordergrund (vgl. UGA 1997, S. 2f., vgl. UBA 1999, S. 29). Seitens der Politik wird mit dem Öko-Audit ein Ansatz gesehen, verstärkt starre umweltpolitische Vorgaben durch die freiwillige Kontrolle der Unternehmen selbst zu ersetzen. Sowohl die Umweltpolitik als auch die interessierte

[2] „Verordnung (EWG) Nr. 1836/93 des Rates vom 23. Juni 1993 über die freiwillige Beteiligung gewerblicher Unternehmen an einem Gemeinschaftssystem für das Umweltmanagement und die Umweltbetriebsprüfung". In dieser Arbeit wird der Kurzbegriff „EG-Öko-Audit-Verordnung" oder das im internationalen Kontext übliche englische Akronym „EMAS", **E**co-**M**anagement and **A**udit **S**cheme, synonym verwendet.

Öffentlichkeit haben deswegen ein hohes Interesse, ob die Umsetzung der EG-Öko-Audit-Verordnung tatsächlich zu einer signifikanten Verbesserung der Umweltleistung beiträgt. Die Grundlage hierfür sind die regelmäßig fortgeschriebenen, extern validierten und öffentlich zugänglichen Umwelterklärungen.

Vor diesem Hintergrund setzt sich die vorliegende Dissertationsarbeit mit dem Umweltmanagement und der Umweltleistungsbewertung in der chemischen Industrie auseinander. Im Zentrum der Arbeit stehen dabei die Auseinandersetzung mit der „ökologischen Effektivität" von Umweltmanagementsystemen nach EG-Öko-Audit-Verordnung sowie die Beurteilung daraus ableitbarer Verringerungen der Umweltauswirkungen („kontinuierliche Verbesserung").

a) Untersuchungsziele

Gegenstand der Arbeit ist es, am Beispiel der chemischen Industrie die Grundlagen für die Führung des Nachweises der „ökologischen Effektivität" und der „kontinuierlichen Verbesserung" zusammenzufassen und kritisch zu analysieren. Zwei aufeinander aufbauende Untersuchungsziele stehen dabei im Vordergrund.

Hauptuntersuchungsziel ist die Untersuchung der einzelbetrieblichen und der branchenbezogenen Wirksamkeit der Öko-Audit-Verordnung aus umweltpolitischer Sicht am Beispiel der Chemiebranche. Dazu wird zunächst ein Konzept entwickelt, wie auf Basis von Umwelterklärungen die Umweltleistung eines Unternehmens bzw. der Gesamtheit der Branche mess- und nachvollziehbar gemacht werden kann. In einem zweiten Schritt wird dann die empirische Anwendbarkeit und Praxisrelevanz des entwickelten Modells getestet. Auf Basis der Ergebnisse kann dann anhand ausgewählter Kenngrößen eine Abschätzung der mit dem Öko-Audit erreichten Verbesserungspotentiale, sowie deren Grenzen, erfolgen.

Dabei ist die Untersuchung und Beantwortung folgender Forschungsfragen von vorrangigem Interesse:

1. Welche Instrumente können zur Bewertung der kontinuierlichen Verbesserung der Umweltleistung nach dem EG-Öko-Audit herangezogen werden?

2. Welche Kriterien sind geeignet, um in der chemischen Industrie anhand von Umwelterklärungen die Umweltleistung beurteilen zu können?

3. Welche Umweltziele werden derzeit auf Standortebene zur Verbesserung des Umweltschutzniveaus formuliert? Mit welchen Kennzahlen werden in Umwelterklärungen die Leistungsfortschritte im Umweltschutz dargelegt?

4. Wo und in welchem Ausmaß sind bei nach EG-Öko-Audit-Verordnung registrierten Standorten in der chemischen Industrie tatsächliche Verbesserungen der Umweltleistung eingetreten?

5. Wie ist die Verbesserung der Umweltleistung bei nach EG-Öko-Audit-Verordnung registrierten Standorten in der chemischen Industrie insgesamt zu beurteilen, z.B. im Vergleich zum Branchendurchschnitt oder zu öffentlichen Umwelt- oder Nachhaltigkeitszielen?

b) Abgrenzung des Untersuchungsraums

Der konzeptionelle Rahmen liegt im Spannungsfeld zwischen Umweltmanagement, Umweltberichterstattung und Umweltleistungsbewertung. Das Umweltmanagement ist die betriebliche Grundlage, die Umweltberichterstattung stellt die für die Öffentlichkeit zugänglichen Informationen dar und die Umweltleistungsbewertung liefert das Instrument zur Erfolgsbeurteilung.

Von zentraler Stellung innerhalb der empirischen Arbeit sind daher Umweltberichte und -erklärungen von Standorten und Branchenverbänden. Mit den Umwelterklärungen nach EG-Öko-Audit-Verordnung liegen unmittelbar auswertbare Unternehmensveröffentlichungen vor, die aus empirischer Sicht eine nach einheitlichen Anforderungen erstellte und zugleich von externer Seite begutachtete Grundlage für die Untersuchung liefern. Sie stellen das Bindeglied zwischen den zu beurteilenden Umweltfortschritten des Umweltmanagements und dem dazu eingesetzten Werkzeug der Umweltleistungsbewertung. Auch von Branchenverbänden liegen freiwillige Umweltberichte vor. Somit eröffnet sich die Möglichkeit von Quervergleichen mit validierten Standorten nach EG-Öko-Audit-Verordnung.

Sektoral ist die Untersuchung auf die chemische Industrie begrenzt. Für eine fundierte Analyse ist diese Eingrenzung von großer Bedeutung. Der Grund hierfür liegt in branchenübergreifend stark variierenden wirtschaftlichen, technischen und ökologischen Rahmenbedingungen mit den daraus resultierenden unterschiedlichen Schwerpunkten und Besonderheiten bei der Messung, Bewertung und Kommunikation der betrieblichen Umweltleistung. Auf abstrakter Ebene sollen die Ergebnisse jedoch auch auf andere Branchen übertragbar sein.

Mit 1,69 Millionen Beschäftigten und einem Gesamtumsatz von 383 Mrd. ECU stellt die chemische Industrie einen der wichtigsten Wirtschaftsfaktoren in der Europäischen Union dar (vgl. CEFIC 1998a, S. 9 und S. 65). Bezogen auf das gesamte verarbeitende Gewerbe repräsentieren die Unternehmen der chemischen Industrie damit 7 % der Beschäftigten und 11 % des Produktionsumsatzes in der EU (vgl. CEFIC 1998a, S. 18). Auch die ökologische Bedeutung der Chemiebranche ist im europäischen Vergleich signifikant: Beispielsweise steht die chemische Industrie für ca. 20 % des Gesamtenergieverbrauchs der verarbeitenden Industrie (vgl. European Environment Agency 1995, S. 423). Auch der mit 11 % hohe Branchenanteil von Chemieunternehmen am EG-Gemeinschaftssystem zum Öko-Audit spiegelt die Relevanz für die Untersuchung wider (vgl. UBA 1999, S. 20).

Für den empirischen Teil der Untersuchung werden alle bis Anfang 1999 von Unternehmen der chemischen Industrie vorgelegten Umwelterklärungen nach EG-Öko-Audit-Verordnung erhoben und ausgewertet. Für die Einordnung der Umweltleistung in den Gesamtkontext wird auf vorhandene Daten und Umweltziele von Branchenverbänden sowie von Regierungs- und Nichtregierungsorganisationen (z. B. Umweltinitiativen, Forschungsinstitute) zurückgegriffen.

Der räumliche Rahmen der empirischen Untersuchung ist auf die Mitgliedsstaaten der Europäischen Union begrenzt. Sie ist dort aufgrund ihres rechtlichen Status unmittelbarer Teil der nationalen Umweltgesetzgebung. Erfahrungen aus anderen Ländern sollen nur insoweit in die Untersuchung einbezogen werden, wie sie sinnvolle Rückschlüsse bzw. Perspektiven für die europäische Situation zulassen. Innerhalb des gesamteuropäischen Rahmens wird der Länderschwerpunkt auf Deutschland gelegt. Dies ist insbesondere dann der Fall, wenn mangels gesamteuropäischer Angaben die Analyse exemplarisch auf die Situation in einem Land konzentriert werden muss.

c) Aufbau der Arbeit

Abbildung 1 stellt die Grundstruktur der Arbeit im Überblick dar. Sie folgt den vier aufeinander aufbauenden Arbeitsschritten Grundlagen, Instrumente, Ergebnisse und Empfehlungen. Die Inhalte und Zusammenhänge der einzelnen Kapitel werden nachfolgend kurz beschrieben.

Aufbau der Arbeit im Überblick

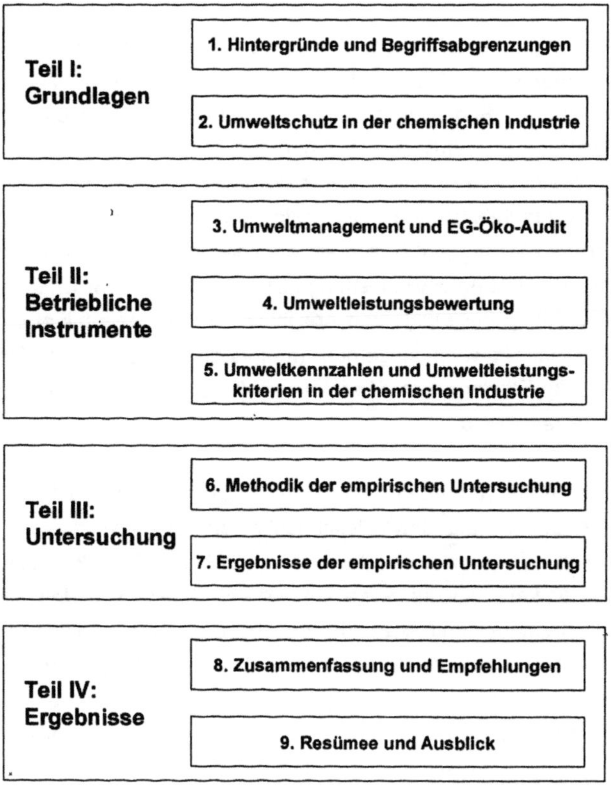

Abb. 1: Grundstruktur der Arbeit (eigene Darstellung)

Kapitel 1 ordnet die Thematik in die aktuelle Diskussion ein und grenzt wichtige Begrifflichkeiten ab.

Kapitel 2 führt in die Hintergründe und Grundlagen des Umweltschutzes in der chemischen Industrie ein. Dazu wird zunächst eine Abgrenzung und Beschreibung der chemischen Industrie vorgenommen, um darauf aufbauend ihre wirtschaftliche Bedeutung und relevante strukturelle Rahmenbedingungen der Branchen zu diskutieren. Es folgt eine Einordnung der Grundlagen des Umweltschutzes in der chemischen Industrie. Ausgehend von einer grundlegenden Klassifizierung der branchenspezifischen Umweltauswirkungen werden anhand ausgewählter Umweltindikatoren die branchenbezogenen Leistungsfortschritte im Umweltschutz diskutiert. Darauf folgt eine Beschreibung der Wahrnehmung und Aktionen der verschiedenen gesellschaftlichen Akteure. Abschließend wird auf das von der Chemieindustrie entwickelte Responsible Care Programm eingegangen.

Kapitel 3 beschreibt Hintergründe, Anforderungen und aktuelle Tendenzen des Umweltmanagements nach EG-Öko-Audit-Verordnung. Dazu wird zunächst auf relevante Grundlagen und Schnittstellen aus dem betrieblichen Umweltcontrolling sowie der internationalen Umweltmanagementnormung eingegangen. Darauf aufbauend folgt eine Beschreibung der Ziele und Anforderungen der EG-Öko-Audit-Verordnung. Den Kernteil des Kapitels bildet die Diskussion von Ansätzen zur Ermittlung der kontinuierlichen Verbesserung. Mit Bezug auf die chemische Industrie werden weiterhin die Gründe der Beteiligung sowie bisherige Erfahrungen mit der Umsetzung der EG-Öko-Audit-Verordnung diskutiert. Den Abschluss des Kapitels bildet die Diskussion aktueller Trends im Umweltmanagement (Integriertes Management, Umweltkostenmanagement, Öko-Effizienz und Shareholder Value) und deren Bedeutung für die Umweltleistungsbewertung.

Kapitel 4 stellt das Instrument der Umweltleistungsbewertung nach ISO 14031 vor. Es wird untersucht, wie die Umweltleistungsbewertung als Werkzeug zur externen Bewertung der kontinuierlichen Verbesserung nach der EG-Öko-Audit-Verordnung eingesetzt werden kann, insbesondere anhand der Analyse von Umwelterklärungen. Mögliche Teilinstrumente und Ansatzpunkte für die externe Analyse von Umwelterklärungen im Hinblick auf die Bewertung der Umweltleistung werden herausgearbeitet und vertieft. Mit Blick auf die empirische Untersuchung werden verschiedene Ansätze zur Leistungsbewertung diskutiert und in Bezug auf ihre Grenzen und Möglichkeiten bei der praktischen Anwendung bewertet.

Kapitel 5 baut darauf auf, in dem es relevante Umweltkennzahlen und -leistungskriterien für die chemische Industrie untersucht. Ziel ist die Bestimmung eines branchenspezifisch anwendbaren Sets von Untersuchungsparametern für die Umweltleistungsbewertung in der Chemieindustrie. Dazu wird zunächst die Entwicklung und der aktuelle Stand der Umweltberichterstattung analysiert. Im Anschluss daran werden zwei Schwerpunkte vertieft: Zum einen werden verschiedene Rahmenmodelle untersucht, die relevante Anforderungen an Umweltberichte im Hinblick auf die Umweltleistungsbewertung festlegen. Der zweite Schwerpunkt liegt auf der Verbandsumweltberichterstattung, wobei insbesondere auf die ausgewählten Indikatoren zur Beschreibung der Umweltleistung eingegangen wird. Weiterhin werden relevante Schnittstellen zu Umweltratings und ökologischen Unternehmensbewertungen sowie zu öffentlichen und branchenbezogenen Umweltzielen diskutiert. Die dargelegten Ergebnisse führen zu einer Diskussion des

Standardisierungsbedarfs für betriebliche Umweltberichte und darin enthaltene Daten. Darauf aufbauend wird ein modulares Konzept zur Darlegung von Umweltleistungsinformationen vorgeschlagen, welches gleichzeitig Grundlage für die empirische Untersuchung ist.

Kapitel 6 legt das Fundament für die empirische Untersuchung. Dazu werden zunächst der methodologische Ansatz und die Rahmenbedingungen der Untersuchung abgesteckt. Zum einen wird die Vorgehensweise bei der Durchführung der Erhebung skizziert, zum anderen werden die Stärken und Schwächen der gewählten Methodik gegenübergestellt.

Die empirische Untersuchung mit der Erhebung der Umwelterklärungen in der chemischen Industrie und der Analyse der kontinuierlichen Verbesserung ist Gegenstand von *Kapitel 7.* Im Anschluss daran folgt die detaillierte Darstellung und Diskussion der Ergebnisse der Untersuchung.

In *Kapitel 8* werden die wichtigsten Ergebnisse zusammengefasst sowie Empfehlungen an die Akteure im Umweltmanagement ausgesprochen (Umweltpolitik, Unternehmen und Branchenverbände). Darüber hinaus werden die Schwerpunkte des weiteren Forschungsbedarfs aufgezeigt.

Kapitel 9 resümiert abschließend die Ergebnisse der Arbeit und ordnet sie in den aktuellen Entwicklungszusammenhang ein.

1 HINTERGRÜNDE UND BEGRIFFSABGRENZUNG

1.1 Einordnung des Forschungsthemas

Die Einordnung des Themas in die derzeitige wissenschaftliche, politische und gesellschaftliche Diskussion vollzieht sich im Spannungsfeld der in Abb. 2 dargestellten Hintergründe.

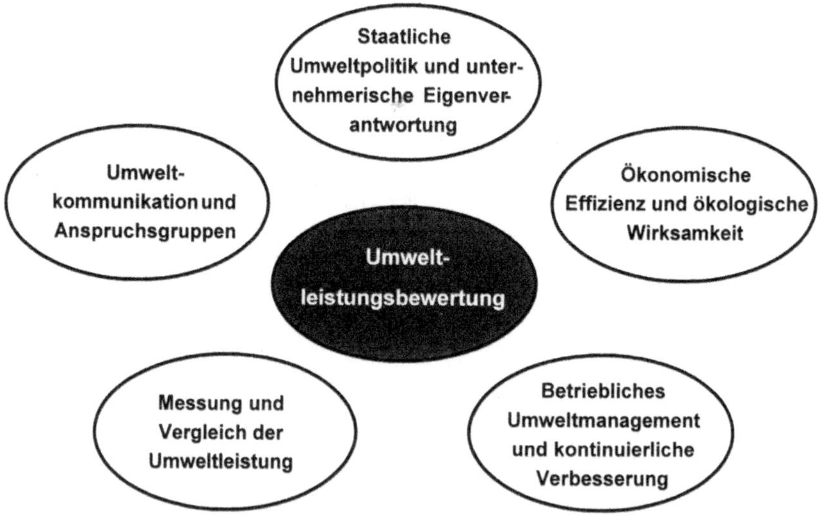

Abb. 2: Hintergründe der Arbeit und Einordnung des Themas in die aktuelle Diskussion

1.1.1 Staatliche Umweltpolitik und unternehmerische Eigenverantwortung

Eine der großen Herausforderungen für Wirtschaft, Politik und Gesellschaft ist die Erarbeitung von praktikablen Wegen für eine nachhaltige Entwicklung („Sustainable Development"). Die Umsetzung dieses 1992 von der internationalen Staatengemeinschaft auf dem Umweltgipfel in Rio de Janeiro verabschiedeten Leitbildes verlangt, dass ökonomische, ökologische und soziale Zielsetzungen auf globaler Ebene in Einklang gebracht werden (vgl. BMU 1992, S. 2f.).

Aus ökonomischer Sicht geht es dabei um die effiziente Allokation von knappen Gütern und Ressourcen. Die ökologische Bedeutung liegt darin, die Grenze der Belastbarkeit von Ökosystemen nicht zu überschreiten um dauerhaft die natürlichen Lebensgrundlagen zu wahren. Die soziale Komponente zielt darauf ab für die

Befriedigung der Bedürfnisse jetziger und nachkommender Generationen ein Höchstmaß an Chancengleichheit zu erreichen. Wirtschaft, Politik und Gesellschaft müssen sich dabei zur Klärung notwendiger Einzelziele und Maßnahmen zur Umsetzung dieses Leitbildes in einen anhaltenden Kooperations- und Konsensfindungsprozess einbringen (vgl. Merkel, A. 1996, S. 3).

Für den industriellen Umweltschutz bedeutet dies die Abkehr von einseitig „verordneten" gesetzlichen Vorschriften und Regelungen zugunsten einer gemeinsamen Analyse von Optimierungsspielräumen und Prioritätensetzung zwischen Politik, Wirtschaft und Gesellschaft. Seit Beginn der 90er Jahre ist die Diskussion um die zukünftige Entwicklung der staatlichen Umweltpolitik und der Umweltgesetzgebung geprägt von der Tendenz weg von regulativen „Command and Control"-Maßnahmen hin zu mehr eigenverantwortlicher Wahrnehmung von Umweltschutzaufgaben durch die Industrie (vgl. Kraemer, R. A. 1995, S. 20). Auch hat die zunehmende Globalisierung – vor dem Hintergrund der internationalen Wettbewerbsfähigkeit – dazu beigetragen, dass der Spielraum für (einzel-)staatliche Aktivitäten der regulativen Umweltpolitik deutlich abgenommen hat (vgl. Freimann, J. 1996, S. 106f.). National wie auch international haben diese Entwicklungen dazu geführt, dass die staatliche Umweltpolitik eine neue Ausrichtung erfahren hat: Ein deutlicher Trend hin zu marktwirtschaftlichen Instrumenten, zu Kooperationslösungen innerhalb der gesellschaftlichen Gruppen und zu verstärkter Eigeninitiative und -verantwortung der Industrie ist zu erkennen. Dies eröffnet Wirtschaftsverbänden und Unternehmen Gestaltungsmöglichkeiten, um individuelle Ziele im Umweltschutz auf möglichst effiziente Weise zu erreichen.

1.1.2 Betriebliches Umweltmanagement und kontinuierliche Verbesserung

Parallel zu diesem Prozess der „Entstaatlichung" der Umweltpolitik bzw. als Vorleistung dazu wurde seitens der Wirtschaft und der Politik eine Vielzahl von Instrumenten für eine aktive Wahrnehmung von unternehmerischer Umweltverantwortung entwickelt. Diese reichen von dem unter der Ägide der Internationalen Handelskammer (ICC) entwickelten Konzept der Umweltschutzaudits (siehe ICC 1989) über die von der International Organization for Standardization (ISO) seit 1992 erarbeitete Normenfamilie ISO 14000 Umweltmanagement (vgl. ISO 1997, S. 2) bis hin zur 1993 vom EG-Ministerrat verabschiedeten EG-Öko-Audit-Verordnung. Auch freiwillige Selbstverpflichtungen und Rahmenvereinbarungen zwischen Industrie und Staat nehmen in der Umweltpolitik der 90er Jahre eine immer bedeutendere Rolle ein (vgl. European Environment Agency, 1997, S. 9). Beispielsweise wurde in Bayern zwischen der Staatsregierung und der Wirtschaft mit dem „Umweltpakt Bayern" eine freiwillige Vereinbarung abgeschlossen, die zum Ziel hat, die Eigenverantwortung der Unternehmen zu stärken, die Kooperation von Wirtschaft und Staat zu fördern und im

Folgenden die Wirtschaft von staatlichen Reglementierungen zu entlasten (vgl. Bayerische Staatsregierung, 1995a). Teil der Zusagen der Bayerischen Wirtschaft ist die Umsetzung der EG-Öko-Audit-Verordnung an insgesamt 500 Standorten (vgl. Petschow, U. 1996, S. 4). Seitens der chemischen Industrie wurde zugesagt, dass alle wesentlichen Standorte von sieben großen Chemieunternehmen[3] in Bayern am EG-Öko-Audit-Verfahren teilnehmen werden (vgl. Bayerische Staatsregierung, 1995b, S. 18).

Nach anfänglicher Abwehr- bzw. Abwartehaltung verschiedener Wirtschaftsbereiche[4] haben freiwillige Instrumente des betrieblichen Umweltschutzes breite Anerkennung gefunden (vgl. Kraemer, R. A. 1995, S. 19 ff.; Peglau, R. 1995, S. 2ff.). Insbesondere das von der Europäischen Union entwickelte Gemeinschaftssystem zum Umweltmanagement und zur Umweltbetriebsprüfung („EG-Öko-Audit") und die weltweit anwendbare Norm ISO 14001 „Umweltmanagementsysteme" (siehe ISO 14001, 1996) stehen im Mittelpunkt des Anwendungsinteresses. So haben in der Europäischen Union bis Ende 1999 über 3.100 Unternehmensstandorte Umweltmanagementsysteme eingerichtet sowie ihre Umwelterklärungen nach EG-Öko-Audit-Verordnung und validieren lassen (vgl. ISO World, 2000, S. 1). Ca. 11 % davon können in ihrer Geschäftstätigkeit ganz oder teilweise der Herstellung von chemischen Produkten[5] zugeordnet werden. Parallel dazu sind weltweit mehr als 13.300 Unternehmen nach der seit 1996 anwendbaren Norm ISO 14001 Umweltmanagementsysteme zertifiziert (vgl. ISO World, 2000, S. 1).

Die Kernidee dieser freiwilligen Systemnormen ist die der kontinuierlichen Verbesserung des betrieblichen Umweltschutzes über das gesetzlich geregelte Niveau hinaus (vgl. Jasch, A. 1995, S. 35f.). Regulative Maßnahmen der staatlichen Umweltpolitik sollen dadurch auf Firmenebene ergänzt werden. Zusätzlich soll auf Basis qualifizierter, externer Begutachtungen durch unabhängige, anerkannte Umweltgutachter die Möglichkeit geschaffen werden, öffentliche Überwachungsaufgaben durch interne Eigenkontrollen gleichwertig zu substituieren. Auf EU-Ebene wird damit die mit Inkrafttreten des 5. Umwelt-Aktionsprogramms „Towards Sustainability" im Jahre 1992 verstärkte Philosophie zum verstärkten Einsatz marktkonformer Instrumente in

---

[3] Boehringer Mannheim GmbH, Hoechst AG, OMV Deutschland GmbH, Peroxid-Chemie GmbH, SKW Trostberg AG, Süd-Chemie AG, Wacker-Chemie GmbH

[4] vgl. beispielsweise die Haltung der deutschen Spitzenverbände der Wirtschaft bei der Vorlage, Diskussion und Verabschiedung der EG-Öko-Audit-Verordnung durch EG-Kommission und EG-Ministerrat in den Jahren 1992/93 (vgl. Guhle, W. 1998, S. 39)

[5] Nach der Europäischen Wirtschaftsklassifizierung (NACE) in der Untergruppe DG 24 (vgl. NACE-Wirtschaftsklassifizierung, S. 293 / 10, 1990)

der Umweltpolitik weiterverfolgt (vgl. EG-Kommission, 1993, S. 2f.). Für die Wirtschaft eröffnet sich daraus die Perspektive, in eigenverantwortlicher und flexibler Weise das betriebliche Umweltschutzniveau weiterzuentwickeln („kontinuierliche Verbesserung") und im Gegenzug dazu auf den Ersatz überflüssiger Dokumentations- bzw. doppelter Prüfpflichten hinzuwirken („Deregulierung", „Funktional-äquivalente Substitution").

1.1.3 Ökonomische Effizienz und ökologische Wirksamkeit

Grundlegende Voraussetzung für die Verfolgung dieses Weges seitens der staatlichen Umweltpolitik und der Wirtschaft ist die wirtschaftliche Effizienz und die ökologische Wirksamkeit betrieblicher Umweltmanagementsysteme. Unter den Vorzeichen der Globalisierung und der internationalen Wettbewerbsfähigkeit ist eine flächendeckende Beteiligung der Wirtschaft bei der Einführung von Umweltmanagementsystemen nur dann zu gewährleisten, wenn dadurch auch wirtschaftliche Vorteile realisiert werden können. Erste Studien in Deutschland, u.a. vom Umweltgutachterausschuss (vgl. UGA 1997, S. 8), von Ankele, K. / Heuvels, K. / Rehbinder, E., Schebek, L. (vgl. 1998, S. 42f), von Günther, K. (vgl. 1998, S. 18) und von Höppner, N. / Sietz, M. / Seuring, S. / Czaja, F. (vgl. 1998, S.74f.) zeigen, dass mit der Umsetzung der EG-Öko-Audit-Verordnung aus betriebswirtschaftlicher Sicht durchweg positive Erfahrungen gemacht wurden[6]. Die interne Schwachstellenanalyse und Schaffung einer systematischen Umweltorganisation als Teil des übergreifenden Managementsystems führt zu Möglichkeiten der Erschließung von Kostensenkungspotentialen und der gesteigerten Mitarbeitermotivation. Darüber hinaus werden die Rechtssicherheit sowie interne Zuständigkeiten und Abläufe geklärt und verbessert. Der Nachweis einer externen Begutachtung mit Erhalt eines öffentlichkeitswirksamen Zertifikates bzw. EU-Logos in Kombination mit optimierten Maßnahmen der externen Kommunikation und der Umweltberichterstattung kann das Unternehmensimage verbessern und zur Erschließung neuer Kunden- und Absatzsegmente beitragen.

Eine Erleichterung gesetzlicher oder behördlicher Umweltvorschriften durch Deregulierung, wie sie in bestimmten auflagenintensiven Wirtschaftsbereichen, beispielsweise der chemischen Industrie, von übergeordneter Bedeutung ist (z.B. bei der Dauer von Genehmigungsverfahren), hat sich, mit einigen länderspezifischen Ausnahmen, in der derzeitigen Verwaltungspraxis noch nicht eingestellt (vgl. Dilly, P.

---

[6] Die von Günther, K. zitierte UNI/ASU-Untersuchung hat bei durchschnittlichen Einführungskosten des Umweltmanagementsystems von 160.000 DM eine Amortisationszeit der "Investition" über daraus resultierende Kostensenkungen von ca. 1,5 Jahren ermittelt. Einen ähnlichen Zeitraum bestimmte die erste Erhebung des Umweltgutachterausschuss (vgl. UGA, 1997).

1998, S. 16). Dass hier noch größerer Handlungsbedarf besteht, darf auch aus dem von der EG-Kommission (vgl. 1998, S. 1) vorgelegtem Entwurf zur Revision der EG-Öko-Audit-Verordnung geschlossen werden. Er weist in der Präambel eindeutig darauf hin, dass neben Vorteilen in der Öffentlichkeitsarbeit und Kostensenkungen für registrierte Unternehmen auch ein Mehrwert beim Vollzug von Genehmigungs- und Überwachungsaufgaben durch die Umweltbehörden geschaffen werden soll.

Neben der Reduzierung von Umweltbelastungen, die das Ziel der EG-Öko-Audit-Verordnung sind, spiegeln sich die oben erwähnten Beweggründe zur Teilnahme – in unterschiedlicher Gewichtung - auch in den bis dato erzielten Vorteilen durch die Unternehmen wieder (Abb. 3). Basis für die Untersuchung ist eine schriftliche Befragung von 465 gemäß EG-Öko-Audit-Verordnung registrierten Standorten in Deutschland)[7].

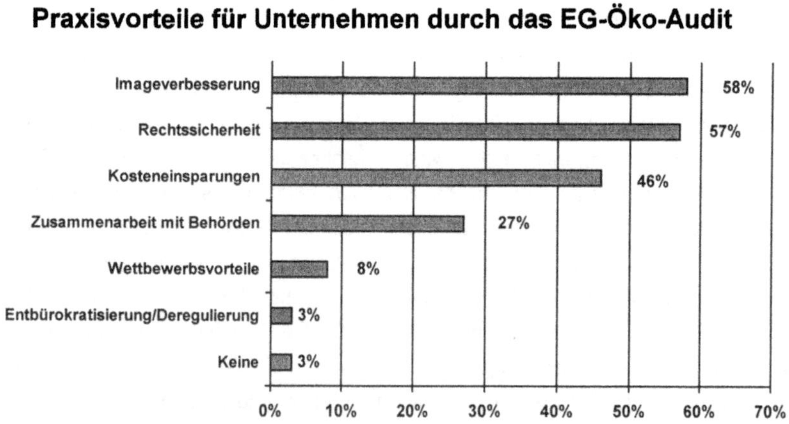

Abb. 3: Vorteile die sich für öko-auditierte Unternehmen erfüllt haben (Auswahl) (vgl. UGA, 1997, S. 3)

Aus Sicht der staatlichen Umweltpolitik und der interessierten Öffentlichkeit liegt die Voraussetzung für die weitere Verfolgung dieses marktkonformen, effizienten Weges nun im Nachweis der ökologischen Wirksamkeit der Systeme. Während der Beleg der ökonomischen Effizienz bei einer durchschnittlichen Amortisationszeit der Auslagen zur Systemeinführung von 1½ Jahren bis dato als hinreichend erbracht scheint, kann die Frage der ökologischen Wirksamkeit erst mit einem gewissen Time-Lag nach Einführung der Systeme beantwortet werden. Dann erst wird in den regelmäßig veröffentlichten Umwelterklärungen sichtbar, ob die geplanten Verbesserungsmaß-

[7] Die Rücklaufquote betrug 86 %.

nahmen auch messbar den gewünschten Erfolg gebracht haben oder von anderen Entwicklungen kompensiert wurden. Auch scheint die Gewährung von materiellen Erleichterungen bezüglich der Anforderungen aus dem Umweltrecht durch deregulierende oder funktional-äquivalent substituierende Maßnahmen erst dann gerechtfertigt, wenn die Erfahrungen der Unternehmenspraxis für eine nachhaltige Verbesserung der Umweltsituation durch die freiwillig eingeführten Umweltmanagementsysteme sprechen (vgl. Guhle, W. 1998, S. 39).

1.1.4 Messung und Vergleich der Umweltleistung

Damit stellt sich die Frage nach der Messbarkeit der kontinuierlichen Verbesserung bzw. der Führung des Nachweises der ökologischen Wirksamkeit betrieblicher Umweltmanagementsysteme. Seit Beginn der 90er Jahre wurden dazu seitens der Wissenschaft und der Unternehmen verschiedene Konzepte entwickelt, die eine Messung der betrieblichen „Umweltleistung", d.h. eine Quantifizierung der Fort- oder Rückschritte im betrieblichen Umweltschutz, ermöglichen sollen. Erste Ansätze spiegeln sich in den Ergebnissen der internationalen Normung wieder (siehe ISO 14031, 1999).

Zunächst muss jedoch geklärt werden, was unter dem Begriff der „Umweltleistung" zu verstehen ist, der, aus dem englischen Sprachschatz entlehnt, mit „Environmental Performance" im Original hinreichend selbsterklärend erscheint, in der deutschen Übersetzung allerdings weiträumige Fragen und Interpretationsspielräume offen lässt: Geht es um die reine Verbesserung der Umweltauswirkungen, wie es beispielsweise von der EG-Öko-Audit-Verordnung gefordert wird, oder „reicht" eine Verbesserung des Umweltmanagementsystems, um daraus indirekt eine Verbesserung der Umweltleistung herzuleiten? Und ist es ausreichend, mit der Messung der Umweltleistung nur die kontinuierliche Verbesserung der Umweltsituation in einem Unternehmen im Auge zu haben, oder gehört zum Nachweis der „ökologischen Wirksamkeit" auch der Vergleich mit dem „Rest der Welt", d.h. anderen Unternehmen, Branchen oder öffentlichen Zielvorgaben? Muss letztendlich nicht auch, wie u.a. von Ankele, K. / Heuvels, K. / Rehbinder, E., / Schebek, L. (vgl. 1998, S. 40 f.) gefordert, die eigentliche (Entlastungs-)Wirkung auf die Umwelt, z. B. der Beitrag zum Treibhauseffekt, bewertet werden?

Die dazu vorliegenden Ansätze aus der internationalen Normung geben keine ausreichenden Antworten darauf, da es sich bei der vorliegenden ISO 14031 Umweltleistungsbewertung um eine Konvention für ein einheitliches methodisches Grundkonzept handelt, die einzelne Ausgestaltung und Detailtiefe der Umweltleistungsbewertung aber den Firmen selbst überlassen wird (vgl. Rauberger, R. / Wagner, B. 1997a, S. 33f.). Dabei handelt es sich um eine systematische Abfolge von Leistungsmessung (z. B. durch Umweltkennzahlen) und Zieldefinition (durch sog.

Leistungskriterien) sowie deren laufender Abgleich (Bewertung) und der internen und ggf. externen Berichterstattung. Praktische Erfahrungen und demzufolge auch empirische Evaluationsergebnisse liegen noch nicht bzw. erst fragmentarisch vor[8]. Demgegenüber liegen bezüglich einer Reihe von im Rahmen der Umweltleistungsbewertung eingesetzter Teilinstrumente des Umweltmanagements relevante Erfahrungen aus der Unternehmenspraxis und der wissenschaftlichen Auswertung vor.

Eines der wichtigsten und in der Praxis anerkannten Teilinstrumente zur Umweltleistungsbewertung sind Umweltkennzahlen. Sie sind dazu geeignet, die kontinuierliche Verbesserung des betrieblichen Umweltschutzniveaus in quantifizierter Form für das Management und die Öffentlichkeit aufzubereiten. Weitere Ansätze, die u.a. zur Umweltleistungsbewertung von Unternehmen eingesetzt werden können, umfassen die Analyse von Umweltzielen, Öko-Ratings/Rankings und umweltorientierte Unternehmensbewertungen.

Auf Branchenebene werden von verschiedenen Wirtschaftsverbänden in Europa Ansätze zur Umweltleistungsbewertung vollzogen, beispielsweise um die Fortschritte ihrer Mitgliedsunternehmen in der Übernahme aktiver Umweltverantwortung zu dokumentieren und (an die Öffentlichkeit, Politik und Wissenschaft) zu kommunizieren. So wird seit 1993 vom englischen Chemieverband (Chemicals Industry Association) ein „Responsible Care Progress Report“ veröffentlicht, der jährlich in Kennzahlenform die Fortschritte bei der Umsetzung des branchenspezifischen Programms darlegt[9]. In Deutschland hat der Verband der chemischen Industrie bereits 1998 den dritten „Jahresbericht Verantwortliches Handeln“ vorgelegt, seit Ende der 80er Jahre wurden jährliche Umweltberichte erstellt[10].

Auf nationaler und internationaler Ebene beschäftigen sich öffentliche und private Organisationen mit der Messbarkeit von Fortschritten in der staatlichen Umweltpolitik. Dazu wurden Umweltindikatoren entwickelt, die zur Vorbereitung, Unterstützung und Umsetzungskontrolle regionaler, nationaler und internationaler Umweltziele und –programme dienen sollen, beispielsweise die OECD Environmental Indicators (siehe OECD 1995a),

[8] Die ersten Ergebnisse eines "Pretests" bei sechs mittelständischen Unternehmen durch das Institut für Praktische Unternehmensführung, München, wurden am 29.9.1999 im Umwelttechnologischen Gründerzentrum Augsburg vorgestellt.

[9] siehe die seit 1993 jährlich fortgeschriebenen Berichte unter dem Titel 'UK Indicators of Performance (CIA 1993, 1998)

[10] siehe die seit 1996 jährlich fortgeschriebenen Berichte unter dem Titel 'Verantwortliches Handeln (VCI 1996, 1998a)

die Daten zur Umwelt des Umweltbundesamtes (siehe UBA 1995) oder das Umweltbarometer des Bundesumweltministeriums (siehe BMU 1998). Sie können als Rahmengröße zur Auswahl und Beurteilung betrieblicher Kenngrößen herangezogen werden (vgl. Henseling, K. O. 1999, S. 51f.; Skillus, A. / Wennberg, U. 1998, S. 20).

1.1.5 Umweltkommunikation und Anspruchsgruppen

Die Umweltkommunikation zwischen Unternehmen und Gesellschaft wird ein immer bedeutsameres Element der Unternehmens- und Gesellschaftspolitik. Denn einerseits ist die Öffentlichkeit durch die vielseitigen Möglichkeiten der Medienlandschaft fast überall schnell und sprichwörtlich „mit" vor Ort, andererseits nehmen die Einflüsse der Unternehmenstätigkeit auf die gesellschaftliche Umwelt auch ohne mediales Aufbauschen spürbar zu (vgl. Fischer, D. / Kühling, B. / Pfriem, R. / Schwarzer, C. 1993, S. 1). Unternehmen stehen somit auf der von den Medien gut ausgeleuchteten „Bühne der Öffentlichkeit", ihre Beziehungen zur Umwelt sind äußerst komplex (vgl. Dyllik, Th. 1989, S. 13). Um die internen und externen Anforderungen, die auf einen Betrieb einwirken, darstellen zu können, wird zu deren Erfassung oft das „Stakeholder" bzw. „Anspruchsgruppen"-Konzept herangezogen. Es bezieht sich auf alle Gruppen oder Individuen, die die Zielerreichung einer Organisation beeinflussen können oder von dieser betroffen sind, und "ohne deren Unterstützung die Unternehmung nicht existieren könnte" (Freeman, R.E. 1983, S.33).

Die chemische Industrie ist aufgrund ihrer produktionsbedingten Umweltbelastungen sowie der ökologischen Risiken ihrer Produktions- und Produktsysteme von einer Vielzahl umweltrelevanter Einflussfaktoren abhängig. Diese betreffen nach Kostka, S. / Hassan, A. (vgl. 1997, S. 9f.) die in Abbildung 4 dargestellten Anspruchsgruppen:

Abb. 4: Anspruchsgruppen in der chemischen Industrie (in Anlehnung an Kostka/Hassan)

Als Kerninstrument der Umweltkommunikation wurde in den 90 Jahren die Umweltberichterstattung entwickelt und von einer Vielzahl von Betrieben mit Erfolg in der Praxis umgesetzt (vgl. Clausen, J. / Fichter, K. 1996, S. 59ff.). Dazu trugen auch die seit 1995 veröffentlichten Umwelterklärungen von nach EG-Öko-Audit-Verordnung registrierten Standorten nachhaltig bei. Als Zielgruppe für Letztere wird in Artikel 5 der Verordnung festgelegt, dass diese „für die Öffentlichkeit" und „in knapper und verständlicher Form (vgl. EG-Öko-Audit-Verordnung, 1993, S. 4)" verfasst werden. Es bedarf also zum einen sowohl einer wesentlichen Reduktion an Komplexität, zum anderen aber auch der Gewährleistung einer ausreichenden Verständlichkeit der zu transportierenden Umweltinformationen.

Die Nachfrage nach Informationen zur Umweltleistung von Unternehmen kommt in letzter Zeit verstärkt von wirtschaftlichen Akteuren (z. B. Banken, Versicherungen, Großkunden), die für ihre Bewertungen detaillierte, quantifizierte und vergleichbare Informationen anfordern (vgl. ENDS 1998a, S. 11f.; UNEP 1996, S. 41 f.). Dies zeigt sich auch darin, dass Umweltberichte verstärkt zum Benchmarking und Ranking der Umweltleistung von Unternehmen herangezogen werden (vgl. Skillus, A. / Wennberg, U. 1998, S. 33). Demgegenüber steht die große Vielfalt der in Umweltveröffentlichungen von Unternehmen benutzen Berichterstattungsschemata und der darin enthaltenen Daten (vgl. White, A. / Zinkl, D. 1999, S. 117f.). Damit stellt sich die Frage nach der Machbarkeit von überbetrieblichen Vergleichen auf der Basis von freiwilligen, nicht vereinheitlichten Daten in Umweltberichten und Umwelterklärungen (vgl. Clausen, J. 1998a, S. 52ff.).

Bis auf verschiedene Formalangaben verfügen die Unternehmen bei der Erstellung von Umwelterklärungen bezüglich der dargelegten Umweltdaten und –ziele über hohe Freiheitsgrade. Die implizit in den Umwelterklärungen gelegten Annahmen und ausgewählten Methoden zur Beschreibung der Umweltleistung stellen daher eine wichtige empirische Basis für die zu untersuchende Fragestellung dar, da sie unter dem Blickwinkel der Kommunikation an die Öffentlichkeit die von außen „sichtbaren" Ergebnisse des Umweltengagements der Unternehmen beschreiben. Skillus, A. / Wennberg, U. (vgl. 1998, S. 65f.) argumentieren diesbezüglich, dass es einer Vereinbarung über die Auswahl und Definition von Umweltkennzahlen für die Umweltleistungsbewertung bedarf, um den Nutzen und die Verständlichkeit der enthaltenen Informationen für die Anwender zu erhöhen. Damit eng in Verbindung steht die Glaubwürdigkeit und Akzeptanz der kommunizierten Umweltleistung.

1.2 Zusammenhänge und Begriffsabgrenzungen

1.2.1 Definitionen

Der Begriff des *Umweltmanagement* wird in der vorliegenden Arbeit eng an die EG-Öko-Audit-Verordnung angelehnt. Er umfasst nach Fichter, K. (1995, S. 318) "diejenigen Teile des gesamten Managements (eines Unternehmens), die die Umweltpolitik entwickeln, umsetzen, erfüllen und aufrechterhalten". Als mögliche *Umweltmanagementsysteme* kommen neben der EG-Öko-Audit-Verordnung auch die ISO 14001, Werksprogramme zur Umsetzung von Responsible Care und auch firmeneigene Managemententwicklungen in Frage. Darin enthalten sein muss, zurückgreifend auf die EG-Öko-Audit-Verordnung (1993, Art. 2e) "der Teil des gesamten übergreifenden Managementsystems, der die Organisationsstruktur, Zuständigkeiten, förmlichen Verfahren, Abläufe und Mittel für die Festlegung und Durchführung der Umweltpolitik einschließt".

Innerhalb des Umweltmanagement wird Umweltleistung als „Ergebnisse, die aus dem Management der Umweltaspekte einer Organisation resultieren" (ISO 14031, 1998, S. 5)[11] definiert. Sie bezieht sich also auf diejenigen (bedeutenden) Bestandteile der Tätigkeiten, Produkte oder Dienstleistungen einer Organisation, die in Wechselwirkung mit der Umwelt treten und eine (bedeutende) Umweltauswirkung haben können[12]. Unter *Umweltleistungsbewertung* wird, zurückgreifend auf die Definition der ISO 14031 (1999, S. 5), der „Prozess zur Unterstützung von Entscheidungen des Managements zur Umweltleistung einer Organisation durch Auswahl von Kennzahlen, Datenerfassung und –analyse, Beurteilung von Informationen nach Umweltleistungskriterien, Berichterstattung und Kommunikation sowie regelmäßige Überprüfung und Verbesserung dieses Prozesses" verstanden. Ein *Umweltleistungskriterium* ist ein „allgemeines oder umweltbezogenes Einzelziel oder jedes andere Niveau der Umweltleistung, das vom Management einer Organisation festgelegt wurde und zum Zweck der Umweltleistungsbewertung angewandt wird (ISO 14031 1999, S. 5)". Im Rahmen der Evaluierung der kontinuierlichen Verbesserung nach der EG-Öko-Audit-Verordnung sind dies die Umweltziele mit den dazugehörigen Maßnahmen aus dem Umweltprogramm.

---

[11] Die Definition weicht von der Definition von „Environmental Performance" in der ISO 14001 ab, was auf ein unterschiedliches Selbstverständnis der Arbeiten in den Subcommittees 1 und 4 zurückzuführen ist. Wie oben beschrieben, bezieht die Definition aus der ISO 14001 die Umweltleistung schwerpunktmäßig auf das Umweltmanagementsystem („Management-Performance").

[12] vgl. Definition „Umweltaspekt" der ISO 14001 (vgl. 1996, S. 3)

Wird die Umweltleistungsbewertung auf von Unternehmen veröffentlichte Umwelterklärungen bezogen, so vereinfacht sich das Konzept der Umweltleistungsbewertung auf den Vergleich der Umweltleistung anhand ausgewählter Umweltkennzahlen mit sinnvollen Leistungskriterien (z. B. formulierte Umweltziele, Daten der Vergangenheit, überbetriebliche Vergleichszahlen und Benchmarks). Die Auswahl der Leistungskriterien muss in diesem Fall - nachdem es sich um einen externen Ansatz handelt - sinnvoll begründet und verständlich dargelegt werden.

Unter der *kontinuierlichen Verbesserung des Umweltschutzes* wird schließlich der Erfolg des Umweltmanagements verstanden, insbesondere welche ökologischen Verbesserungen erzielt werden konnten (vgl. Günther, K. 1998, S. 17). Als Beurteilungsmaßstab gilt zunächst einzelbetrieblich die Verbesserung über die Zeit sowie im Vergleich zu gesetzten Umweltzielen. Weiterhin können auch überbetriebliche Benchmarks herangezogen werden, beispielsweise die (durchschnittliche) Entwicklung in der Branche oder staatliche Umweltziele. In welchen Bereichen und mit welchen Kennzahlen die Umweltleistung gemessen wird, muss dazu ebenso festgelegt werden wie die zur Bewertung heranziehbaren Vergleichskriterien. Nach Skillus, A. / Wennberg, U. (vgl. 1998, S. 19) lässt sich die Situation wie folgt zusammenfassen: Es gibt gegenwärtig keine konsistente, fest etablierte Methode, um die Umweltleistung von Unternehmen und erreichte Verbesserungen zu messen. Ebenso wenig existieren anerkannte Grundlagen für die Auswahl der Kennzahlen, die Anzahl der Kennzahlen, die Messverfahren sowie die Festlegung von Erfassungskriterien, anhand derer die Vergleiche durchgeführt werden sollen.

1.2.2 Zusammenhänge in der Umweltleistungsbewertung

Die Fortschritte des Umweltmanagements können auf verschiedenen Ebenen messbar gemacht werden. Sie können sich auf die Ebene des Umweltmanagements, der Umweltbelastungen (z. B. Ressourceneinsparungen und Emissionsverminderungen) und der Umweltwirkungen in den Ökosystemen (z. B. Artenvielfalt, Wassergüte) beziehen (vgl. Abb. 5).

Das Umweltmanagement bietet – über Handlungsfelder wie Produkte, Produktion und Dienstleistungen – Ansatzpunkte zur Verringerungen der Umweltauswirkungen. Diese von den Unternehmen ausgehenden Belastungen werden in verschiedenen Bereichen wie Inputs, Outputs, Risiken oder Transport messbar gemacht. Die daraus resultierenden Veränderungen der Ökosysteme hängen jedoch auch vom jeweiligen Zustand der Umwelt in der Umgebung der Betriebe sowie dem Beitrag der anderen gesellschaftlichen Akteure ab.

Zusammenhänge in der Umweltleistungsbewertung

Umweltmanagement

Handlungsobjekte: Produkte, Produktion, Dienstleistungen
(z.B. Produktentwicklung, Produktionsplanung, Schulungen, Kundenkooperation)

↓

Umweltbelastung

Inputs, Outputs, Risiken, Transport
(z.B. Energieverbrauch, Emissionen, Arbeitsunfälle, Verkehrsaufkommen)

↓

Umweltwirkung

Veränderungen im Ökosystem (global, regional, lokal)
(z.B. Bodenversauerung , Rückgang Artenvielfalt, Klimaerwärmung)

Abb. 5: Zusammenhänge und Ebenen der Umweltleistungsbewertung (in Anlehnung an Schneidewind, U. (vgl. 1996, S. 38))

Die Ebene des Umweltmanagements beschreibt, wie Umweltaspekte in die Geschäftsaktivitäten eines Unternehmens integriert sind. Ein Beispiel hierfür ist die Bewertung der 100 im FTSE-100 repräsentierten Firmen auf ihr Umweltengagement („The Index of Corporate Environmental Engagement") von (siehe AEA Technology 1996) oder die Bewertung der 500 größten Firmen weltweit die im Fortune 500 Index abgebildet sind (siehe Rice, F. 1993). Eine Bewertung der Verbesserungen des Umweltschutzes auf die Aktivitäten im Umweltmanagement würde zu kurz greifen, da das Vorhandensein eines Umweltmanagementsystems und diesbezügliche Managementaktivitäten nicht automatisch Verringerungen der Umweltbelastung nach sich ziehen muss (vgl. BMU / UBA 1997, S. 5f.).

Andererseits ist eine Bewertung der Verbesserungen des betrieblichen Umweltschutzes gemessen an den tatsächlichen Verbesserungen nur in Einzelfällen tatsächlich möglich (vgl. Dahlberg, B. / Syrrist, P. / Stoll, C. 1995, S. 35f.)[13] Im Normalfall sind die Auswirkungen der einzelnen Betriebe auf die Umwelt nicht direkt auf Wirkungen

[13] vgl. beispielsweise die Studie von Dahlberg, B. / Syrrist, P. / Stoll, C. (1995) zu den Zusammenhängen zwischen den jährlichen Fluoridemissionen einer norwegischen Aluminiumfabrik, der Aufnahme von Fluorid in Luft, Boden und Flora in der Umgebung des Werkes und deren Auswirkung auf das Baumwachstum

in der Umwelt zuordenbar, da die individuellen Belastungen entweder zu klein sind, sich mit denen anderer Betriebe oder anderer Akteure (z. B. Haushalte, Verkehr, Kraftwerke, ...) überlagern oder sich die Übertragungswege aufgrund natürlicher Bedingungen schwer nachvollziehen lassen (z. B. vorherrschende Windrichtungen, Temperaturen, Wetterlage). Hinzu kommt, dass in kleinen und mittleren Unternehmen die dazu notwendige Ermittlung von Leistungsdaten in Umweltwirkungskategorien nicht mach- bzw. vermittelbar ist. Steinfeldt, M. / Kottmann, H. (vgl. 1998, S. 77) argumentieren diesbezüglich – aufbauend auf Erfahrungen mit verschiedenen Betrieben in einem Pilotprojekt zu Umweltkennzahlen – dass die Darstellung von Wirkungskategorien wie Treibhauseffekt oder Versauerung für die Praxis einerseits zu kompliziert sei. Andererseits sehen Steinfeldt und Kottmann auch keinen direkten Bedarf dazu, da bei verschiedenen Umweltproblemen auf bekannte Kausalzusammenhänge zurückgegriffen werden kann, die eine Messung der betrieblichen Beiträge zu einem Umweltproblem (z.B. Energieverbrauch oder CO_2-Emissionen im Falle des Treibhauseffektes) sinnvoller erscheinen lassen als deren Wirkung auf die Umwelt (z.B. Veränderung der CO_2-Konzentration, Anstieg der Temperatur).

In der Praxis erweist sich der Ansatz der Bewertung der Verbesserungen auf Ebene des Umweltmanagements somit als zu oberflächlich, die Bewertung der tatsächlichen Umweltwirkungen in den Ökosystemen hingegen als zu komplex. Die in den vorliegenden Arbeit angestrebte Umweltleistungsbewertung bezieht sich deswegen auf den „mittleren Teil" der vom Betrieb ausgehenden Umweltbelastungen (z. B. Energieverbrauch, Emissionen, Unfälle etc.). Sie stellen dementsprechend das messbare Bindeglied zwischen den Managementanstrengungen und der letztendlich angestrebten Sicherung der Ökosysteme dar (vgl. Ditz, D. / Ranganathan, J. 1997, S. 5). Dabei kommt der Auswahl der relevanten Bewertungsparameter eine zentrale Bedeutung zu. Es muss beachtet werden, dass selbst erhebliche Verbesserungen der Umweltbelastungen ökologisch wirkungslos bleiben, wenn die mit den ökologischen Parametern in Verbindung stehenden Probleme von geringer Relevanz wären, bzw. die Gesamtbelastung selbst nicht maßgeblich beeinflusst werden könnte (vgl. Dyllik, Th. / Schneidewind, U. 1995, S. 8).

Die Bewertung der Umweltleistung als Teil des Umweltmanagement kann schließlich aus zwei Perspektiven vorgenommen werden: Einerseits kann sie vorausschauend anhand der angestrebten Veränderungen (beispielsweise anhand gesetzter Verbesserungsziele und –maßnahmen) abgeschätzt werden. Andererseits ist die rückwirkende Beurteilung der tatsächlich eingetretenen Veränderungen (beispielsweise anhand ausgewählter Umweltkennzahlen) untersuchbar.

2 UMWELTSCHUTZ IN DER CHEMISCHEN INDUSTRIE

2.1 Abgrenzung und Struktur der Branche

Nach der Art ihrer Tätigkeit ist die chemische Industrie zu charakterisieren als Industriegruppe „die mit Hilfe von chemischen und physikalischen Verfahren, durch Stoffumwandlung und –veredelung sowie Weiterverarbeitung eine große Menge von Produkten herstellt" (Schworm, K. 1967, S. 12). Jedoch ist eine derartige technologische Definition alleine nicht eindeutig, denn man zählt Industriezweige wie die Erdölverarbeitung oder die Glasindustrie, die obige Definitionskriterien im spezialisierten Rahmen ihrer Geschäftstätigkeit ebenso erfüllen, gemeinhin nicht zur chemischen Industrie (vgl. Kölbel, H. / Schulze, J. 1970, S. 5).

Sinnvoll erscheint deswegen eine Abgrenzung nach Produktgruppen (Kostka, A. / Hassan, A. 1996, S. 5). Zurückgehend auf Kline, C. (vgl. 1976, S. 110f.) lassen sich diese beispielsweise nach der Höhe der Produktionsmenge und des Differenzierungsgrades der Produkte in vier Klassen einteilen[14] (vgl. Abb. 6).

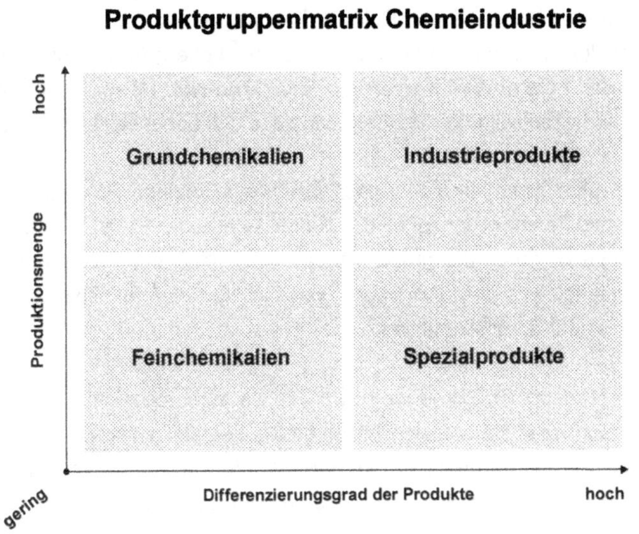

Abb. 6: Produktgruppenmatrix der chemischen Industrie

[14] Die Übergänge zwischen den einzelnen Produktgruppen sind fließend. Als Untergrenze für hohe Produktionsmengen werden ca. 10.000 Jahrestonnen angesehen, als Preisobergrenze für Massenprodukte gelten ca. 10 DM/kg als Richtlinie (vgl. Amecke, H. 1987, S. 63)

Nach Kostka, S. / Hassan, A. (vgl. 1997, S. 6) lassen sie sich wie folgt charakterisieren.

Grundchemikalien sind undifferenzierte Produkte wie beispielsweise Ammoniak, Chlor oder Natronlauge, die in substantiell gleicher Form und nach allgemein akzeptierten Spezifikationen hergestellt werden. Sie werden von verschiedenen Herstellern in großen Mengen produziert und zu einem geringen Preis pro Produktionsmenge angeboten. Ihre Herstellung zeichnet sich durch einen hohen Rohstoffkostenanteil und eine niedrige betriebliche Wertschöpfung aus.

Industrieprodukte stehen hinsichtlich der Produktionsmenge, aber auch der Rohstoffbasis, der Wertschöpfung und des Verkaufspreises den Grundchemikalien sehr nahe. Sie zeichnen sich gegenüber den Grundchemikalien jedoch durch eine höhere Produktdifferenzierung aus. Sie werden je nach Anwendungszweck optimiert und kundenbezogen in verschiedenen Modifikationen angeboten. Typische Industrieprodukte sind herkömmliche Kunststoffe wie Polyethylen, Polyproylen oder Polyvinylchlorid.

Feinchemikalien werden demgegenüber in relativ geringen Mengen hergestellt. Zwar weisen sie einen niedrigen Differenzierungsgrad auf, ihre in der Regel aufwendigen Herstellungsverfahren führen aber zu einem hohen Grad an betrieblicher Wertschöpfung und hohen Marktpreisen pro Mengeneinheit. Beispiele für Feinchemikalien sind pharmazeutische Wirkstoffe, Kosmetika und Lebensmittelzusatzstoffe.

Spezialprodukte zeichnen sich zuletzt durch eine geringe Produktionsmenge und einen hohen Differenzierungsgrad der Produkte aus. Ihr Preis ist relativ hoch. Die Produktgruppe ist durch die große Varianz hinsichtlich der Produktanzahl und der Anwendungsgebiete gekennzeichnet. Typische Vertreter für Spezialprodukte sind Katalysatoren und Spezialkunststoffe.

Die pharmazeutische Industrie wird zwar oft als eigenständiger Industriezweig gehandelt, jedoch weist sie in vielen Fällen große Gemeinsamkeiten mit Grundcharakteristika der chemischen Industrie auf (vgl. Struktur der Produktgruppenmatrix nach Kline). Außerdem sind die chemische und pharmazeutische Industrie noch in hohem Maße produktionstechnisch und kapitalmäßig miteinander verflochten. In der vorliegenden Arbeit ist deswegen stets die pharmazeutische und die chemische Industrie Grundlage der Untersuchung, auch wenn aus Gründen der sprachlichen Vereinfachung die Begriffe der chemischen Industrie bzw. der Chemieindustrie verwendet werden. Diese integrative Abhandlung spiegelt sich auch in der Einteilung der Wirtschaftssektoren der Europäischen Union („NACE-Code") aus dem Jahr 1990 wider (vgl. NACE-Wirtschaftsklassifzierung 1990, S. 1f.), in dem im Unterabschnitt DG, Abteilung 24, die chemische Industrie wie folgt strukturiert wird:

NACE-Unterabschnitt DG 24: Chemische Industrie
24.1 Herstellung von chemischen Grundstoffen
24.2 Herstellung von Schädlingsbekämpfungs- und Pflanzenschutzmitteln
24.3 Herstellung von Anstrichmitteln, Druckfarben und Kitten
24.4 Herstellung von pharmazeutischen Erzeugnissen
24.5 Herstellung von Seifen-, Wasch-, Reinigungs- und Körperpflegemitteln
24.6 Herstellung von sonstigen chemischen Erzeugnissen
24.7 Herstellung von Chemiefasern

Eine vollständige Abbildung der in der Abteilung chemischen Industrie zusammengefassten Untergruppen ist in Anhang 1 abgebildet.

Die Einteilung nach dem NACE-Code ist zugleich Abgrenzungskriterium für die Auswahl und Klassifizierung der in den empirischen Teil der Untersuchung einbezogenen Unternehmen und Standorte.

2.1.1 Wirtschaftliche Rahmendaten

2.1.2.1 Deutschland

In Deutschland zählt die chemische Industrie nach den Kriterien Umsatz, Beschäftigte und Investitionen zu den bedeutendsten Wirtschaftssparten des verarbeitenden Gewerbes (vgl. VCI, 1997, S. 13ff.). Nach der Brancheneinteilung des statistischen Bundesamtes lag die chemische Industrie 1998 mit 187 Mrd. DM Umsatz nach dem Straßenfahrzeugbau (311 Mrd. DM), dem Maschinenbau (264 Mrd.), der Computer- und Büromaschinenbranche (245 Mrd. DM) und dem Ernährungsgewerbe (204 Mrd. DM) auf dem fünften Rang. Mit im Jahresdurchschnitt 485.000 Beschäftigten befindet sich die Branche auch in der Arbeitsmarktstatistik des verarbeitenden Gewerbes an fünfter Stelle. Dies entspricht einem Anteil von 8 % an der Gesamtzahl der Beschäftigten. Bei den Investitionen lag die Chemieindustrie mit 13,8 Mrd. DM nach dem Straßenfahrzeugbau (19,1 Mrd. DM) an zweiter Stelle im Branchenvergleich.

Im weltweiten Vergleich nimmt die deutsche Chemieindustrie 1998 gemessen am inländischen Produktionsumsatz nach den Vereinigten Staaten (688 Mrd. DM) und Japan (312 Mrd. DM) mit 187 Mrd. DM den dritten Platz ein. Darin unberücksichtigt ist jedoch, dass im Zuge der Globalisierung ein wachsender Teil des Umsatzes der Chemieunternehmen von Tochtergesellschaften im Ausland erzeugt werden (vgl.

VCI 1999a, S. 18). Auf Basis der Zahlen von 1995 stellen die von ausländischen Tochterunternehmen deutscher Chemiefirmen erwirtschafteten Umsatzerlöse mit ca. 121 Mrd. DM bereits knapp zwei Drittel des Inlandsproduktionsumsatzes dar.

Mit Chemieausfuhren in Höhe von 120 Mrd. DM liegt die deutsche chemische Industrie an zweiter Stelle der weltweiten Exportstatistik. Dies entspricht einem Anteil von 15,9 % am Welthandel mit chemischen Erzeugnissen (Basis 1997). Die USA liegen mit einem Anteil von 16,6 % (124 Mrd. DM) an erster Stelle, Japan folgt mit 8,0 % (50 Mrd. DM) an dritter Stelle.

2.1.2.2 Europäische Union

In der Europäischen Union stellt die chemische Industrie 1997 mit 416 Mrd. ECU Umsatz oder 11 % die zweitbedeutendste Branche des produzierenden Gewerbes dar (vgl. Abb. 7), nach der Nahrungsmittelindustrie mit 547 Mrd. ECU (15 %) und dicht gefolgt vom Fahrzeugbau mit 390 Mrd. ECU (11 %). Nach Anzahl der Beschäftigten belegt die chemische Industrie mit einem Anteil von 7 % an den Gesamtbeschäftigten im verarbeiteten Gewerbe den vierten Platz hinter der Nahrungsmittelindustrie (11 %), der Herstellung von Metallerzeugnisse (9 %) und dem Fahrzeugbau (8 %) (vgl. CEFIC, 1998a, S. 18).

Bedeutung der chemischen Industrie innerhalb des verarbeitenden Gewerbes in der Europäischen Union (Umsatzanteile in %)

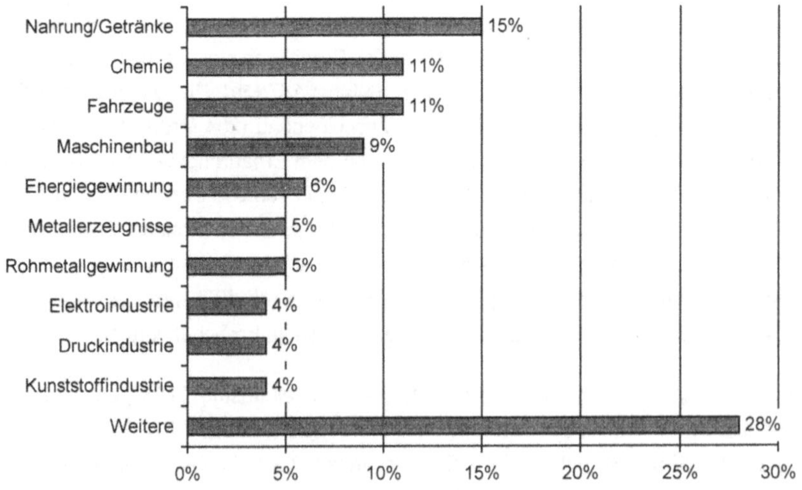

Abb. 7: Anteil der Chemieindustrie am verarbeitenden Gewerbe in der EU (vgl. CEFIC 1998a, S. 18)

Das bedeutendste Erzeugerland von Chemieprodukten innerhalb der EU ist Deutschland mit 25 % Anteil am Gesamtchemieumsatz, gefolgt von Frankreich mit 18 % sowie Großbritannien und Italien mit jeweils 12 % (vgl. Abb. 8).

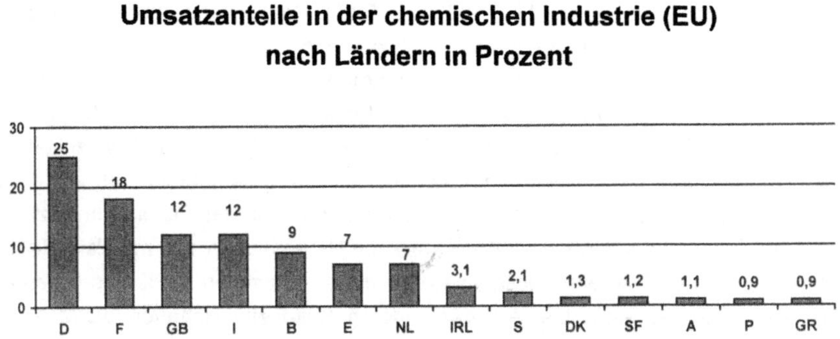

Abb. 8: Umsatzanteil der EU-Chemieindustrie nach Ländern (vgl. CEFIC 1998a, S. 9)

Die chemische Industrie in Europa deckt ein weit gefächertes Produktionsspektrum ab (vgl. Tab. 1). Am bedeutendsten ist die Herstellung chemischer Grundstoffe, mit einem Anteil von 37 % (Deutschland 52 %). Die zweitbedeutendste Chemiesparte ist die pharmazeutische Industrie mit 23 % (Deutschland 18 %). Die Herstellung von Seifen, Wasch-, Reinigungs- und Körperpflegemittel, von Anstrichmitteln, Druckfarben und Kitten sowie von sonstigen chemischen Erzeugnissen folgt mit Umsatzanteilen von 10 – 12 % auf den Plätzen 3 bis 5. Die Sparten Herstellung von Schädlingsbekämpfungs- und Pflanzenschutzmitteln sowie von Chemiefasern sind mit jeweils ca. 3 % von untergeordneter Bedeutung.

Chemiesparten nach NACE-Klassifizierung-	**EU**	**Deutschland**
24.1 Chemische Grundstoffe	41 %	45 %
24.2 Schädlingsbekämpfungs- und Pflanzenschutzmittel	3 %	2 %
24.3 Anstrichmittel, Druckfarben und Kitte	9 %	8 %
24.4 Pharmazeutische Erzeugnisse	23 %	19 %
24.5 Seifen, Wasch-, Reinigungs- und Körperpflegemittel	12 %	9 %
24.6 Sonstige chemische Erzeugnisse	13 %	14 %
24.7 Chemiefasern	2 %	3 %

Tab. 1: Produktionsstruktur der Chemieindustrie der EU und Deutschland nach Umsatzanteilen (vgl. CEFIC 1998a, S. 31; VCI 1998b, S. 17)

2.1.2 Strukturelle Rahmenbedingungen

2.1.2.1 Unternehmensstruktur

Insgesamt sind in der Europäischen Union ca. 39.000 Unternehmen in der Chemiebranche tätig (vgl. CEFIC, 1998a, S. 20ff.). Davon haben 96 % weniger als 250 Beschäftigte und können somit den kleinen und mittleren Unternehmen (KMU) zugeordnet werden[15] (vgl. European Environment Agency 1998, S. 9). 70 % der Unternehmen haben weniger als 10 Mitarbeiter, 22 % zwischen 10 und 99 Mitarbeiter und 4 % zwischen 100 und 249 Mitarbeiter. Zusammen erwirtschafteten sie im Jahr 1997 23 % des Gesamtchemieumsatzes. Unternehmen von 250 – 499 Mitarbeiter stellen weitere 2 % der Chemieunternehmen in der EU, ihr Umsatzanteil liegt bei 14 %. Legt man die Obergrenze für Unternehmen mit mittelständischer Struktur bei 500 Mitarbeitern fest, so stellen diese zusammen 37 % des Umsatzes und 40 % der Arbeitsplätze. Auf der anderen Seite erwirtschaften die 2 % der Großbetriebe mit mehr als 500 Beschäftigten knapp zwei Drittel des Gesamtchemieumsatzes (63 %).

2.1.2.2 Globalisierung und internationale Wettbewerbsfähigkeit

1997 erwirtschafteten die weltweit 30 größten Chemieunternehmen 29 % des Weltumsatzes (vgl. CEFIC 1998a, S. 20f.). Davon hatten 18 ihren Firmensitz in Europa und 15 innerhalb der Europäischen Union (vgl. Anhang 2). Seit Mitte der 90er Jahre wird in der Chemie- und Pharmaindustrie ein starker Trend zum Zusammenschluss zu größeren Unternehmensgruppen beobachtet (vgl. Behrens, B. 1999, S. 2) [16], der mit der Notwendigkeit der Internationalisierung von Produktionsstrukturen und Marktstrategien begründet wird, um auf weltweiter Basis eine ausreichende Wettbewerbsfähigkeit zu sichern (vgl. CEFIC 1998b, S. 20). Dies veranlasste den europäischen Chemieverband CEFIC in seinem Jahresbericht 1996 zu der Aussage, dass es „keine nationalen Chemieindustrien mehr gibt. Selbst Chemieunternehmen die nur auf nationaler Ebene tätig sind, sind internationalen Vereinbarungen unterworfen" (CEFIC 1997a, S. 9). Die Strategien der (multi-)nationalen Chemieindustrien scheinen unter dem Blickwinkel der Globalisierung, der internationalen Wettbewerbsfähigkeit und der weltweiten Öffnung der Märkte wesentlich deutlicher auf Rentabilitätsbestrebungen und die Optimierung des Shareholder Value ausgerichtet zu sein als in der Vergangenheit. Als Folge daraus ergibt sich für die chemische Industrie eine rapide Weiterentwicklung, die geprägt ist von intensiven Rationalisierungsbemühun-

---

[15] Nach den Definitionen der Europäischen Union gelten weiterhin die Obergrenze von 40 Mio. ECU Umsatz sowie die maximale Kapitalbeteiligung von 25 % durch Nicht-KMUs als Einstufungskriterien.

[16] Zuletzt die Zusammenschlüsse der schweizerischen Ciba-Geigy AG und der Sandoz AG als Novartis AG (1996) oder der deutschen Hoechst AG mit der französischen Chemie- und Pharmafirma Rhone-Poulenc zu Aventis (1999)

gen, der Konzentration auf die Kernbereiche und die (bereits oben angesprochene) Beschleunigung des weltweiten Konzentrationsprozesses (vgl. Kostka, S. / Hassan, A. 1996, S. 23).

Von den 18,6 Mrd. ECU Direktinvestitionen der europäischen Chemieindustrie im Jahr 1995 floss gut ein Drittel in Projekte außerhalb des EU-Raums, schwerpunktmäßig in die USA und den Fernen Osten (vgl. CEFIC 1998a, S. 89f.). Die Frage der günstigeren Lohnkosten rückt dabei oft zu unrecht in den Vordergrund der öffentlichen Diskussion: Nach CEFIC (vgl. 1997a, S. 11) beläuft sich die Differenz bei den Personalaufwendungen zwischen Europa und Südostasien auf nahezu Null. Vielmehr scheint die Nähe zu den „emerging markets" von Bedeutung zur Erschließung der dort wachsenden Absatzchancen[17]. Auch die sog. „Vorteile" ggf. geringerer Umweltstandards werden bezüglich ihrer Auswirkung auf Globalisierungsbestrebungen und die Verlagerung von Produktionsstätten teilweise überschätzt: In Osteuropa sind alle (investitionsattraktiven) Länder, die sich um eine Aufnahme in die Europäische Union beworben haben, an der Arbeit, ihre nationalen Umweltgesetzgebungen an die europäischen Standards anzupassen. Zumindest in Südostasien kann die deutliche Zahl der ISO 14001 Zertifizierungen[18] als Indiz für die gewachsene Sensibilität der Unternehmen gewertet werden, Umweltgesichtspunkte auch unter Wettbewerbsbedingungen in ihre Geschäftspolitik zu integrieren.

2.1.2.3 Wirtschaftliche Verflechtung mit anderen Branchen

Die EU-Chemieindustrie ist geprägt durch eine hohe Verflechtung mit einer Vielzahl anderer Wirtschaftszweige. Sie ist zum einen wichtiger Zulieferer für andere Unternehmen zur Weiterverarbeitung, zum anderen stellt sie aber auch Produkte her, die direkt an den Endverbraucher gehen (vgl. CEFIC 1998a, S. 16f.). Die Endverbraucher stellen mit 28 % den größten Einzelposten in der Umsatzaufteilung. Weitere 18 % werden von Dienstleistern bzw. der öffentlichen Verwaltung bezogen. Auf die Landwirtschaft entfallen 9 %. Abnehmer der weiterverarbeitenden Industrie kommen zusammen auf 40 % Umsatzanteil. Die bedeutendsten Branchen sind Maschinenbau- und Elektrounternehmen sowie die Textil- und Bekleidungsindustrie mit zusammen jeweils 8 %. Auf den Bausektor entfallen 4 % des Chemieabsatzes, auf den

[17] Für Unternehmen, die stark mit nachwachsenden Rohstoffen arbeiten (z. B. Henkel KGaA), kann teilweise auch die Nähe zu den Rohstoffmärkten von strategischer Bedeutung sein.

[18] Von insgesamt 9.500 ISO 14001 zertifizierten Organisationen nimmt Japan im April 1999 mit 1.980 Zertifizierungen den ersten Platz ein, vor Deutschland (1.300) und Großbritannien (800). Unter den ersten sechs Ländern weltweit befinden sich mit Korea (463) und Taiwan (423) zwei weitere Länder Südost-Asiens (und damit noch vor den USA oder den Niederlanden).

Fahrzeugbau und die Papierindustrie entfallen jeweils 3 % (restliche Branchen zusammen 15 %).

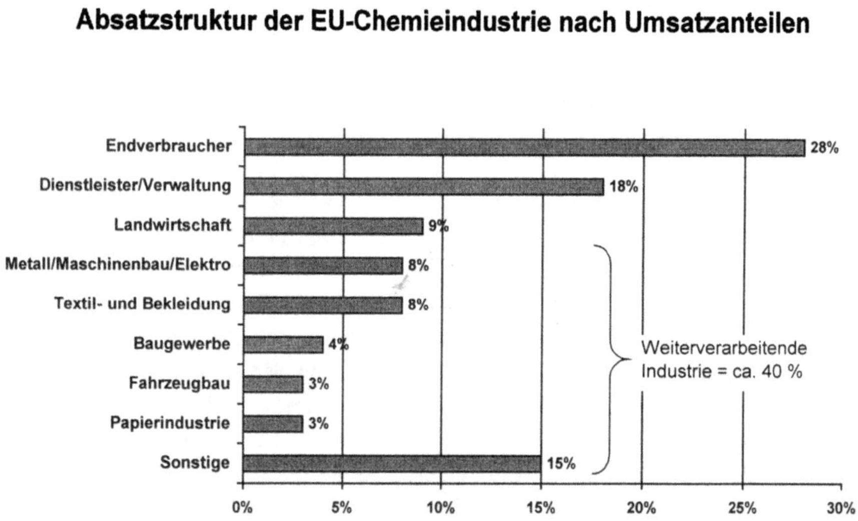

Abb. 9: Absatzstruktur der chemischen Industrie (vgl. CEFIC 1998a, S. 17)

2.2 Umweltschutz in der chemischen Industrie

2.2.1 Klassifizierung der Umweltbelastungen in der chemischen Industrie

Die nach Franke, J. F. / Wätzold, F. (vgl. 1995, S. 7f.); European Environment Agency (vgl. 1995, S. 415f.), Kostka, S. / Hassan, A. (vgl. 1997, S. 8ff.) und Jourdan, L. 1995, S. 365f.) ermittelten Hauptumweltauswirkungen der chemischen Industrie lassen sich zurückführen auf die Ressourcennutzung (Inputs), auf produktionsbedingte Umweltbelastungen (Emissionen), auf produktbedingte Umweltbelastungen sowie unfallbezogene Umweltrisiken. Eine im Allgemeinen nicht (ausreichend) beleuchtete Kategorie sind transportbedingte Umweltbelastungen (vgl. IFOK 1997, S. 151f.). Sie sind aber gerade vor dem Hintergrund der beschriebenen Globalisierungstendenzen und der Internationalisierung von Produktionsstrukturen von zunehmender Bedeutung und werden deswegen als fünfte Kategorie mit in die Hauptumweltauswirkungen der Chemieindustrie integriert (vgl. Abb. 10).

2.2.1.1 Ressourcennutzung (Inputs)

Zunächst führt der Verbrauch von Ressourcen für Produktionszwecke zu Umweltbelastungen. Diese können bei der Gewinnung von (erschöpflichen) natürlichen Ressourcen entstehen, bei deren Transport oder bei deren Weiterverarbeitung in Zulieferbetrieben (Vorstufen). Nach European Environment Agency (vgl. 1995, S. 415) und Franke, J. F. / Wätzold, F. (vgl. 1995, S. 7) liegen die Hauptumweltauswirkungen der chemischen Industrie im Bereich des großen Einsatzes von Wasser in den Produktionsprozessen bzw. der hohen Energieintensität der Branche. Zu der hohen Energieintensität gehört, dabei die Energienutzung zu Verbrennungszwecken und der Einsatz als Energieträger für Reaktionsprozesse als auch die Verwendung von energiereichen Ressourcen, als Rohstoff bzw. Ausgangsprodukt für Produktionsprozesse (z.B. Erdöl, Koks, etc.)

Umweltbelastungen in der chemischen Industrie

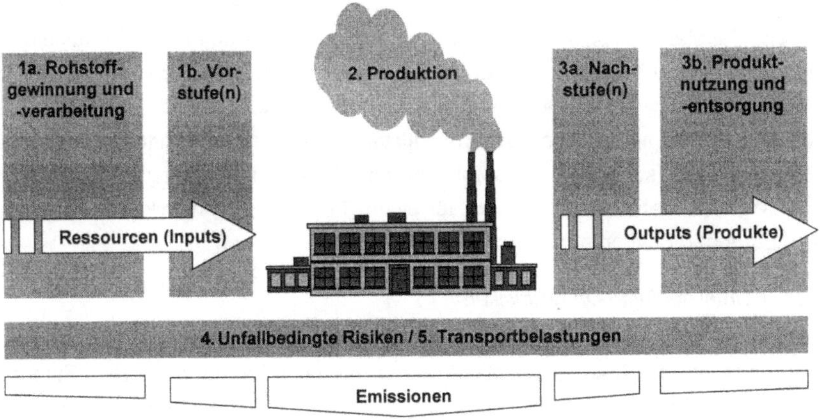

Abb. 10: Umweltbelastungen der chemischen Industrie im Überblick

2.2.1.2 Produktion

Eine zweite Kategorie der Umweltbelastungen betrifft produktionsbedingte Emissionen. Sie entstehen aus Verbrennungsprozessen bei der Energieumwandlung, bei Reaktionsprozessen als Abfallprodukte sowie bei sonstigen betrieblichen Tätigkeiten (Transport, Lagerung, Produktentwicklung). European Environment Agency (vgl. 1995, S. 415) führt auf, dass sich die chemische Industrie im Vergleich zu anderen Branchen durch die große Menge und hohe Anzahl verschiedener Emissionen in Luft, Wasser und Böden abhebt, die für Menschen, Tiere und Pflanzen schädlich sein können. Im Einzelnen umfassen diese nach European Environment Agency (vgl.

1995, S. 415) und Franke, J. F. / Wätzold, F. (vgl. 1995, S. 7) die Emissionen von CO_2, SO_2, NOx, Staub sowie organischer und anorganischer flüchtiger Verbindungen in die Luft, die Emissionen von Schwermetallen (Cadmium, Quecksilber), Stickstoff, Phosphor, gelösten Feststoffen, organischen Substanzen, Phenolen, PCBs und Cyaniden in Gewässer sowie von Prozess-/Produktionsabfällen, festen Abfällen sowie der Anfall von Schlämmen aus Wasser- und Luftreinhaltungsanlagen, die zu Belastungen bei Deponierung bzw. Verbrennung führen. European Environment Agency (vgl. 1995, S. 415) führt als weitere produktionsbedingte Umweltbelastungen Geruchsemissionen auf.

2.2.1.3 Produktnutzung und -entsorgung

Die dritte Klasse der chemietypischen Umweltbelastungen betrifft die Umweltauswirkungen der erstellten Produkte im Einsatz beim gewerblichen Kunden oder Endverbraucher, beispielsweise die Auswirkungen von Düngemittel oder Pestiziden auf das Grundwasser (vgl. Franke, J. F. / Wätzold, F 1995). Nach European Environment Agency (vgl. 1995, S. 591f.) werden ca. 100.000 Chemikalien weltweit in kommerziellem Maßstab produziert, jedes Jahr kommen ca. 200 – 300 neue Produkte dazu, die umweltrelevant sind. Viele Chemikalien werden direkt oder nach ihrer Nutzung in die Umwelt eingebracht, andere durchlaufen vielschichtige und komplexe Fertigungsstrukturen in der chemischen Industrie oder anderen Branchen, bevor sie eingesetzt und schließlich entsorgt werden. Adäquate toxikologische und ökotoxikologische Daten sind dabei nur für einen Bruchteil der Chemikalien vorhanden (vgl. European Environment Agency 1995, S. 591).

2.2.1.4 Unfallbedingte Umweltrisiken

Schließlich können Umweltbelastungen auch unfallbedingt eintreten, beispielsweise bei Störfällen in Produktionsanlagen oder durch Arbeitsunfälle. Die European Environment Agency (vgl. 1995, S. 415) stellt hierbei vor allem das Risiko von Feuer und Explosionen heraus, sowie Verschüttungen („Spills") mit nachfolgenden Stoffeinträgen in die Umwelt. Diese können sowohl während der eigentlichen Produktion in der chemischen Fabrik, aber auch in der Vorstufe bei der Ressourcengewinnung bzw. –weiterverarbeitung, beim Transport sowie bei der Nutzung beim Endverbraucher bzw. einem industriellen Weiterverarbeiter entstehen.

2.2.1.5 Transportbelastungen

Das durch die Verflechtung von Produktions- und Nutzungsstrukturen von Chemieprodukten verursachte Transportaufkommen führt direkt oder indirekt zu Ressourcenverbräuchen, hauptsächlich an Energie sowie an Boden für Verkehrsflächen, zu verkehrsbedingten Emissionen (Abluft, Lärm) sowie zu Belastungen von Anwohnern durch Güterverkehrsbewegungen. Weiterhin besteht die Gefahr von Transportunfällen mit Risiken für Mensch, Flora und Fauna, beispielsweise durch Explosionen, Gefahrgutunfälle oder durch sonstige Ereignisse mit Stoffeinträgen in die Umwelt.

2.2.2 Entwicklung ausgewählter Umweltindikatoren

Nachfolgend wird versucht, anhand ausgewählter Umweltindikatoren die mittel- bis langfristige Entwicklung der Umweltleistung in der europäischen Chemieindustrie aufzuzeigen. Dazu wird, soweit verfügbar, auf EU-Daten und Hochrechnungen des europäischen Chemieverbands CEFIC für die Europäischen Union zurückgegriffen. Für Bereiche in denen keine gesamteuropäischen Daten verfügbar sind, wird die Entwicklung anhand ausgewählter Indikatoren nationaler Chemieverbände diskutiert (vgl. Tab. 2).

2.2.2.1 Auswahl der Umweltindikatoren

Für den Bereich Ressourcennutzung wurde als übergreifender Indikator der relative Energieverbrauch in Tonnen Öl-Äquivalenten pro Outputeinheit, für den langfristige Daten auf EU-Ebene vorliegen, ausgewählt. Direkt damit in Verbindung stehen die absoluten energiebedingten CO_2-Emissionen in Tonnen, die ebenfalls auf Basis von langfristigen EU-Daten dargelegt werden. Diese werden parallel dazu dem (gestiegenen) Produktionsoutput gegenübergestellt. Vor dem Hintergrund der hohen Energieintensität der Chemieindustrie stellen beide Indikatoren eine gute Messgröße für die von der Branche ausgehenden Belastungen in Bezug auf den Treibhauseffekt und die Luftbelastungen durch Rauchgasemissionen der Verbrennung (z.B. Versauerung, Sommersmog) sowie den Beitrag zur Ressourcenschonung an.

Bereich	**Umweltthema**	**Indikator**	**Erfassung**	**EU in %**
Ressourcennutzung	Ressourcenschonung	Energieverbrauch	EU	100 %
Emissionen in die Luft (energiebedingt)	Treibhauseffekt	CO_2-Emissionen	EU	100 %
Emissionen in die Luft (produktionsbedingt)	Sommersmog, Gesundheit	VOC-Emissionen	FIN, I, NL	20 %
Abwasseremissionen	Abwasserbelastung	CSB-Emissionen	D, FIN, I	38 %
Abfall	Bodenbelastung, Ressourcenschonung	Abfallaufkommen	D, FIN, I	38 %
Produktbedingte Umweltbelastungen	k. A	k. A.	k. A.	k. A.
Unfallbedingte Umweltrisiken	Arbeitssicherheit	Arbeitsunfälle pro Mio. Stunden	D, F, GB	55 %
Transportbedingte Umweltbelastungen	Transportsicherheit	Unfälle pro Mio. t	D, GB, FIN	38 %

Tab. 2: Ausgewählte Umweltindikatoren für die Beurteilung der Umweltleistung

Für alle anderen Bereiche und Indikatoren liegen nur nationale Daten von einzelnen Mitgliedsverbänden vor. Für die Analyse wurden dabei - nach Verfügbarkeit - jeweils drei mittel- bis langfristige Datenreihen des deutschen, englischen, finnischen, französischen, italienischen, niederländischen bzw. spanischen Chemieverbands analysiert. Die pro Indikator ausgewählten Chemieverbände repräsentieren – je nach Länderkombination – zwischen 20 % und 55 % der Gesamtchemieproduktion innerhalb der Europäischen Union (Basis 1997).

Im Bereich Emissionen werden länderspezifisch die Emissionen an leichtflüchtigen Kohlenwasserstoffen (VOC) in die Luft, an CSB-Emissionen in die Gewässer sowie das Gesamtabfallaufkommen verfolgt. VOC-Emissionen sind in der Umgebungsluft schädlich für die menschliche Gesundheit und gelten als Vorläufersubstanzen für die Bildung von photochemischem Smog („Sommersmog"). (vgl. European Environment Agency 1995, S. 328). Neben den *energie*bedingten CO_2-Emissionen werden mit VOC-Emissionen auch *produktions*bedingte Emissionsquellen betrachtet. Die CSB-Emissionen gelten als Maß für die Einleitung von organischen Stoffen in Gewässer (vgl. VCI / Herder 1996, S. 36). In Zusammenhang mit dem zu ihrem Abbau benötigten Sauerstoff sind sie ein Indikator für die Beeinflussung der Wasserqualität. Das Gesamtabfallaufkommen ist schließlich ein Indikator für die Belastungen bei der Abfallverwertung und –beseitigung. Es ist auch eine Hilfsgröße für die Beurteilung der Ressourceneffektivität bei der Produktion: Je mehr Abfall vermieden wird, desto geringer der industrielle Materialverbrauch.

Dabei wird jeweils die absolute Entwicklung der Indikatoren über den betrachteten Zeitraum dem parallel dazu erfolgten Mengenwachstum auf nationaler Ebene gegenübergestellt. Für einen Quervergleich der Länderentwicklungen werden die beobachteten Tendenzen gleichzeitig als durchschnittliche prozentuale Veränderungen pro Jahr dargestellt.

Zu den produktbedingten Umweltbelastungen konnte auf Basis der untersuchten Verbandspublikationen kein geeigneter Umweltindikator ermittelt werden, für den mittel- bis langfristige Zeitreihenentwicklungen verfügbar waren. Für den Bereich der unfallbedingten Unfallrisiken wurde stellvertretend die Entwicklung der Arbeitssicherheitssituation betrachtet. Als Indikator dazu dient die Zahl der (meldepflichtigen) Arbeitsunfälle pro Million Arbeitsstunden. Bezüglich der transportbedingten Umweltbelastungen wurden Zeitreihenanalysen der Unfallzahlen pro Million Tonnen transportierte Chemikalien ausgewählt (Transportsicherheit).

2.2.2.2 Entwicklung der Umweltindikatoren

a) Energieverbrauch und Ölpreisentwicklung

Der Energieverbrauch[19] pro Produktionseinheit hat in der EU-Chemieindustrie langfristig kontinuierlich abgenommen (vgl. CEFIC 1998a, S. 58ff.). Im langjährigen Vergleichszeitraum von 1960 bis 1996 wurde er in der Größenordnung von 60 % reduziert (vgl. Abb. 11). Im Durchschnitt[20] entspricht dies jährlichen Einsparungen von 3,5 %. Die Abbildung veranschaulicht auch, dass sich die Energieeinsparpotentiale weitgehend unabhängig von der Entwicklung der Energiepreise (gemessen am Ölpreis in US-Dollar/Barrel) gestaltet haben. CEFIC (vgl. 1998a, S. 38) leitet daraus die Schlussfolgerung ab, dass in der EU-Chemieindustrie auf freiwilliger Basis eine starke Verpflichtung zur Energieeinsparung besteht. Dabei wird aus dem Abflachen der Kurve in der zweiten Hälfte des Beobachtungszeitraums abgeleitet, dass die Luft für Einsparpotentiale immer „dünner" wird.

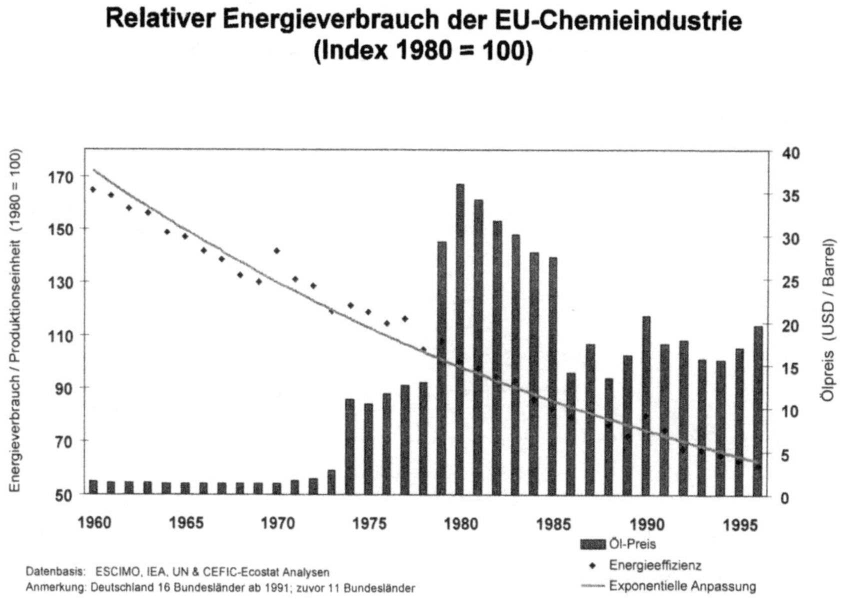

Abb. 11: Energieeffizienz der europäischen chemischen Industrie (CEFIC 1998a, S. 60) (Übersetzung durch den Verfasser)

---

[19] bezogen auf den Brennstoff- und Stromeinsatz, ohne den Verbrauch an fossilen Energieträgern als Produktionsrohstoff

[20] geometrisches Mittel

In der Darstellung nicht berücksichtigt wird der Verbrauch von Energieträgern als Rohstoffquelle für die Produktion. In 1996er Zahlen macht dies mit 49,2 % jedoch knapp die Hälfte des gesamten Verbrauchs an Energieträgern aus (vgl. CEFIC 1998a, S. 59).

b) Energieverbrauch, CO_2-Emissionen und Produktion

Abbildung 12 verdeutlicht für den Zeitraum von 1995 bis 1996 den vom Produktionswachstum entkoppelten Energieverbrauch. Während die Produktion in dem Vergleichszeitraum mengenbezogen um 34,7 % zunahm, stieg der absolute Energieverbrauch (ohne Einsatz als Rohstoff) um 8,4 % (vgl. CEFIC 1998a, S. 76). Die CO_2-Emissionen liegen mit +1,9 % fast unverändert auf dem Ausgangsniveau von 1985. Dabei wird aus der Darstellung ein marktwirtschaftliches Wachstumsdilemma deutlich sichtbar: Eine reine Effizienzverbesserung trägt nicht (automatisch) zu absolut sinkenden Verbräuchen und Emissionen bei.

Produktion, Energieverbrauch und CO_2-Emissoinen der EU-Chemieindustrie (Index: 1985 = 100 %)

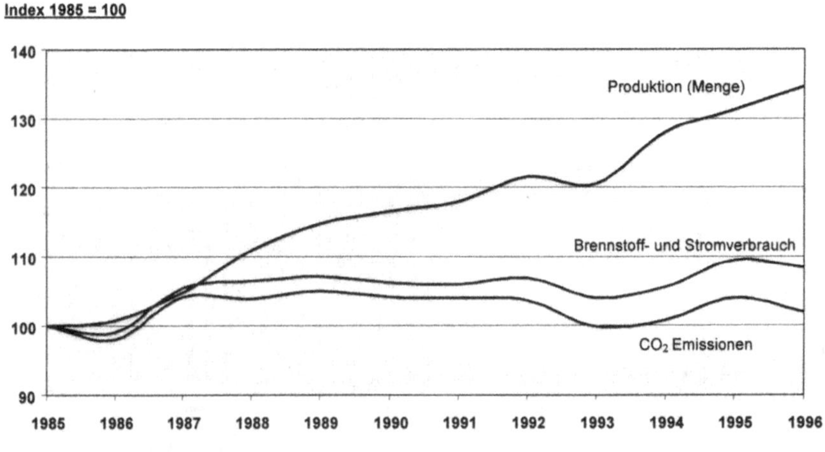

Datenquelle: ESCIMO & CEFIC-Ecostat Analyse
Anmerkung: Deutschland 11 Bundesländer

Abb. 12: Produktion, Energieverbrauch in der CO_2-Emissionen europäischen Chemieindustrie (CEFIC 1998c, S. 76) (Übersetzung und leichte Anpassung durch den Verfasser)

c) Leichtflüchtige Kohlenwasserstoffe (VOC)

Die Entwicklung der leichtflüchtigen Kohlenwasserstoffemissionen (VOC) wird anhand von Daten der Chemieverbände aus Finnland, Italien und den Niederlanden betrachtet (vgl. Tab. 3). Zugrunde liegen Zeitreihen von acht bis zwölf Jahren. Dabei wird ersichtlich, dass sich in allen betrachteten Ländern die absoluten VOC-Emissionen deutlich reduziert haben (in der Größenordnung von 40 % bis 80 %), bei gleichzeitigem Anstieg des Produktionsoutputs (zwischen 10 % und 50 %). Im Gegensatz zum Energieverbrauch und den CO_2-Emissionen liegen hier Indizien für eine langfristige Entkoppelung der VOC-Emissionen von der Produktion vor.

VOC in t	**Zeitraum**	**Basisjahr**	**1997**	**+/- in %**	**Output in %**
Finnland	1988 – 97	17600 t	11000 t	-37,5 %	37,7 %
Italien	1989 – 97	47616 t	8809 t	-81,5 %	12,0 %
Niederlande	1985 – 97	36027 t	18500 t	-48,6 %	51,8 %

Tab. 3: VOC-Emissionen in Tonnen (Quellen: CIFF (1998, S. 9), FEDERCHIMICA (1998, S. 15), VCI (1997b, S. 112), VCI (1999a, S. 110), VNCI (1998, S. 25)

Für einen Quervergleich der drei CEFIC-Mitgliedsländer wurden die durchschnittlichen jährlichen Veränderungen in Prozent ermittelt (vgl. Abb. 13).

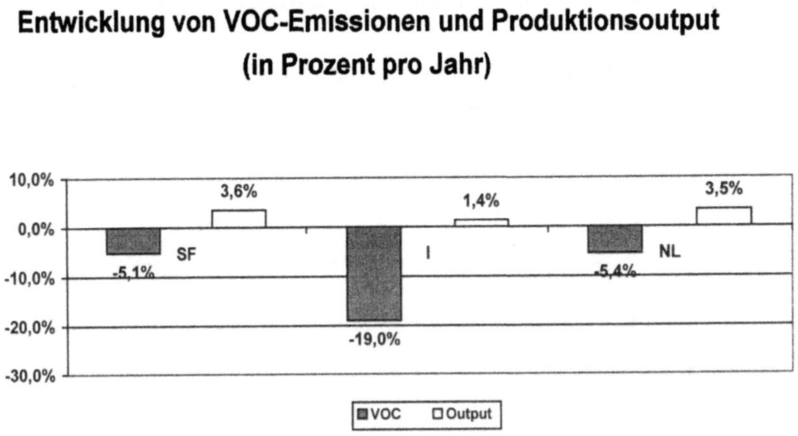

Abb. 13: Entwicklung der jährlichen VOC-Emissionen im Vergleich zum Produktionsoutput

In den beobachteten Ländern sind auch auf jährlicher Basis deutliche Emissionsverringerungen bei gleichzeitigem Produktionswachstum zu beobachten. Die Spanne zwischen Emissionsreduzierung und Produktionswachstum liegt je nach Land bei zwischen 9 % und 20 % pro Jahr.

d) Chemischer Sauerstoffbedarf

Die Entwicklung des chemischen Sauerstoffbedarfs (CSB) als Maß für die Belastung des Abwassers mit organischen Stoffen wird anhand von Verbandsdaten aus Deutschland Finnland und Italien betrachtet (vgl. Tab. 4). Zugrunde liegen Zeitreihen von zwischen acht bis 27 Jahren. Dabei wird ersichtlich, dass in allen betrachteten Ländern die absoluten VOC-Emissionen zurück gingen, bei gleichzeitigem Anstieg des Produktionsoutputs (zwischen 10 % und 110 %). Wie bei den VOC-Emissionen liegen auch hier Indizien für die langfristige Entkoppelung der CSB-Belastungen von der Produktion vor.

CSB in t	**Zeitraum**	**Basisjahr**	**1997**	**+/- in %**	**Output in %**
Deutschland	1970 – 97	1500000 t	50000 t[21]	(- 96,7%)	107,6 %
Finnland	1988 – 97	7700 t	6600 t	- 14,2 %	37,7 %
Italien	1989 – 97	76583 t	30097 t	- 60,7 %	12,0 %

Tab. 4: Direkteinleitungen in Gewässer (CSB) in Tonnen (Quelle: CIFF (1998, S. 8), FEDERCHIMICA (1998, S. 13); VCI (1996, S. 9), VCI (1996, S. 9), VCI (1999a, S. 110), VCI / StBA (1999)[22])

Für einen Quervergleich der drei CEFIC-Mitgliedsländer wurden die durchschnittlichen jährlichen Veränderungen in Prozent ermittelt (vgl. Abb. 14).

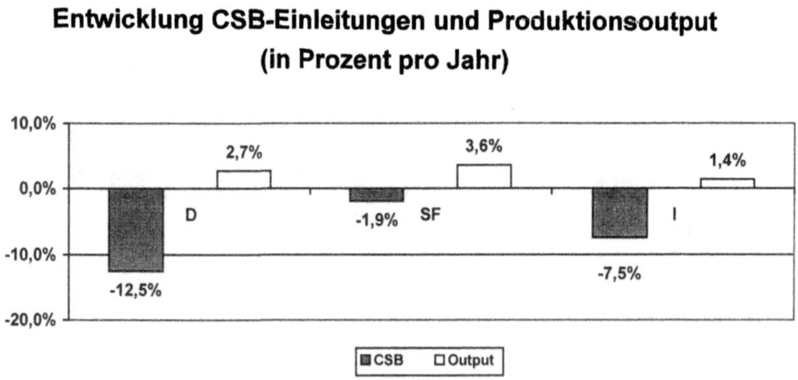

Abb. 14: Entwicklung der jährlichen CSB-Emissionen im Vergleich zum Produktionsoutput[23]

---

[21] Nicht direkt mit dem Wert von 1970 vergleichbar. Ab 1995 wurde die CSB-Datenerfassung beim VCI neu abgegrenzt und auf alle 16 Bundesländer ausgeweitet.

[22] nach Zusammenstellung von Daten durch Frau Angela Becker, VCI, Frankfurt/Main

In den beobachteten Ländern sind auch auf jährlicher Basis deutliche Emissionsverringerungen bei gleichzeitigem Produktionswachstum zu beobachten. Die Spanne zwischen Emissionsreduzierung und Produktionswachstum liegt je nach Land bei zwischen 6 % und 15 % pro Jahr.

e) Gesamtabfallmenge

Die Entwicklung des Abfallaufkommens wird anhand von Daten der deutschen, finnischen und italienischen Chemieindustrie betrachtet (vgl. Tab. 5). Zugrunde liegen Zeitreihen von zwischen acht und 22 Jahren. Dabei wird ersichtlich, dass in allen betrachteten Ländern das absolute Abfallaufkommen z.T. deutlich zurückging (in der Größenordnung von 40 % bis 80 %), bei gleichzeitigem Anstieg des Produktionsoutputs (zwischen 10 % und 50 %). Wie bei den VOC- und CSB-Emissionen liegen auch hier Indizien für eine langfristige Entkoppelung der Abfallmengen von der Chemieproduktion vor.

Abfall in t	**Zeitraum**	**Basisjahr**	**1997**	**+/- in %**	**Output in %**
Deutschland	1975 – 97	8245900 t	2550000 t[24]	(-69,1 %)	82,1 %
Finnland	1988 – 97	426000 t	378000 t	-11,3 %	37,7 %
Italien	1989 – 97	2877228 t	1272735 t	-55,7 %	12,0 %

Tab. 5: Gesamtabfallmenge in Tonnen (Quellen: StBA (1976, S. 11), CIFF (1998, S. 10), FEDERCHIMICA (1998, S. 16); VCI (1998b, S. 7), VCI (1999a, S. 110))

Für einen Quervergleich der drei CEFIC-Mitgliedsländer wurden die durchschnittlichen jährlichen Veränderungen in Prozent ermittelt (vgl. Abb. 15).

[23] Der Wert für die CSB-Emissionen in Deutschland wurde wegen der fehlenden Vergleichbarkeit nicht aus den Rohdaten der Tab. 6 berechnet, sondern nach auf Basis von unterjährigen Daten des VCI getrennt für die Jahre 1970 (1500000 t) bis 1994 (75000 t) (vgl. VCI 1996, S. 9) bzw. für die Jahre 1995 (67000 t) bis 1997 (52090 t) (vgl. 1998a, S. 8) bei anschließender Gewichtung der durchschnittlichen Jahreswerte. Für die Lücke zwischen 1994 und 1995 wurden aufgrund von Umstellungen in der Datenbasis keine Werte berücksichtigt .

[24] Nicht direkt mit dem Wert von 1975 vergleichbar. Ab 1995 wurde die Abfalldatenerfassung beim VCI neu abgegrenzt und auf alle 16 Bundesländer ausgeweitet. Die Werte von 1975 sind aus Quellen des Statistischen Bundesamtes.

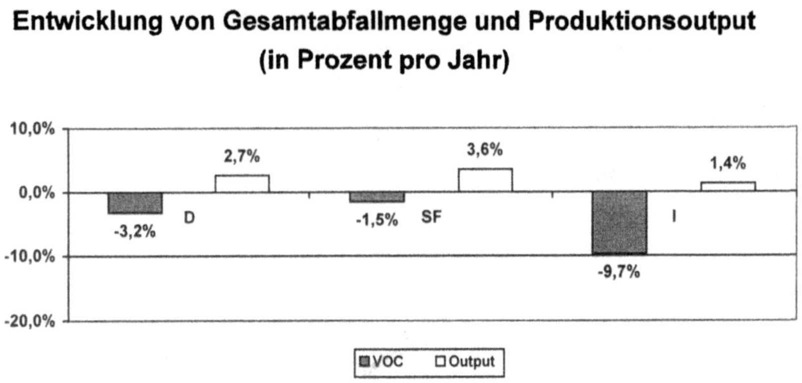

Abb. 15: Entwicklung der jährlichen Gesamtabfallmenge im Vergleich zum Produktionsoutput[25]

In den beobachteten Ländern sind auch auf jährlicher Basis deutliche Emissionsverringerungen bei gleichzeitigem Produktionswachstum zu beobachten. Die Spanne zwischen Abfallreduzierung und Produktionswachstum liegt je nach Land bei zwischen 5 % und 11 % pro Jahr.

f) Meldepflichtige Arbeitsunfälle

Die Entwicklung der Arbeitsunfälle wird anhand der Daten der deutschen, finnischen und italienischen Chemieindustrie betrachtet (vgl. Tab. 6). Zugrunde liegen Zeitreihen von zwischen 16 und 26 Jahren. Dabei wird ersichtlich, dass in allen betrachteten Ländern die Zahl der Arbeitsunfälle pro Million Arbeitsstunden deutlich zurückging (zwischen 60 % bis 70 %). Zahlen zur absoluten Entwicklung der gearbeiteten Stunden waren den Veröffentlichungen nicht zu entnehmen.

Unfälle / Mio. Arbeitsstunden	**Zeitraum**	**Basisjahr**	**1996**	**+/- in %**	**+/- in % p.a.**
Deutschland	1970 – 96	49,4	15,4	- 69 %	- 4,4%
Frankreich	1980 – 96	29	12	- 59 %	- 5,4%
Großbritannien	1970 – 96	42	18	- 57 %	- 3,2%

Tab. 6: Meldepflichtige Arbeitsunfälle pro Million Arbeitsstunden (Quelle: CIA (vgl. 1998, S. 13); UIF (1998, S. 12); (VCI, 1998a, S. 18))

[25] Der Wert für die Abfallentwicklung in Deutschland wurde wegen der fehlenden Vergleichbarkeit nicht aus den Rohdaten der Tab. 7 berechnet, sondern nach Datenbasis getrennt für die Jahre 1975 (8245899 t) und 1993 (8054052 t) auf Basis der Daten des StBA (1976, S. 11; 1994, S. 75) bzw. für die Jahre 1995 (3970000 t) und 1997 (2550000 t) des VCI (1998b, S. 7) bei anschließender Gewichtung der durchschnittlichen Jahreswerte. Für die Lücke zwischen 1993 und 1995 wurden aufgrund von Umstellungen in der Datenbasis keine Werte berücksichtigt.

Für einen Quervergleich der drei CEFIC-Mitgliedsländer wurden die durchschnittlichen jährlichen Reduzierungen der Unfallzahlen in Prozent ermittelt (vgl. Tab. 6). Sie liegen in einem engen Spielraum zwischen - 3,2 % und - 5,4 %. Bezogen auf die letzten verfügbaren Jahresdaten (1996) liegen auch die relativen Unfallwerte mit zwischen 12 (Frankreich) und 18 (Großbritannien) Unfällen pro Million Arbeitsstunden in einem vergleichbaren Rahmen.

g) Transportunfälle

Die Entwicklung der Transportunfälle wird anhand der Daten des deutschen, britischen und finnischen Chemieverbands betrachtet (vgl. Tab. 7). Zugrunde liegen relativ kurze Zeitreihen von zwei bis sieben Jahren. Dabei wird ersichtlich, dass in Finnland und in Großbritannien über einen längeren Zeitraum betrachtet die Zahl der Transportunfälle pro Million Arbeitsstunden deutlich rückläufig war. Die deutschen Zahlen wurden nicht einem Jahresvergleich unterzogen, da im Zweijahresvergleich zu große Schwankungen auftreten können, als dass sie mit den langjährigen Daten der beiden anderen Länder vergleichbar wären. Zahlen zur absoluten Entwicklung der transportierten Mengen (Referenzgröße) waren den Veröffentlichungen nicht zu entnehmen.

Unfälle / Mio. Transportgut	**Zeitraum**	**Basisjahr**	**1997**	**+/- in %**	**+/- in % p.a.**
Deutschland	1996 – 97	0,7	1,0	n.a.	n.a.
Finnland	1992 – 97	3,8	2,0	- 47 %	12,0%
Großbritannien	1990 – 97	4,0	1,8	- 55 %	10,8%

Tab. 7: Transportunfälle pro Million transportiere Chemikalien (Quelle: CIA (1998, S. 20); CIFF (1998, S. 10); VCI (1998a, S. 22))

Im Quervergleich werden für Finnland und Großbritannien in den 90er Jahren durchschnittliche jährliche Veränderungen von ca. 11 % bis 12 % ermittelt. Die Daten für Deutschland (Anstieg von 1996 auf 1997) wurden wegen der geringen beobachteten Zeitspanne nicht mit in die Analyse der durchschnittlichen Jahresentwicklung einbezogen. In der Gegenüberstellung der Transportunfälle pro Million Tonnen liegen die betrachteten Länder mit zwischen 1,0 (Deutschland) und 2,0 (Finnland) in einem noch vergleichbaren Spielraum.

2.2.3 Wahrnehmung und Aktionen der verschiedenen Akteure

2.2.3.1 Wahrnehmung in der Öffentlichkeit

Während die chemische Industrie in Europa in den 50er Jahren in der Öffentlichkeit noch als Garant für Fortschritt und Wirtschaftswachstum gesehen wurde, setzte in den 60er Jahren ein Prozess der Bewusstseinswandelung ein, bei dem verstärkt die Umweltproblematik der Branche in den Mittelpunkt gerückt wurde (vgl. Franke, J. / Wätzold, F., 1995, S. 8). Die öffentliche Debatte der Umweltrelevanz begann Mitte der 60er Jahre über die langanhaltenden, negativen Auswirkungen von Insektiziden wie DDT und intensivierte sich in den 70er Jahren, als sich deutliche Anzeichen für die – durch das anhaltende Wirtschaftswachstum – zunehmende Umweltverschmutzung in Industrieländern manifestierte (vgl. Dyllik, Th. / Belz, F. / Schneidewind, U., 1997, S. 89).

Dieser Wahrnehmungswandel wurde nachhaltig verstärkt durch eine Reihe gravierender Umweltunfälle in der chemischen Industrie (vgl. Franke, J. / Wätzold, F., 1995, S. 8): Eine Cyclohexan-Dampfexplosion verursachte 1974 in Fixborough/England 28 Tote, 1976 führte ein Austritt von Dioxinen in Seveso/Italien zu Verletzungen von mehreren Hundert Personen. Das Bild von der gefährlichen und umweltverschmutzenden Chemieindustrie hat sich in den 80er Jahren durch weitere Unfälle verstärkt (z.B. in Bhopal, Indien, wo 1984 mehr als 2.000 Menschen getötet wurden, oder durch die Verschmutzung des Rheins mit Löschwasser in Basel, Schweiz im Jahre 1986, welche große Teile des Oberlaufs aus dem ökologischen Gleichgewicht brachte).

Im Vergleich mit verschiedenen endverbraucherorientierten Branchen hat die chemische Industrie in der öffentlichen Wahrnehmung vor allem damit zu „kämpfen", dass sie als von den Konsumenten in Bezug auf den Produktnutzen als sehr „entfernte" Industrie eingeschätzt wird. Nur knapp 50 % der Bevölkerung in der Europäischen Union erkennen durch chemische Produkte einen signifikanten Nutzen in ihrem täglichen Leben (vgl. CEFIC 1998c, S. 2). Eine „Pan-Europäische Umfrage" in sieben CEFIC Mitgliedsländern[26] erbrachte folgendes Ergebnis im Branchenvergleich (100 = Durchschnitt, Werte unter 100 stellen eine niedrigere Akzeptanz dar, über hundert eine höhere Akzeptanz).

	Telekommunikation	Ernährung	Pharma	Automobil	Kunststoff	Mineralöl	Chemie	Kernenergie
Index 1996	141	137	121	111	86	79	68	57
Index 1998	147	134	121	113	83	80	64	58

Tab. 8: Wahrnehmungsindex der gesellschaftlichen Vorteilhaftigkeit verschiedener Industriebranchen im Vergleich (Durchschnitt = 100) (vgl. CEFIC, 1998c, S. 5)

Am besten werden von der europäischen Bevölkerung konsumnahe Wirtschaftsbereiche wie Telekommunikation, Ernährung oder Pharma eingeschätzt. Die chemische Industrie liegt mit 64 Punkten - indexiert zum Durchschnittswert 100 - deutlich zurück. Im Zweijahresvergleich mit 1996 hat die Chemieindustrie 1998 vier Prozentpunkte verloren (vgl. Tab. 8).

Auch die Bewertung der chemischen Industrie in Bezug auf ihre Umweltschutzeinstellung ging in der öffentlichen Meinung im Zwei- bzw. Vierjahresvergleich deutlich zurück (vgl. Tab. 9). Während 1994 noch 62 % der Befragten die Einschätzung teilten, dass die chemische Industrie größere Anstrengungen zum Umweltschutz unternimmt, waren es 1998 mit 55 % nur noch knapp über die Hälfte. Eine aktive Rolle wird dabei nur von ca. einem Drittel der Befragten zugebilligt. Nur ca. ein Viertel der Befragten schätzt dabei die Informationspolitik der Branche als offen und faktenbasiert ein, mit sinkender Tendenz. Nur ein Drittel der Befragten teilt die Ansicht, dass die Chemieindustrie die Bedenken der Öffentlichkeit ernst nimmt und berücksichtigt.

Die chemische Industrie...	**1994**	**1996**	**1998**
„... unternimmt größere Anstrengung zum Umweltschutz als vor zwei Jahren"	62 %	56 %	55 %
„... nimmt eine aktive Rolle im Umweltschutz wahr"	-	35 %	32 %
„... hört auf öffentliche Bedenken und nimmt sie ernst"	34 %	34 %	34 %
„... informiert die Öffentlichkeit offen und auf Fakten basiert"	27 %	23 %	23 %

Tab. 9: Imageprofil der Chemieindustrie (Quelle: CEFIC (1998c, S. 2)

Diese Ergebnisse spiegeln sich auch in den Ergebnissen des International Environmental Monitor 1998 wieder (vgl. Environics International 1998, o.S.). In einer weltweiten Untersuchung in 30 Industrieländern schnitt die chemische Industrie im Vergleich von insgesamt zehn Wirtschaftsbereichen am schlechtesten ab: Insgesamt 23 % der Befragten äußerten die Meinung, die Chemieindustrie unternehme überhaupt keine Umweltschutzanstrengungen. Gegenüber 1997 ist dies ein Anstieg um 4 % (1997: 19 %).

Die Autoren der Pan-Europäischen-Studie 1998 kommen in ihrer Studie zu der Schlussfolgerung, dass die Chemieindustrie dringend nachhaltige Aktivitäten unternehmen muss, um die öffentliche Anerkennung der Nutzenhaftigkeit ihres Wirt-

[26] Belgien, Deutschland, Spanien, Frankreich, Großbritannien, Italien und die Niederlande, jeweils gewichtet nach dem Bevölkerungsanteil und dem Länderanteil an der Gesamtchemieproduktion

schaftszweiges zu verstärken (vgl. CEFIC 1998c, S.6): „Die gegenwärtige Situation impliziert einen dringenden Bedarf [...] nach einer klareren und deutlicheren Positionierung als nutzenbringender, eigeninitiativer und verantwortlicher Akteur zur nachhaltigen Entwicklung der Gesellschaft".

2.2.3.2 Reaktion der Politik

Die Regierungen der Mitgliedsstaaten der EU wie auch die Europäische Union reagierten mit der Entwicklung einer eigenen Umweltpolitik und –gesetzgebung auf die zunehmende Umweltverschmutzung. In dem oben beschriebenen Zusammenhang wurde die Chemieindustrie dabei nicht nur mit den allgemeinen Umweltgesetzen konfrontiert, sondern auch mit speziell auf die Branche „gemünzten" Vorschriften (vgl. Franke, J. / Wätzold, F. 1995, S. 8). Dies führte zu einer hohen Auflagenbelastung für Chemieunternehmen. So schätzen Kostka, S. / Hassan, A. beispielsweise für Deutschland die Anzahl von Gesetzen, Verordnungen, Verwaltungsvorschriften und technischen Regelwerken mit umweltbezogenem Charakter auf ca. 3000 (vgl. 1997, S. 9). In Europa hat dabei innerhalb der letzten 25 Jahre eine graduelle Verlagerung der Bedeutung der nationalen Regierungen bei der Gesetzgebung hin zur Europäischen Kommission stattgefunden (vgl. CEFIC 1997a, S. 10f.). Der Europäische Chemieverband CEFIC schätzt weitergehend, dass „in den nächsten 25 Jahren eventuell eine Verlagerung von den heutigen Wirtschaftsräumen hin auf ein 'Weltzentrum' (CEFIC 1997a, S. 11)" einsetzen wird.

Die europäische Chemiepolitik basiert auf vier Richtlinien und Verordnungen aus den Jahren 1967 bis 1993, die seit Erscheinen mehrfach ergänzt und abgeändert wurden und derzeit unter dem Blickwinkel einer gesamtheitlichen, kritischen Untersuchung von Politikoptionen von der EU-Kommission untersucht werden (vgl. ENDS, 1998b, S. 41f.). Diese betreffen die Richtlinie zur Klassifizierung, Verpackung und Kennzeichnung von gefährlichen Stoffen (1967), die Richtlinie zur Vermarktung von Stoffen und Zubereitungen (1976), die Richtlinie zu gefährlichen Zubereitungen (1998) und die Verordnung zur Bewertung und zum Management des Risikos von existierenden Stoffen (1993).

Im April 1998 wurde auf die dringende Bitte von fünf EU-Mitgliedsstaaten eine Untersuchung initiiert, die eine umfassende Überholung und Neugestaltung der bisherigen Chemikaliengesetzgebung in einer einzigen Rahmenrichtlinie forderte, die neue Prinzipien für die Minimierung von chemischen Risiken definiert (vgl. ENDS, 1998b, S. 41). Die Reaktion der EU-Kommission darauf war wesentlich zurückhaltender: So erkennt sie zwar die „wachsende öffentliche Besorgnis" über die Auswirkungen von Chemikalien auf die menschliche Gesundheit und die Umwelt an, beschränkt sich aber in ihrer Position auf eine Bewertung der Effizienzverbesserungsmöglichkeiten der vier bestehenden Gesetzesakte. Eine strategische Analyse, wie die EU-Politik angepasst werden könnte, um die sich verändernden Rahmenbedingungen von Chemierisiken zu berücksichtigen, wurde nicht durchgeführt (vgl. ENDS 1998b, S. 42).

Auch die in Deutschland vorliegenden Erfahrungen mit freiwilligen Selbstvereinbarungen deuten darauf hin, dass die gegenwärtige Stufe der umwelt- und chemiepolitischen Ansätze vor allem darauf abzielt, freiwillige und mit den Unternehmen abgestimmt Instrumente und (Selbst-)Verpflichtungen zu fördern, während keine weiteren verschärften Umweltvorschriften eingeführt werden sollen.

2.2.3.3 Haltung der chemischen Industrie

Während Sicherheitsaspekte schon seit Anfang des Jahrhunderts als relevante Gesichtspunkte in das Produktionsmanagement von Chemiebetrieben integriert wurden, blieb die Anerkennung von relevanten Umweltauswirkungen dem letzten Viertel des 20. Jahrhunderts vorbehalten (vgl. Jourdan, L. 1995, S. 360): Erst in den 60er und 70er Jahren wurden die Auswirkungen von Chemieprodukten und der chemischen Industrie als Ganzes auf die Umwelt bewusst gemacht, u.a. auf der ersten UN-Umweltkonferenz 1972 in Stockholm.

Die Haltung der chemischen Industrie gegenüber der von ihr verursachten Umweltbelastungen hat sich seitdem deutlich verändert. Noch bis in die 70er Jahre konnte die Haltung als defensiv bzw. reaktiv beschrieben werden. Die bloße Einhaltung der Umweltgesetze („Compliance") wurde als völlig ausreichend angesehen (vgl. Franke, J. / Wätzold, F., 1995, S. 8). Jourdan, L. (vgl. 1995, S. 360) charakterisiert die Situation, indem er beschreibt, dass der Begriff „Umweltmanagement" oder gar „Umweltmanagementsystem" selbst im letzten Jahrzehnt bei Chemiemanagern ein bloßes „Hochziehen der Augenbrauen" verursacht hätte.

Verstärkter Druck der lokalen Öffentlichkeit und von Umweltinitiativen - unterstützt durch medienwirksame Aktionen und eine breite Berichterstattung - führten graduell zu einer veränderten Haltung der chemischen Industrie gegenüber Umweltfragen. Parallel dazu reagierte auch der Gesetzgeber auf die wachsenden Probleme sowie den öffentlichen Druck und hat neue Vorschriften eingeführt und umgesetzt (vgl. Franke, J. / Wätzold, F, 1995, S. 9f.). Auch der Einfluss von Umwelthaftungsgesichtspunkten auf das Management sowie ein geändertes Geschäftsbewusstsein der Finanzdienstleister (Banken, Versicherer, Aktionäre) gegenüber Umweltrisiken hat in der Branche einen Paradigmenwechsel hin zu einer proaktiven Rolle im Umweltschutz ausgelöst (vgl. Jourdan, L. 1995, S. 361f.).

Franke, J. / Wätzold, F. (vgl. 1995, S. 11) stellen dabei drei Aspekte heraus, mit denen sich die aktuelle Haltung der chemischen Industrie gegenüber Umweltproblemen zusammenfassen läßt:

- Praktizierung von Umweltschutz in Eigeninitiative und unter Übernahme von Eigenverantwortung;
- Verantwortung für die sichere Produktion, Logistik, Nutzung und Entsorgung von Produkten über den gesamten Lebenszyklus („Product Stewardship");
- Führung eines offenen Dialogs mit der Öffentlichkeit über Umweltthemen.

Neben der eigenständigen Einführung von Umweltmanagementsystemen und dem Einsatz von verschiedenen Instrumenten der Umweltberichterstattung auf Unternehmensebene kann auch der Abschluss einer Reihe von „freiwilligen" Selbstverpflichtungen mit nationalen und supranationalen Organisationen (vgl. CEFIC, 1997b, S. 2f.) als Zeichen dieses neuen Selbstverständnisses in der chemischen Industrie gewertet werden[27]. Die weltweit bekannteste Initiative aus der Chemiebranche ist das mittlerweile international verbreitete „Responsible Care" Programm.

Andererseits ist es in der aktuellen Umweltdiskussion gerade die chemische Industrie, die sich in ihrer Öffentlichkeitsarbeit am stärksten gegen die Einführung fiskalökonomischer Instrumente in der Umweltpolitik - wie beispielsweise in Deutschland zur Frage einer intensiveren Ressourcenbesteuerung[28] - einsetzt und über die Öffentlichkeit versucht, politisch zu intervenieren (vgl. VCI 1997a, S. 1; vgl. CEFIC 1997c, S. 1ff.).

2.3 Responsible Care

Responsible Care ist das weltweite Programm der chemischen Industrie zur kontinuierlichen Verbesserung der Gesundsheits-, Sicherheits- und Umweltsituation sowie zum Dialog über unternommene Aktivitäten und erreichte Ergebnisse (vgl. ICCA 1996, S. 4). Dabei ist wichtig herauszustellen, dass es kein weltweit einheitliches Responsible Care Programm gibt, sondern diese von den nationalen Chemieverbänden unter Berücksichtigung der lokalen Gegebenheiten länderspezifisch entwickelt werden (vgl. Jourdan, L. 1995, S. 376).

---

[27] Ungefähr ein Fünftel der rund 300 Selbstverpflichtungen in der Europäischen Union wurden mit Branchen bzw. Unternehmen abgeschlossen, die der chemischen Industrie angehören (EEA, 1997). Der Begriff der „Freiwilligkeit" dieser Selbstverpflichtungen muss jedoch relativiert werden, da bei Nichtzustandekommen von "einvernehmlichen Lösungen" zwischen Industrie und Politik oft gesetzgeberische Aktivitäten angekündigt waren.

[28] vgl. u.a. die Anzeigenserien in überregionalen Zeitungen zur Ablehnung einer höheren Energie- bzw. Ressourcensteuer vom 9.10.1998, 26.10.1998, 17.11.1998 und 25.1.1999 (vgl. VCI, 1999b)

2.3.1 Grundsätze und Prinzipien

Responsible Care wurde erstmals 1984 vom kanadischen Chemieverband als neues Modell zum Chemikalienmanagement entwickelt und verabschiedet (vgl. Franke, J. F. / Wätzold, F. 1995, S. 11). Seitdem wurde das kanadische Modell unter dem Markennamen „Responsible Care" von vielen nationalen Chemieverbänden übernommen und landesspezifisch angepasst. Bis 1998 hatten Chemieverbände in insgesamt 42 Ländern weltweit eigene Responsible Care Programme für ihre Mitgliedsunternehmen entwickelt (vgl. ICCA 1999, S. 2). Um ein „Ausufern" der einzelnen Länderprogramme weltweit zu verhindern, wurde 1991 vom Internationalen Chemieverband ICCA eine „Leadership-Gruppe" ins Leben gerufen, die einheitliche Kriterien für die Entwicklung und Anwendung von Responsible Care Programmen auf Ebene der in der ICCA vertretenen Mitgliedsverbände zu gewährleisten hat (vgl. ICCA 1996, S. 16). Seit 1996 gelten auf internationaler Ebene acht grundlegende Richtlinien („fundamental features"), die zur weltweiten Konsistenz des Programms beitragen sollen (CEFIC 1998b[29], S. 3):

1. „A formal commitment on behalf of each company to a set of **guiding principles** signed, in the majority of the cases by the Chief Executive Officer[(30)];
2. A series of **codes, guidance notes, and checklists** to assist companies to implement the commitment;
3. The progressive development of **indicators** against which improvements in performance can be measured;
4. An ongoing process of **communication** on Health, Safety and Environment matters with interested parties inside and outside the industry;
5. Provision of forums in which companies can share views and **exchange experiences** on implementation of the commitment;
6. Adoption of a **title and a logo** which clearly identify national programmes as being consistent with and part of the concept of Responsible Care;
7. Consideration of how best to **encourage all member companies** to commit to and participate in Responsible Care;
8. Systematical procedures to **verify the implementation** of the measurable (or practical) elements of Responsible Care by the member companies."

---

[29] Hervorhebungen in **fett** durch den Verfasser

[30] In einigen Ländern von Chemieverbänden wurden die nationalen Leitlinien verpflichtend für alle Mitgliedsunternehmen vom Vorsitzenden des nationalen Chemieverbandes adoptiert (vgl. Jourdan, L., 1995, S. 376f.).

Die Programme beschränken sich dabei nicht nur auf die Anwendung in den Chemieunternehmen selbst, sondern verstehen sich als umfassender Ansatz zur Produktverantwortung über den gesamten Lebenszyklus von der Grundlagenforschung über Produktentwicklung, Herstellung, Distribution und Nutzung bis hin zur Entsorgung von Chemieprodukten (vgl. Jourdan, L. 1995, S. 377). Vor dem Hintergrund der Umweltleistungsbewertung in der chemischen Industrie und der Evaluierung der kontinuierlichen Verbesserung nach der EG-Öko-Audit-Verordnung sind vor allem die Punkte drei („Kennzahlen, gegen die Verbesserungen messbar gemacht werden können", vier („Kommunikation mit interessierten Gruppen") und acht („Verifizierbarkeit der messbaren Umsetzungselemente" von Bedeutung.

2.3.2 Bedeutung von Responsible Care weltweit und in Europa

Die weltweit 42 nationalen Responsible Care Programme decken 87 % der Weltchemieproduktion ab (vgl. ICCA, 1999, S. 2). Innerhalb dieser Länder variiert der Anteil der Chemieproduktion, die von Unternehmen erzielt wird, die sich aktiv an Responsible Care beteiligen, zwischen 20 % und 90 % (vgl. ICCA 1996, S. 12). In Europa wurden bis Ende 1996 von insgesamt 21 Chemieverbänden nationale Responsible Care Programme entwickelt. Von den 22 Mitgliedsverbänden und assoziierten Verbänden, die in dem Europäischen Chemieverband CEFIC vertreten sind, hat derzeit nur der slowenische Chemieverband noch kein eigenes Responsible Care Programm verabschiedet (vgl. CEFIC 1998b).

2.3.3 Umsetzung am Beispiel „Verantwortliches Handeln" in Deutschland

Der deutsche Verband der chemischen Industrie (VCI) e.V. hat 1991 ein erstes deutsches „Responsible Care"-Programm verabschiedet (vgl. VCI 1995, S. 6). Grundlage hierfür waren die im Jahr 1986 vom VCI entwickelten Umweltleitlinien und Maßnahmenpakete zum Schutz von Umwelt, Sicherheit und Gesundheit, die mit Übernahme in das Responsible Care Programm für alle Mitgliedsunternehmen als verbindlich erklärt wurden. Mit Verabschiedung des Programms durch das Präsidium des Verbandes der chemischen Industrie ist das deutsche Responsible Care Programm verpflichtender Bestandteil zur Umsetzung für alle 1.600 VCI-Mitgliedsunternehmen geworden. Um die Identifikation der Mitarbeiter in den Unternehmen mit „Responsible Care" zu erleichtern, wurde 1993 beschlossen, den Begriff mit „Verantwortliches Handeln" ins Deutsche zu übertragen (vgl. VCI 1995, S. 6).

2.3.3.1 Bereiche von „Verantwortliches Handeln"

Das deutsche Firmenprogramm „Verantwortliches Handeln" ist in sechs thematische Bereiche untergliedert, die nachfolgend zusammen mit einer Kurzbeschreibung der bereichsspezifischen Intention kurz zusammengefasst sind (vgl. VCI 1995, S. 7):

Dialog: Schaffung eines Klimas des Vertrauens zwischen den Unternehmen der chemischen Industrie und ihren Kunden, ihren Abnehmern sowie den Verbrauchern und dem gesellschaftlichen Umfeld;

Anlagensicherheit und Gefahrenabwehr: vorbeugende systematische Auseinandersetzung mit allen Sicherheitsaspekten, um Risiken, die von einer Chemieanlage ausgehen können, soweit wie möglich zu erkennen, zu bewerten und gegebenenfalls zu beseitigen oder zu vermindern;

Arbeitssicherheit: sichere Arbeits- und Verhaltensweisen am Arbeitsort und auf den Arbeitswegen sowie sicherer Umgang mit gefährlichen Stoffen;

Umweltschutz: Anwendung der vom Gesetzgeber vorgegebenen Umweltauflagen in Deutschland sowie „Zug-um-Zug"-Anpassung von Altanlagen;

Transportsicherheit: Verringerung von Risiken bei Transport, Umschlag und Lagerung von Chemikalien für alle Beteiligten;

Produktverantwortung: Erkennung, Verminderung und Vermeidung von Gefahren und Risiken, die von einem Produkt während aller Phasen des Lebenszykluses für Mitarbeiter, Nachbarn, Kunden und die Umwelt ausgehen können;

Für die einzelnen Bereiche werden vom deutschen Chemieverband jeweils „mögliche Vorgaben und Maßnahmen" aufgeführt, sowie auf einen Anhang mit für die Unternehmen verbindlichen, von CEFIC sowie vom VCI beschlossenen Maßnahmen zur Umsetzung von gesetzlichen Anforderungen sowie von sonstigen Verbandsbeschlüssen verwiesen (vgl. VCI 1995, S. 12ff.).

2.3.3.2 Ablauf von „Verantwortliches Handeln" in den Unternehmen

Das Firmenprogramm „Verantwortliches Handeln" lässt sich in fünf Elemente untergliedern, die unternehmensspezifisch entwickelt und in regelmäßigen Abständen durchlaufen werden.

Der Einstieg in „Verantwortliches Handeln" beginnt mit der Festlegung *unternehmensinterner Leitlinien.* Diese sollen auf den in Anhang 3 abgebildeten zehn Leitlinien von Responsible Care beruhen und die Firmenpolitik zum Schutz von Gesundheit, Umwelt und Sicherheit beschreiben. Darauf aufbauend wird in einer *Bestandsaufnahme* der Umsetzungsstand der Leitlinien im Unternehmen untersucht und bewertet. Auf Grundlage dieser Bewertung werden dann Prioritäten und Schwerpunkte für die Umsetzung im Unternehmen gesetzt. Die Umsetzung kann schrittweise und aufeinander aufbauend nach verschiedenen Themenfeldern erfolgen. Die darauf folgende Festlegung von *Vorgaben der Unternehmensleitung* spiegelt die Ergebnisse der Bestandsaufnahme wider: Daraus folgt, dass nicht in allen sechs Bereichen gleichzeitig Verbesserungsziele festgelegt werden müssen. Die Vorgaben sollen nicht isoliert durch die oberste Managementebene alleine erfolgen, sondern auch Anregungen aus dem Kreis der Mitarbeiter sowie Wünsche und Anliegen der Anwohner und der Öffentlichkeit berücksichtigen. Für jede derart entwickelte und von der Unternehmensleitung verabschiedete Vorgabe sind dann konkrete *Maßnahmen zur Umsetzung* festzulegen. Um die Wirksamkeit des Firmenprogramms nachvollziehen zu können, wird regelmäßig überprüft, ob die unternehmensspezifischen Vorgaben durch die ergriffenen Maßnahmen erreicht wurden (*SOLL/IST-Vergleich*). Falls erforderlich müssen Maßnahmen verändert oder neue Maßnahmen entwickelt werden, um die gesetzten Ziele zu erreichen.

Ablaufschema „Verantwortliches Handeln"

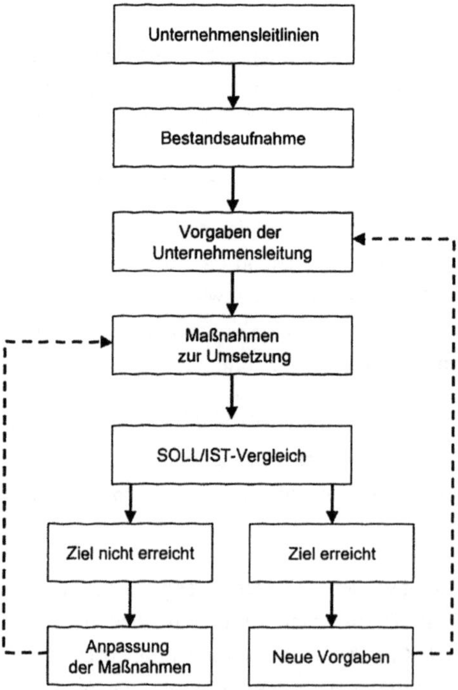

Abb. 16: Ablaufschema „Verantwortliches Handeln" (vgl. VCI, 1995, S. 11)

Sukzessive können darauf aufbauend Maßnahmenpläne für Vorgaben mit geringerer Priorität oder neue Vorgaben entwickelt werden. Durch die regelmäßige Überprüfung und die Einleitung von Korrekturmaßnahmen soll die vom Firmenprogramm geforderte ständige Verbesserung von Sicherheit, Gesundheits- und Umweltschutz wirksam und nachvollziehbar umgesetzt werden. Während das Programm empfiehlt, die eigenen Mitarbeiter über die Ergebnisse zu unterrichten, werden von den externen Anspruchsgruppen (vgl. Kap. 1.1.5) nur die Anwohner als Beispiel für eine externe Berichterstattung aufgeführt (vgl. VCI 1995, S.10).

2.4 Zusammenfassung

Die chemische Industrie stellt nach ihrer Wirtschaftskraft, ihrer Verflechtung mit anderen Branchen und ihrer internationaler Ausrichtung einen zentralen Wirtschaftszweig der Europäischen Union dar. Gemessen an den Investitionen ist die chemische Industrie die zweitwichtigste Branche des verarbeitenden Gewerbes, nach den Kriterien Umsatz und Anzahl der Arbeitsplätze liegt sie auf Platz fünf. Die deutsche chemische Industrie – die mit ca. einem Viertel der Gesamtchemieproduktion das größte Produzentenland innerhalb der EU ist – liegt zusammen mit den USA an der Spitze der Exportstatistik. Viele andere Branchen sind direkt auf chemische Erzeugnisse zur Optimierung ihrer Produkte und Produktionsprozesse angewiesen: In Europa werden über 70 % der Gesamtproduktion an andere Industriebetriebe und Dienstleistungs-unternehmen geliefert. Auf Basis dieser wirtschaftlichen Rahmenangaben leistet die Chemieindustrie in Deutschland und Europa einen hohen Beitrag zur volkswirtschaft-lichen Entwicklung.

Andererseits gehen von der Chemiebranche eine Reihe verschiedenster, zum Teil branchenspezifischer Umweltbelastungen aus: Ressourcennutzung, produktions-, produkt- und transportbedingten Umweltbelastungen sowie unfallbedingte Risiken. Neben den produkt- und produktionsbedingten Umweltauswirkungen haben die großen Chemieunfälle in den 70er und 80er Jahren dazu beigetragen, dass die Chemieindustrie in der öffentlichen Diskussion als großer Verschmutzer wahrgenommen wird. Demgegenüber stehen große Anstrengungen der Chemiebetriebe, ihre Umweltbelastungen und –risiken zu reduzieren. Langjährige Zeitreihen zeigen, dass innerhalb der EU der Energieverbrauch pro Produktionseinheit innerhalb von 25 Jahren um 60 % zurückging. Die spezifischen CO_2-Emissionen wurden innerhalb von 10 Jahren um ca. 30 % reduziert (1986 – 1996), in absoluten Werten liegen sie in etwa auf dem Niveau von 1985. Ausgewählte absolute und relative Vergleichszahlen nationaler Chemieverbände zur Reduktion weiterer Emissionen in die Luft und das Wasser sowie zum Abfallaufkommen weisen absolut wie relativ auf z.T. deutliche Verbesserungen hin. Auch die Kennzahlen zur Häufigkeit von Arbeits- und Transportunfällen weisen auf eine verbesserte Situation in der Branche hin.

Von der allgemeinen Öffentlichkeit wird die Chemieindustrie jedoch – trotz vielfältiger programmatischer und materieller Umweltschutzverbesserungen – noch immer als großer Verschmutzer wahrgenommen, der weniger Umweltschutzaktivitäten unternimmt als möglich wäre. Nur ca. ein Drittel der EU-Bürger trauen der Chemieindustrie zu, dass sie eine aktive Rolle im Umweltschutz wahrnimmt und öffentliche Bedenken ernst nimmt. Nur jeder vierte Europäer ist überzeugt, dass die chemische Industrie offen und auf Fakten basiert informiert. Neben dem deutlichen Glaubwürdigkeitsproblem tritt in der Wahrnehmung der Öffentlichkeit ein ebenso gewichtiges Akzeptanzproblem auf: Von acht zur Auswahl stehenden Branchen nimmt die chemische Industrie vor der Kernenergie den 7. Platz ein, bei sinkender Einschätzung der Nutzenhaftigkeit.

Seitens der Branche als Ganzes hat sich dabei in den letzten 20 Jahren ein Wandel von einer reinen Abwehrhaltung über die bloße Reaktion auf gesetzliche Vorgaben hin zu einer proaktiven Einstellung zum Umweltschutz ergeben. Seitens des Gesetzgebers war parallel dazu eine gegenläufige Entwicklung zu beobachten: Wurden noch bis zu Beginn der 90er Jahre immer schärfere (Chemie-)Gesetze und Vorgaben forciert, setzte in den letzten Jahren ein deutlicher Trend zu freiwilligen Selbstvereinbarungen und dem Einsatz marktwirtschaftlicher Instrumente der Umweltpolitik ein. Als Resultat davon lässt sich die aktuelle Haltung der Chemieindustrie mit den Stichworten „Eigeninitiative, Übernahme von (Produkt-)Verantwortung über den Lebenszyklus und Führung eines aktiven Dialogs" zusammenfassen. Eine wesentliche Rolle spielt dabei das in den 90er Jahren europaweit von nationalen Chemieverbänden implementierte Responsible Care Programm. Dazu wurden von vielen Chemieverbänden umfassende Maßnahmen und Aktionen zur Verbesserung der Leistungen und zum aktiven Dialog mit der Öffentlichkeit initiiert. Alle teilnehmenden Verbände und Mitgliedsfirmen verpflichten sich zur Umsetzung von Maßnahmen und Aktionen zur kontinuierlichen Verbesserung der Sicherheits-, Gesundheits- und Umweltsituation.

Dennoch verdeutlichen die Befragungen der EU-Bürger die fehlende Überzeugung der Nutzenhaftigkeit der Chemieindustrie sowie deutliche Zweifel an einer offenen Informationspolitik. Sofern die derzeit mangelnde Akzeptanz und Glaubwürdigkeit nicht mittelfristig wieder hergestellt wird, könnte für die Chemieindustrie eine ähnliche öffentliche Infragestellung eintreten wie sie in den letzten Jahren in Deutschland und anderen Teilen Europas für die Atomindustrie vollzogen wurde.

3 UMWELTMANAGMENT UND EG-ÖKO-AUDIT

3.1 Hintergründe und Rahmenbedingungen

Seit Mitte der 80er Jahre begann sich die Diskussion um betrieblichen Umweltschutz und betriebliches Umweltmanagement dynamisch zu entwickeln (vgl. Schulz, K. / Schulz, W. 1994, S. 14ff.). Kennzeichnend für den Aufbruch in der Praxis waren Pionierunternehmen[31], die mit ersten Konzepten zur umweltorientierten Unternehmensführung und originellen Umweltschutzideen (Produkte, Verpackungen, Ausstellungen, Wettbewerbe etc.) Akzente setzten (vgl. Wagner B. 1999, E. 312f.). Auch seitens der Wissenschaft wurde die Thematik des betrieblichen Umweltschutzes aufgegriffen. In einem interaktiven Prozess fußten die entwickelten Modelle einerseits auf der dynamischen Entwicklung der betrieblichen Praxis. Andererseits erfuhr die Praxis vielfach konzeptionelle Impulse aus der Wissenschaft (vgl. Wagner, B. 1999, E. 308ff).

Ein wichtiger Ausgangspunkt der wissenschaftlichen Arbeit war die Auseinandersetzung mit Methoden zur Messung, zur Bewertung und zum Vergleich der ökologischen Bedeutung von einzelnen Einsatzstoffen, hergestellter Produkte bzw. bei der Produktion anfallender Emissionen (siehe Müller-Wenk, R. 1978; Pfriem, R. 1986; Projektgruppe Ökologische Wirtschaft 1987). Später rückte die Evaluierung der Umweltauswirkungen ganzer Standorte, Unternehmen oder Unternehmensgruppen und deren Einbindung in einen systematischen Ökocontrolling-Prozess in den Vordergrund (vgl. Wagner, B. 1999, E. 319ff.).

Parallel dazu erfolgte eine allmähliche Festlegung und organisatorische Streuung von umweltschutzbezogenen Aufgaben im gesamten Unternehmen. Die Umweltschutzorganisation entwickelte sich darauf folgend weiter zu detaillierten, betrieblichen Umweltmanagementsystemen (vgl. Schulz, K. / Schulz, W., (1994, S. 14ff.). Neben der Wissenschaft griffen zu Beginn der 90er Jahre auch die Politik und die (internationale) Normung die konzeptionellen Arbeiten zum betrieblichen Umweltmanagement auf und legten mit der EG-Öko-Audit-Verordnung und der ISO 14000 Normenfamilie eigene Entwürfe vor.

In der zweiten Hälfte der 90er Jahre rückte die wirtschaftliche Bedeutung des Umweltschutzes in den Mittelpunkt der Diskussion. Die Wahrnehmung des Umweltmanagements verschob sich weg von der Ansicht „Umweltschutz kostet nur" hin zu

[31] Zu diesen Pionieren gehörten Firmen wie Winter (Hamburg), Bischof & Klein (Lengerich) oder Kunert (Immenstadt).

ökologisch und ökonomisch effektiven Ansätzen. So wurde erkannt und wissenschaftlich untermauert, dass der sparsame und Abfall vermeidende Umgang mit knappen Ressourcen nicht nur ökologische, sondern auch ökonomische Einsparungen mit sich bringt. Effizienter Rohstoff- oder Verpackungsmaterialeinsatz, geringerer Wasser- oder Energieverbrauch spart Kosten auf der Inputseite. Weniger Emissionen, weniger und geringer belastete Abfälle oder Abwässer reduzieren Kosten auf der Outputseite. Die dazu entwickelten Ansätze umfassen beispielsweise die Umweltkostenrechnung (siehe BMU / UBA 1996; Fichter, K. / Loew, T. / Seidel, E. 1997, das Umweltkostenmanagement (siehe Fischer, H. / Wucherer, C. / Wagner, B. / Burschel, C. 1997) oder die Flusskostenrechnung (siehe Strobel, M. / Wagner, B. / Gnam, J. 1999). Damit in Verbindung steht auch die Frage nach dem Zusammenhang zwischen der wirtschaftlichen und der ökologischen Performance von Unternehmen. Verschiedene Studien untersuchten diesbezüglich den Zusammenhang zwischen Öko-Effizienz und wirtschaftlichen Erfolgsfaktoren von Unternehmen.

3.1.1 Ökocontrolling und Umweltbilanzierung

3.1.1.1 Hintergrund

Ökocontrolling umfasst nach Fichter, K. (vgl. 1995, S. 316) die Analyse-, Planungs-, Kontroll-, Koordinations- und Kommunikationsfunktion im Hinblick auf ökologische relevante Aspekte, Daten und Informationen. Dabei handelt es sich im Wesentlichen um einen datengesteuerten Prozess (vgl. Wagner, B. 1995, S. 601). Ökocontrolling ist insbesondere auf die Informationserfassung ausgerichtet und stellt die Beschlussfassung zu umweltrelevanten Themen und das Setzen von Umweltzielen sicher (vgl. Fichter, K. 1995, S. 316).

3.1.1.2 Instrumente

Ausgangsbasis für die Erhebung und Fortschreibung stoffbezogener Umweltdaten sind betriebliche Umweltbilanzen. Diese basieren auf einer Darstellung aller ein- und ausgehenden Stoff- und Energieflüsse innerhalb eines bestimmten Systems in physikalischen Messgrößen (kg, l, kWh, Stück). Die Systemgrenzen können je nach Untersuchungstiefe, -systemgrenzen und -ziel unterschiedlich abgesteckt werden. Daraus ergeben sich folgende Arten von Umweltbilanzen (vgl. Müller, U. 1999, E. 6173ff.):

- Unternehmens- bzw. Konzernbilanz
- Standortbilanz
- Produktionsbilanz
- Prozessbilanz
- betriebliche Produktbilanz

Ihre Zusammenhänge sind in Abbildung 17 dargestellt:

Bilanzarten und Zusammenhänge

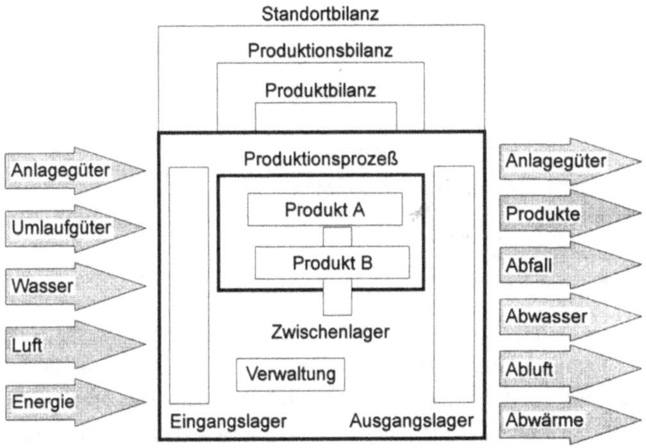

Abb. 17: Arten und Systemgrenzen der Umweltbilanzierung nach Wagner (vgl. Böning, J., 1994, S. 161)

Die Auswertung der Bilanzdaten ist ein wesentlicher Teil des Ökocontrolling. Dazu werden oft auch ökologische Kennzahlen verwendet (vgl. Strobel, M. 1992, S. 21ff.), die aus den Bilanzen und den nachgelagerten Datensystemen abgeleitet und zusammengestellt werden. Bilanzdaten und Kennzahlen zusammen liefern die Basis für die Formulierung ökologischer Ziele und Maßnahmen (vgl. BMU / UBA, 1997, S. 11f., S. 14f.). Die Überprüfung der Maßnahmenumsetzung und der Zielerreichung erfolgt auf Basis der regelmäßigen Fortschreibung der Bilanzdaten bzw. Kennzahlen. Sie führt zu Korrekturmaßnahmen und neuen Zielen und schließt den Ökocontrolling-Kreislauf (vgl. Rauberger, R. 1995, S. 143ff.). Nach Wagner, B. (vgl. 1995, S. 601) wird dadurch eine Controlling-Spirale durchlaufen, die zu einem anhaltenden Prozess der Verbesserung des betrieblichen Umweltschutzes führt (vgl. Abb. 18).

Für die Vergleichbarkeit der Daten – über die Jahre hinweg und mit anderen Unternehmen – weist Wagner, B. (1995, S. 608f.) auf die Bedeutung von abgestimmten und einheitlich angewandten Bilanzierungsrichtlinien hin. Insbesondere vom Verein für Umweltmanagement in Banken, Sparkassen und Versicherungen wurde diesbezüglich in Deutschland Pionierarbeit geleistet: Nach dem Entwurf eines Standard-

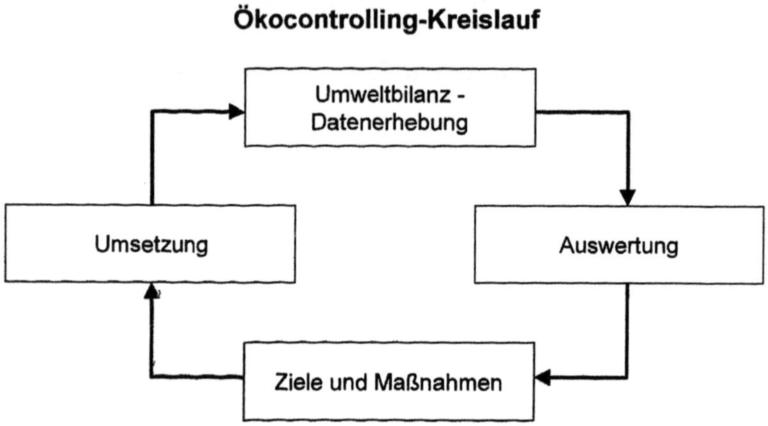

Abb. 18: Der Ökocontrolling-Kreislauf nach Wagner

kontenrahmens für Banken und Versicherungen wurden 1997 umfassende Bilanzierungsrichtlinien für Finanzdienstleister festgelegt (siehe VfU 1997). Zwei weitere wichtige Ansatzpunkte für die Umweltleistungsbewertung stellen Rauberger, R. / Wagner, B. (vgl. 1999, S. 182f.) heraus: Betriebliche Umweltbilanzen ermöglichen Plausibilitätsüberprüfungen anhand von Input-Output-Rückrechnungen sowie eine systematische Überprüfung auf Vollständigkeit aller in der Bilanz enthaltenen Bilanzierungskategorien.

3.1.1.3 Bedeutung für die Umweltleistungsbewertung

Ansätze zur Bewertung der Umweltleistung ergeben sich im Ökocontrolling und der Umweltbilanzierung aus der Entwicklung der absoluten Bilanzzahlen im Vergleich verschiedener Perioden, durch relative Kennzahlen sowie durch den SOLL/IST-Abgleich gesetzter Umweltziele mit ihrem jeweiligen Umsetzungsstand. Wichtige Grundlagen für die Vergleichbarkeit von Umweltdaten liegen in den für Umweltbilanzen verfassten Erfassungsrichtlinien für Bilanzdaten.

3.1.2 Stand der internationalen Umweltmanagementnormung

3.1.2.1 Hintergrund

Die internationale Normung im Umweltmanagement gewinnt aufgrund der zunehmenden wirtschaftlichen Verflechtungen sowie der Vereinheitlichung der wissenschaftlichen und technischen Fachsprache und Methodologie immer mehr an Gewicht. Der Einfluss der Umweltmanagementnormung auf die wirtschaftliche Entwicklung der einzelnen Länder nimmt auch unter dem Gesichtspunkt der eigenverantwortlichen Initiative der Industrie in Sachen Umweltschutz zu (vgl. Jasch, A.

1995, S. 41). Vor diesem Hintergrund wurde im Juni 1993 von der Internationalen Normungsorganisation (ISO) das Technical Committee (TC) 207 „Environmental Management" eingerichtet. Arbeitsbereich des TC 207 ist die Entwicklung von Normen zu Systemen und Instrumenten für das Umweltmanagement. Im ISO TC 207 wurden insgesamt sechs Subcommittees (SC) für die Entwicklung von Normungsvorhaben eingerichtet (vgl. ISO 1997, S. 16):

- SC 1 „Environmental Management Systems"
- SC 2 „Environmental Auditing"
- SC 3 „Environmental Labelling"
- SC 4 „Environmental Performance Evaluation"
- SC 5 „Life Cycle Assessment"
- SC 6 „Definitions"

Die Gesamtheit der zu erstellenden Umweltmanagementnormen wird als ISO 14000 Normenfamilie oder kurz ISO 14000ff. bezeichnet.

3.1.2.2. Normungsziele und –zusammenhänge

Mit der Erstellung von Umweltmanagementnormen wird das Ziel verfolgt, „Organisationen die Elemente eines wirkungsvollen Umweltmanagementsystems zur Verfügung zu stellen, die mit anderen Erfordernissen des Managements zusammengeführt werden können, [um] zu helfen, sowohl ökologische als auch ökonomische Ziele zu erreichen" (ISO 14001, 1996, S. 4). Zwischen den einzelnen Normen der 14000er Reihe besteht dabei folgender Zusammenhang (vgl. Abb. 19):

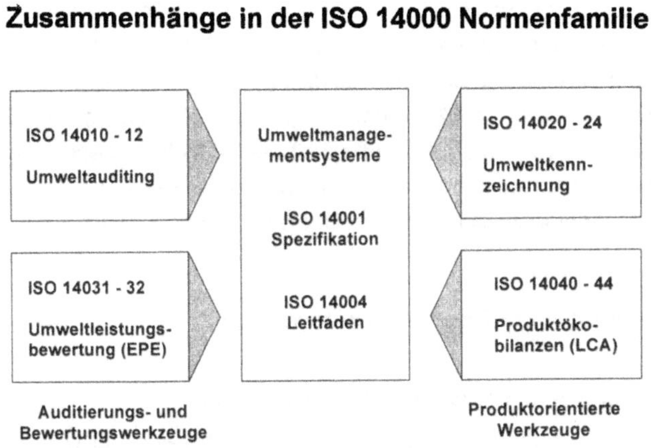

Abb. 19: Zusammenhänge der ISO 14000 Normenfamilie „Umweltmanagement" (eigene Darstellung, basierend auf ISO 1997, S. 4ff.)

Im Zentrum steht die ISO 14001 „Umweltmanagementsysteme – Spezifikation mit Anleitung zur Anwendung". Sie ermöglicht Organisationen den Aufbau eines umfassenden Umweltmanagementsystems mit dem mittelbaren Ziel der Verbesserung der betrieblichen Umweltleistung. Sie ist die einzige Norm der 14000er Reihe, nach der sich eine Organisation zertifizieren lassen kann (Spezifikationsnorm). Die ISO 14004 „Umweltmanagementsysteme – Allgemeiner Leitfaden über Grundsätze, Systeme und Hilfsinstrumente" gibt als Leitfaden weiter führende praktische Hinweise für die Umsetzung der ISO 14001, die nicht in der Spezifikationsnorm (als Anforderungen) enthalten sind.

Die restlichen Normenvorhaben der Subcommittees 2 - 6 sind „Management-Tools", die von Organisationen innerhalb ihres Umweltmanagements alleine oder zur Unterstützung der ISO 14001 eingesetzt werden können. Sie können in die zwei Gruppen ‚Bewertungs- und Auditierungswerkzeuge' und ‚Produktorientierte Werkzeuge' unterteilt werden. Zur ersten Gruppe der Auditierungs- und Bewertungswerkzeuge zählen die Normen zum Umweltauditing (ISO 14010-12) und zur Umweltleistungsbewertung (ISO 14031-32). Sie stellen Instrumente für stichtags- bzw. zeitraumbezogene Bestandsaufnahmen zum betrieblichen Umweltschutz einer *Organisation* bzw. deren Entwicklung über die Zeit dar. Zur zweiten Gruppe der produktorientierten Werkzeuge zählen die Normen zu Produktökobilanzen (ISO 14040-44) und zur Umweltkennzeichnung (ISO 14020-24) von *Produkten*. Sie stellen Instrumente zur produktbezogenen Analyse von Umweltaspekten über den Lebenszyklus und deren marktbezogener Kommunikation dar.

3.1.2.3 Bedeutung für die Umweltleistungsbewertung

Von Bedeutung für die vorliegende Arbeit ist vor allem die ISO 14031 Umweltleistungsbewertung. Darin werden der konzeptionelle Rahmen für die Bewertung der Umweltleistung von Organisationen festgelegt sowie einzelne Methoden dazu beschrieben. In der ISO 14032 werden beispielhafte Fallstudien dargelegt, die der besseren Anwendbarkeit und Verständlichkeit der ISO 14031 dienen sollen. Die ISO 14001 ist für die vorliegende Arbeit nur insoweit von Bedeutung, als dass sie ein mögliches Managementsystem für die Umsetzung der EG-Öko-Audit-Verordnung darstellt.

3.2 Grundzüge der EG-Öko-Audit-Verordnung

3.2.1 Einordnung in die europäische Umweltpolitik

Im Februar 1993 hat der Rat der EG das 5. Aktionsprogramm für Umweltschutz „Für eine dauerhafte und umweltgerechte Entwicklung" verabschiedet. Das Programm kann auf europäischer Ebene in die Folgeaktivitäten der auf dem ersten Umweltgipfel in Rio de Janeiro 1992 erzielten Beschlüsse zum „Sustainable Development" eingereiht werden. Gleichzeitig stellt es nach Peglau, R. (vgl. 1995, S. 3f.) einen konzeptionellen Wendepunkt in der industriebezogenen Umweltpolitik in Europa dar. Eine der wesentlichen Aussagen des 5. Aktionsprogramms „Für eine dauerhafte und Umweltgerechte Entwicklung" ist, dass „die Industrie nicht nur einen wesentlichen Anteil am (Umwelt-) Problem hat, sondern auch ein Teil der Lösung dieses Problems sein muß" (EG-Kommission, 1993, S. 40).

Im Juni 1993 wurde vom Ministerrat der Europäischen Gemeinschaft die „Verordnung (EWG) Nr. 1836/93 des Rates über die freiwillige Beteiligung gewerblicher Unternehmen an einem Gemeinschaftssystem für das Umweltmanagement und die Umweltbetriebsprüfung" verabschiedet[32]. Die Verordnung trat im April 1995 in Kraft und stellt unmittelbar geltendes Recht in allen Mitgliedsländern der Europäischen Union dar. Die EG-Öko-Audit-Verordnung schließt damit „nahtlos" an die im 5. Aktionsprogramm dargelegte Linie zum industriellen Umweltschutz an: „Die Industrie trägt Eigenverantwortung für die Bewältigung der Umweltfolgen ihrer Tätigkeiten und sollte daher in diesem Bereich zu einem aktiven Konzept kommen (EG-Öko-Audit-Verordnung 1993, S. 1)". Ursprünglich sah die EG-Kommission eine „Richtlinie des Rates über Umweltaudits für bestimmte industrielle Tätigkeiten" vor (vgl. Peglau, R. 1995, S. 1). Doch aus der zunächst beabsichtigten Pflicht zu Umweltaudits wurde eine freiwillige Teilnahme (vgl. Hillary, R. 1994, S. 11). Die EG-Kommission behielt sich aber die Option vor, bei mangelnder Teilnahme seitens der Industrie die (Teil-) Ausweitung auf ein Pflichtsystem in die politische Agenda zu nehmen[33].

Die EG-Öko-Audit-Verordnung stellt das eigenverantwortliche Handeln als Komplementierung zu klassischen umweltpolitischen Instrumenten in den Vordergrund. Neben der ersten Generation von umweltpolitischen Instrumenten, den direkten Geboten und Verboten (z.B. durch Grenzwerte oder Ausschlusslisten) und der zweiten Generation der klassischen ökonomischen Instrumente (z. B. Steuern, Abgaben oder Gebühren) stellt die Verordnung einen Vertreter der dritten Generation, der sog. „indirekten Regelungen" dar, die ihre Wirkung nicht alleine, sondern in Kombination mit den anderen Instrumenten entfaltet (Kraemer, R. A. 1995, S. 20f.).

---

[32] Im deutschen Sprachgebrauch hat sich als Kurzbezeichnung der Begriff „EG-Öko-Audit-Verordnung" eingebürgert, international wird das Gemeinschaftssystem oft als „EMAS" zitiert (**E**co **M**anagement and **A**udit **S**cheme). Beide werden in der Arbeit synonym als Abkürzung für die Langfassung des Titels der Verordnung verwendet.

[33] Eine verpflichtende Teilnahme bestimmter Unternehmen oder Industriezweige steht derzeit nicht zur Diskussion. Vgl. dazu die einstimmige Haltung des EG-Ministerrat Umwelt (1999, o.S.) für die Beibehaltung der Freiwilligkeit des Gemeinschaftssystems.

Die freiwillige Beteiligung von Unternehmen nutzt Marktkräfte im Sinne des Umweltschutzes, indem sie durch die Information der Öffentlichkeit Nachfrage- und Imageeffekte generiert. Weiterhin ergeben sich indirekt aus der Umsetzung der EG-Öko-Audit-Verordnung erschließbare Nutzenpotentiale für Unternehmen, die parallel zum verbesserten betrieblichen Umweltschutz erzielt werden, beispielsweise die Ermittlung von Kostensenkungspotentialen durch Abfallvermeidung und Ressourcenschonung, die Gewährleistung von Rechtssicherheit für die Geschäftsleitung oder die Verbesserung von Behördenkontakten (vgl. UBA 1999, S. 29ff.).

3.2.2. Ziele der EG-Öko-Audit-Verordnung

Nach Artikel 1 ist das Ziel der EG-Öko-Audit-Verordnung die „Förderung der kontinuierlichen Verbesserung des betrieblichen Umweltschutzes [...] durch

a) Festlegung und Umsetzung standortbezogener Umweltpolitik, -programme und -managementsysteme durch die Unternehmen;

b) systematische, objektive und regelmäßige Bewertung der Leistung dieser Instrumente;

c) Bereitstellung von Informationen über den betrieblichen Umweltschutz für die Öffentlichkeit (EG-Öko-Audit-Verordnung 1993, Art. 1(2))".

Für die Teilnahme am EG-System werden in Artikel 3 zwei absolute Leistungskriterien festgehalten: Einerseits ist dies die „Einhaltung aller einschlägigen Umweltvorschriften", andererseits die „wirtschaftlich vertretbare Anwendung der besten verfügbaren Technik (vgl. EG-Öko-Audit-Verordnung 1993, Art. 3a)". Über diese beiden Einstiegshürden hinaus soll das betriebliche Umweltschutzniveau dauerhaft angehoben werden („kontinuierliche Verbesserung"). Die teilnehmenden Unternehmen bestimmen dabei eigenständig, in welchen Bereichen und Intensitäten die Verbesserung der Umweltleistung erfolgen soll (vgl. Belke, M. 1998, S. 33).

3.2.3 Systemelemente des Umweltmanagement nach EG-Öko-Audit

Kernstück der Verordnung ist der Aufbau eines unternehmensspezifischen Umweltmanagementsystems. Es koordiniert und steuert die verschiedenen Aufgaben im Unternehmen und kontrolliert deren effiziente Umsetzung (vgl. Strobel, M. 1995, S. 119ff.). Die EG-Öko-Audit-Verordnung setzt damit neben rein technischen Umweltschutzaktivitäten einen zweiten Schwerpunkt im organisatorisch-konzeptionellen Bereich des Umweltschutzes.

Die Vorgehensweise beim Aufbau eines Umweltmanagementsystems impliziert eine schrittweise Umsetzung (Jasch, Ch. / Rauberger, R. 1998a, S. 12f.). Am Anfang steht die Festlegung der allgemeinen Handlungsgrundsätze im Umweltschutz

(*Umweltpolitik*, Art. 3a) und die umfassende Bestandsaufnahme der betrieblichen Umweltsituation (*Umweltprüfung*, Art. 3b). In ihr werden bereits umgesetzte Umweltschutzaktivitäten sowie noch bestehende Schwachstellen und Optimierungsmöglichkeiten erkundet. Davon ausgehend werden *Umweltziele* zur Verbesserung der betrieblichen Umweltleistung abgeleitet und die zu deren Erreichung notwendigen Maßnahmen festgelegt (*Umweltprogramm*, Art. 3c). Schließlich werden alle betrieblichen Umweltschutzaktivitäten, Zuständigkeiten und Anforderungen systematisiert und in einer Umweltmanagementdokumentation festgeschrieben (*Umweltmanagementsystem*, Art. 3c). Für die Öffentlichkeit wird dann eine *Umwelterklärung* (Art. 3f) erstellt und zugänglich gemacht, die in knapper und verständlicher Form über die wesentlichen Elemente, Zielsetzungen und Zahlenangaben des Umweltmanagements Bericht erstattet. Regelmäßige Audits (*Umweltbetriebsprüfungen*, Art. 3e) dienen der internen Umsetzungskontrolle, der laufenden Datenermittlung und der Ableitung von neuen Zielen und Maßnahmen.

Ablaufschema „Umweltmanagement nach EG-Verordnung“

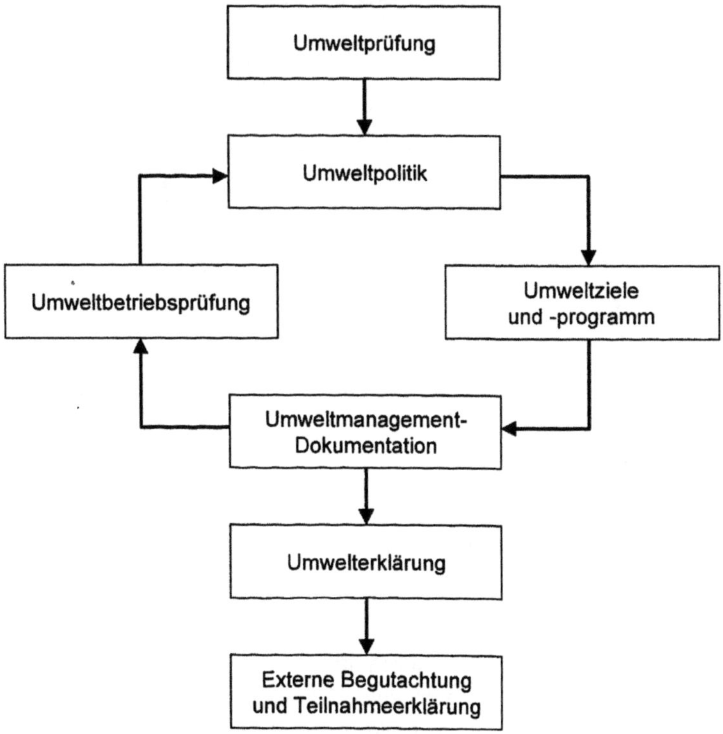

Abb. 20: Umweltmanagement nach EG-Öko-Audit-Verordnung

Nach erfolgreicher Umsetzung der beschriebenen Systemelemente wird das eingerichtete Umweltmanagementsystem von einem zugelassenen Umweltgutachter überprüft (*externe Begutachtung*) und die Umwelterklärung für gültig erklärt (Art. 3g). Darauf aufbauend wird der Standort über die zuständigen Stellen in den Mitgliedsländern der Europäischen Union registriert und in das Standortregister der EG eingetragen. Im Gegenzug bekommt der Standort die *Teilnahmeerklärung*, die es erlaubt mit dem Öko-Audit-Teilnahme-Logo öffentlichkeitswirksam aufzutreten (Art. 3f).

Der Schwerpunkt bei der Fortführung des Systems liegt auf der regelmäßigen Durchführung von Umweltbetriebsprüfungen sowie der daraus resultierenden Fortschreibung des Umweltprogramms und der Umwelterklärung. Sie halten sozusagen das System „am Laufen" und stellen das Grundgerüst für den Prozess der kontinuierlichen Verbesserung. Gegebenenfalls muss auf Basis der Ergebnisse der Betriebsprüfungen auch die Umweltpolitik bzw. das Umweltmanagementsystem angepasst werden.

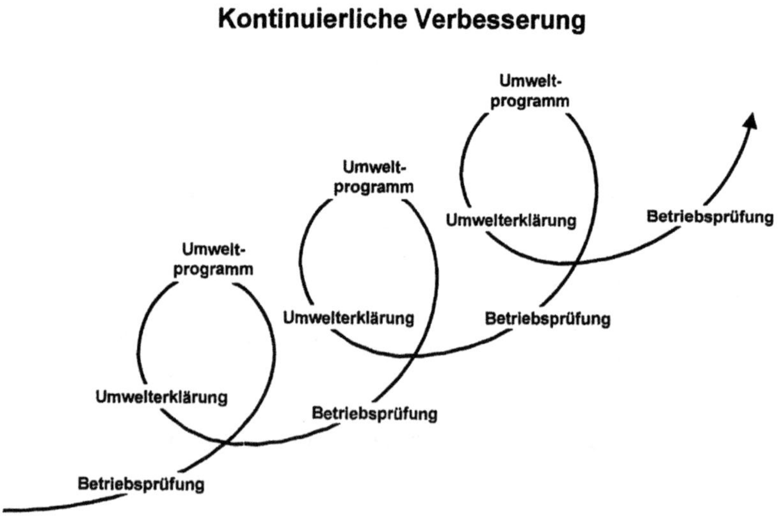

Abb. 21: Prinzip der kontinuierlichen Verbesserung nach dem EG-Öko-Audit

3.2.4 Externe Begutachtung

Für eine Teilnahme am Gemeinschaftssystem der EG muss das Unternehmen die Übereinstimmung mit den Anforderungen der Verordnung durch einen zugelassenen, unabhängigen Umweltgutachter überprüfen lassen (Art. 4 (3)). Darüber hinaus erklärt dieser die Umwelterklärung für gültig, sofern die in Art. 4 (6) genannten Anforderungen erfüllt sind. Dabei darf der Umweltgutachter in keinem Abhängigkeitsverhältnis zu den internen Betriebsprüfern am Standort stehen (Art. 4(4)).

Neben der formalen Kontrolle der teilnehmenden Standorte durch die zugelassenen Umweltgutachter kommt auch der Öffentlichkeit (und den Medien) eine bedeutende Kontrollfunktion zu. Die entscheidende Grundlage hierfür sind die für die Öffentlichkeit verfassten und für gültig erklärten Umwelterklärungen. Zwar haben externe interessierte Kreise selbst keine offizielle Kontrollmöglichkeit bzw. (vertraulichen) Zugang zu internen Dokumentationen wie der Umweltgutachter, sie können aber die Angaben in den Umwelterklärungen auf Stimmigkeit mit der Information in Folgeumwelterklärungen vergleichen. Außerdem ermöglicht es die Transparenz über die in den Umwelterklärungen enthaltenen Informationen, dass verschiedene Standorte, vornehmlich innerhalb einer Branche, in Bezug auf ihre Leistungen und Zielsetzungen verglichen werden können und dadurch miteinander im Wettbewerb stehen (vgl. Rauberger, R. 1998b, S. 22f). Allerdings weisen verschiedene Studien darauf hin, dass die Vergleichbarkeit und Transparenz der Inhalte für die Öffentlichkeit nur z.T. gegeben ist[34]. Die Bedeutung der Öffentlichkeit für die Akzeptanz und als Kontrollinstanz des Gemeinschaftssystems wird auch vom EG-Ministerrat Umwelt (1999, S. 1) betont: „For EMAS to succeed, registered organisations must be viewed as credible by the general public. This would be achieved through tracking the environmental improvements of the organisations via public reporting in an environmental statement."

3.2.5 Überarbeitung und Revision der EG-Öko-Audit-Verordnung

Artikel 20 der EG-Öko-Audit-Verordnung regelt, dass diese spätestens fünf Jahre nach Inkrafttreten, d.h. 1998, durch die Kommission überprüft wird und dem Rat der Europäischen Gemeinschaften entsprechende Änderungsvorschläge unterbreitet werden. Bis dato liegt keine offiziell verabschiedete Neufassung der Verordnung vor. Allerdings können aus einer Kommunikation der EG-Kommission zu Konsultationsprozessen mit interessierten Kreisen und aus einem Arbeitsentwurf vom Dezember 1997 verschiedene Zwischenergebnisse festgehalten werden (siehe EG-Kommission, 1997a, b). Im Oktober 1998 wurde auf Basis der bis dahin geführten Konsultationen

---

[34] Beispielsweise zeigt eine Studie von SustainAbility aus dem Jahr 1996, dass von 44 untersuchten Umwelterklärungen nur 32 % konkrete, quantifizierte Ziele für die kontinuierliche Verbesserung enthielten. 21 von 44 Unternehmen hatten keine Zeitschiene für ihren Verbesserungsprozess formuliert, so dass ihr Fortschritt nicht von Anspruchsgruppen bewertet werden kann. (vgl. Spencer-Cooke, A. / Elkington, J. 1996, S. 54f.; Letmathe, P. 1998, S. 59ff.).

mit Interessengruppen ein Arbeitsentwurf für eine überarbeitete EG-Öko-Audit-Verordnung veröffentlicht (siehe EG-Kommission 1998).

Insgesamt handelt es sich bei den bisherigen Überlegungen zur Überarbeitung der Verordnung um Vorschläge, bei denen durch eine bessere Abgrenzung zwischen dem Hauptteil der Verordnung und unterstützenden Anhängen eine verbesserte Struktur und Verständlichkeit hinsichtlich der genauen inhaltlichen Vorgaben erreicht werden sollen. Insbesondere soll eine klarere Kompatibilität mit den im ISO TC 207 erarbeiteten Normen der ISO 14000 Familie erzielt werden (vgl. EG-Kommission, 1997b, o.S.). So sollen beispielsweise die Mindestanforderungen an das einzurichtende Umweltmanagementsystem ganz an den Vorgaben der weltweit anwendbaren ISO 14001 ausgerichtet werden. Für die Fortschreibung der (vereinfachten) Umwelterklärungen sowie die Revalidierungen des Standortes ist verpflichtend ein einjähriger Zyklus vorgesehen (vgl. EG-Kommission 1998, o.S.).

3.2.6 Bedeutung für die Umweltleistungsbewertung

Mit der Umwelterklärung liegt eine für die Öffentlichkeit transparente und von unabhängiger Seite verifizierte Datengrundlage für die Umweltleistungsbewertung vor. Für die Rolle der kritischen Öffentlichkeit als übergeordnete Kontrollinstanz des Systems ist dies von hoher Bedeutung.

3.3 Kontinuierliche Verbesserung des Umweltschutzes

3.3.1 Begriff der Kontinuierlichen Verbesserung

Das Konzept der kontinuierlichen Verbesserung des betrieblichen Umweltschutzes nimmt eine zentrale Stellung in der EG-Öko-Audit-Verordnung ein. Jedoch liefert die Verordnung keine eindeutige Definition, was darunter zu verstehen ist[35]. Im Artikel 3 „Beteiligung an dem System“ wird an drei verschiedenen Stellen der Begriff der „kontinuierlichen Verbesserung des betrieblichen Umweltschutzes“ verwendet: in den Artikeln 3a, 3c und 3e jeweils in Verbindung mit den Anforderungen an die Umweltpolitik, an das Umweltprogramm und die Festlegung von Zielen aufgrund der Ergebnisse von Umweltbetriebsprüfungen.

3.3.1.1 Kontinuierliche Verbesserung der Umweltauswirkungen

In Artikel 3a (Umweltpolitik) wird in Bezug auf die kontinuierliche Verbesserung des betrieblichen Umweltschutzes festgelegt, dass dieser darauf abzielen soll, „die Umweltauswirkungen [...] zu verringern [...]." (EG-Öko-Audit-Verordnung, Art. 3a,

---

[35] So werden zwar im Artikel 2 definitorische Abgrenzungen für verschiedene bedeutende Begriffe der Verordnung vorgenommen, nicht aber der der „kontinuierlichen Verbesserung“.

1993)". Die Zielrichtung der kontinuierlichen Verbesserung ist bei der EG-Öko-Audit-Verordnung somit die Verringerung der Umweltauswirkungen. Nach Thimme, P. M. (vgl. 1999, S. 274) wird diese Interpretation dadurch erhärtet, dass in der englischen Originalfassung der Verordnung stets der Leistungsmaßstab als kontinuierliche Verbesserung der Umweltleistung („continuous improvement in the environmental performance of industrial activities" (EC-Eco-Audit-Regulation, Art. 3a, 1993) definiert wurde. Der Bezug der Verordnung auf die kontinuierlichen Verbesserung der Umweltauswirkungen wird in der wissenschaftlichen Literatur auch deutlich bei der Diskussion von Unterschieden zwischen dem EG-Öko-Audit und der ISO 14001 hervorgehoben (vgl. u.a. Brede, C. S. 9f.; Dyllik, Th. 1995, S. 305f. ; Rauberger, R. / Enzler. S. 1996, S. 55): im Gegensatz zur EG-VO zielen Umweltmanagementsysteme nach ISO 14001 „nur" auf die kontinuierliche Verbesserung das Management*systems* ab, mit dem Ziel dadurch indirekt auch die Umweltauswirkungen zu reduzieren (vgl. Thimme, P. M. 1999, S. 274).

Allerdings werden in Artikel 3a von der EG-Öko-Audit-Verordnung auch zwei Rahmenbedingungen zur Einschränkung der Anforderungen formuliert. Sie betreffen:

- die Angemessenheit (Art. 3a, 1. Halbsatz: „...Verpflichtung zur *angemessenen* kontinuierlichen Verbesserung...");
- die wirtschaftliche Vertretbarkeit (Art. 3a, 2. Halbsatz: ... „wie sie sich mit der wirtschaftlich vertretbaren Anwendung der besten verfügbaren Technik erreichen läßt.");

Die Umweltauswirkungen selbst werden in Anhang 1 B. (3) der EG-Öko-Audit-Verordnung (1993) definiert. Dabei handelt es sich um „Auswirkungen, die sich ergeben oder wahrscheinlich ergeben aufgrund von

1. normalen Betriebsbedingungen;

2. abnormalen Betriebsbedingungen;

3. Vorfällen, Unfällen und möglichen Notfällen;

4. früheren, laufenden und geplanten Tätigkeiten."

Sie umfassen gegebenenfalls – d. h. je nach betrieblicher Situation - folgende Sachverhalte (EG-Öko-Audit-Verordnung, Anh. 1B (3) 1993):

- kontrollierte und unkontrollierte Emissionen in die Atmosphäre;
- kontrollierte und unkontrollierte Emissionen in die Gewässer oder die Kanalisation;
- feste und andere Abfälle, insbesondere gefährliche Abfälle;
- Kontaminierung von Erdreich;
- Nutzung von Boden, Wasser, Brennstoffen und Energie sowie anderen natürlichen Ressourcen;
- Freisetzung von Wärme, Lärm, Geruch, Staub, Erschütterungen und optische Einwirkungen;
- Auswirkungen auf bestimmte Teilbereiche der Umwelt und auf Ökosysteme.

3.3.1.2 Kontinuierliche Verbesserung und Kommunikation der Umweltleistung

Unklar bleibt jedoch wie diese Auswirkungen gemessen und ob sie der Öffentlichkeit kommuniziert werden. Dazu sind zwar in Art. 5(3)c der Umwelterklärungen verpflichtende Angaben zur Zusammenfassung verschiedener Zahlenangaben gefordert, diese decken sich jedoch nicht eindeutig mit der Definition von Umweltauswirkungen: im Einzelnen sind dies (vgl. EG-Öko-Audit-Verordnung 1993)

- Schadstoffemissionen
- Abfallaufkommen
- Rohstoff-, Energie- und Wasserverbrauch,
- ggf. Lärm und
- andere bedeutsame umweltrelevante Aspekte (soweit angemessen).

Die Schadstoffemissionen lassen sich dabei den Punkten a) und b) der Umweltauswirkungen zuordnen (vgl. Kap. 3.3.1.1), das Abfallaufkommen entspricht als Summenparameter den in Punkt c) aufgeführten Aspekten. Der Punkt „Rohstoff-, Energie und Wasserverbrauch ist nahezu identisch mit der Auflistung von Punkt e) der Umweltauswirkungen. Allerdings wird darin nicht der allgemeine Rohstoffverbrauch, sondern nur der Verbrauch an natürlichen Ressourcen angesprochen. Die

Punkte d), f), und g) der Umweltauswirkungen können dann den Punkten „Lärm" und „sonstige bedeutsame umweltrelevante Aspekte" zugeordnet werden, über die nur „soweit angemessen" Zahlenangaben veröffentlicht werden sollen.

Zwischen den umfassenden Umwelterklärungen, die nach jedem Umweltbetriebsprüfungszyklus im Abstand von maximal drei Jahren zu veröffentlichen sind müssen von den Standorten jährlich sog. vereinfachte Umwelterklärungen erstellt werden. Im Wesentlichen enthalten diese die Fortschreibung der wichtigsten Zahlenangaben sowie ggf. bedeutsame Änderungen seit der letzten Umwelterklärung.

3.3.1.3 Kontinuierliche Verbesserung und Umweltprogramm bzw. -ziele

Letztlich spricht die Verordnung noch das Umweltprogramm bzw. die Umweltziele als „Motor" der kontinuierlichen Verbesserung an (vgl. Rauberger, R. 1995, S. 135f.). Das Umweltprogramm muss nach Artikel 3c so festgelegt werden, dass die darin enthaltenen Ziele und Maßnahmen der Erfüllung der Verpflichtungen dienen, die in der Umweltpolitik des Unternehmens im Hinblick auf eine kontinuierliche Verbesserung des betrieblichen Umweltschutzes festgelegt sind (vgl. EG-Öko-Audit-Verordnung 1993). Insbesondere bei der Festlegung von (Umwelt-)Zielen muss das Unternehmen dafür Sorge tragen, dass sie diese „aufgrund der Ergebnisse der Umweltbetriebsprüfungen [so] festlegen, [dass sie] auf eine kontinuierliche Verbesserung des betrieblichen Umweltschutzes gerichtet sind" (vgl. EG-Öko-Audit-Verordnung 1993, Art. 3e). In Anhang 1A (4) wird die Anforderung an die Formulierung von Umweltzielen dahingehend präzisiert, dass darin die „Verpflichtung zur stetigen Verbesserung des betrieblichen Umweltschutzes, wo immer dies in der Praxis möglich ist, quantitativ bestimmt und mit Zeitangaben" versieht (vgl. EG-Öko-Audit-Verordnung 1993). Dabei liefert die Verordnung eine sprachliche Unschärfe, indem sie in Anhang 1A in Bezug auf die Umweltpolitik und die Umweltziele jeweils die Formulierung „*stetige* (Hervorhebung des Verfassers) Verbesserung" in Abweichung zu „*kontinuierlicher* Verbesserung" im Hauptteil der Verordnung einsetzt (vgl. EG-Öko-Audit-Verordnung, Anh. 1A (3) (4), 1993[36])[37]. Die Festlegung der Umweltziele erfolgt dabei nach eigener Schwerpunktsetzung der Unternehmen auf Basis der Ergebnisse der Umwelt(betriebs)prüfungen.

Bei der Durchführung der Umwelt(betriebs)prüfungen und bei der Festlegung der Umweltziele bzw. des Umweltprogramms definiert die EG-Öko-Audit-Verordnung

[36] Hervorhebungen in Kursiv durch den Verfasser

[37] Auch im englischen Sprachgebrauch sind in der wissenschaftlichen Diskussion Unschärfen in Bezug auf die "*Kontinuierlichkeit*" der Verbesserungen hervorgehoben worden: vgl. bspw. die Diskussion um die Interpretationsunterschiede zwischen „continuous" und „continual" (vgl. Hillary, R. 1994, S. 19).

(vgl. 1993, Anh. 1C) insgesamt 12 zu behandelnde Gesichtspunkte, die dabei zu berücksichtigen sind (vgl. Anhang 4). Davon zielen die ersten fünf Gesichtspunkte auf materielle Umweltschutzaspekte ab, die ähnlich in der Auflistung möglicher Umweltauswirkungen sowie der geforderten Zahlenangaben für Umwelterklärungen sind (Auswirkungen auf Umweltbereiche, Energiemanagement, Rohstoff- und Wasserbewirtschaftung, Abfallmanagement und Lärmbelästigungen). Die Punkte 6 und 7 beziehen sich auf die Gestaltung von Produktionsverfahren und die Produktplanung. Die restlichen fünf Punkte betreffen den Umweltschutz bei Auftragnehmern, die Verhütung von Unfällen und besondere Verfahren bei umweltschädigenden Unfällen, die Mitarbeiterinformation und –schulung sowie die Umweltkommunikation.

3.3.2 Beurteilung der kontinuierlichen Verbesserung aus externer Sicht

Vor dem Hintergrund der Beurteilung der Umweltleistung aus externer Perspektive – und damit übergeordnet auch der ökologischen Wirksamkeit der EG-Öko-Audit-Verordnung insgesamt – sind alle in Bezug auf Umwelterklärungen geforderten Angaben von besonderer Bedeutung. Insbesondere die in Art. 5(3)c geforderten Zahlenangaben nehmen eine zentrale Stellung ein. Die dort genannten Kategorien sind weitgehend deckungsgleich mit den zu erfassenden Auswirkungen auf die Umwelt. Darüber hinaus werden die wichtigsten Zahlenangaben jährlich in vereinfachten Umwelterklärungen fortgeschrieben. Allerdings wird nicht konkretisiert, in welcher Form, in welchen Einheiten und für welche Zeiträume die Daten zusammenzufassen sind. Einheitliche Bilanzierungsvorschriften – wie sie aus der kaufmännischen Rechnungslegung für die Erstellung von Handels- oder Steuerbilanzen bekannt sind – wurden für die Umwelterklärungen nicht vorgesehen.

Ein zweiter Ansatzpunkt für die externe Beurteilung der Umweltleistung sind die in den Umwelterklärungen enthaltenen, möglichst zu quantifizierenden Umweltziele. Sie werden von der Verordnung zusammen mit dem Umweltprogramm sinngemäß als Motor der kontinuierlichen Verbesserung dargestellt. Allerdings bleibt unklar, inwieweit sich die kontinuierliche Verbesserung auf die Erreichung der gesetzten Umweltziele bezieht oder ob auch Verbesserungen in den Bereichen erzielt werden sollen, in denen keine Umweltziele gesetzt wurden.

Die EG-Öko-Audit-Verordnung gibt dabei auch keine eindeutigen Hinweise zu einem konkreten Beurteilungsmaßstab für die kontinuierliche Verbesserung. Es wird nicht detailliert, ob es sich um absolute Verbesserungen – d.h. Reduzierungen der Umweltbelastungen unabhängig von der Produktionsleistung – oder um relative Verbesserungen (z. B. bezogen auf die erstellte Produktionsleistung) handeln soll.

3.3.3 Revision der EG-Öko-Audit-Verordnung (EMAS-II)

Aus Sicht der Umweltleistungsbewertung sind drei Aspekte der EMAS-II-Diskussion hervorzuheben: Zum einen sollen neue Anforderungen an Leistungskennzahlen („performance indicators") für die Verwendung in Umwelterklärungen eingeführt werden, zum anderen werden die Anforderungen an die zu veröffentlichenden Zahlenangaben nach dem bisherigen Art. 5(3)c überarbeitet. Beide Punkte werden in einem neuen Anhang III „Umwelterklärung" spezifiziert (vgl. EG-Kommission 1998, S. 45f.). Weiterhin wird in der vorgeschlagenen Fassung die Validierung der Umwelterklärungen auf jährlicher Basis in Betracht gezogen (vgl. EG-Kommission 1998, S. 30). Eine zunächst vorgesehene Definition und Abgrenzung des Begriffs der „kontinuierlichen Verbesserung" (EG-Kommission, 1997a, o.S.) ist demgegenüber im aktuellen Entwurf nicht mehr enthalten.

3.3.3.1 Anforderungen an Leistungskennzahlen für die Berichterstattung

Im Anhang III.7 wird in dem Kommissionsvorschlag die Berichterstattung über die betriebliche Umweltleistung näher behandelt (vgl. EG-Kommission 1998, S. 46f.). Es wird empfohlen, dass die innerhalb des Umweltmanagementsystems gesammelten Daten zu Leistungskennzahlen aufbereitet werden. Bei deren Verwendung sei zu beachten, dass sie

- die Leistung der Organisation unverfälscht darstellen;
- verständlich und unzweideutig sind;
- einen Vergleich der Leistung der Organisation über die Jahre erlauben
- einen Vergleich mit branchenbezogenen, regionalen und nationalen Benchmarks erlauben (nach Möglichkeit);
- einen Vergleich mit gesetzlichen Anforderungen erlauben (nach Möglichkeit).

Neben der Aussagefähigkeit und Verständlichkeit der Leistungskennzahlen wird vor allem die innerbetriebliche und (nach Möglichkeit) überbetriebliche Vergleichbarkeit gefordert. Dabei wird neben dem Vergleich der kontinuierlichen Verbesserung mit den eigenen Daten aus der Vergangenheit auch der Vergleich mit möglichen externen Benchmarks zur Leistungsbeurteilung präzisiert.

3.3.3.2 Verpflichtung zur Veröffentlichung von Zahlenangaben

Andererseits soll die bisher in Artikel 5(3)c enthaltene Pflicht zur Veröffentlichung von bestimmten Zahlenangaben zu den Bereichen Rohstoffe, Energie, Wasser, Abfall und Emissionen im Rahmen der geplanten Revision entfallen (vgl. EG-Kommission 1998, S. 45). ENDS (vgl. 1998c, S. 48f.) sieht darin eine deutliche Verwässerung der

Berichterstattungsvorschriften. Die zunächst vorgesehene ersatzlose Streichung der bisherigen Pflichtzahlenangaben zur Veröffentlichung wurde zwar in der im Mai 1999 vom Generalsekretariat des (Umweltminister-)Rats vorgelegten Version (vgl. Generalsekretariat des Rats 1999, S. 30) durch eine Umwandlung in vorgeschlagene Kannbereiche rückgängig gemacht, jedoch bleibt der befürchtete Verwässerungseffekt weitgehend in seinen Auswirkungen erhalten. Während nach der EG-Verordnung von 1993 ein Umweltgutachter quantitative Aussagen zu den genannten Bereichen verbindlich einfordern konnte, soll es nach Maßgabe des überarbeiteten Verordnungsvorschlags zukünftig ganz in der Hand des Unternehmens liegen, welche Zahlenangaben als signifikant im Sinne der Veröffentlichung eingestuft werden.

Zusätzlich wird die Verpflichtung zur Veröffentlichung von Zahlenangaben auf die „Zusammenfassung der verfügbaren Daten über die Einhaltung der Umweltziele" ausgeweitet (vgl. EG-Kommission 1998, S. 45). Die Umweltziele wiederum sollen in Bezug zu den als signifikant bewerteten Umweltauswirkungen präsentiert werden. Während die Rückberichterstattung gegen Umweltziele ein erhöhtes Transparenzniveau für die Öffentlichkeit schafft (vgl. Clausen, J. / Fichter, K. 1996, S. 147f.) bleibt unklar, warum sich die Veröffentlichungsspflicht nur auf die „verfügbaren" Daten beschränkt und keine verpflichtende Zielerreichungsberichterstattung enthält.

3.3.3.3 Einschätzung und Bedeutung für die zukünftige Entwicklung

Die Verabschiedung der überarbeiteten EMAS-II wird erst im Laufe des Jahres 2000 erfolgen. Bis dahin sind in dem Gesetzgebungsverfahren aus dem Zusammenspiel der Europäischen Kommission, dem Ministerrat und dem EU-Parlament noch inhaltliche und strukturelle Änderungen möglich. Die Beurteilung der Auswirkungen der Revision der EG-Öko-Audit-Verordnung auf die Bewertung der Umweltleistungen von Unternehmen lässt sich daher zum jetzigen Zeitpunkt nicht abschließend darlegen. Es können jedoch vorläufige Schlussfolgerungen gezogen werden.

Einerseits soll in der neuen EMAS-II der Zusammenhang zwischen den signifikanten Umweltauswirkungen, den gesetzten Umweltziele und der diesbezüglichen (Rück-) Berichterstattung gestärkt werden. Dies ist innerbetrieblich sinnvoll und eröffnet auch externen Interessengruppen eine fundiertere Verfolgung des Stands der kontinuierlichen Verbesserung eines einzelnen Standortes. Andererseits wird die Veröffentlichungspflicht zur Darlegung bestimmter ökologischer Rahmendaten individualisiert und gelockert. Für die Analyse der kontinuierlichen Verbesserung der bisher beteiligten Unternehmen stellen einheitliche Umweltkennzahlen einen wesentlichen Beurteilungsmaßstab auf Standortebene dar. Solange es jedoch – wie in dem neuen Passus über Leistungskennzahlen angesprochen – keine auf Branchenebene verbindlich festgelegten und von den Unternehmen akzeptierten Standards für die

Umweltberichterstattung gibt, dürften firmen- oder gar branchenübergreifende Untersuchungsansätze deutlich erschwert werden.

3.4 Schnittstellen mit Responsible Care/Verantwortliches Handeln

In der Unternehmenspraxis ergänzt sich die EG-Öko-Audit-Verordnung mit dem branchenspezifischen Responsible Care Programm. Sowohl die EG-Öko-Audit-Verordnung als auch die von den nationalen Chemieverbänden entwickelten Responsible Care Programme beinhalten Elemente von generischen Managementsystemen, die durch kybernetische Regelprozesse zur kontinuierlichen Verbesserung führen sollen. Von den allgemeinen Managementbereichen deckt Responsible Care mit der expliziten Herausstellung von Sicherheit, Umwelt- und Gesundheitsschutz einen breiteren Rahmen ab (vgl. Abb. 22). Die EG-Öko-Audit Verordnung hingegen zielt primär auf die Verbesserung des Umweltschutzes ab. Die Bereiche Sicherheit und Gesundheit werden nur untergeordnet oder in Teilaspekten berücksichtigt.

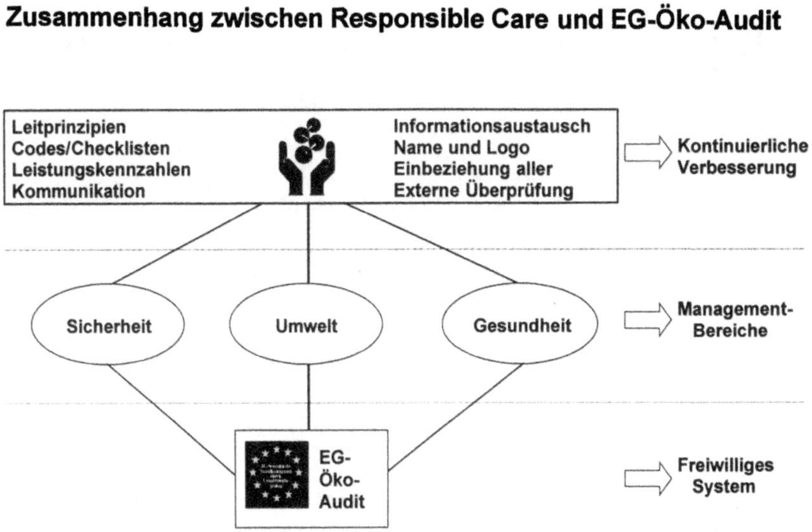

Abb. 22: Zusammenhänge zwischen dem Responsible Care Programm und dem EG-Öko-Audit (in Anlehnung an CEFIC 1997d, o.S., vom Verfasser angepasst)

Obwohl unmittelbare Parallelen in der Zielsetzung und Ausgestaltung der beiden Managementsystemansätze erkennbar sind, ergeben sich Unterschiede bezüglich der detaillierten Inhalte und Anforderungen. Diese werden nachfolgend am Beispiel des deutschen Responsible Care Programms „Verantwortlich Handeln" herausgearbeitet.

3.4.1 Systemanforderungen

Im Vergleich der Systemanforderungen legt die EG-Öko-Audit-Verordnung zusammengefasst wesentlich strengere Maßstäbe an (vgl. Tab. 10). Das Firmenprogramm „Verantwortliches Handeln" entspricht zwar weitgehend den Zielsetzungen der EG-Öko-Audit-Verordnung, in Bezug auf die Systemelemente der Umweltpolitik, das Umweltprogramms und die Umweltbetriebsprüfung. Allerdings ist die EG-Öko-Audit-Verordnung wesentlich präziser in Bezug auf die Einrichtung eines eigenen Managementsystems. Von „Verantwortlich Handeln" werden nur teilweise systembedingte Vorgaben gemacht. Für die Veröffentlichung von Umweltinformationen und deren externe Begutachtung besitzt „Verantwortliches Handeln" keine Systemäquivalenz mit der EG-Öko-Audit-Verordnung. In diesem für die (externe) Einschätzung der Umweltleistung wesentlichen Punkt enthält „Verantwortliches Handeln" nur eine Empfehlung zur Einbeziehung und Information der Mitarbeiter, ohne jedoch Hinweise auf die Art der zu veröffentlichenden Daten zu geben.

GEGENÜBERSTELLUNG DER SYSTEMVORGABEN	
EG-Öko-Audit-Verordnung	**Verantwortliches Handeln**
Umweltpolitik	RC-Leitlinien
Umweltprogramm	Vorgaben und Maßnahmen zur Umsetzung
Umweltmanagementsystem	-
Umweltbetriebsprüfung	SOLL/IST-Vergleich
Umwelterklärung	-
Externe Begutachtung und Teilnahmeerklärung	-

Tab. 10: Vergleich der Systemvorgaben von EG-Öko-Audit und „Verantwortliches Handeln" (in Anlehnung an VCI 1995, S. 26)

3.4.2 Inhaltliche Anforderungen

Bezüglich der inhaltlichen Anforderungen deckt das Programm „Verantwortliches Handeln" zusammengefasst ein wesentlich breiteres Arbeitsspektrum ab als das EG-Öko-Audit (vgl. Tab. 11). Während die Bereiche Dialog, Anlagensicherheit und Gefahrenabwehr sowie Produktverantwortung nur in Teilbereichen durch das EG-Öko-Audit berücksichtigt werden, enthält das Öko-Audit in den Punkten Arbeitssicherheit und Transportsicherheit keine entsprechenden Dispositionen. Im Bereich „Umweltschutz" herrscht eine vollkommene Äquivalenz der beiden Systeme.

GEGENÜBERSTELLUNG DER INHALTLICHEN ANFORDERUNGEN

6 Bereiche von Verantwortliches Handeln	Zu behandelnde Gesichtspunkte (Anhang 1c EG-Öko-Audit-VO)
Dialog (breitere Auslegung)	Mitarbeiter (11) und Öffentlichkeit (12)
Anlagensicherheit und Gefahrenabwehr (breitere Auslegung)	Unfallbegrenzung (9) und Notfallplanung (10)
Arbeitssicherheit	-
Umweltschutz (inhaltliche Äquivalenz)	Verringerung von Umweltauswirkungen (1), Energie- (2), Rohstoff- (3) Abfallmanagement (3), Lärmverminderung (5), Produktionsverfahren (6), Umweltschutz bei Lieferanten (8)
Transportsicherheit	-
Produktverantwortung (breitere Auslegung)	Produktplanung (7)

Tab. 11: Inhaltliche Anforderungen von EG-Öko-Audit und „Verantwortliches Handeln" (in Anlehnung an VCI 1995 , S. 26)

3.4.3 Zusammenfassende Abwägung

Aufgrund der breiten Auslegung auf die Bereiche Sicherheit, Umwelt- und Gesundheitsschutz besitzt die Initiative „Verantwortliches Handeln" einen für die chemische Industrie angepassten, breiteren Rahmen als die branchenübergreifend konzipierte EG-Öko-Audit-Verordnung, die vornehmlich auf den betrieblichen Umweltschutz abzielt. Im Umkehrschluss soll ein Chemiewerk, welches das EG-Öko-Audit umgesetzt hat, „automatisch" die entsprechenden Anforderungen aus „Verantwortliches Handeln" erfüllen[38]. Darüber hinaus geht auch der Produktlebenszyklus umfassende Ansatz der Produktverantwortung deutlich über die Ansprüche der standortbezogenen EG-Verordnung hinaus.

---

[38] Dieser Automatismus wird vom VCI ausdrücklich in seiner Broschüre zur Umsetzung von "Verantwortliches Handeln" hervorgehoben (vgl. VCI 1995, S. 26).

Seitens der systembedingten Vorgaben stellt hingegen die EG-Öko-Audit-Verordnung den anspruchsvolleren Rahmen dar, während das Programm „Verantwortliches Handeln" in seinen Spezifikationen relativ vage bleibt. Vorhandene Elemente eines Firmenprogramms zu „Verantwortliches Handeln" können somit als Ausgangsbasis für den Einstieg in die EG-Öko-Audit-Verordnung genutzt werden. Auffällig ist das Fehlen von kommunikationsbezogenen Systemelementen bei „Verantwortliches Handeln". Dies erscheint um so bedeutender, als das Programm der chemischen Industrie mit einem eigenen inhaltlichen Bereich „Dialog" bewusst um die Schaffung von Glaubwürdigkeit und Akzeptanz bemüht ist[39]. Mangels dieser Grundlage kann auch keine Vertrauen schaffende Validierung der Ergebnisse für die Öffentlichkeit eingelöst werden, wie sie beim EG-Öko-Audit von dem Transparenz schaffenden Instrument der Umwelterklärung wahrgenommen wird. Zusammenfassend kann festgehalten werden, dass die Anforderungen der Öko-Audit-Verordnung detaillierter, und damit „(abwärts)kompatibel" mit Responsible Care Ansätzen sind. Dies macht auch der Europäische Chemieverband deutlich, wenn er hervorhebt, dass Umweltmanagementsysteme beispielsweise nach EG-Öko-Audit-Verordnung oder ISO 14001 als mögliche „Codes of practice" bei der Umsetzung von Responsible Care betrachtet werden können (vgl. CEFIC, 1997d, o.S.). In seinem Anwendungsbereich ist Responsible Care dagegen eine wesentlich breitere, wenngleich in ihren Anforderungen weniger detaillierte Initiative.

Kostka, S. / Hassan, A. (vgl. 1997, S. 102) bringen vor, dass das branchenspezifische Responsible Care Programm keine Rolle mehr spielen würde, wenn sich die Unternehmen der Chemiebranche in großer Zahl zur Umsetzung der EG-Öko-Audit-Verordnung entschließen sollten (bzw. diese Pflicht werden sollte). Dieser Argumentation spricht entgegen, dass die firmen- bzw. standortspezifischen Umsetzungspraktiken und -hintergründe (Größen, Unterbranche, Standort, Marktsegmente) so unterschiedlich sind, dass daraus nicht unmittelbare Schlussfolgerungen für die gesamte Branche gezogen werden können. Vorstellbar wäre hingegen, dass das Responsible Care Programm auf Branchenebene umfassende Sicherheits-, Gesundheits- und Umwelt-Markenzeichen darstellt, während einzelne Unternehmen (extern validierte) Teilanforderungen der Brancheninitiative durch die Umsetzung der EG-Öko-Audit-Verordnung einbringen. Dabei hängt nach CEFIC (vgl. 1998c, o.S.) die Glaubwürdigkeit – und damit die Akzeptanzsicherung – besonders von der

[39] Die Umsetzung der Dialogorientierung wird dabei nur indirekt über vom Verband erstellte Jahresberichte zu „Verantwortliches Handeln" abgedeckt (vgl. Kap. 3.4.4). Dabei wäre der Schritt zu einem eigenes Systemelement „Bericht an die Öffentlichkeit" auf Firmenebene kein großer, da der VCI bereits seit 1993 seinen Mitgliedsunternehmen die Erstellung von Umweltberichten in einem eigens herausgegebenen Leitfaden zur Umsetzung empfiehlt (vgl. VCI, 1993).

aktuellen Umweltleistung und der Greifbarkeit der erreichten Erfolge ab. In diesem Zusammenhang sind vor allem nachvollziehbare Leistungskennzahlen ein wichtiges Instrument, um derartige Erfolge zu messen und kommunizieren zu können.

3.5 Beteiligung der chemischen Industrie

Während mittlerweile verschiedenste empirische Untersuchungen branchenübergreifend die Erfahrungen der am EG-Öko-Audit teilnehmenden Standorte analysiert haben (siehe u.a. UNI / ASU (1997); Ankele, K. / Fichter, K. / Heuvels, K / Rehbinder, E. / Schebek, L. (1998); Freimann, J. (1998); Höppner, N. / Sietz, M. / Seuring, St. / Czaja, F. (1998); Schwedt, B. (1998); UBA (1998a, b)), liegen derzeit noch keine branchenspezifischen Ergebnisse für die chemische Industrie vor[40] [41]. Um dennoch die Hintergründe der Beteiligung in der Chemieindustrie beleuchten zu können, wurde auf die bisher umfangreichste nationale Untersuchung zurückgegriffen: Von Juni 1998 bis April 1999 hat das Umweltbundesamt alle 1806[42] bis dato registrierten Industrie- und Dienstleistungsstandorte in Deutschland zur Beteiligung am EG-Öko-Audit-System befragt (vgl. UBA 1999 , S. 21). Die Rücklaufquote lag bei 68 %. Die nachfolgende Detailanalyse basiert auf der Stichprobe aller Chemiestandorte und vergleicht erstmals die spezifischen Branchenerfahrungen mit dem Durchschnitt aller teilnehmenden Standorte in Deutschland[43].

Aus dem Gesamtumfang der Studie wurden folgende Fragestellungen als besonders relevant für die Analyse der Beteiligung in der chemischen Industrie eingeschätzt und für die branchenspezifische Detailanalyse ausgewählt:

- Stand und Gründe der Beteiligung
- finanzieller Aufwand, Kosten- und Nutzenabwägungen
- Umwelterklärung: gewünschte und erreichte Zielgruppen
- Absicht, Gründe und Verbesserungsbedarf für die Fortsetzung der Teilnahme

---

[40] nach Recherche des UBA-Umplis-Umweltinformationssystems im Mai 1999 und Auskunft der zuständigen Bearbeiterin beim Verband der Chemischen Industrie e.V., Frankfurt im August 1999.

[41] Die einzig bekannte Studie in der Chemischen Industrie von Saumweber, M. (1998, S. 51ff) "Umweltmanagement in kleinen und mittleren Unternehmen der chemischen Industrie" bezieht sich im Wesentlichen auf die allgemeine Vorgehensweise innerhalb eines Pilotprojekts mit Firmen aus der Farben- und Lackindustrie, ohne auf konkrete Firmenergebnisse einzugehen.

[42] entsprechend ca. 76 % der gesamt registrierten Standorte in der EU

[43] Besonderer Dank gilt Herrn Prof. Dr. Werner Schulz, ehemals Umweltbundesamt, für die kooperative Zusammenarbeit bei der Untersuchung der Fragestellungen.

Die untersuchten Fragestellungen sind in Anhang 5 abgebildet.

3.5.1 Stand und Gründe für die Beteiligung

Aus der chemischen Industrie haben sich insgesamt 158 von 216 angeschriebenen Unternehmensstandorten an der Untersuchung beteiligt. Dies entspricht einer Rücklaufquote von 73 % (vgl. Tab. 12).

	Grundgesamtheit		**Stichprobe**		**Rücklauf (%)**
	absolut	in %	absolut	in %	
Chemieindustrie	216	11,1 %	158	11,9 %	73 %
Gesamte Wirtschaft	1806	100 %	1228	100 %	68 %

Tab. 12: Grundgesamtheit und Stichprobenumfang der Auswertung über die Beteiligung der chemischen Industrie (Quellen: UBA 1999, S. 22; eigene Auswertungen)

Bei den Motiven zur Beteiligung am EG-System zum Öko-Audit liegen in der chemischen Industrie die kontinuierliche Verbesserung des Umweltschutzes, die Motivation der Mitarbeiter und der Imagegewinn an vorderster Stelle (vgl. Tab. 13).

Motivationsgrund [1 = gering, 10 = hoch]	**Chemie**	**Ø**	**Abweichung**
Kontinuierliche Verbesserung des UWS	8,5	8,7	-0,2
Motivation der Mitarbeiter	7,9	8,3	-0,4
Imagegewinn	7,9	8,0	-0,1
Erkennen von Optimierungspotentiale im Energie-/Ressourcenverbrauch	7,4	8,3	**-0,9**
Verbesserung der Betriebsorganisation	7,2	7,8	-0,6
Erhöhung der Rechtssicherheit	7,1	8,0	**-0,9**
Abbau von Umwelt- und Haftungsrisiken	6,7	7,8	**-1,1**
Senkung betrieblicher Umweltwirkungen	6,7	7,2	-0,5
Kosteneinsparungen	5,1	6,6	**-1,5**
Erhöhte Anforderungen von Kunden und anderen Anspruchsgruppen	4,5	4,9	-0,4
Entdeckung ökologischer Produkt- und Verfahrensinnovationen	3,9	4,7	-0,8

Tab. 13: Motivationsgründe für die Teilnahme am EG-System zum Öko-Audit (UBA 1999, S. 29; eigene Auswertungen)

Mit kleinen Ausnahmen weicht die Reihenfolge der Gesamteinstufung nur geringfügig vom Durchschnitt aller Industriesparten ab. In der absoluten Bewertung schätzen die Chemieunternehmen die Bedeutung der einzelnen Motive durchgängig geringer ein als im Durchschnitt. Vor allem bezüglich der Kosteneinsparungen (-1,5), des Abbaus von Umwelt- und Haftungsrisiken (-1,1), der Erhöhung der Rechtssicherheit (-0,9) und dem Erkennen von Optimierungspotentialen zum Energie-/Ressourcenverbrauch (-0,9) deuten die Chemiewerte auf eine deutlich geringere Bedeutung der Themen hin. Die Vermutung liegt nahe, dass diese Themen aufgrund der hohen Umweltrelevanz der Branche bereits im Vorfeld der Beteiligung am EG-Öko-Audit bearbeitet wurden.

3.5.2 Kosten-Nutzen-Überlegungen

3.5.2.1 Finanzieller Aufwand für die Beteiligung

Die durchschnittlichen Aufwendungen zur Einführung des Öko-Audit-Systems belaufen sich in Deutschland auf ca. 116.000 DM (ohne Personalkosten). Im Vergleich dazu liegt die chemische Industrie mit einem Durchschnittsaufwand von 190.000 DM pro Standort deutlich darüber (vgl. Tab. 14). Nach Firmengröße sortiert sind die Abweichungen nach oben und unten zu unterschiedlich, um darüber einheitliche Aussagen treffen zu können.

Finanzieller Aufwand in DM	**Chemie**	**Ø**	**Abweichung (%)**
Kleines Unternehmen	115.000 DM	72.000 DM	+ 38 %
Mittleres Unternehmen	110.000 DM	164.000 DM	- 33 %
Großes Unternehmen	246.000 DM	167.000 DM	+ 47 %
Durchschnitt	190.000 DM	116.000 DM	+ 39 %

Tab. 14: Finanzieller Aufwand für die Teilnahme am EG-System zum Öko-Audit (UBA 1999, S. 35 und eigene Auswertungen)

Für alle in Deutschland beteiligten Unternehmen ermittelte das UBA (1999, S. 34f.) einen Gesamtaufwand von ca. 242 Millionen DM. Hinzu kommt ein geschätzter Personalaufwand (im Schnitt ein „Personenjahr") in der Aufbauphase des Öko-Audit-Systems von ca. 167 Millionen DM. Die Kosten für die Fortführung des Systems sind ungleich schwerer kalkulierbar. 55 % der Befragten gaben an, die jährlichen Kosten kaum prognostizieren zu können (UBA 1999, S. 36). Diejenigen, die eine Quantifizierung der fortlaufenden Aufwendungen vornahmen, schätzen sie auf ca. 31.000 DM pro Jahr oder 60 DM pro Mitarbeiter.

3.5.2.2 Kosten und Nutzen der Beteiligung

Den größten Nutzen ziehen die beteiligten Unternehmen der Chemieindustrie aus der Verbesserung der Organisation und Dokumentation, des Images, der Rechtssicherheit und der Mitarbeitermotivation. Von untergeordneter Bedeutung sind die Nutzung öffentlicher Fördergelder, günstigere Konditionen bei Finanzdienstleistern, Kosteneinsparungen und Wettbewerbsvorteile (vgl. Tab. 15). In der Gesamteinschätzung weicht die Rangreihung der chemischen Industrie nicht deutlich von der Gesamtheit der beteiligten Standorte ab. Allerdings fällt auf, dass verschiedene Themen in der Chemie eine deutlich geringere Rolle spielen: Abweichungen von mehr als 1,0 Punkten vom Durchschnitt sind dies die Ressourcenschonung, die Anlagensicherheit und die Vorbildwirkung bei Lieferanten. Auch hier darf die Vermutung angestellt werden, dass die Chemieindustrie durch bereits erbrachte Vorleistungen im Umweltschutz bzw. Umweltmanagement gegenüber später sensibilisierten Branchen weniger von den erstmaligen Vorteilen des Öko-Audits profitiert.

Eingetretener Nutzen	**Chemie**	**Ø**	**Abweichung**
Verbesserte Organisation / Dokumentation	7,7	8,7	-1,0
Imageverbesserung	7,2	7,2	0
Erhöhte Rechtssicherheit	6,7	7,7	-1,0
Mitarbeitermotivation	6,4	6,9	-0,5
Ressourcenschonung	5,0	6,6	**-1,6**
Verbesserte Behördenkooperation	4,7	4,8	-0,1
Anlagensicherheit	4,6	5,8	**-1,2**
Optimierung von Prozessabläufen	4,3	4,8	-0,5
Vorbildwirkung bei Lieferanten	4,2	5,7	**-1,5**
Positive Markteffekte	3,8	4,2	-0,4
Wettbewerbsvorteile / Standortsicherung	3,7	4,0	-0,3
Kosteneinsparungen	3,4	4,2	-0,8
Günstigere Kredite / Versicherungen	1,9	2,4	-0,5
Nutzung öffentlicher Fördergelder	1,2	1,7	-0,5

Tab. 15: Eingetretener Nutzen durch die Teilnahme am EG-System zum Öko-Audit (UBA 1999, S. 37 und eigene Auswertungen)

Insbesondere bei den eingetretenen Kosteneinsparungen wird diese Einschätzung bestätigt. Während im Durchschnitt jede zweite Firma Einsparungen im Bereich Abfall erzielt hat, trifft dies in der Chemieindustrie nur auf jeden dritten Standort zu (vgl. Tab. 16). Weitere deutliche Abweichungen von größer als 10 % sind weiterhin in den Bereichen Energie, Recycling und Verpackung zu beobachten.

Kosteneinsparungen („trifft (voll) zu")	**Chemie**	**Ø**	**Abweichung**
Wasser/Abwasser	34 %	38 %	- 4 %
Abfall	33 %	50 %	**- 17 %**
Energie	24 %	39 %	**- 15 %**
Recycling	22 %	34 %	**- 12 %**
Produktion	12 %	20 %	- 8 %
Verpackung	8 %	19 %	**- 11 %**
Lagerhaltung	4 %	10 %	- 6 %
Beschaffung	4 %	9 %	- 5 %
Transport	4 %	9 %	- 5 %

Tab. 16: Bestätigung von Kostensenkungen durch Teilnahme am EG-System zum Öko-Audit (UBA 1999, S. 39 und eigene Auswertungen)

Da die vom Umweltbundesamt in der Befragung vorgegebenen Antwortmöglichkeiten zu den Motiven und dem tatsächlichen eingetretenen Nutzen nicht identisch sind, kann kein detaillierter Vergleich einzelner Themenfelder erfolgen. Die Abwägung des „Erfolgs" der Beteiligung erfolgt daher nur auf Basis einer allgemeinen Einschätzung durch die befragten Standorte (vgl. Tab. 17).

Kosten-Nutzen-Bilanz	**Chemische Industrie**			**Saldo alle Branchen**
	positiv	**negativ**	**Saldo**	
Kleines Unternehmen	16 %	28 %	- 12 %	- 3 %
Mittleres Unternehmen	32 %	22 %	+ 10 %	- 5 %
Großes Unternehmen	9 %	26 %	- 17 %	- 5 %
Durchschnitt	16 %	26 %	- 10 %	- 4 %

Tab. 17: Einschätzung des Kosten/Nutzen-Verhältnisses der Teilnahme am EG-Öko-Audit-System (UBA 1999, S. 40 und eigene Auswertungen)

Darin sind jeweils die überwiegend positiven sowie die überwiegend negativen Einschätzungen und deren Saldo gegenübergestellt. Die restlichen Standorte bezeichneten das Kosten-Nutzen-Verhältnis als ausgewogen, konnten jedoch noch keine Abschätzung vornehmen oder machten keine Angaben. Die Chemieindustrie zeigt sich in der Gesamteinschätzung des Kosten-Nutzen-Verhältnisses des EG-Öko-Audits deutlich kritischer. Während die negativen Einschätzungen die positiven im Gesamtschnitt nur um 4 % übertreffen, sind es bei der Chemie insgesamt 10 %. Im Vergleich zu den deutlich negativen Saldi der Klein- und Großunternehmen ist die positive Bilanz bei den mittleren Unternehmensgrößen – auch im Vergleich zum

Durchschnitt aller Branchen – auffallend. Ein Großteil der befragten Chemiestandorte betrachtet das Kosten-Nutzen-Verhältnis derzeit als ausgewogen oder machte keine Angaben dazu (58 %).

3.5.3 Adressaten der Umwelterklärung

Die gewünschten Adressaten der Umwelterklärung und damit die Zielgruppen für die „Vermarktung" des Öko-Audits, sind in der chemischen Industrie Behörden, eigene Mitarbeiter, Kunden, Anwohner und Medien (vgl. Tab. 18). Von nachrangiger Bedeutung sind wissenschaftliche Institute, Lieferanten, Studierende, Unternehmensberater sowie Banken und Versicherungen. Betrachtet man dabei die Zufriedenheit der Standorte mit den erreichten Zielgruppen, so zeigt sich eine deutliche Abweichung von den Erwartungen. Alleine die eigenen Mitarbeiter haben unter den prioritär gewünschten Adressaten die Umwelterklärung angemessen zur Kenntnis genommen. Alle anderen unter die ersten fünf gesetzten Wunschzielgruppen wurden von nachrangig eingestuften Adressaten wie wissenschaftlichen Instituten, Studierenden und Unternehmensberatern „überholt". Als an Umwelterklärungen desinteressierte Zielgruppen zeigen sich mit Werten von 3,6 und kleiner die Anwohner, die allgemeine Öffentlichkeit, Lieferanten sowie Banken und Versicherungen.

Gewünschte/erreichte Zielgruppen der Umwelterklärung	**Chemische Industrie**			**Gesamt**
	Gewünscht	**Erreicht**	**+/- Chemie**	**Abweichung**
Behörden	8,5	6,0	-2,5	**-2,5**
Mitarbeiter	8,2	7,4	-0,8	-1,1
Kunden	7,9	5,7	-1,8	**-2,9**
Anwohner	7,2	3,6	-3,6	**-3,6**
Medien	6,8	4,7	-2,1	**-2,2**
Industrielle Abnehmer	6,3	4,4	-1,9	-1,9
Allgemeine Öffentlichkeit	6,0	3,6	-2,4	**-2,2**
Wissenschaftliche Institute	5,2	6,8	+1,6	+1,4
Lieferanten	4,9	3,4	-1,5	-1,7
Studierende	4,9	6,1	+1,2	+1,0
Unternehmensberater	4,7	6,2	+1,5	+0,9
Banken/Versicherungen	4,6	2,5	-2,1	-1,8

Tab. 18: Gewünschte und erreichte Zielgruppen der Umwelterklärung im Vergleich (UBA 1999, S. 41ff. und eigene Auswertungen)

Auffällig bei den Abweichungen der „Wunsch-Wirklichkeits-Bilanz" ist insbesondere das deutlich zurückliegende Interesse der Behörden, der Anwohner, der Medien und der allgemeinen Öffentlichkeit. Im Vergleich zur „Wunsch-Wirklichkeits-Bilanz" aller Öko-Audit-Standorte ergibt sich ein vergleichbares Gesamtbild. Sowohl in der Chemie wie auch in der gesamten deutschen Wirtschaft blieben die Erwartungen der Unternehmensstandorte an das Kommunikationsinstrument der Umwelterklärung weitgehend unerfüllt.

3.5.4 Fortsetzung der Teilnahme und Verbesserungsbedarf

Die Fortsetzung der Teilnahmen wird von einem großen Teil der befragten Unternehmen als sicher bzw. mit hoher Wahrscheinlichkeit eingestuft. Nur etwa jedes neunte überdenkt aktiv die Fortsetzung die Teilnahme bzw. hat bereits den Ausstieg aus dem System geplant oder umgesetzt. In der Chemieindustrie trifft dies schon auf jedes siebte Unternehmen zu. Die höhere Ausstiegsbereitschaft der Chemie spiegelt dabei die weniger vorteilhafte Kosten-Nutzen-Einschätzung des Gesamtsystems wieder.

Fortsetzung „sicher/wahrscheinlich"	Chemie	Ø	Abweichung
Kleines Unternehmen	83 %	86 %	-3 %
Mittleres Unternehmen	89 %	90 %	- 1 %
Großes Unternehmen	83 %	90 %	- 7 %
Durchschnitt	85 %	88 %	- 3 %

Tab. 19: Fortsetzung der Teilnahme am EG-Öko-Audit-System („sicher" / „hohe Wahrscheinlichkeit") (UBA 1999, S. 54f. und eigene Auswertungen)

Insgesamt sind es eher die kleinen Unternehmen, die einen möglichen Ausstieg in Betracht ziehen (14 % im Branchenschnitt, 17 % in der Chemie). Eine deutliche Abweichung der Chemiebranche von der Grundgesamtheit ergibt sich weiterhin bei den Großunternehmen der Chemie, die mit nur 83 % Fortsetzungswahrscheinlichkeit deutlich unter dem Gesamtschnitt der Großunternehmen liegen (90 %).

Ein sehr differenziertes Bild ergibt sich auch bei der Einschätzung des Verbesserungsbedarfs bei Überarbeitung und Anwendung der EG-Öko-Audit-Verordnung (vgl. Tab. 20). In der Chemie liegen die Punkte „Konstruktivere Haltung der Behörden bei der Ausnutzung von Ermessensspielräumen", „stärkere Aufklärung der Öffentlichkeit" und „Reduzierung von Mess- und Berichtspflichten" mit deutlichem Abstand auf den ersten drei Rängen (> 90 %). Von untergeordneter Bedeutung bei den Chemiestandorten bzw. verbunden mit mehrheitlicher Ablehnung ist die ansprechendere Gestaltung der Teilnahmeerklärung sowie die Verknüpfung der

Validierung mit materiellen Leistungsanforderungen (weniger als ein Drittel Zustimmung).

In verschiedenen Punkten grenzt sich die Position der Chemiestandorte deutlich von der Grundgesamtheit ab. Neben der bereits erwähnten stärkeren Betonung der verbesserten Kooperation mit Behörden („Ermessensspielräume", „Mess- und Berichtspflichten") betrifft dies insbesondere die stärkere Information über staatliche Umweltziele und Prioritäten als Orientierungshilfe und anerkannte Richtlinien für die Erstellung von Umwelterklärungen (jeweils mit + 17 % bzw. 19 % Abweichung). Die Vermutung liegt nahe, dass die Chemieunternehmen ihre Standortaktivitäten im Umweltschutz stärker an staatliche Prioritäten der Umweltpolitik ausrichten wollen (ca. 2/3 der antwortenden Unternehmen). Die deutliche Abweichung bei den Umwelterklärungen verwundert dabei um so mehr, als dass gerade für die Chemieindustrie seitens der nationalen bzw. europäischen Chemieverbände Hilfestellungen für die Umweltberichterstattung zur Verfügung stehen (vgl. Kap. 5.1.5).

Verbesserungsbedarf	**Chemie**	**Schnitt**	**Abweichung**
Konstruktivere Haltung durch die Behörden	96 %	88 %	+ 8 %
Stärkere Aufklärung der Öffentlichkeit	93 %	91 %	+ 2 %
Entlastung von Meß- und Berichtspflichten	91 %	83 %	+8 %
Bessere Strukturierung der Verordnung	71 %	77 %	- 6 %
Information über staatliche Umweltziele und Prioritäten als Orientierungshilfe	66 %	47 %	**+ 19 %**
Konkrete Handlungsanweisungen zur Bewertung der Umweltverträglichkeit	59 %	57 %	+ 2 %
Bevorzugung bei öffentlichen Aufträgen	57 %	67 %	- 10 %
Anerkannte Richtlinien für die Erstellung von Umwelterklärungen	54 %	37 %	**+ 17 %**
Ansprechende Gestaltung der Teilnahmeerklärung	32 %	37 %	- 5 %
Verknüpfung der Validierung mit Vorgaben für die Umweltleistung	18 %	37 %	**- 19 %**

Tab. 20: Verbesserungsbedarf aus Sicht der teilnehmenden Unternehmen (Auswahl mit Angabe der relativen Bedeutung) (UBA 1999, S. 50ff. und eigene Auswertungen)

3.6 Aktuelle Trends

Vor dem Hintergrund des Umweltmanagements und der Umweltleistungsbewertung in der chemischen Industrie sind verschiedene aktuelle Trends von Bedeutung. Dabei handelt es sich um die Themen Integriertes Management, Umweltkostenmanagement sowie Öko-Effizienz und Shareholder Value. Auf die für die Chemiebranche wichtigsten Hintergründe und Entwicklungen wird im Folgenden kurz eingegangen.

3.6.1 Integriertes Management

Neben dem mit dem EG-Öko-Audit verfolgtem Umweltmanagement haben in der chemischen Industrie weitere Managementbereiche eine große Bedeutung. In erster Linie handelt es sich um Managementsysteme zu den Bereichen Qualität, Sicherheit und Gesundheit (vgl. CEFIC 1996, S. 1). Dabei hat die Branche insgesamt mit dem Responsible Care Programm bereits eine Führungsrolle im Management von Sicherheit, Gesundheit und Umweltschutz übernommen. Verschiedene parallele Systeme gelten nebeneinander jedoch weder als zielführend noch kosteneffektiv. Daher arbeiten in der europäischen Chemieindustrie bereits viele Firmen an der Integration ihrer unterschiedlichen Managementsysteme (vgl. CEFIC 1996, S. 2). Das Ziel ist die ganzheitliche Abstimmung der verschiedenen Anforderungen aus den unterschiedlichen Teilsystemen unter möglichst effizienter Allokation der vorhandenen Ressourcen.

Eine Untersuchung von Bartl, C. (vgl. 1998, S. 64ff.) von 505 Klein-, Mittel- und Großunternehmen[44] mit Sitz in Deutschland bestätigt die Bedeutung des integrierten Managements. Insgesamt 46,4 % der 97 Unternehmen aus der Chemieindustrie haben bereits oder werden in den nächsten Jahren zwei oder mehrere Managementsysteme aus den Bereichen Umweltschutz, Arbeitssicherheit oder Qualität einführen (vgl. Bartl, C. 1996, S. 132). Davon sehen knapp drei Viertel der Befragten einen Bedarf zur Integration der drei Systeme (vgl. Tab. 21). Im Vergleich mit den Referenzbranchen Lebensmittel und Elektronik wird der Integrationsbedarf in der chemischen Industrie damit als besonders hoch eingestuft.

Branche	Chemie	Lebensmittel	Elektronik
Integrationsbedarf in %	73,6 %	69,7 %	60,5%

Tab. 21: Integrationsbedarf der Managementsysteme von Arbeitssicherheit, Qualität und Umwelt (vgl. Bartl, C. 1996, S. 135)

Insgesamt 19,5 % der Unternehmen haben bereits ein integriertes Managementsystem zu den Bereichen Arbeitssicherheit, Qualität und Umweltschutz eingeführt. Bei 28,6 % der Unternehmen ist es in Planung (vgl. Bartl, C. 1996, S. 140). Damit verfügt mittelfristig ca. jedes zweite Chemieunternehmen über ein umfassend integriertes Management. Für die Umweltleistungsbewertung ist dies insofern von

[44] Die Rücklaufquote lag bei 50,7 %.

Bedeutung, als dass verstärkt ganzheitliche bzw. integrative Ansätze zur Leistungsbewertung der drei Bereiche in der Praxis von Relevanz sein werden.

3.6.2 Umweltkostenmanagement

Während bis Ende der 80er Jahre die Meinung vorherrschte, dass Umweltschutz sich durch zusätzliche, unproduktive Aufwendungen negativ auf die Wettbewerbsfähigkeit auswirkt, haben in den 90er Jahren durchgeführte Untersuchungen gezeigt, dass durch effizienten Umweltschutz auch Kosten gesenkt werden können (vgl. u.a. BMU / UBA (1996), Fischer, H. / Wucherer, Ch. / Wagner, B. / Burschel, C., (1997); Fichter, K. / Loew T. / Seidel, E. (1997)).

3.6.2.1 Erste Fallstudien

Bezogen auf die chemische Industrie belegt eine bereits 1994 durchgeführte Untersuchung von 33 Fallstudien, dass branchenspezifisch ein enger Zusammenhang zwischen Umweltschutz und Effizienz besteht (vgl. Faber, M. / Jöst, F. / Müller-Fürstenberger, G. 1994, S. 59f.). Die Umweltbelastung wird dabei durch die Vermeidung unerwünschter Nebenprodukte, durch Verfahrensoptimierungen und Verwertungen von Abfallstoffen im Produktionsverbund erzielt. Neben der Einsparung von Abfallentsorgungskosten ist ein Hauptergebnis der Studie, dass in 13 der 33 Fälle die Wirtschaftlichkeit des gesamten Produktionsverfahrens deutlich verbessert werden konnte.

Eine andere Auswertung von Stevens, R. (1997, o.S.) verbildlicht den Zusammenhang von Umweltleistung und wirtschaftlicher Performance am Beispiel von Dow Chemicals (vgl. Tab. 22):

Umweltziele und –maßnahmen	**Ziel 1995 – 2005**	**Ertrag**
Energie	- 20 %	580 Mio. US-$
Abfall	- 50 %	1.300 Mio. US-$
Unfälle in Anlagen	- 90 %	130 Mio. US-$
Verletzungen und Krankheiten	- 90 %	50 Mio. US-$
Fahrzeugunfälle	- 50 %	14 Mio. US-$
Gesamt	**n. r.**	**Ca. 2.000 Mio. US-$**

Tab. 22: Umweltziele und wirtschaftliche Performance bei Dow Chemicals (Stevens, R. 1997, o.S.)

Unter Berücksichtigung aller geplanten Aufwendungen zur Umsetzung der angestrebten Reduzierungsziele ergibt sich ein (geplanter) finanzieller Ertrag der Umweltmaßnahmen bei Dow Chemicals von ca. 2.000 Mio. US-$. Dies entspricht einem Return on Investment von 35 %. In einer weiteren Auswertung versucht

Stevens, R. (vgl. 1997, o.S.), auch einen Zusammenhang zwischen der Reduzierung von Umweltbelastungen und dem Shareholder Value am Beispiel von Du Pont abzuleiten. So stellt er für den Zehnjahres-Zeitraum von 1987 – 1997 gegenüber, dass die durchschnittlichen Unfall-, Krankheits-, Abfall- und Emissionswerte um 60 % zurückgegangen sind, während der Umsatz um 16 % und der Shareholder Value sogar um 240 % stieg. Dabei bleibt jedoch unbegründet, ob auch ein ursächlicher Zusammenhang zwischen den Entwicklungen der drei Kenngrößen besteht oder ob sie nur indirekt miteinander verbunden sind.

3.6.2.2 Systematischer Ansatz

Die Methode des Umweltkostenmanagements geht auf Fischer, H. / Blasius, R (vgl. 1995, S. 439 ff.) zurück, die mit einer konsequenten Rückverfolgung der unerwünschten Reststoffströme über alle betrieblichen Produktionsschritte und Wertschöpfungsstufen bis zum Materialeinkauf das wirtschaftliche Potential von Umweltentlastungen erstmals einer Vollkostenanalyse unterzogen. Das erste umfassende Pilotprojekt an einem Standort der Kunert AG im Jahr 1995 brachte ein Kostensenkungspotential von 7,5 % (= 4,94 Mio. DM) der gesamten Herstellkosten zu Tage, bei gleichzeitiger Umweltentlastung um bis zu 50 % (vgl. Kunert 1996, S. 55f.). Eines der Kernergebnisse des Modellprojekts war, dass die entscheidenden Kostensenkungspotentiale nicht in Bezug auf End-of-the-Pipe (EOP) anfallende Entsorgungsgebühren bestehen, sondern vielmehr in den Einkaufskosten der im Abfall enthaltenen Materialverluste und in der verlorenen betrieblichen Wertschöpfung (Personalkosten, Maschinenstunden, etc.) liegen (vgl. Tab. 23).

Umweltkosten nach Art	**in Mio. DM**	**Anteil in %**
EOP-Gebühren	0,74 Mio. DM	15 %
Personalkosten	1,28 Mio. DM	26 %
Einkaufskosten	2,91 Mio. DM	59 %
Gesamt	4,94 Mio. DM	100 %

Tab. 23: Aufgliederung der Umweltkosten bei der Kunert AG (vgl. Wucherer, C. / Kreeb, M. / Rauberger, R. 1997, S. 97f.).

Die Ergebnisse wurden bzw. werden in einer Reihe von Folgeprojekten des Instituts für Management und Umwelt (IMU) branchenübergreifend bestätigt (vgl. Tab. 24):

Unternehmen	Branche	Anteil Umwelt-kosten/Herstellkosten	Kostensenkung pro Jahr
Voith GmbH	Maschinenbau	nicht ermittelt	ca. 500.000 DM
Novartis Pharma GmbH	Chemie/Pharma	ca. 4 %	ca. 1 %
Merkle-ratiopharm GmbH	Chemie/Pharma	ca. 8 %	ca. 2 %
ITT Automotive GmbH	Automobil	ca. 21 %	in Berechnung

Tab. 24: Anteil Materialverluste an den Herstellkosten und mögliche Kostensenkungspotentiale (Quelle: Institut für Management und Umwelt)

Die von Fischer, H. / Blasius, R. vorgeschlagene Methodik wurde dabei von Strobel, M. / Wagner, B. / Gnam, J. (1999, S.137ff.) dadurch verfeinert, dass neben der Vermeidung von unerwünschten Reststoffen auch nicht erschlossene Effizienzpotentiale im erwünschten Output (Produkte, Verpackungen) untersucht wurden. Die Bedeutung dieser Ergebnisse für die chemische Industrie lässt sich anhand der Kostenaufteilung der EU-Chemieindustrie nach CEFIC (vgl. 1998a, S. 46f.) darlegen (vgl. Abb. 23):

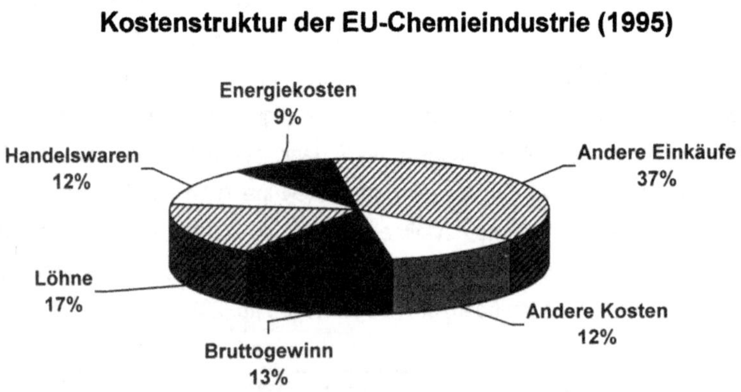

Abb. 23: Kostenstruktur der EU-Chemieindustrie (CEFIC 1998a, S.47)

Daraus wird deutlich, dass die Einkaufskosten (Energie, Handelswaren und andere Einkäufe) mit Summe 58 % den größten Anteil an den Gesamtkosten der Chemieindustrie haben. Der Bruttogewinn (vor Steuern, Finanzierungskosten und Abschreibungen) liegt bei einem Anteil von 13 %, die Löhne und Gehälter bei 17 %. Alle anderen Kosten zusammen belaufen sich auf einen Restanteil von 12 %. Die Energiekosten haben einen Anteil von 9 % an den Einkaufskosten, Handelswaren von 12 %. Wie hoch der Anteil der von den Unternehmen selbst verarbeiteten Rohstoff- bzw. Materialkosten ist, kann den CEFIC-Zahlen nicht entnommen werden. Im Rückschluss der detaillierteren Kostenstruktur der deutschen Chemieindustrie lässt sich jedoch vermuten, dass die Kosten für Roh-, Hilfs- und Betriebsstoffe den Hauptanteil der gesamten Einkaufskosten ausmachen: Bei einem gesamten Einkaufskostenanteil von 52 % schlägt der Stoffverbrauch mit 32 % der Gesamtkosten der chemischen Industrie zu Buche (vgl. VCI 1999a, S. 104).

3.6.3 Öko-Effizienz und Shareholder Value

Seit Mitte der 90er Jahre wurden verstärkt Untersuchungen durchgeführt, die den Zusammenhang zwischen der Umweltleistung eines Unternehmens und deren wirtschaftliche Performance analysieren. Die beiden Hauptansatzpunkte dazu sind die Verringerung von Kosten und die Steigerung der Wettbewerbsfähigkeit. Die Auswirkungen einer überdurchschnittlichen Umwelteffizienz müssten sich dann in einem höheren Gewinnniveau widerspiegeln. Auch kann versucht werden, einen Zusammenhang zwischen der Umweltleistung von Unternehmen und dem Shareholder Value herzustellen.

3.6.3.1 Bewertung durch Finanzdienstleister: Öko-Effizienz-Fonds

Finanzdienstleister, im speziellen Versicherungen, Banken und Rating-Agenturen haben Interesse am Zusammenhang zwischen der Umweltleistung von Unternehmen und ihrer wirtschaftlichen Performance. Ein erster Ansatzpunkt dazu ist die Vermeidung von Geschäftsrisiken, beispielsweise der Eintritt von umweltbedingten Haftungsfällen bei Versicherungen oder Bonitätsrisiken bei Kapitalgebern. Anfang bis Mitte der 90er Jahre wurden dazu von verschiedenen Seiten Risikoprüfungen eingeführt[45]. Andererseits manifestierte sich ab Mitte der 90er Jahre bei den Finanzdienstleistern in Europa ein deutliches Interesse für die Integration von Umweltaspekten in das Anlagegeschäft (vgl. Armbruster, C. 1998, S. 28f.). Dazu wurden von verschiedensten Finanzdienstleistern spezielle Umweltfonds auf den Markt gebracht. Neben klassischen Umwelttechnologie-Fonds etablieren sich dabei verstärkt so genannte Öko-Effizienz-Fonds, welche in Branchen aller Art diversifiziert sind und dort jeweils in die Umweltleader bzw. Umweltpioniere investieren[46]. Die Selektion dieser Branchenbesten wird mit Hilfe von ökologieorientierten Ratingverfahren vollzogen (vgl. Armbruster, C. 2000, S. 100ff.).

Während die klassischen Umwelttechnologiefonds in der Vergangenheit im Vergleich zum Marktdurchschnitt eine unterdurchschnittliche Performance aufwiesen, deuten verschiedene empirische Auswertungen von Firmen mit hoher Umweltleistung bzw.

---

[45] vgl. beispielsweise die Ausarbeitungen von Keidel, T. (1997) zur ökologischen Kreditwürdigkeitsprüfung in Banken oder die Aufnahme eines Satzes von Umweltkriterien in das Finanzrating von Standard & Poors (Standard & Poors, 1998, S. 2ff.)

[46] z. B. der Eco-Efficiency-Fund von Credit Suisse, der Environmental Value Fund von Storebrand / Scudder, der Eco-Performance Fund der UBS oder der Oekosar von Bank Sarasin.

von Öko-Effizienz-Fonds auf eine verbesserte Performance im Vergleich zum Marktdurchschnitt hin (vgl. u. a. Cohen, M.A. / Fenn, S.A. / Naimon, J., 1995 S. 16; House, R. 1999, S. 13). Beispielsweise weist der Environmental Value-Fund von der Storebrand-Scudder-Gruppe (Norwegen) im Zeitraum von Juni 1996 bis Mai 1999 im Vergleich zum MSCI-World-Index eine um 7 % bessere Performance auf (Storebrand / Scudder, 1999, S. 1). Aktuelle Analysen von Armbruster, C. (2000, S. 263ff.) ziehen jedoch auch unter den auf Öko-Effizienz ausgerichteten Fonds eine gemischte Bilanz: Von insgesamt 14 untersuchten Öko-Effizienz-Fonds entwickelten sich nach verschiedenen Kriterien maximal vier besser als ein vergleichbarer Marktdurchschnitt.

3.6.3.2 Umweltleistung und Marktperformance von Chemieunternehmen

Mit speziellem Bezug auf die chemische Industrie ist eine Studie aus dem Jahre 1997 von Sustainable Asset Management von Bedeutung (nach Solenthaler, E. 1997, S. 15). Untersucht wurde dabei die Marktperformance von 45 börsennotierten Unternehmen weltweit - basierend auf einer Rangliste zur ökologischen Unternehmensbewertung des Hamburger Umweltinstituts aus dem Jahr 1994. Im Detail wurde dabei über einen Zeitraum von drei Jahren untersucht, wie die Gruppe der 15 besten Unternehmen (Öko-Leader oder ökoeffiziente Unternehmen) im Vergleich zu den 15 schlechtesten Unternehmen (Öko-Laggards oder ökoineffiziente Unternehmen) abschnitten. Im weltweiten Vergleich weisen von 1994 bis 1996 die ökoeffizienten Unternehmen mit 76 % Performance eine um 16 % höhere Performance auf als die ökoineffizienten Unternehmen mit 60 % Performance (vgl. Abb. 24, „Globales Portfolio")[47].

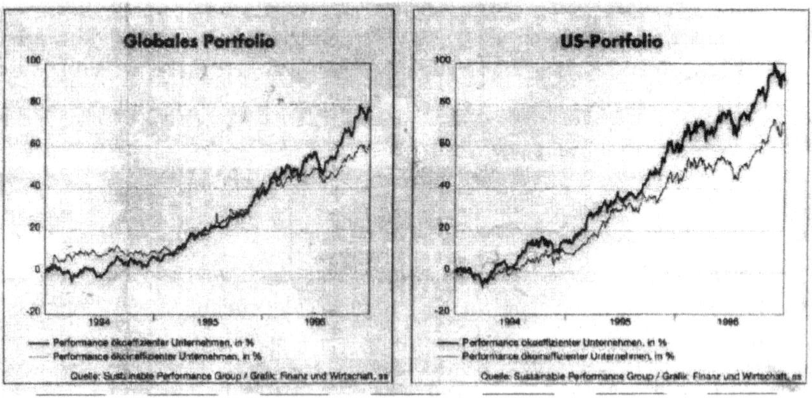

Abb. 24: Aktienperformance von Öko-Leadern und Öko-Laggards im Vergleich (Solenthaler, E. 1997)

[47] bezogen jeweils auf lokale Währungen

Nach Solenthaler, E. (1997, S. 15) ist dieser Unterschied alleine noch nicht signifikant, da er zum Teil aus der natürlichen Volatiliät der regionalen Finanzmärkte erklärt werden kann. Wird die Auswahl jedoch aus diesen Gründen auf eine homogene Gruppe von US-Unternehmen reduziert („US-Portfolio"), ergibt sich ein Performance-Vorsprung der Öko-Vorreiter von 33 %.

Die Studie wird jährlich von SAM aktualisiert. Bis Ende 1997 hat sich im globalen Portfolio die absolute Renditespanne zwischen den öko-effizienten Unternehmen (+136 %) und den öko-ineffizientesten Unternehmen (+83 %) auf 53 Prozentpunkte ausgeweitet. Der jährliche Renditevorteil der Öko-Leader gegenüber den Öko-Laggards stieg damit von 5,5 % auf 17,7 % (vgl. SAM 1998, S. 2).

3.7 Zusammenfassung

Die EG-Öko-Audit-Verordnung ist in Europa ein zentrales Instrument des betrieblichen Umweltmanagements. Mit den gut definierten Schnittstellen zur ISO 14001 (vor allem im Hinblick auf die zukünftige Integration in die überarbeitete EG-Öko-Audit-Verordnung) und zum branchenspezifischen Responsible Care Programm ist sie für viele Unternehmen der chemischen Industrie mittlerweile Standard. Sie bestätigt weiterhin den Mitte der 90er Jahre eingeschlagenen Weg zum verstärkten Einsatz freiwilliger Vereinbarungen und marktwirtschaftlicher Instrumente in der Umweltpolitik, unter Nutzung derer die Unternehmen bzw. die Branchenverbände die Art, den Umfang und den Bereich angestrebter Umweltentlastungen mitbestimmen können. Sie stärkt die Eigenverantwortung der Wirtschaft. Aus umweltpolitischer Sicht kann der Kurs jedoch nur bestätigt werden, wenn die angestrebten Verbesserungen auch signifikante Verbesserungen über das vorhandene Niveau hinaus mit sich bringen und sich nachhaltig eine ausreichende Anzahl von Firmen an dem Gemeinschaftssystem beteiligen.

Das Konzept der kontinuierlichen Verbesserung der Umweltauswirkungen nimmt eine zentrale Stellung innerhalb des Umweltmanagements nach EG-Öko-Audit-Verordnung ein. Dies erfordert eine Bewertung der Umweltleistung der beteiligten Standorte. Die einzigen materiellen Forderungen betreffen jedoch die Einhaltung aller umweltrelevanten Gesetze und Vorschriften sowie der Anwendung der besten verfügbaren Technik (unter wirtschaftlichen Gesichtspunkten). Da es sich dabei um eine Mindestanforderung für die Beteiligung überhaupt handelt, können sie nicht als Beurteilungsmaßstab für darüber hinaus gehende, stetige Verbesserungen herangezogen werden. Auch konzeptionell lässt die EG-Öko-Audit-Verordnung nur ansatzweise Schlüsse zu, worauf sich die angestrebte kontinuierliche Verbesserung bezieht und wie sie sich messen und bewerten lässt. Zwar deuten verschiedene Passagen der Verordnung – zusammen mit der in der wissenschaftlichen Literatur dargelegten gängigen Lesart – eindeutig darauf hin, dass als Leistungsniveau die Verbesserung der tatsächlichen Umweltauswirkungen gilt, jedoch bleibt offen wie und in welchen Bereichen diese gemessen werden sollen.

Für die externe Umweltleistungsbewertung kommen zwei Ansatzpunkte in Frage, die beide auf in Umwelterklärungen geforderten Standardangaben basieren. Zum einen sind dies die formulierten Umweltziele, die zusammen mit dem Umweltprogramm den „Motor" der kontinuierlichen Verbesserung darstellen („ex-ante"-Betrachtung). Zum anderen können rückwirkend auch die Entwicklungen der in den Umwelterklärungen zusammengefassten Zahlenangaben analysiert werden („ex-post"-Betrachtung). Vorteilhaft erweist sich hierbei, dass auf Basis der vereinfachten Umwelterklärungen hierfür jährlich fortgeschriebene Zahlen vorliegen. Die Relevanz der zu betrachtenden Umweltdaten und –ziele variiert jedoch von Branche zu Branche. Will man demnach aus betrieblicher oder umweltpolitischer Perspektive eine Beurteilung der kontinuierlichen Verbesserung vornehmen, ist demzufolge im Rahmen dieser Arbeit die Entwicklung eines eigenen Ansatzes zur empirischen Beurteilung der kontinuierlichen Verbesserung notwendig. Dabei sind insbesondere Ansätze zu beachten, die auf branchenspezifische Kennzahlen und Leistungskriterien zur Bewertung der Umweltleistung enthalten und die aktuellen Entwicklungen sowie die Anforderungen externer Anspruchsgruppen zur Umweltberichterstattung von Unternehmen berücksichtigen.

1998 war die chemische Industrie in Deutschland mit 13 % der registrierten Standorte vor dem Metallgewerbe und der Ernährungsindustrie Spitzenreiter unter allen Branchen. Die Motive für die Beteiligung liegen in der kontinuierlichen Verbesserung des Umweltschutzes, der Mitarbeitermotivation und dem Imagegewinn. Bei der im Branchenvergleich deutlich geringeren Bedeutung der Reduzierung von Haftungsrisiken, der Gewährleistung von Rechtssicherheit sowie dem Erkennen von Optimierungspotentialen zum Energie- und Ressourcenverbrauch darf vermutet werden, dass die chemische Industrie dort bereits stärkere Vorleistungen erbracht hat. Dennoch haben die Chemieunternehmen mit durchschnittlichen Aufwendungen von 190.000 DM pro Standort intensive Einführungsarbeiten unternommen, die im Branchenvergleich nochmals 40 % über dem Durchschnitt aller Unternehmen liegen.

Befragt nach einer Abwägung des Kosten-Nutzen-Verhältnisses kann ein Großteil der befragten Standorte (58 %) keine deutliche Pro- oder Contra-Positionierung aussprechen. Unter den verbleibenden Standorten überwiegen die negativen Abwägungen mit 26 % die positiven mit 16 %. Den Gründen für die schlechtere Beurteilung seitens der Chemiestandorte können auch geringere qualitative Nutzenpotentiale zugeordnet werden: Im Vergleich zum Gesamtdurchschnitt wird von den Unternehmen der chemischen Industrie vor allem der Abbau von Haftungsrisiken, die Erhöhung der Rechtssicherheit und das Erzielen von Einsparungen beim Energie- und Ressourcenverbrauch als deutlich weniger häufig eingetretener Nutzen genannt. Auch hier können Anzeichen für einen vor der Beteiligung höheren Umweltschutzstandard der chemischen Industrie die Gründe sein.

Hinsichtlich der Erwartungen und des eingetretenen Nutzens liegt eine weitere deutliche Diskrepanz bei den mit der Umwelterklärung erreichten Zielgruppen. Bei allen Hauptzielgruppen liegt die Erreichung der Adressaten deutlich unter den Erwartungswerten. Insbesondere bei den Nachbarn, Kunden und Behörden waren an den befragten Chemiestandorten starke Abweichungen zu verzeichnen. Allenfalls die Mitarbeiter wurden – mit Abstrichen – den Erwartungen gemäß erreicht. Nur die untergeordnet bedeutenden Zielgruppen der Wissenschaft sowie der Berater wurden über den Erwartungen erreicht. Ungeklärt bleibt dabei die Frage, ob es an mangelndem Interesse, ungenügender Verbreitung oder nicht ausreichender Glaubwürdigkeit liegt.

In Bezug auf notwendige Verbesserungen bei der Überarbeitung der EG-Öko-Audit-Verordnung sind aus Sicht der Chemieindustrie im Vergleich zu Grundgesamtheit drei Abweichungen bemerkenswert:

- der deutlich stärkere Wunsch nach staatlichen Umweltzielen als Orientierungshilfe für die Prioritätensetzung der Unternehmen (+ 19 %);
- der höhere Bedarf von verbindlichen Richtlinien zur Erstellung von Umwelterklärungen (+ 17 %);
- die deutlichere Ablehnung von Vorgaben in Bezug auf zu erreichende Umweltleistungen (- 19 %).

Dabei überrascht, dass trotz nicht erfüllter Erwartungen ein Großteil der Standorte sich weiterhin am Gemeinschaftssystem beteiligen will bzw. im Moment keine Überdenkung der Teilnahme in Betracht zieht. Nur 15 % der Chemiestandorte prüfen derzeit kritisch die weitere Teilnahme (bzw. haben bereits einen Ausstieg vollzogen), im Vergleich zum Gesamtdurchschnitt von 12 %.

Aktuelle Rahmenbedingungen für die betriebliche Umsetzung sind dabei die Einführung von integrierten Managementsystemen (mit besonderem Akzent in der Chemieindustrie), das Stoffstrommanagement mit der Verknüpfung von Mengen- und

Kosteninformationen sowie die von Finanzdienstleistern untersuchten (positiven) Zusammenhänge zwischen Umweltleistung, Öko-Effizienz und Shareholder Value. Offen bleibt jedoch, inwieweit die hohe und kostenintensive Beteiligung der Chemieindustrie am EG-Öko-Audit auch zu tatsächlichen Verbesserungen geführt hat. Um die Basis für eine Methode zur externen Beurteilung der kontinuierlichen Verbesserung zu schaffen, werden zunächst die Grundlagen der Umweltleistungsbewertung nach ISO 14031 herausgearbeitet sowie ihre Übertragbarkeit auf die Analyse von Umwelterklärungen geprüft.

4 UMWELTLEISTUNGSBEWERTUNG

4.1 Hintergründe

4.1.1 Sprachlicher Hintergrund

Der Begriff der Umweltleistung, der im Englischen mit „Environmental Performance" einen gut eingeführten und klar abgegrenzten Untersuchungsgegenstand darstellt, wird im Deutschen noch nicht als fest eingeführter Begriff verwendet[48] (vgl. Rauberger, R. / Wagner, B. 1997a, S. 27). Beispielsweise wurde in der EG-Öko-Audit-Verordnung (vgl. 1993, S. 2) „Environmental Performance" noch mit „betrieblicher Umweltschutz" übersetzt. Während im angelsächsischen Sprachraum der Begriff der Umweltleistung bereits seit Anfang der 90er Jahre im betrieblichen Zusammenhang breiten Einzug gefunden hat – beispielsweise in Unternehmens-Umweltberichten[49] – wurde der Begriff im deutschen Sprachraum erst Mitte der 90er Jahre sporadisch aufgegriffen.

Problematisch erweist sich dabei, dass der Leistungsbegriff im deutschen Sprachverständnis den Aspekt umfasst, etwas „erreicht" bzw. „geleistet" zu haben[50]. Im Englischen dagegen impliziert der Begriff der „Performance" keinerlei Wertung in sich (vgl. Chambers Dictionnary, 1993, S. 1264f.). Dies veranlasste die Autoren des von BMU / UBA (1997, S. 45) herausgegebenen Leitfadens „Betriebliche Umweltkennzahlen" zu dem erläuternden Zusatz bei dem Glossarbegriff Umweltleistungsbewertung, dass sich der „Leistungsbegriff dabei sowohl auf positive als auch auf negative Veränderungen einzelner Umweltauswirkungen beziehen [kann]".

---

[48] So findet der Begriff der Umweltleistung bis heute in vielen Standardpublikationen keine Anwendung, beispielsweise weder im „Handbuch Umweltcontrolling" (vgl. BMU / UBA, 1995), dem Standardwerk in Deutschland zum betrieblichen Umweltschutz, noch bei Fichter, K., (vgl. 1995) in „Die EG-Öko-Audit-Verordnung" oder, branchenbezogen in „Umweltmanagement in der chemischen Industrie – Wege zum produktionsintegrierten Umweltschutz (vgl. Kostka, S. / Hassan, A., 1997).

[49] Während in der internationalen Sammlung von Umweltberichten nach Peglau, R. (vgl. 1997) bis Mitte Juni von 33 veröffentlichten Umweltberichten in Großbritannien fast jeder dritte (zehn = 30,3 %) den Begriff „Environmental performance" im Titel hat (z.B. National Power Environmental Performance Review 1995 oder ICI Environmental Performance 1994), trägt von den 126 Umweltberichten in Deutschland keiner den Begriff der „Umwelt*leistung*" im Titel.

[50] Loew, T. / Kottmann, H. / Clausen, J. (vgl. 1997, S. 5) gehen sogar soweit, den Begriff der „betrieblichen Umweltleistung" als Euphemismus zu bezeichnen.

4.1.2 Konzeptioneller Hintergrund

Das Instrument der Umweltleistungsbewertung wurde im Wesentlichen von den Normungsarbeiten auf ISO Ebene geprägt (ISO 14031). Die Normungsarbeit zur Umweltleistungsbewertung wurde innerhalb des ISO Technical Committee 207 vom Subcommittee 4 durchgeführt. An den Normungsarbeiten zur ISO 14031 waren ca. 40 nationale Normungsinstitute beteiligt.

4.1.2.1 Anwendungsbereich der Norm

Hinsichtlich des allgemeinen Anwendungsbereichs und der generellen Zielrichtung der Norm wurden während der Normungsarbeit intensive Diskussionen geführt. Die Auseinandersetzung um den Anwendungsbereich der Norm ging schwerpunktmäßig um die Frage, ob die Leistung des Managementsystems („Systems bzw. Management Performance") oder die tatsächlichen Umweltauswirkungen („Operational Performance") bewertet werden sollen. Delegierte einer Reihe von Ländern sahen die Umweltleistungsbewertung sehr eingeschränkt als bloßes Teilinstrument zur Unterstützung der ISO 14001 Umweltmanagementsysteme. Demnach sollte sich die Bewertung der Umweltleistung einer Organisation nur auf die Qualität des Managementsystems als solches beziehen und nicht auf die Austauschbeziehungen mit der natürlichen Umwelt (vgl. Kleivane, T. 1996, S. 16). Vor allem Teilnehmer aus den Vereinigten Staaten und Kanada vertraten diese Position (vgl. Rauberger, R. / Wagner, B. 1997a, S. 24). Auf der anderen Seite waren die Vertreter der Länder positioniert, die im Subcommittee 4 eine von der ISO 14001 unabhängigere Linie vertreten. Letztere sehen einen relevanten Informationsbedarf in Bezug auf die Leistungen von Organisationen bei der Verringerung der Umweltauswirkungen und befürchten, dass die Umweltinformation von Anspruchsgruppen extern ermittelt würden (z.B. durch Ratings und Rankings, Aktivitäten von Umweltgruppen, Presserecherchen[51] etc.), wenn sie nicht proaktiv von den Unternehmen selbst erzeugt werden (vgl. Kleivane, T. 1996, S. 16).

4.1.2.2 Zielrichtung der Norm

Bezüglich der Zielrichtung der ISO Norm waren die Normungsarbeiten zur Umweltleistungsbewertung durch die Fragestellung gekennzeichnet, ob darin nur die allgemeine Vorgehensweise (das *wie* geht man vor?) oder detaillierte Anforderungen (das *was genau* muss man erheben?) vorgegeben werden sollen. Insbesondere seitens der nordamerikanischen Vertreter herrschte die Befürchtung, dass – resultierend aus dem amerikanischen Haftungsrecht - eine detaillierte Darlegung konkreter Anforderungen zu einer Quasi-Verpflichtung für die Unternehmen werden könnte (vgl.

---

[51] vgl. die freiwilligen, vertraulichen und unfreiwilligen Offenlegungswege von Umweltinformationen nach International Institute for Sustainable Development (vgl. 1993, S. 17)

Rauberger, R. / Wagner, B. 1997a, S. 25f.). Das Dokument sollte demnach so offen wie möglich sein, mit einer Vielzahl verschiedener Methodologien und fallspezifischen Beispielen, um möglichst viel Raum für individuelle Interpretationen zu lassen (vgl. Kleivane, T. 1996, S. 16). Auf der anderen Seite wollten die Länder, die einen konkreten Bedarf an Informationen zu den tatsächlichen Auswirkungen der Organisationen auf die Umwelt sehen, eine möglichst präzise und anleitende Norm, die den Unternehmen eine konkrete Hilfestellung bei der Durchführung der Umweltleistungsbewertung gibt.

In beiden Fragestellungen konnte in der mehrjährigen Normungsarbeit keine eindeutige Position gefunden werden, so dass in der Norm immer wieder die Kompromisslinien der Konsenserzielungsprozesse zwischen den beteiligten Ländern und Ländergruppen sichtbar werden.

4.1.2.3 Eckpunkte der Normungsarbeit

Im Sinne eines „Selbstverständnisses" der am Normungsprozess Beteiligten hat sich im Rahmen der Normungsarbeit eine Reihe inhaltlicher und technischer Eckpunkte entwickelt, die als Grundlage für die Entwicklung und Einschätzung der Normungsarbeit bedeutend sind. Folgende Aspekte können als gemeinsamer Nenner festgehalten werden: Die Norm ISO 14031

- legt kein absolutes Leistungsniveau für Organisationen fest (das ist Aufgabe des Gesetzgebers oder von Branchenvereinigungen);
- soll weltweit Relevanz haben und auch für kleine und mittelständische Unternehmen anwendbar sein;
- beschreibt ein internes Managementinstrument, dessen Ergebnisse nach Bedarf auch für die externe Kommunikation geeignet sind;
- bezieht sich mit dem Konzept der kontinuierlichen Verbesserung sowohl auf den Prozess der Leistungsbewertung als auch auf die Umweltleistung der Organisation;
- ist ein Prozess, der nach Bedarf in einem begrenzten Bereich begonnen werden kann und im Laufe der Zeit im Anwendungsbereich erweitert werden kann;
- soll auch für Unternehmen anwendbar sein, die (noch) kein formales Umweltmanagementsystem eingerichtet haben.

4.2. Grundzüge der Umweltleistungsbewertung nach ISO 14031

Die Umweltleistungsbewertung (ULB) ist ein interner Managementprozess, in dem anhand von Umweltkennzahlen die Umweltleistung einer Organisation mit den von ihr festgelegten Umweltleistungskriterien verglichen und bewertet wird (vgl. ISO 14031 1999, S. 6). Unter Umweltleistungskriterien werden dabei verbindliche Vorgaben wie quantifizierte Umweltziele oder andere messbare Vergleichsgrößen verstanden. Der Prozess der Umweltleistungsbewertung basiert auf einem Kreislauf aus Planungs-, Umsetzungs- sowie Überprüfungs- und Verbesserungsphase (vgl. Abb. 25), welcher in regelmäßigen Abständen durchlaufen wird.

Abb. 25: Der dreistufige Prozess der Umweltleistungsbewertung (vgl. ISO 14031, 1999, S. 6ff.) (vom Autor leicht angepasst)

Nach jedem Durchlauf werden die festgelegten Leistungskriterien auf ihre Erreichung überprüft und gegebenenfalls notwendige Korrekturmaßnahmen zur Zielerreichung festgelegt. Der Prozess der Umweltleistungsbewertung folgt damit dem international bekannten „Plan-Do-Check-Act"-Modell, welches auch schon Grundlage für die ISO 14001 Umweltmanagementsysteme war.

In der Einleitung der ISO 14031 wird betont, dass es sich bei der ULB um einen *internen* Managementprozess und ein Werkzeug handelt, das dem Management kontinuierlich verlässliche Informationen zur betrieblichen Umweltleistung zur Verfügung stellt (vgl. ISO 14031 1999, S. 3). Die Ergebnisse der ULB *können* auch der Öffentlichkeit zugänglich gemacht werden (vgl. 3.2.3.2 d). Voraussetzung hierfür ist, dass dies vom Management für zweckdienlich gehalten wird.

4.2.1 Planung der Umweltleistungsbewertung

4.2.1.1 Managementüberlegungen[52]

Nach der ISO 14031 sollen in der Planung der ULB auch die Anliegen interessierter Kreise (z.B. Anwohner, Behörden, Umweltgruppen, Banken) berücksichtigt werden. Zwei weitere wesentliche Managementüberlegungen aus der Planungsphase der ULB betreffen die *wesentlichen* Umweltaspekte, die von der Organisation beeinflusst werden können sowie die von ihr festgelegten Umweltleistungskriterien. Diese drei Aspekte stellen das Fundament der Planungsphase dar (vgl. Abb. 26).

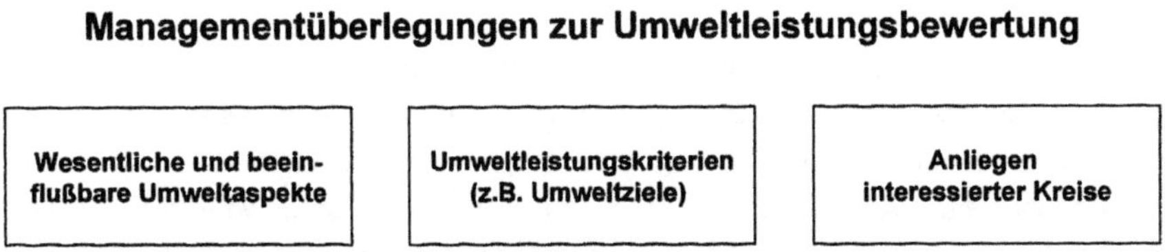

Abb. 26: Hauptfelder der Managementüberlegungen bei der Umweltleistungsbewertung

Die wesentlichen und beeinflussbaren Umweltaspekte werden idealerweise im Rahmen eines Umweltmanagementsystems festgelegt. Unternehmen, welche die ISO 14001 umgesetzt haben, können direkt darauf aufbauen (Abschnitt 4.3.1 der Norm). Im Rahmen der EG-Öko-Audit-Verordnung dient dazu die Bewertung und Registrierung der Auswirkungen auf die Umwelt in Abgleich mit den umweltrelevanten Tätigkeiten am Standort (vgl. Kap. 3.2.1.1). Aus externer Perspektive kann auf die Zusammenfassung der wichtigsten Zahlenangaben in der Umwelterklärung zurückgegriffen werden. Für Organisationen ohne Umweltmanagementsystem gibt die ISO 14031 methodologische Hilfestellungen zur Ermittlung der wesentlichen Umweltaspekte und empfiehlt die folgenden Auswahlkriterien: Ausmaß und Art der Material- und Energieverbräuche, Emissionen, Risiken, Umweltzustand, gesetzliche und andere Anforderungen (vgl. ISO 14031 1999, S. 11).

---

[52] Der Begriff Managementüberlegungen stammt aus der dem Normentwurf ISO CD 14031 (vgl. 1996) und ist in der veröffentlichten Norm ISO 14031 nicht mehr als Unterpunkt der Planungsphase enthalten (vgl. ISO 14031, 1999, S. 6ff.). Er wurde in der vorliegenden Arbeit bewusst wieder aufgegriffen, um in der Planungsphase die vorbereitenden Schritte von dem ausführenden Schritt der Auswahl der Kennzahlen voneinander abzugrenzen.

Organisationen, welche die ULB im Rahmen eines Umweltmanagementsystems durchführen, können für die Ableitung von Umweltleistungskriterien auf die verabschiedete Umweltpolitik sowie auf Umweltziele und laufende Ergebnisse aus Umweltbetriebsprüfungen (Audits) zurückgreifen (vgl. ISO 14031, 1999, S. 11). Allen anderen Organisationen stehen eine Reihe weiterer Anhaltspunkte für mögliche Umweltleistungskriterien zur Verfügung, u.a.

- Daten aus der Vergangenheit und gegenwärtige Trends zur Umweltleistung;
- Ziel- und Grenzwerte aus gesetzlichen Anforderungen sowie aus anerkannten Regeln, Normen und guten Managementpraktiken;
- Leistungsdaten und Informationen, die von Branchenvereinigungen und Verbänden erarbeitet wurden;
- Anliegen interessierter Kreise;
- Ergebnisse der wissenschaftlichen Forschung (vgl. ISO 14031, 1999, S. 11).

In der Planungsphase sollen auch die Anliegen interessierter Kreise berücksichtigt werden. Darunter wird jede „Einzelperson oder Gruppe (verstanden), welche sich von der umweltorientierten Leistung einer Organisation betroffen fühlt oder davon beeinflusst wird. (ISO 14031 1999, S. 5)“. Dies umfasst sowohl die Auswahl geeigneter Umweltkennzahlen wie auch die durch das Management festzulegenden Umweltleistungskriterien. Da die interessierten Kreise u.a. in ihrer Struktur, ihren Anliegen, ihrer Beziehung zur Organisation, ihrem potentiellem Beitrag zur ULB und der Art, wie sie ihre Interessen kommunizieren, erheblich voneinander differieren können, wird darauf hingewiesen, dass jede Organisation ihr eigenes Verfahren zur Einbeziehung von Informationen externer Kreise zu entwickeln hat (vgl. ISO 14031 1999, S. 24f.).

4.2.1.2 Auswahl von Umweltkennzahlen

Schließlich kommt der Auswahl von Umweltkennzahlen eine entscheidende Stellung innerhalb des Prozesses der ULB zu: „Sie helfen dazu, einschlägige Daten in prägnante Informationen über die Aktivitäten des Managements [...], über die Umweltleistung des operativen Bereichs [...] oder den Zustand der Umwelt aufzubereiten (ISO 14031 1999, S. 12)“. Dabei wird betont, dass zur Beurteilung der Umweltleistung eine ausreichende Anzahl relevanter und verständlicher Kennzahlen ausgewählt werden sollte (vgl. ISO 14031 1999, S. 12). Die Anzahl und Art der Umweltkennzahlen soll dabei eine möglichst getreue Abbildung der Umweltrelevanz einer Organisation ermöglichen. Die Gesamtheit der ausgewählten Umweltkennzahlen wird in der Fachliteratur i.d.R. als „Umweltkennzahlensystem" bezeichnet (vgl. BMU / UBA 1997, S. 6; Loew, T. / Kottmann, H. / Clausen, J. 1997, S. 3).

Die ISO 14031 unterscheidet dabei zwischen zwei Hauptkategorien von Umweltkennzahlen. Zum einen sind dies die Umweltleistungskennzahlen, die umweltrelevante Informationen über die Ergebnisse, die aus dem Management der Umweltaspekte resultieren, verdichten. Sie werden weiter in operative Leistungskennzahlen und in Management-Leistungskennzahlen differenziert (vgl. Abb. 27). Zum anderen führt die Norm sog. Umweltzustandsindikatoren ein, die zur Beschreibung des (lokalen) Zustands der Umwelt in Verbindung mit der Organisation verwendet werden.

Zusammenhänge der Bewertungsbereiche nach ISO 14031

Abb. 27: Zusammenhänge der Umweltleistungsbewertung (Eigene Darstellung, in Anlehnung und ISO 14031, (vgl. 1997, S. 9)

Umweltzustandsindikatoren können sich auf lokale, regionale und globale Umweltprobleme beziehen. Umweltzustandsindikatoren sind zunächst Rahmenbedingung für die Bestimmung der relevanten Umweltaspekte einer Organisation (Wie wirkt die Organisation auf die natürliche Umwelt ein? Welche – lokalen, regionalen, globalen – Umweltprobleme sind von Relevanz?). Die Bewertung der Leistung selbst erfolgt dann auf Basis der operativen und der Management-Leistungskennzahlen. Darauf aufbauend können sie auch zur Schwerpunkt- und Prioritätensetzung im Rahmen der auszuwählenden Umweltleistungskennzahlen herangezogen werden (vgl. Rauberger, R. / Wagner, B. 1997a, S. 38). (Lokale) Umweltzustandsindikatoren sind nur dann für die Leistungsbewertung von Belang, wenn sie (lokal) den Hauptbeitrag zu einem Umweltproblem leisten und ein direkter Ursache-Wirkungs-Zusammenhang besteht (vgl. BMU / UBA 1997, S. 37f.).

a) Operative Leistungskennzahlen

Als operative Leistungskennzahl definiert die ISO 14031 (1999, S. 5) eine „Umweltleistungskennzahl, die Informationen über die Umweltleistung im operativen Bereich einer Organisation darstellt". Der operative Bereich umfasst dabei die physischen Anlagen und Einrichtungen, die Verkehrssituation, die Produktionsinputs (z.B. Material, Energie, Dienstleistungen) und den zugehörigen Output an Produkten und Emissionen (z.B. Abluft, Abwasser, Abfall). Die mit der Organisation in Zusammenhang stehenden physischen Einrichtungen und Anlagen, die Verkehrssituation sowie die betrieblichen Inputs und Outputs wirken sich unmittelbar während der Produktion oder über deren Vor- und Nachstufen (z. B. bei der Herstellung der Rohstoffe, bei Gebrauch oder Entsorgung der Produkte) auf die natürliche Umwelt aus. Unter operativen Leistungskennzahlen werden demnach Messgrößen verstanden, die die vom operativen Bereich einer Organisation ausgehenden direkten oder indirekten Umweltauswirkungen darstellen.

Zur Strukturierung der operativen Leistungskennzahlen werden nach der Norm folgende Input-Output-Systematik vorgeschlagen (vgl. Abb. 28). Zu jedem in der Abbildung aufgeführten Bereich werden im Anhang beispielhafte Kennzahlen für Organisationen aufgeführt (vgl. ISO 14031 1999, S. 31ff.).

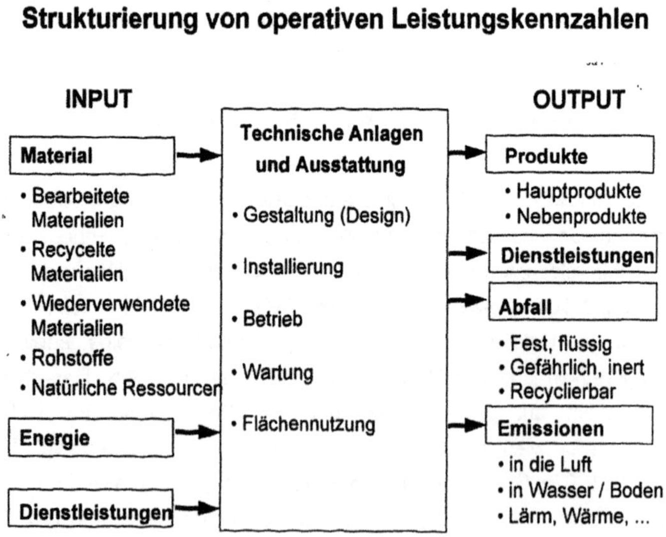

Abb. 28: Input-Output-Struktur operativer Leistungskennzahlen (in Anlehnung an ISO 14031 1999, S. 32)

b) Management-Leistungskennzahlen

Unter einer Management-Leistungskennzahl versteht die ISO 14031 eine „Umweltleistungskennzahl, die Informationen über die Aktivitäten des Managements zur Verbesserung der Umweltleistung einer Organisation darstellt (1999, S. 5)". Das Management umfasst dabei die Mitarbeiter, Verfahren und Abläufe auf allen Unternehmensebenen sowie ihre Entscheidungen und Aktivitäten. Die Entscheidungen und Aktivitäten können sich indirekt in der Reduzierung der Umweltauswirkung niederschlagen. Aus der Definition wird dabei deutlich, dass nicht wie bei den operativen Leistungskennzahlen die Umweltleistung an sich messbar gemacht wird, sondern indirekt die Anstrengungen im Management zur Beeinflussung der tatsächlichen Umweltleistung beschrieben werden.

Im Anhang der Norm werden für folgende Bereiche beispielhaft Managementkennzahlen aufgeführt (vgl. ISO 14031 1999, S. 30ff.):

- Umsetzung von Politiken und Programmen
- Konformität (z.B. in Bezug auf Gesetze, interne Standards)
- Finanzielle Leistung
- Beziehungen zur Gemeinde („Community")

c) Umweltzustandsindikatoren

Die ISO 14031 definiert Umweltzustandsindikator als „spezifische Größe, die Informationen über den lokalen, regionalen, nationalen oder globalen Zustand der Umwelt darstellt (1999, S. 4)". Dazu wird verdeutlicht, dass Umweltzustandsindikatoren kein Maßstab für Umwelteinwirkungen sind, aber hilfreich sein können, um Zusammenhänge zwischen den Auswirkungen des Betriebs (z. B. den Inputs und Outputs) und spezifischen Umweltproblemen zu klären (vgl. ISO 14031 1999, S. 16). Bezüglich der Entwicklung und Anwendung von Umweltzustandsindikatoren stellt die ISO 14031 (vgl. S. 16f.) klar, dass dies i.d.R. die Aufgabe von Behörden, nicht staatlichen Organisationen und Forschungsinstituten ist. Schließlich wäre es absurd, wenn einzelne Firmen für sich selbst beginnen würden, beispielsweise die CO_2-Konzentrationen in der Luft oder den Anstieg des Meeresspiegels zu bestimmen. Als Bereiche für die Bildung von Umweltzustandsindikatoren werden im Anhang der Norm beispielhaft die Aspekte Luft, Wasser, Boden, Flora, Fauna, Menschen sowie Ästhetik und Kulturerbe aufgeführt (vgl. ISO 14031 1999, S. 36ff.).

4.2.2 Verwendung von Daten und Informationen

4.2.2.1 Datenerfassung

Die regelmäßige Datenerfassung ist die Grundlage für einen auf Kennzahlen gestützten Prozess der Leistungsbewertung. Die ISO 14031 (1999, S. 19) weist diesbezüglich besonders darauf hin, dass die zugrunde gelegten Daten „systematisch aus angemessenen Quellen erfasst werden (sollten), und in einer Häufigkeit, die der Planung der Umweltleistungsbewertung entspricht". Damit soll gewährleistet werden, dass zum einen die Qualität der erhobenen Daten gesichert ist (z. B. durch Qualitätssicherungs- und -kontrollmaßnahmen), zum anderen, dass die benötigten Daten aktuell genug sind und häufig genug ermittelt werden, um zeitgerecht auf mögliche (Fehl-)entwicklungen reagieren zu können. Dies umfasst auch die Betrachtung der Qualität, der Validität, der Eignung und der Vollständigkeit der Daten, die notwendig sind, um verlässliche Informationen ableiten zu können (vgl. ISO 14031 1999, S. 19).

4.2.2.2 Datenanalyse und -aufbereitung

Die erfassten Daten werden analysiert und zu Kennzahlen für die Umweltleistungsbewertung aufbereitet. Die Aufbereitung der Daten kann in absoluter, relativer, aggregierter und indexierter Form erfolgen. „Aggregation und Gewichtung [von Daten] sollten mit größter Sorgfalt durchgeführt werden, um die Überprüfbarkeit, Widerspruchsfreiheit, Vergleichbarkeit und Verständlichkeit sicherzustellen (ISO 14031 1999, S. 18f.)". Die beim Umgang mit den Daten und ihrer Umwandlung in Kennzahlen getroffenen Annahmen müssen deutlich gemacht werden (vgl. ISO 14031 1999, S. 18f.). Insbesondere für die Kommunikation der Ergebnisse ist dies vor dem Hintergrund der Transparenz und Glaubwürdigkeit der Angaben von Bedeutung (z. B. durch die Präzisierung der getroffenen Annahmen oder zugrunde gelegter Bewertungsmethoden) (vgl. GRI 1999, S. 8).

4.2.2.3 Informationsbeurteilung

In der Phase der Informationsbeurteilung wird die Bewertung der mit Kennzahlen messbar gemachten Umweltleistung vollzogen. Die Ergebnisse der Beurteilung werden der Unternehmensführung mitgeteilt, um geeignete Maßnahmen zur Verbesserung oder auch zum „Halten" des Niveaus der (erreichten) Umweltleistung zu beraten (vgl. ISO 14031 1999, S. 20). Dies ist erst möglich, wenn die (quantifizierten) Kennzahlen im Rahmen von Vergleichsprozessen beurteilt werden. Dazu werden die vom Management in der Planungsphase festgelegten Umweltleistungskriterien herangezogen. Die reine Erhebung von Umweltkennzahlen hat demzufolge ohne die Anwendung geeigneter Vergleichsmaßstäbe keine Aussagekraft.

4.2.2.4 Berichterstattung und Kommunikation

Die Berichterstattung und Kommunikation ist ein wesentlicher Schritt zur Einbeziehung wichtiger Akteure in den kontinuierlichen Verbesserungsprozess. Durch die Information interner Vertreter von „Schlüsselfunktionen" und externer Anspruchsgruppen wird eine Steigerung des Problembewusstseins sowie ein Dialog über die umweltpolitischen Zielsetzungen, die festgelegten Umweltleistungskriterien und die jeweilige Zielerreichung eingeleitet (vgl. ISO 14031 1999, S. 21f.). Durch die aktive Einbindung der verantwortlichen Mitarbeiter wird die Motivation zur Erreichung der gesetzten Vorgaben unterstützt („Feedback Mechanismen"). Deswegen ist es sinnvoll, die ermittelten Ergebnisse nicht nur zentral dem obersten Management, sondern auch den Fachabteilungen mitzuteilen und sie dort zur Steuerung und Kontrolle von Umweltauswirkungen von Prozessen und Kostenstellen einzusetzen (vgl. Jasch, Ch. / Rauberger, R. 1998b, S. 32f.). Vor allem die laufende Aktualisierung der ermittelten Umweltkennzahlen für die betriebliche Steuerungsfunktion ist hier von Bedeutung.

Während die interne Kommunikation ein fester Bestandteil der Umweltleistungsbewertung ist, lässt die ISO 14031 die externe Umweltberichterstattung für die Fälle offen, in denen eine Organisation eine Veröffentlichung aus eigenen Beweggründen beschließt oder dazu aufgefordert wird (beispielsweise im Rahmen eines behördlichen Berichtswesen). Vor allem für Umweltberichte und –erklärungen bieten sich die Ergebnisse der Umweltleistungsbewertung als Berichterstattungsgrundlage an.

4.2.3 Überprüfung und Verbesserung der Umweltleistungsbewertung

Der Ablauf der Umweltleistungsbewertung muss in regelmäßigen Abständen daraufhin überprüft werden, ob er für die Messung, Bewertung und Verbesserung der Umweltleistung geeignet ist. Die Überprüfung der Umweltleistungsbewertung und ihrer Ergebnisse kann folgende Aspekte beinhalten:

- Kosteneffizienz und erzielter Nutzen
- Fortschritte bei der Erreichung der gesetzten Umweltleistungskriterien
- Angemessenheit der Umweltleistungskriterien
- Angemessenheit der ausgewählten Umweltkennzahlen für die Umweltleistungsbewertung
- Datenquellen, der Datenerfassungsmethoden und Datenqualität (vgl. ISO 14031 1999, S. 23.)

Im Abschnitt 4.3 der ISO Norm wurde bei den Formulierungen jeweils bedacht, dass die Überprüfung und Verbesserung der Umweltleistungsbewertung sich sowohl auf den Prozess als auch auf die Ergebnisse bezieht. Jasch, Ch. / Rauberger, R. (1998b, S. 33f.) betonen dazu, dass nicht nur die Ergebnisse der Überprüfung in die zu überarbeitenden Umweltkennzahlen integriert werden müssen, sondern dass auch „notwendige Korrekturmaßnahmen zur Zielerreichung eingeleitet und/oder bisherige Zielgrößen angepasst bzw. fortgeschrieben werden (müssen)".

4.2.4 Schnittstellen zwischen der ISO 14031 und dem EG-Öko-Audit

Sowohl die ISO 14031 wie auch die EG-Öko-Audit-Verordnung sind primär interne Managementinstrumente bzw. -prozesse, die auf die kontinuierliche Verbesserung des betrieblichen Umweltschutzes abzielen. Während die EG-Öko-Audit-Verordnung dafür mit ihren Elementen Umweltpolitik, -programm, -managementsystem, -betriebsprüfung und –erklärung die Werkzeuge für den Verbesserungsprozess liefern, bleibt sie „zahnlos" was die Bewertung der erreichten Verbesserungen betrifft (vgl. Kap. 3.2). Auf der anderen Seite liefert die ISO 14031 die Methodik und Vorgehensweise, wie auf einzelbetrieblicher Ebene konkrete Fortschritte im Umweltschutz messbar gemacht werden können. Sie zielt indirekt auf aus den Bewertungsergebnissen resultierende Verbesserungszyklen hin, bleibt aber ihrerseits „zahnlos" was die konkreten betrieblichen Instrumente dafür betrifft. Die EG-Verordnung zum Öko-Audit und die ISO 14031 ergänzen sich somit nahezu optimal in im ihrem Anwendungskreis.

Dabei setzt die ISO 14031 in ihrem Bewertungsprozess zu einem großen Teil an Daten an, die im Rahmen des Umweltmanagements nach der EG-Öko-Audit-Verordnung regelmäßig erhoben bzw. überprüft werden (vgl. Abb. 30). Beispielsweise entsprechen die in den Managementüberlegungen festgelegten signifikanten Umweltaspekte aus der ISO 14031 den relevanten Auswirkungen auf die Umwelt nach EG-Öko-Audit-Verordnung (Anh. IB3.). Die Umweltziele aus dem EG-Öko-Audit (Anh. IA4.) sind gleichzeitig Umweltleistungskriterien nach ISO 14031. Ein weiteres (dynamisches) Umweltleistungskriterium der EG-Öko-Audit-Verordnung ist die in allgemeiner Art geforderte Reduzierung der Umweltauswirkungen[53]. Für deren Messung und Fortschreibung führt die ISO 14031 Umweltkennzahlen ein. Im EG-Jargon können darunter die zusammenfassenden Zahlenangaben aus den Umwelterklärungen (Art. 5(3)c) verstanden werden. Auf das Leistungsniveau der EG-Öko-Audit-Verordnung bezogen (Reduzierung der Umweltauswirkungen) ent-

[53] Auf die als statisch qualifizierten Umweltleistungskriterien Einhaltung der Umweltgesetze und Anwendung des Stands der Technik wird hier verzichtet, da sie Mindestkriterien für die Beteiligung am System sind, darüber hinaus jedoch keine Beurteilung der kontinuierlichen Verbesserung ermöglichen (vgl. Kap. 3.2/3.3).

sprechen die geforderten Zahlenangaben somit dem Bereich der operativen Leistungskennzahlen.

Für die Schritte 2.1 – 2.3 der Umweltleistungsbewertung (Datenerfassung, -analyse und -auswertung) bestehen keine äquivalenten Anforderungen der EG-Öko-Audit-Verordnung. Hier bietet die ISO 14031 somit eine wichtige Hilfestellung für die Vorgehensweise zur Bewertung der kontinuierlichen Verbesserung des EG-Öko-Audits. Die Umwelterklärung des EG-Öko-Audits umfasst wesentliche Teile der Kommunikations- und Berichterstattungskomponenten aus der ISO 14031. Weiterhin entsprechen die Zielsetzungen der Überprüfung und Verbesserung der Umweltleistungsbewertung nach der ISO 14031 weitgehend denen der Umweltbetriebsprüfung mit zugehörigen Folgemaßnahmen (EG-Öko-Audit).

ISO 14031		**Umweltleistungsbewertung**	**EG-Öko-Audit-Verordnung**
1. PLAN	1.1	Managementüberlegungen	
		• Umweltaspekte	• Auswirkungen auf die Umwelt (Anh. 1B3.)
		• Leistungskriterien	• - statisch: Stand der Technik und Einhaltung der Umweltgesetze (Art. 3a) - dynamisch: Umweltziele, möglichst quantifiziert und mit Zeitangaben (Anh. 1A4); Reduzierung Umweltauswirkungen (Art. 3a)
		• Anliegen interessierter Kreise	• kein direktes Äquivalent
	1.2	• Auswahl der Kennzahlen	• Zusammenfassung der wichtigsten Zahlenangaben nach Art. 5(3)c
2. DO	2.1	• Datenerfassung	• Erfolgt intern: keine Präzisierung
	2.2	• Datenanalyse und –aufbereitung	• Erfolgt intern: keine Präzisierung
	2.3	• Informationsbeurteilung	• Erfolgt intern: keine Präzisierung
	2.4	• Kommunikation und Berichterstattung	• Umwelterklärung (Art. 5)
3. CHECK AND ACT	3	• Überprüfung und Verbesserung der Umweltleistungsbewertung	• Umweltbetriebsprüfung (Art. 4 (1,2); Anh. II) und Folgemaßnahmen(Art. 3e)

Abb. 29: Vergleich der ISO 14031 mit relevanten Anforderungen der EG-Öko-Audit-Verordnung

Für die Beurteilung der kontinuierlichen Verbesserung und der ökologischen Wirksamkeit des Umweltmanagements nach EG-Öko-Audit aus Perspektive der kritischen Öffentlichkeit geht daraus hervor, dass die Bewertung der Umweltfortschritte eines Unternehmens oder einer Branche aus dem Zusammenspiel der zusammenfassenden Zahlenangaben (Umweltkennzahlen bzw. -kennzahlensystemen) mit den freiwillig festgelegten Umweltzielen möglich wird. Die beiden Teilinstrumente lassen sich aus veröffentlichten Umwelterklärungen und branchenbezogenen Verbandsveröffentlichungen herauslesen und zusammen mit anderen, externen Umweltleistungskriterien – z.B. nationalen und internationalen Konventionen, gesetzlichen Vorgaben, Durchschnittswerten der Branche oder eingegangenen freiwilligen Selbstverpflichtungen – vergleichend beurteilen.

Bei den (quantifizierten) Umweltzielen handelt es sich einerseits um geplante Verbesserungen für die Zukunft. Sie sind ein Ansatzpunkt zur Abschätzung möglicher Verbesserungspotentiale in der Zukunft. Andererseits lässt sich der tatsächliche Erfolg nur anhand von konkreten (Jahres-)Zahlen und Vergleichen mit der Vergangenheit nachvollziehen. In der rückblickenden Evaluierung nehmen die Umweltkennzahlen mit den darin komprimierten „harten Fakten" die wichtigere Stellung ein.

Nachfolgend werden zunächst die Instrumente Umweltkennzahlen und Umweltziele zur Messung der Umweltleistung von Unternehmen vertiefend vorgestellt und diskutiert. Darauf aufbauend werden mögliche Vergleichsmaßstäbe zur Bewertung der Umweltleistung besprochen und im Hinblick auf ihre Tauglichkeit für die empirische Untersuchung analysiert.

4.3 Werkzeuge zur Umweltleistungsbewertung

4.3.1 Umweltkennzahlen

4.3.1.1 Hintergrund

Der Begriff und die Anwendung von Kennzahlen kennt aus der Betriebswirtschaftslehre eine lange Tradition (vgl. Wöhe, G. 1986, S. 1255f.)[54]. Dort stellen Kennzahlen im Rechnungswesen bzw. Controlling ein praxisorientiertes Hilfsmittel für Planungs-, Steuerungs- und Kontrollprozesse dar. Ihre wesentliche Stärke ist es, durch die Auswahl qualifizierter Daten aus einer Vielzahl von Einzelinformationen das Betriebsgeschehen transparenter zu machen. Auch werden sie oft für den Vergleich und die finanzielle Bewertung von Unternehmen herangezogen. In Analogie dazu stellen betriebliche Umweltkennzahlen ein Instrument zur Messung und Fortschreibung des betrieblichen Entwicklungsstandes im Umweltschutz dar. In der Praxis finden

[54] siehe dazu auch Siegwart, H. (1990)

Umweltkennzahlen in einer Vielzahl von Bereichen Anwendung, beispielsweise zur Darlegung der kontinuierlichen Verbesserung im betrieblichen Umweltschutz, als Feedback-Instrument zur Mitarbeiterinformation und –motivation, zur Formulierung und Verfolgung quantifizierter Umweltziele, für die Aufstellung von Stärken/Schwächen-Profilen bei Betriebsvergleichen oder zur kennzahlengestützten Umweltberichterstattung (vgl. BMU / UBA 1997, S. 4f.).

4.3.1.2 Definition und Anforderungen

Nach Goldmann, B. / Weber, F. (1995, S. 6) kann eine betriebliche Umweltkennzahl als Messgröße definiert werden, die „einen betrieblichen Sachverhalt, der direkt oder indirekt auf die natürliche Umwelt Einfluss nimmt, quantifiziert darstellt". Sie sollen sich auf die wesentlichen Umweltauswirkungen konzentrieren sowie mögliche Umweltziele operationalisierbar und messbar machen können (vgl. Rauberger, R. / Wagner, B. 1997b, S. 23). Skillus, A. / Wennberg, U. (vgl. 1998, S. 20f.) betonen die Kriterien (betriebliche) Relevanz, Messbarkeit und Vergleichbarkeit zur Charakterisierung von Kennzahlen. Vor dem Hintergrund der Kommunikation und Berichterstattung sind aus den aktuellen Revisionsarbeiten zur EG-Öko-Audit-Verordnung weiterhin die Kriterien der Unzweideutigkeit und der Verständlichkeit von Bedeutung (vgl. Kap. 3.3.3.1).

Damit können vier wesentliche Anforderungen festgehalten werden, die betriebliche Umweltkennzahlen erfüllen müssen. Sie müssen

1. betriebliche Sachverhalte quantifiziert abbilden und damit Vergleiche ermöglichen;
2. sich auf die wesentlichen und vom Unternehmen beeinflussbaren Umweltaspekte konzentrieren;
3. müssen verständlich und unzweideutig darstellbar sein;
4. in Verbindung zu möglichen Umweltzielen stehen, die sie mess- und operationalisierbar machen können.

Die Bildung von Kennzahlen beruht auf dem Grundprinzip, dass ein komplexer Tatbestand nicht komplett, sondern *knapp* und *zusammenfassend* beschrieben wird. In den Worten von Skillus, A. / Wennberg, U: „The whole idea of an indicator is that it should be concise and give an idea or indication of what is going on, not describe it completely (1998, S. 21)."

4.3.1.3 Arten von Umweltkennzahlen

Nach der ISO 14031 (vgl. 1999, S. 13) werden folgende Arten von Kennzahlen unterschieden:

- Absolut[55]: grundlegende Daten oder Informationen (z. B. emittierter Schadstoff in Tonnen)
- Relativ: Daten oder Informationen in Beziehung zu einem anderen Parameter (z. B. Tonne Schadstoffe pro Tonne Produkt oder pro Umsatzeinheit)
- Indexiert: Daten oder Informationen, die zu einer gewählten Ausgangsbasis in Beziehung gesetzt werden (z. B. Schadstoffemissionen eines Jahres als Prozentsatz der Emissionen eines Basisjahres = 100 %).
- Gewichtet: Daten oder Informationen, die durch die Anwendung eines Faktors, der in Bezug zu ihrer Bedeutung steht, modifiziert werden

Zusätzlich wird die Methode der Aggregation von Kennzahlen als Kennzahlenart aufgeführt. Da es sich jedoch dabei nur um das Zusammenfassen von Zahlen auf unterschiedlichen Datenerfassungsebenen handelt, die für alle der o.a. Kennzahlenarten anwendbar ist, wird sie hier nicht als weitere Kategorie betrachtet.

Aus Sicht der interessierten Öffentlichkeit sind für die Umweltleistungsbewertung sowohl absolute als auch relative Zahlen von Bedarf (vgl. GRI 1999, S. 9). *Absolute* Zahlen stellen die tatsächlichen Belastungen in einem räumlichen Zusammenhang dar (z. B. die für die Nachbarschaft eines Industriebetriebs relevanten Gesamtemissionen). Sie drücken die Belastungen aus, die von einem Unternehmen oder einem Standort ausgehen. Nach European Green Table (vgl. EGT 1993, S. 28) sind sie die von Umweltgruppen und Genehmigungsbehörden bevorzugten Größen. *Relative* Zahlen messen Fortschritte in der (Öko-)Effizienz (vgl. Bartolomeo, M. / Ranghieri, F. 1998, S. 13). Sie beziehen sich beispielsweise auf realisierte Produktionsmengen, Umsatz- oder Mitarbeiterzahlen. Sie sind für Manager von größerer Bedeutung und erlauben den Vergleich verschiedener Firmen miteinander und über die Zeit (vgl. EGT 1993, S. 28). Beide Arten sind für eine umfassende Beurteilung wichtig, sie stellen zwei Seiten einer Medaille dar (vgl. Wagner, B. 1992, S. 10f.). Indexierte und gewichtete Zahlen sind für die Beurteilung aus Sicht der Öffentlichkeit kritisch zu betrachten, da sie die zugrunde liegenden Absolut- bzw. Relativzahlen verschleiern und durch die Datenaggregation die Transparenz reduzieren.

---

[55] Anstelle des im Normentext verwendeten Begriffs "direkte" Zahlen wird an dieser Stelle und im Folgenden der in der deutschen Fachliteratur gebräuchliche Begriff der "absoluten" Zahlen verwendet (vgl. u.a. Wöhe, G. 1986, S. 1255; EGT 1993, S. 19; BMU / UBA 1997; S. 8)

Nach dem Leitfaden „Betriebliche Umweltkennzahlen" (vgl. BMU / UBA 1997, S. 8f.) werden weiterhin wertmäßige (monetäre) und mengenmäßige Kennzahlen unterschieden. Monetäre Kennzahlen sind als Schnittstelle zwischen dem Umwelt- und dem Kostenmanagement von Bedeutung (vgl. Kap. 3.6.2). Für die Umweltleistungsbewertung bzw. die Beurteilung der kontinuierlichen Verbesserung nach dem EG-Öko-Audit können sie nicht herangezogen werden: Einerseits sind nicht alle Umweltbelastungen monetarisierbar bzw. mit direkten Kosten hinterlegt, andererseits sind die zu untersuchenden Umweltbelastungen Ausdruck von physischen Stoff- und Energieflüssen und dadurch sinnvoller mengenmäßig zu betrachten.

4.3.1.4 Grenzen der Anwendbarkeit

Kennzahlen eröffnen durch die komprimierte Darstellung komplexer Tatbestände vielseitige Einsatzmöglichkeiten. Beim Einsatz von Umweltkennzahlen zur Komplexitätsreduzierung ist jedoch zu beachten, dass diese auch zu Problemen führen kann, z. B. zu Fehlinformationen und Trugschlüssen, zu Missbrauch und Manipulation (vgl. Rauberger, R. / Wagner, B. 1997b, S. 27). Eine grundsätzliche Grenze der Anwendung von Kennzahlen besteht darin, dass sich nicht alle umweltrelevanten Tatbestände in quantifizierter Form darstellen lassen.

Nach Staehle, W. (vgl. 1969, S. 66f.) und Wöhe, G. (vgl. 1986, S. 1257f.) können in der Arbeit mit Kennzahlen Fehler auftreten, wenn

- das Zahlenmaterial fehlerhaft erhoben oder für die Fragestellung ungeeignet ist;
- Größen zueinander in Bezug gesetzt werden, die nicht in einem sinnvollen Zusammenhang stehen;
- zugrunde liegende Daten nicht mehr aktuell sind (d.h. Kennzahlen zwar richtig aufgestellt wurden, aber im Augenblick der Anwendung überholt sind) und
- die Darstellung der Werte missverständlich ist und daraus Fehlinterpretationen folgen.

Weiterhin gilt, dass eine Umweltkennzahl für sich allein gewöhnlich wenig bis nicht aussagekräftig ist. Kennzahlen werden erst im Vergleich mit Werten aus Vergleichsperioden, aus anderen Unternehmen oder aus anderen Branchen zu einem Bewertungsinstrument. Dabei muss erwähnt werden, dass kein Kennzahlenvergleich dem Anwender die eigene Analyse, Auswahl und vor allem Interpretation der betrachteten Umweltkennzahlen abnehmen kann.

4.3.2 Umweltkennzahlensysteme

4.3.2.1 Hintergrund

Um die betriebliche Umweltleistung eines Unternehmens im Überblick beurteilen zu können, bedarf es einer ausreichenden Anzahl relevanter Umweltkennzahlen (vgl. ISO 14031 1999, S. 18ff.). Eine einzige Spitzenkennzahl wie beispielsweise der aus der Betriebswirtschaftslehre bekannte Return on Investment (ROI) oder die Umsatzrentabilität gibt es im Umweltmanagement nicht (vgl. Seidel, E. / Goldmann, B. 1995, S. 559; Ditz, D. / Ranganathan, J. 1997, S. 5). Vielmehr geht es darum, durch verschiedene, voneinander unabhängige Kenngrößen eine annäherungsweise Beschreibung des Untersuchungsgegenstands zu erhalten (vgl. Skillus, A. / Wennberg, U. 1998, S. 22). Dies vermögen Kennzahlensysteme zu leisten, in denen „mehrere quantitative Größen so (abgebildet werden), dass sie in einem sinnvollen Zusammenhang miteinander stehen, sich ergänzen und erklären (vgl. BMU / UBA 1996, S. 219)." Aus dem angelsächsischen Wirtschaftsraum kommend wurde dazu das Konzept der „Balanced Scorecard" entwickelt (vgl. James, P. / Bennet, M. 1994, S. 100).

4.3.2.2 Definitionen und Anforderungen

Unter einem Umweltkennzahlensystem wird die Zusammenfassung einzelner Umweltkennzahlen – welche für sich genommen nur eine begrenzte Aussagekraft besitzen – zu einem umfassenden System sich ergänzender Messgrößen verstanden (vgl. Hopfenbeck, W. 1989). Rauberger, R. / Wagner, B. (vgl. 1997b, S. 30f.) haben aufbauend auf eine Auswertung der Fachliteratur[56] – folgende Anforderungen an die Aufstellung eines Umweltkennzahlensystems gestellt:

1. Umweltkennzahlensysteme müssen sich auf eine überschaubare Anzahl von Umweltkennzahlen beschränken;

2. Umweltkennzahlensysteme müssen die wesentlichen Umweltbelastungen eines Unternehmens ausgewogen widerspiegeln und diesbezügliche Veränderungen messbar machen;

Weitere Kriterien für die Aufstellung von Umweltkennzahlensystemen, die auf o.a. Systemanforderungen und den Anforderungen an Umweltkennzahlen (vgl. Kap. 4.3.2) beruhen, sind in Anhang 6 abgebildet (vgl. BMU / UBA 1997, S. 9).

---

[56] insbesondere EGT (1993), James, P. / Bennett, M. (1994) und BMU / UBA (1995)

Betreffend des Umfangs eines Kennzahlensystems wird in der betriebswirtschaftlichen Literatur vor allem auf die Beschränkung der Anzahl verwendeter Kennzahlen hingewiesen, welche die zu untersuchenden Tatbestände ausgewogen und überschaubar reflektieren sollen. Bereits der Kennzahlenbegriff impliziert dabei, dass es sich um das Ergebnis eines Auswahlprozesses handelt, an dessen Ende die Beschränkung bzw. Komprimierung vorhandener Informationen auf die aussagefähigsten Kerngrößen steht. Goldmann, B. / Weber (vgl. 1995, S. 40) vertreten die Ansicht, dass bereits eine Auswahl von 20 bis 40 Umweltkennzahlen pro Unternehmen ein umfassendes Umweltkennzahlensystem darstellt. Im Leitfaden „Betriebliche Umweltkennzahlen" wird diese Zahl weiter auf 10 – 25 Kennzahlen pro Anwendungsbereich reduziert (vgl. BMU / UBA, 1997, S. 18)[57].

Die in einem Umweltkennzahlensystem ausgewählten Messgrößen sollen repräsentativ die wesentlichen Umweltbelastungen eines Unternehmens widerspiegeln und diesbezügliche Veränderungen objektiv darstellen. Dabei sollte gewährleistet sein, dass ggf. bei Verbesserungen einer Kennzahl in einem Bereich eventuelle Verschlechterungen der Kennzahlen in einem anderen Bereich sichtbar werden: Werden beispielsweise Stickoxidemissionen in die Luft durch Abgaswäscher reduziert, sollten sich die erhöhten Stickstoffbelastungen in den Kennzahlen zur Abwasserbelastung widerspiegeln.

4.3.2.3 Grenzen der Anwendbarkeit

Ein zentrales Problem, das durch Umweltkennzahlensysteme nicht gelöst werden kann, ist wie unterschiedliche Umweltauswirkungen miteinander verglichen werden können (vgl. Skillus, A. / Wennberg, U. 1998, S. 64). Am Beispiels des o.a. Falls der Stickoxidreduzierung hieße die Fragestellung: Wie kann 1 Tonne Stickoxidemissionen in die Luft gegen *x* kg Stickstoffbelastung im Abwasser gegen gerechnet werden. Neben unterschiedlichen Wirkungen auf die Umweltbereiche hängt die Antwort auf die Frage maßgeblich von der Aufnahmekapazität (bzw. der aktuellen Belastung) des Mediums ab, in das der Schadstoff abgegeben wird. Beispielsweise können die Umweltwirkungen von zusätzlichen SO_2-Emissionen – als Maß für das Versauerungspotential – in Regionen mit kalk(stein)haltigen Böden wesentlich unproblematischer sein als in Regionen mit sauren Böden oder in Gebieten, wo bereits sehr viel SO_2 eingetragen wird. Hier treten unverzüglich Bewertungsfragen auf, die jedoch nach dem gewählten Untersuchungsansatz (vgl. Kap. 1.2.2) nicht Gegenstand dieser Arbeit sind. Auch aus der Perspektive der Verständlichkeit, Transparenz und Glaub-

57 Unter einem Anwendungsbereich können dabei verschiedene Ebenen angesprochen sein, beispielsweise das Umweltcontrolling für das ganze Unternehmen, eine einzelne Abteilungen oder ein einzelnes Produkt. Auch die Umweltberichterstattung kann als ein Anwendungsbereich definiert werden.

würdigkeit für die Öffentlichkeit sind derartige Bewertungsfragen als kritisch zu betrachten. Weiterhin tragen Bewertungsfragen in vielen Fällen nicht zur Erhöhung der Akzeptanz in der Unternehmenspraxis bei. Es ist deswegen besser, die Ansprüche an ein Umweltkennzahlensystem etwas niedriger anzusetzen und dafür die Anwendung in den Unternehmen sowie die Verständlichkeit in der allgemeinen Öffentlichkeit zu erhöhen. Nach Skillus, A. / Wennberg, U. (1999, S. 22) lässt sich das damit verfolgte Ziel wie folgt umreißen: „Approximate and useful is better than exact and impracticable".

4.3.3 Umweltziele

4.3.3.1 Hintergrund

Unternehmensziele sind aus der Betriebswirtschaftslehre als wichtiges Planungsinstrument bekannt. Sie sind keine von vornherein vorgegebenen Größen, sondern vielmehr „das Ergebnis eines Zielentscheidungsprozesses, in dem die unterschiedlichen Ziele [...] für die Unternehmung zu einem Ausgleich gebracht werden (Woll, A. 1992, S. 896)" . Übertragen auf das Umweltmanagement gilt die Planungsfunktion und der Prozess der Zielfindung auch für betriebliche Umweltziele. Sie brechen die allgemeinen umweltpolitischen Grundsätze des Unternehmens auf nachvollziehbare Vorgaben herunter: „Sie müssen so konkret sein, dass ihre Erreichung überprüfbar und der Erreichungsgrad messbar ist (Wagner, B. 1995, S. 612)." Die EG-Öko-Audit-Verordnung (vgl. Kap. 3.3.3.1) sieht in den in Schlüsselbereichen des betrieblichen Umweltschutzes formulierten Umweltzielen den Motor des kontinuierlichen Verbesserungsprozesses. (vgl. Rauberger, R. 1995, S. 136).

4.3.3.2 Definition und Anforderungen

Nach der EG-Öko-Audit-Verordnung (vgl. 1993, Art. 2d) werden Umweltziele als betriebliche Vorgaben definiert, die Unternehmen selbst zur Verbesserung des betrieblichen Umweltschutz festlegen. Sie sollen

a) konkret formuliert und möglichst quantifiziert,
b) mit verbindlichen Zeitvorgaben und Verantwortlichkeiten versehen,
c) zur Einleitung des kontinuierlichen Verbesserungsprozesses im Umweltbereich geeignet sowie
d) mit der unternehmensweit gültigen Umweltpolitik kompatibel sein.

Einer weiteren Differenzierung in „umweltbezogene Zielsetzungen" und „umweltbezogenen Einzelzielen", wie sie beispielsweise in der ISO 14001 in den Definitionen

3.7 und 3.10 vollzogen wird (vgl. ISO 14001 1996, S. 5f.)[58], wird in der vorliegenden Arbeit nicht weiter nachgegangen. Es handelt sich dabei nur um einen höheren Grad der (Ziel-)Hierarchisierung, ohne dass fundamental andere Anforderungen an die eine oder andere Art des Umweltziels gestellt werden.

4.3.3.3 Arten von Umweltzielen

Es kann allgemein zwischen stoff- und energiebezogenen Zielen und organisatorischen Zielen unterschieden werden. Erstere streben eine direkte Reduzierung der Umweltbelastungen an, während letztere sich durch Verbesserungen der Umweltmanagementorganisation (z.B. Aufbau- und Ablauforganisation, Schulungen, Mitarbeitermotivation, etc.) indirekt auf die Umweltsituation auswirken. Sie sind somit das entsprechende Äquivalent zu den operativen Leistungskennzahlen und den Management-Leistungskennzahlen nach ISO 14031. Nach dem Leistungsmaßstab der EG-Öko-Audit-Verordnung sind für die Beurteilung der kontinuierlichen Verbesserung in erster Linie die stofflich-energetischen Umweltziele von Belang.

Bei der Art der Quantifizierung ist weiterhin zu unterscheiden, ob es sich um absolute oder relative Zielsetzungen handelt. In Analogie zu der bei den Kennzahlen eingeführten Terminologie handelt es sich bei den absoluten Zielen um Gesamtvorgaben, während relative Zielsetzungen eventuelle Schwankungen der Produktionsmenge berücksichtigen oder leistungsneutral formuliert sind. Die absoluten Zielsetzungen stellen damit bei nicht stagnierenden Wirtschaftsbetrieben die anspruchsvolleren Umweltziele dar. Nach BMU / UBA (vgl. 1997, S. 11f.) sind diese anspruchsvolleren absoluten Zielsetzungen sinnvoll, wenn auf bestimmte umweltrelevante Stoffe ganz verzichtet oder bestimmte Emissionen ganz vermieden werden können, indem auf günstigere Alternativen umgestellt werden kann. Relative Zielsetzungen werden dann eingesetzt, wenn eine bestimmte Emission oder eine Ressource nicht ganz vermieden, aber durch Effizienzsteigerungen im Verhältnis zur Produktionsmenge verringert werden können.

4.3.3.4 Grenzen der Anwendbarkeit

Der Unterschied zwischen absoluten und relativen Zielformulierungen ist in der Praxis als problematisch einzustufen. Da die Nachfrage in vielen Fällen marktabhängig nicht über einen längeren Zeitraum vorhergesehen werden kann, bietet es sich an, die Zielsetzungen relativ zu formulieren. Auf der anderen Seite ist bekannt, dass sich Emissionen und Verbräuche nicht vollproportional zum Produktionsvolumen entwickeln (vgl. Rauberger, R. 1995, S. 143). Es schlagen sog. „ökologische Fixkosten" bzw. „Fixverbräuche" durch: beispielsweise müssen Lager klimatisiert

[58] Im Englischen „Environmental objectives" und „Environmental targets"

oder beheizt werden, unabhängig davon, ob viel oder wenig produziert wird. Analog verhält es sich mit Verbräuchen aus Verwaltungstätigkeiten. Im Falle von Produktionsrückgängen reduzieren sich daher die Verbräuche und Emissionen nur unterproportional, während Produktionssteigerungen i.d.R. aufgrund besserer Auslastung der Produktionsanlagen oftmals „von selbst" zu besseren relativen Werten führen („ökologische Skaleneffekte")[59].

4.4 Vergleichsmaßstäbe zur Leistungsbewertung

Zur Bewertung der Umweltleistung können aus Analyse der wissenschaftlichen Literatur und von vorhandenen Praxisberichten drei Ansatzpunkte zur Leistungsbewertung identifiziert werden:

- einzelbetriebliche Betrachtung anhand der Umweltziele für die Zukunft (ex-ante)
- einzelbetriebliche Betrachtung anhand konkreter Leistungsdaten über einen Zeitraum (ex-post)
- überbetriebliche Quervergleiche zu einem bestimmten Zeitpunkt

Diese Ansätze werden nachfolgend vorgestellt sowie zusammen mit ihren Grenzen und Möglichkeiten für die Praxis der Umweltleistungsbewertung diskutiert.

4.4.1 Einzelbetriebliche Vergleiche auf der Basis von Umweltzielen

4.4.1.1 Einsatzgebiete und Nutzen

Anhand quantifizierter Umweltziele kann abgeschätzt werden, welche Verbesserungspotentiale für die Zukunft angestrebt werden (vgl. Kap. 3.3.2.3). Indem das angestrebte Reduzierungsziel (z. B. „Verringerung der Emissionen um 20 % in fünf Jahren") ins Verhältnis zur aktuellen Ausgangssituation gesetzt wird, kann das geplante ökologische Entlastungspotential ermittelt werden. Problematisch ist dabei, dass die tatsächliche Umsetzung in der Praxis von vielen Einflussfaktoren beeinträchtigt werden kann.

4.4.1.2 Grenzen der Anwendbarkeit

a) Verfügbarkeit der Informationen

Voraussetzung für den (ex-ante) Zielvergleich ist, dass quantifizierte und mit festen Zeithorizont versehene Umweltziele veröffentlicht werden. Allerdings weisen Spencer-Cooke, A. / Elkington, J. (vgl. 1996, S. 54) darauf hin, dass nur 32 % aus

[59] Im übertragenen Sinn gilt die Kritik auch für einzelbetriebliche Zeitreihenvergleiche mit (absoluten oder relativen) Kennzahlen, vgl. Kap. 4.4.2.

einer Stichprobe von 44 untersuchten Umwelterklärungen im Jahr 1996 klare, quantifizierte Umweltziele für die kontinuierliche Verbesserung enthalten. Weiterhin waren in 21 der 44 Umweltprogramme keine Umsetzungstermine angegeben, so dass die Zielerreichung nicht aktiv von der Öffentlichkeit kontrolliert werden kann.

b) Probleme bei der Umsetzung

Neben technischen, organisatorischen oder budgetären Problemen bei der Umsetzung des Umweltprogramms kann es auch sein, dass eventuelle Verbesserungen von (nicht vorgesehenen) Änderungen der Produktpalette bzw. Steigerungen des Produktionsoutputs überlagert werden. Die tatsächliche Entwicklung kann von dem geplanten Ziel nach unten und nach oben abweichen. In der Praxis ist der ex-ante Bewertungsansatz daher für sich genommen nur bedingt für die Bewertung der Umweltleistung einsetzbar. Allerdings kann aus den Bereichen, in denen quantifizierte Ziele formuliert werden, ein Rückschluss auf die relative Bedeutung unterschiedlicher Bewertungsbereiche gezogen werden. Ggf. können auch auf Basis der durchschnittlich angestrebten Verbesserungen pro Jahr Ansatzpunkte zur Einschätzung der kontinuierlichen Verbesserung auf Branchenebene abgeleitet werden.

4.4.2 Einzelbetriebliche Zeitreihenvergleiche auf Basis von Leistungsdaten

4.4.2.1 Einsatzgebiete und Nutzen

In der wissenschaftlichen Literatur häufig zitierte Bewertungsansätze für die Umweltleistung sind ex-post-Vergleiche auf Basis von Daten aus der Vergangenheit (vgl. u.a. EGT 1993, S. 24, Seidel, E. / Goldmann, B. 1995, S. 542; James, P. / Bennet, M. 1995, S. 42; Rauberger, R. / Wagner, B. 1997b, S. 26; Ditz, D. / Ranganathan, J. 1997, S. 11; Skillus, A. / Wennberg, U. 1998, S. 22; Steinfeldt, M. 1998, S. 68f.). Dabei werden folgende Ansätze weiter differenziert (vgl. Abb. 30):

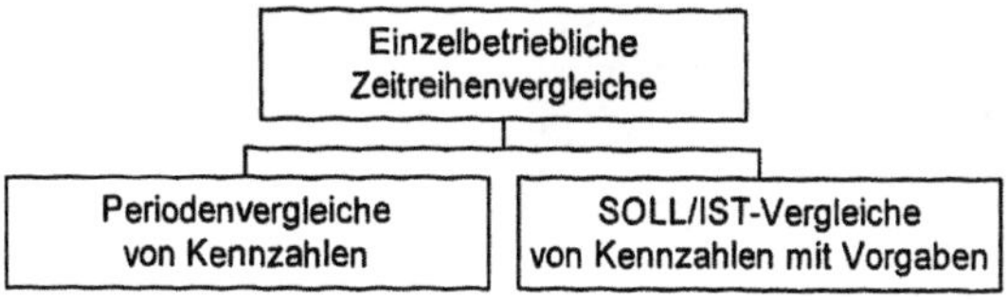

Abb. 30: Arten einzelbetrieblicher Zeitreihenvergleiche

Der Vergleich von aktuellen Daten mit solchen aus anderen Zeiträumen (Periodenvergleiche von Kennzahlen) und der Abgleich der Leistungsdaten mit gesetzten Umweltzielen (SOLL/IST-Vergleich) ist in den Vorschlägen der EMAS-II Berichterstattung mit Umweltleistungskennzahlen wiederzufinden (vgl. Kap. 3.3.3.2). Auch die ISO 14031 benennt beide Bewertungsansätze im Punkt „3.1 Allgemeine

Übersicht" als Anwendungsgebiete der Norm (vgl. ISO 14031 1999, S. 6). Die Gemeinsamkeit der beiden Ansätze besteht darin, dass jeweils Daten aus unterschiedlichen Perioden miteinander verglichen werden. Während der Periodenvergleich meist rückwärts gerichtet Daten aus der Vergangenheit mit aktuellen Daten vergleicht, werden SOLL/IST-Vergleiche zukunftsorientiert zur Umsetzungskontrolle von Umweltzielen eingesetzt. Genauso kann der SOLL/IST-Vergleich zur Berichterstattung über die Umsetzung von Umweltzielen in der Vergangenheit verwendet werden.

a) Periodenvergleiche von Kennzahlen

Bei Periodenvergleich werden Kennzahlen über mehrere Perioden miteinander verglichen, insbesondere zur Darlegung von Verbesserungen und Verschlechterungen sowie aktuellen Trends in der Datenentwicklung. Dabei können Schwachstellen aufgedeckt werden, wenn beispielsweise im Monats- oder Quartalsvergleich unerwartete Abweichungen nach oben oder unten auftreten. Gegenläufige Trends und Entwicklungen können somit frühzeitig erkannt und nach Bedarf korrigiert werden.

Ein Beispiel für einen Periodenvergleich von Kennzahlen aus der deutschen Chemieindustrie (VCI Jahresdaten 1998) ist in Abbildung 31 dargestellt:

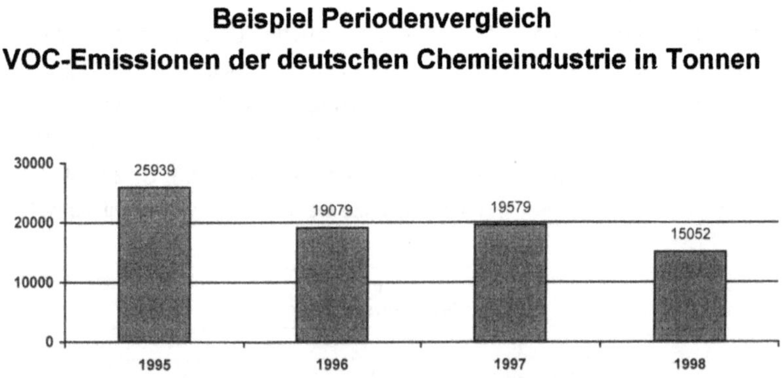

Abb. 31: Beispiel Periodenvergleich: VOC-Emissionen der deutschen chemischen Industrie (vgl. VCI 1999a, S. 6)

Das gewählte Beispiel mit aggregierten Daten auf Verbandsebene macht deutlich, dass die absoluten Zahlen ohne eine parallele Information über die Gesamtentwicklung der Produktion in der Branche nur eine Teilinformation liefert. Weiterhin ist eine Vergleichbarkeit nur dann gewährleistet, wenn sich die zugrunde liegenden Produktionsstrukturen nicht wesentlich verändert haben (z.B. Produktionsverlagerungen).

b) SOLL/IST-Vergleiche

Eine häufige Einsatzmöglichkeit betrifft den Vergleich von aktuellen Werten, z.B. von Emissionen (IST) mit den zulässigen Höchstwerten laut Genehmigungsbescheiden (SOLL), mit festgelegten Umweltzielen nach EG-Öko-Audit-Verordnung oder ISO 14001, mit freiwilligen Selbstverpflichtungen sowie mit anderen vom Unternehmen festgelegten Leistungskriterien. In Bezug auf die EG-Öko-Audit-Verordnung werden durch quantifizierte Umweltziele im Abgleich mit regelmäßig ermittelten Kennzahlen die Planung, Steuerung und Kontrolle der kontinuierlichen Verbesserung ermöglicht. Im laufenden Abgleich der aktuellen IST-Werte mit den gesetzten SOLL-Werten können Abweichungen frühzeitig erkannt und Korrekturmaßnahmen ergriffen werden.

Ein Beispiel für einen SOLL/IST-Vergleich von Kennzahlen aus der Chemieindustrie ist in Abbildung 32 dargestellt. Es greift die Selbstverpflichtung der deutschen Chemieindustrie zur Reduzierung der energiebedingten CO_2-Emissionen um 30 % bis 2005 auf (Basisjahr 1990).

Beispiel SOLL/IST-Vergleich

Energiebedingte CO_2-Emissionen in Mio. Tonnen mit Ziel 2005

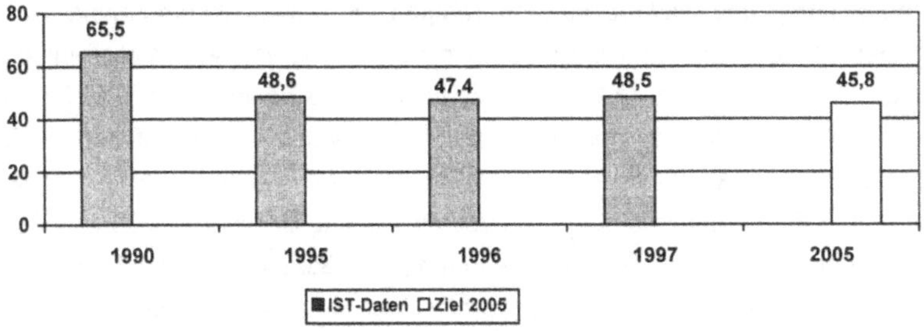

Abb. 32: Beispiel SOLL/IST-Vergleich: Energiebedingte CO_2-Emissionen in Mio. Tonnen (vgl. VCI 1999a, S. 7)

4.4.2.2 Grenzen der Anwendbarkeit

a) Verfügbarkeit der Information

Grundvoraussetzung für die Durchführung von Periodenvergleichen ist die Verfügbarkeit der Vergleichsdaten in den Umwelterklärungen. Sowohl die von den Unternehmen festgelegten Leistungskriterien (im Falle der EG-Öko-Audit-Verordnung die Umweltziele) wie auch die Umweltkennzahlen (hier die zusammenfassenden Zahlenangaben nach Art. 5(3)c) müssen in den Umwelterklärungen enthalten und der Öffentlichkeit zugänglich sein. Grundsätzlich muss diesbezüglich gewährleistet sein, dass die zur Bewertung benötigten Basisangaben auch in den folgenden (vereinfachten) Umwelterklärungen fortgeschrieben werden. Bei einer auf längere Frist angelegten Beteiligung am EG-Gemeinschaftssystem kann im Allgemeinen davon ausgegangen werden.

Allerdings hat eine Untersuchung von 216 Umwelterklärungen in Deutschland gezeigt, dass hinsichtlich der veröffentlichten Daten eine große Vielfalt herrscht (vgl. Letmathe, P. 1998, S. 59f.). Bei Umweltzielen kommt die in vielen Fällen fehlende Konkretisierung der Zielvorgaben hinzu (vgl. Kap. 4.4.1.1). Für eine rein einzelbetriebliche Untersuchung ist dies nicht problematisch, da in eingeschränktem Maß die Umweltleistungsbewertung anhand der in den Umwelterklärungen enthaltenen Umweltdaten und Ziele vorgenommen werden kann. Sollen darüber hinaus überbetriebliche oder branchenbezogene Vergleiche durchgeführt werden, bedarf es eines (branchenbezogenen) Kernsets relevanter Leistungsparameter.

b) Zuverlässigkeit der veröffentlichten Daten

Ein zweiter Problembereich der Umweltleistungsbewertung auf Basis von Umwelterklärungen betrifft die Zuverlässigkeit der veröffentlichten Daten. Zwar hat der Umweltgutachter die Aufgabe, die Validität der Angaben zu bestätigen. In der Praxis kann dies aber nur stichprobenartig bzw. systembezogen auf die Methode der Datenerfassung und Dokumentation erfolgen. In einer Untersuchung von 57 Umwelterklärungen und Umweltberichten zur Ermittlung von Vergleichszahlen stellt Clausen, J. (vgl. 1998b, S. 61) fest, dass wesentliche Abweichungen nicht nur auf unterschiedliche Methoden der Datenerhebung, sondern in Einzelfällen auch auf falsche Daten zurückzuführen sind. Auch Steinfeldt, M. / Kottmann, H. (vgl. 1998, S. 81) führen in ihrer Untersuchung an, dass die Datengüte einen relevanten Einfluss auf die Qualität der Umweltleistungsbewertung hat. Bezogen auf die Ermittlung des Wärmeenergiebedarfs für das Backgewerbe stellen sie beispielsweise fest, dass zum Teil der Heizenergieverbrauch nur pauschal über Miete verrechnet wurde sowie nur begrenzt eigene Zähler zur Abrechnung vorhanden waren.

Für einzelbetriebliche Perioden- oder Soll-/Ist-Vergleiche ist die Relevanz mangelhaft erhobener Daten insoweit geringer, als dass etwaige Fehler – sofern sie nicht ohnehin in Folgeveröffentlichungen rückwirkend korrigiert werden – durchgängig über alle Vergleichsdaten enthalten sind. Im Einzelfall können deutliche Datenfehler auch durch Plausibilitätschecks über Quervergleiche der Grundgesamtheit ermittelt werden. Stärker davon betroffen sind überbetriebliche Vergleiche, in denen Ausreißer bei der Datenermittlung zu Falschaussagen in der vergleichenden Bewertung führen können (vgl. Kap. 4.4.3). Eine Möglichkeit externer Nachfragen ist nicht gegeben.

c) Kontinuität in der Datenerhebung

Eine grundlegende Anforderung an die Durchführung von Periodenvergleichen ist die Kontinuität in der Datenerfassung. Es muss sichergestellt sein, dass über die Zeit die erforderlichen Basisdaten und ggf. Bezugsgrößen auf vergleichbare Art erhoben werden: In der Praxis ist dazu notwendig, dass zugrunde liegende Abgrenzungskriterien, Umrechungsverfahren und andere Erfassungsrichtlinien für die Datenerhebung einheitlich festgelegt und über die Zeit konstant gehalten werden (vgl. BMU / UBA 1997, S. 16; ISO 14031 1999, S. 18f.). Dies gilt als Voraussetzung für fundierte Leistungsvergleiche und Schlussfolgerungen in der Phase der Informationsbeurteilung. Nichtanwendung führt zu Nichtvergleichbarkeit.

Werden bei der Datenerfassung die zugrunde liegenden Bilanzierungsrichtlinien und Erhebungsgrundlagen geändert und dies nicht rückwirkend bei den historischen Daten angepasst, so wird ein Vergleich der ermittelten Kennzahlen unmöglich gemacht. Dies soll am Beispiel eines Chemieunternehmens verdeutlicht werden. In ihrem Umweltbericht hat BP Chemicals 1996 veröffentlicht, dass die Gesamtemissionen binnen fünf Jahren um 77.000 Tonnen reduziert wurden.

Datenerfassung und Fehlerquellen beim Periodenvergleich

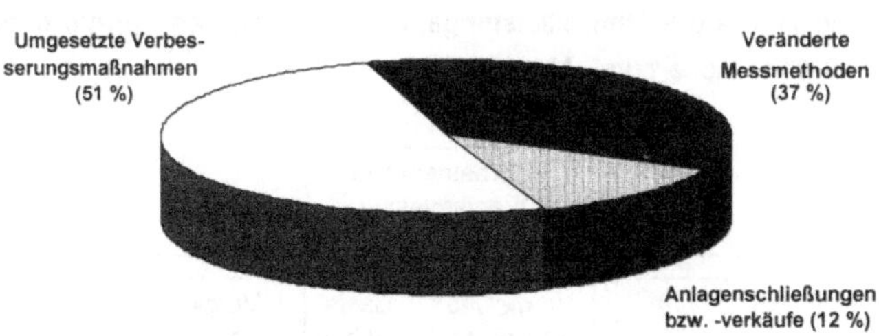

Abb. 33: Bedeutung der Datenerfassungsgrundlagen für den Periodenvergleich am Beispiel von BP Chemicals (vgl. ENDS 1996, o.S.)

Dazu hat das englische Umweltmagazin ENDS (vgl. 1996, o.S.) recherchiert, dass die realisierte Verbesserung im Periodenvergleich zu einem bedeutenden Teil auf geänderte Datenerfassungsgrundlagen und somit nicht nur auf tatsächlichen Verbesserungen beruht (vgl. Abb. 33). Bei einer genauen Analyse der Entwicklung im 5-Jahres-Vergleich stellte sich heraus, dass nur die Hälfte der Kennzahlenverbesserung auf echten Verbesserungsmaßnahmen beruhte, die andere Hälfte jedoch auf geänderten Grundlagen der Kennzahlenerhebung und der Bezugsgröße: 12% der Reduzierung resultierten aus Anlagenschließungen bzw. -verkäufen und 37% waren auf geänderte (genauere) Messmethoden zurückzuführen. Betriebliche Informationssysteme (z.B. betriebliche Umweltbilanzen, Emissionserklärungen, Fertigungsstatistiken, Berichtswesen im Umweltschutz etc.), welche die erforderlichen Umweltdaten systematisch und einheitlich erfassen, sind notwendig, um vergleichbare Kennzahlen zu erhalten.

d) Auswahl geeigneter Bezugsgrößen für relative Kennzahlen

Um Zeitreihenvergleiche bei geänderten Produktionsmengen durchführen zu können, müssen absolute Leistungsdaten produktionsbereinigt werden (vgl. James, P. / Bennet, M. 1995, S. 42). Die Grenzen und Möglichkeiten für Leistungsvergleiche auf Basis geeigneter Bezugsgrößen werden bei den überbetrieblichen Quervergleichen (Kap. 4.4.3.2) näher diskutiert.

4.4.3 Überbetriebliche Quervergleiche zu einem bestimmten Zeitpunkt

4.4.3.1 Anwendungsgebiete und Nutzen

Verschiedenste Leitfäden, Studien und Forschungsarbeiten haben sich in der Vergangenheit mit der Vergleichbarkeit der Umweltleistung von Unternehmen über die Werksgrenzen hinaus beschäftigt (vgl. u.a. EGT 1993, S. 24ff.; Dyllik, T. / Schneidewind, U. 1995, S. 2; Goldmann, B. / Schellens, U. 1995, S. 42f.; James, P. / Bennet, M. 1995, S. 42; VfU 1996, S. 13f.; BMU / UBA 1997, S. 43f.; Rauberger, R. / Wagner, B. 1997b, S. 26ff.; Skillus, A. / Wennberg, U. 1998, S. 22f.). Als mögliche Ansätze für die Praxis der Umweltleistungsbewertung wurden daraus folgende drei Vergleichsmaßstäbe isoliert (vgl. Abb. 34):

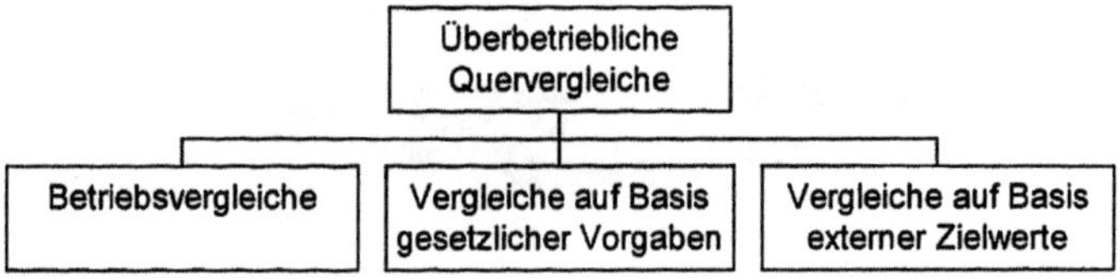

Abb. 34: Arten überbetrieblicher Quervergleiche

In den Revisionsarbeiten zur EG-Öko-Audit-Verordnung wird unter den Anforderungen an Leistungskennzahlen hauptsächlich der Vergleich innerhalb einer Branche sowie mit gesetzlichen Vorgaben stipuliert (vgl. Kap. 3.3.3.1). Durch die Methodik der ISO 14031 sind alle o.a. Vergleichsmaßstäbe durch die in Kap. 4.2.1.1 aufgeführten, möglichen Datenquellen für Umweltleistungskriterien abgedeckt.

a) Betriebsvergleich

Die erste Methode von Quervergleichen ist der Betriebsvergleich. Hier werden verschiedene Kennzahlen vergleichbarer Prozesse, Standorte oder Betriebe mit

Daten aus dem eigenen Unternehmen oder von anderen Unternehmen gegenübergestellt und miteinander verglichen (vgl. BMU / UBA 1997, S. 10f.). Als überbetriebliche Referenzgröße kann auch der Branchendurchschnitt herangezogen werden (vgl. EGT 1993, S. 29; Rauberger, R. / Wagner, B. 1997b, S. 26). Nach Bartolomeo, M. / Ranghieri, F. (vgl. 1998, S. 2) geht es dabei um die Ermittlung der Durchschnittsleistung der Branche sowie der diesbezüglichen Abstände der einzelnen Firmen.

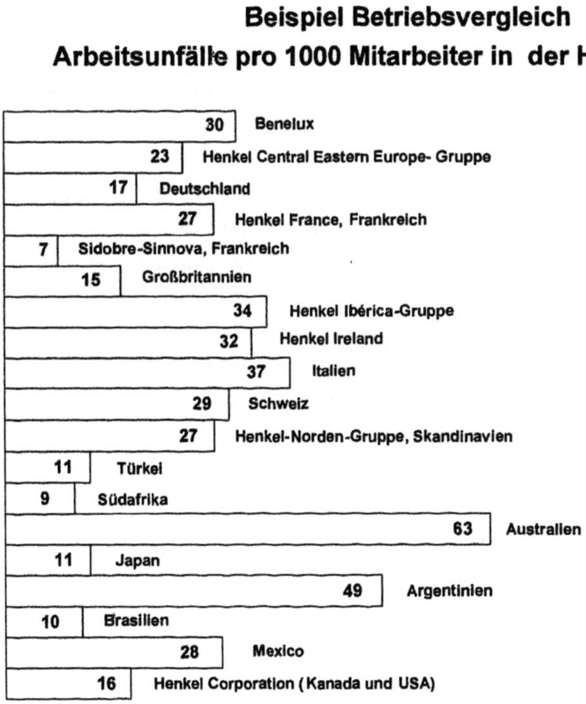

Abb. 35: Arbeitsunfälle pro 1000 Mitarbeiter in der Henkel-Gruppe (vgl. Henkel 1999, S. 19)

Ein aus der Chemie bekanntes Beispiel hierfür sind die Arbeitsunfallzahlen pro 1000 Mitarbeiter (sog. „1000-Mann-Quote"), die in vielen Umweltberichten mit den Durchschnittszahlen der Berufsgenossenschaft verglichen werden (vgl. Abb. 35).

Ziel des Betriebsvergleiches ist die Ermittlung der eigenen Position - und damit der relativen Stärken und Schwächen - im Vergleich zu anderen Organisationen. Die Diskussion der Kennzahlenunterschiede gibt - je nach Ausrichtung - beispielsweise Aufschluss sowohl über Schwachstellen wie Fehleinstellungen bei Prozessen, Ineffizienzen beim

Energieeinsatz, Leckagen als auch über die „Erfolgsrezepte" für die Unternehmen mit vorbildlichen Vergleichswerten (vgl. Jasch, Ch. / Rauberger, R. 1998b, S. 19). Daraus lassen sich sowohl interne Kostensenkungs- und Effizienzsteigerungspotentiale wie auch Wettbewerbsvorteile im Markt erschließen (vgl. BMU / UBA 1997, S. 4f.). Je nachdem, ob es sich dabei um einen internen Vergleich mit Werten des eigenen Unternehmens oder um einen externen Vergleich (z.B. mit Werten von Wettbewerbern, dem Branchendurchschnitt, dem Branchenbesten) handelt, wird zwischen innerbetrieblichen und außerbetrieblichen Vergleichen unterschieden (vgl. Seidel, E. / Goldmann, B. 1995, S. 542). Der externe Betriebsvergleich wird häufig auch als „Benchmarking" bezeichnet. Benchmarking kann aber auch betriebsintern erfolgen, beispielsweise zwischen verschiedenen Standorten, Tochterunternehmen oder Filialen.

Die zentrale Frage dabei ist, wie Betriebe unterschiedlicher Größe miteinander verglichen werden können (vgl. Skillus, A. / Wennberg, U. 1998, S. 64). Steinfeldt, M. (vgl. 1998, S. 69) führt dazu auf, dass dafür Absolutzahlen ungeeignet sind. Sie würden verschieden große Betriebe nicht auf Basis ihrer unterschiedlich hohen Leistung vergleichen. Nach BMU / UBA (vgl. 1997, S. 16f.) müssen jedoch leistungsbezogene Größenunterschiede ebenso wie Produktionsschwankungen bei den (relativen) Periodenvergleichen entsprechend berücksichtigt werden. Daraus folgt, dass der Betriebsvergleich nur anhand von leistungsbezogenen oder leistungsneutralen Umweltkennzahlen durchgeführt werden kann (vgl. Abb. 36).

Geeignete Kennzahlen für überbetriebliche Vergleiche

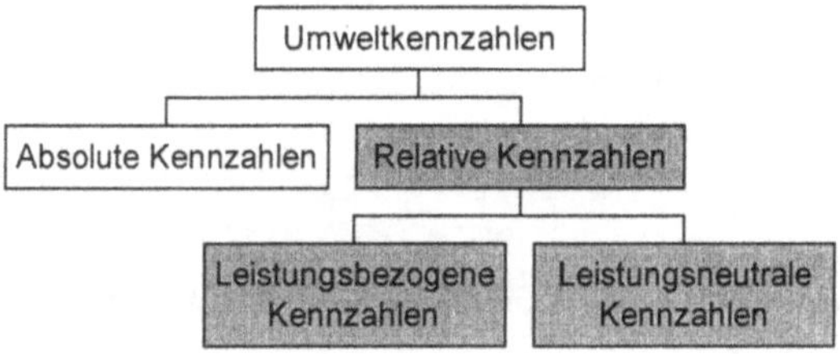

Abb. 36: Geeignete Kennzahlen für überbetriebliche Vergleiche (grau hinterlegt)

Unter *leistungsbezogenen* Kennzahlen sollen nachfolgend alle Messgrößen verstanden werden, die in Bezug zur betrieblichen Leistungserstellung ins Verhältnis gesetzt werden (z. B. pro Produkteinheit, pro Arbeitsstunde). *Leistungsneutrale* Kennzahlen sind Messgrößen, die relevante Sachverhalte unabhängig von der Betriebsgröße ausdrücken, beispielsweise der Anteil erneuerbarer Energieträger am Gesamtenergieverbrauch in Prozent. Der Auswahl leistungsneutraler Kennzahlen bzw. der Festlegung geeigneter Bezugsgrößen für leistungsbezogene Kennzahlen kommt demnach bei der Durchführung von Betriebsvergleichen ein Schlüsselrolle zu.

b) Vergleich auf Basis gesetzlicher Vorgaben

Ein weiterer Bewertungsmaßstab für Umweltkennzahlenvergleiche sind Anforderungen aus gesetzlichen Vorgaben. Rauberger, R. / Wagner, B. (vgl. 1997b, S. 32) haben dazu am Beispiel verschiedener deutscher Umweltgesetze Schnittstellen zwischen den umweltrechtlichen Anforderungen und betrieblichen Umweltkennzahlen heraus gearbeitet. Für die Bewertung der Umweltleistung nach EG-Öko-Audit-Verordnung kommen dazu jedoch keine Kennzahlen in Frage, die die bloße Einhaltung – bzw. den „Grad" der Einhaltung (vgl. James, P. / Bennet, M. 1995, S. 42) – gesetzlicher Vorgaben messbar machen. Die Einhaltung der umweltrelevanten Gesetzesnormen ist eine Mindestanforderung für die Beteiligung am EG-System zum Öko-Audit (vgl. Kap. 3.2.2). Darüber hinaus erfahren reine Compliance-Kennzahlen nach Ditz, D. / Ranganathan, J (vgl. 1997, S. 1) nur in seltenen Fällen die Anerkennung der Öffentlichkeit.

Der Vergleichsmaßstab muss also über das Mindestmaß hinausgehende, freiwillige Verbesserungen messbar machen. Eine Möglichkeit dazu besteht, in dem beispielsweise der Grad der Ausschöpfung von in Genehmigungsbescheiden festgelegten Grenzwerten gemessen wird. Je weniger des maximal erlaubten Verschmutzungspotentials von einer Firma ausgeschöpft wird, desto besser. Allerdings merkt der EGT (vgl. 1993, S. 29) dazu an, dass je nach Region, Land oder Umweltzustand von den Behörden unterschiedlich festgesetzte Maximalwerte die überbetriebliche Vergleichbarkeit dieser Zahlen in Frage stellen. Als Alternative dazu werden international anerkannte „Best practice"-Standards vorgeschlagen, jedoch ist auch laut EGT nicht klar, wie diese festgelegt werden können.

Überbetrieblich betrachtet sind Quervergleiche anhand gesetzlicher Vorgaben somit problematisch. Einzelbetrieblich betrachtet sind sie für die EG-Öko-Audit-Verordnung nur sinnvoll, wenn sie über die Maßgabe der reinen Einhaltung einer Umweltauflage hinausgehen. In diesem Fall muss die „Über"-Erfüllung der gesetzlichen Anforderung als quantifizierte Vorgabe festgelegt werden (z.B. nicht mehr als 50 % Ausschöpfung der erlaubten Maximalwerte). In diesem Fall handelt es sich dann um ein freiwillig vom Unternehmen formuliertes Umweltziel. Als Vergleichsmaßstab fällt der Bewertungsansatz somit wieder auf den unter den Zeitreihenvergleichen aufgeführten SOLL/IST-Vergleich zurück. Der Bewertungsansatz „Vergleich mit gesetzlichen Vorgaben" wird deswegen nicht weiter verfolgt.

c) Vergleich auf Basis externer Zielwerte

Verschiedene Quellen der wissenschaftlichen Literatur verweisen auf die Vergleiche von betrieblichen Leistungsdaten mit externen Zielwerten (vgl. u.a. James, P. / Bennet, M. 1995, S. 42; Ditz, D. / Ranganathan, J. 1997, S. 19; Rauberger, R. / Wagner, B. 1997b, S. 39f.). Auch die ISO 14031 (vgl. 1999, S. 12 bezieht die Möglichkeit des Vergleichs mit externen Zielwerten ein, indem sie unter den möglichen Quellen für Umweltleistungskriterien auf die Punkte „wissenschaftliche Forschung" und „Anliegen von interessierten Kreisen" eingeht (vgl. Kap. 3.1). Als mögliche Ansatzpunkte für externe Vergleiche können aus der Analyse o.a. Quellen folgende branchenbezogenen Kriterien abgeleitet werden:

- nationale/öffentliche Umweltziele
- Nachhaltigkeitsziele der wissenschaftlichen Forschung sowie
- Umweltleistungskriterien aus ökologischen Ratings und Unternehmensbewertungen

Dabei geht es nicht um ein „besser" oder „schlechter" im Sinne von Betriebsvergleichen, sondern um das bessere Verständnis erzielter oder geplanter Verbesserungen im Lichte externer Anforderungen. Ist beispielsweise eine jährliche Reduzierung des Energieverbrauchs um 2 % über 10 Jahre ausreichend, um seitens der Industrie einen ausreichenden Beitrag für die Erreichung eines nationalen Nachhaltigkeitsziels zu leisten? Wie hoch liegt der Durchschnitt der CO_2-Einsparungen in % bei allen EG-Öko-Audit-Standorten im Vergleich zu den auf Verbandsebene angestrebten jährlichen Reduzierungen? Ein direkter Ansatz zur Bewertung der Umweltleistung ergibt sich daraus jedoch noch nicht. Vielmehr erhöhen Vergleiche mit externen Zielsetzungen das Verständnis für die Einschätzung der eigenen Leistungen. Einen Vergleich mit anerkannten Nachhaltigkeitszielen internationaler Organisationen schätzen James, P. / Bennet, M. (vgl. 1995, S. 42) erst in vielen Jahren oder gar Jahrzehnten als möglich ein. Am ehesten erscheint derzeit der Bezug auf anerkannte öffentliche oder nationale Umweltziele möglich, wie sie von verschiedenen Ländern im Rahmen von Umweltplänen oder Nachhaltigkeitsstrategien entwickelt wurden (vgl. Jänicke, M. / Kunig, P. / Stitzel, M. 1999, S. 113ff.). Auf branchenbezogener Ebene kommen als konkrete Vergleichsgrößen auch Zielwerte aus freiwilligen Vereinbarungen und ggf. (branchenbezogene) Bewertungsansätze von (externen) Ratingorganisationen in Frage.

4.4.3.2 Grenzen der Anwendbarkeit

Der Anwendbarkeit von überbetrieblichen Vergleichen sind in der Praxis aus verschiedenen Gründen Grenzen gesetzt. Zu einem großen Teil beruhen sie darauf, dass erst sichergestellt werden muss, dass die erhobenen betrieblichen Daten mit den Daten anderer Organisationen nach ihrer Art, Erhebungsmethode und Struktur überhaupt vergleichbar sind. Folgende fünf Aspekte, die die Qualität von Quervergleichen beeinträchtigen können, sind dabei von Relevanz:

- Verfügbarkeit von Vergleichsdaten
- einheitliche Systemgrenzen und Definitionen
- strukturelle Vergleichbarkeit
- aussagefähige Bezugsgrößen
- Unterschiede in der Kennzahlenauswahl und -darstellung

Die Bedeutung valider Datenvergleiche fasst Clausen, J. (1998, S. 61) wie folgt zusammen: „Auf [...] Fehlern beruhende, besonders 'schlechte' Zahlenwerten dem Unternehmen als unangemessene Umweltbelastung anzulasten, wäre [...] kontraproduktiv und würde vermutlich zu unnötigen und unproduktiven Verärgerungen führen. Auf [...] Fehlern beruhende, besonders 'gute' Zahlenwerte zum öffentlichen Lob zu nutzen, würde dagegen die das Benchmarking durchführende Organisation lächerlich machen".

Da die Vergleiche auf Basis von gesetzlichen Vorgaben i.e.S. nicht weiter betrachtet werden, bezieht sich die Diskussion dabei schwerpunktmäßig auf den wichtigen Ansatzpunkt der Betriebsvergleiche. Nach Bedarf wird auch auf relevante Schwierigkeiten aus dem Ansatz der Vergleiche auf Basis von externen Zielvorgaben eingegangen.

a) Verfügbarkeit von Vergleichsdaten

Ein grundsätzliches Problem von Betriebsvergleichen ist die generelle Verfügbarkeit von Vergleichsdaten. Dies gilt in übertragenem Sinne auch für Vergleiche auf Basis externer Zielwerte. Fundierte Vergleichsdaten von anderen Betrieben stehen oft aus Vertraulichkeits- und Wettbewerbsgründen nicht zur Verfügung. Zwar weist BMU / UBA (vgl. 1997, S. 43f.) auf eine mögliche Vorgehensweise zur gemeinsamen Ermittlung valider Kennzahlen im Rahmen von Benchmarking-Clubs hin (z.B. organisiert innerhalb von Branchenverbänden oder Umweltinitiativen aus der Wirtschaft), allerdings zieht dies einen hohen zeitlichen und organisatorischen Aufwand nach sich. Die zunächst einfachere Variante, die Übernahme von in Umweltberichten veröffentlichten Daten, ist jedoch in der wissenschaftlichen Anwendung aufgrund verschiedener Fehlerquellen umstritten (vgl. u.a. Rauberger, R. Wagner, B. 1997b, S. 49; Clausen, J. 1998, S. 61f.). Im Einzelnen wird darauf in den weiteren Punkten b) bis e) eingegangen.

Generell trifft dies auch auf Branchendaten zu. So weisen bereits die Arbeiten des European Green Table auf die Notwendigkeit von zuverlässigen Branchendaten in einer Datenbank hin, wenn sie den hohen Nutzen von Vergleichen mit durchschnittlichen Branchenwerten ansprechen (vgl. EGT 1993, S. 29). Dabei ist die chemische Industrie in Europa jedoch in der günstigen Situation, dass von verschiedenen Mitgliedsverbänden – zum Teil schon über mehrere Jahre – Betriebsdaten abgefragt werden, die auf Verbandsebene als aggregierte Leistungsdaten veröffentlicht werden (vgl. Kapitel 5.2.1 / 5.2.2). Auf diese nach einheitlicher Methodik ermittelten Daten kann im Zuge der Umweltleistungsbewertung durch Betriebsvergleiche unmittelbar zurückgegriffen werden.

b) Einheitliche Systemgrenzen und Definitionen

Betriebsvergleiche setzen voraus, dass die zugrunde liegenden Daten innerhalb stimmiger und vergleichbarer Systemgrenzen festgelegt werden (vgl. Skillus, A. / Wennberg, U. 1998, S. 64). Dabei ist zu unterscheiden, ob in den Kennzahlen nur die direkt vom Unternehmen oder vom Standort ausgehenden Umweltauswirkungen erfasst werden, oder auch (indirekt) zurechenbare Belastungen über den Lebenszyklus enthalten sind (z. B. aus den Vorstufen der Produktion, aus dem Transport, der Entsorgung).

Die Grenzen des überbetrieblichen Vergleichs liegen auch dort, wo keine einheitliche Abstimmung der Umweltkennzahlen bezüglich ihrer Erhebungsverfahren und Datengrundlagen gesichert ist (vgl. Clausen, J. 1998, S. 61). In der Praxis treten solche Probleme häufig aufgrund unterschiedlicher Definitionen der Basisdaten und der Bezugsgrößen auf. Beispielsweise hat die Arbeit eines Expertenkreis 'Umweltberichte und -kennzahlen von Banken' im Verein für Umweltmanagement in Banken, Sparkassen und Versicherungen (VfU) e.V. ergeben, dass bei einfachen Bezugsgrößen wie 'Mitarbeiteranzahl' und 'Anzahl der Arbeitstage' Abweichungen von 10 % bis 20 % auftraten (vgl. Tab. 26), je nachdem, ob beispielsweise Feiertage und Ferienzeiten eingerechnet oder wie Auszubildende, Teilzeitkräfte und externes Personal als 'Mitarbeiter' gezählt wurden (vgl. Rauberger, R. 1996a, S. 18). Aus den Umweltberichten der Banken war der Unterschied in der Definition der Basis 'Arbeitstage' jedoch nicht zu entnehmen. Ein ungeprüfter Quervergleich auf Basis der nicht abgestimmten Firmenveröffentlichungen würde unweigerlich zu fehlerhaften Ergebnissen führen.

Bezugsgröße	Bank 1	Bank 2	Bank 3	Bank 4	Bank 5	Bank 5	Bank 7	Bank 8
Arbeitstage	220	260	260	220	250	220	252	250

Tab. 25: Zugrunde gelegte Arbeitstage für die Bildung von Umweltkennzahlen von Banken

In Analogie dazu kann auch die Erfassung der Umweltdaten selbst erheblich voneinander differieren. So beschränken manche Firmen die Datenerfassung nur auf die Kernbereiche der Produktion und lassen die Situation administrativer oder logistischer Unternehmensaktivitäten unbetrachtet. Dabei besteht ein Unterschied, ob beispielsweise bei der Erfassung von Luftemissionen nur die genehmigungspflichtigen Anlagen als Quellen mit einbezogen werden, oder auch Kleinfeuerungsanlagen zu Heizzwecken oder KFZ-Emissionen. Beispielsweise weist Clausen (vgl. 1998, S. 53) in einer Untersuchung von Umweltberichten und –erklärungen aus vier Branchen darauf hin, dass dort z.T. nur Emissionswerte aus dem KFZ-Bereich angegeben waren, nicht jedoch die aus dem Energieverbrauch. Als weiteres Beispiel wird von Clausen angeführt, dass in einem Fall der Produktoutput kleiner war als die Produktabfüllung, da zum Teil Lohnabfüllung betrieben wird, ohne dass die Mengen exakt ausgewiesen werden. Auch Dyllik, Th. / Kolibius, M. (1998, S. 48f.) kommen in einer Untersuchung von Umweltberichten in der Lebensmittelbranche zu dem Ergebnis, dass ohne eine genaue Kenntnis der Systemgrenzen Betriebsvergleiche auf Basis von Umweltberichten und –erklärungen problematisch sind: „In keiner der Veröffentlichungen findet sich eine Darlegung der Erhebungsgrundsätze bzw. Abgrenzungen. So wird beispielsweise die Abfallmenge auf der Basis einer Filiale erhoben, ein anderes Mal bezieht sie sich auf das Gesamtunternehmen."

c) Strukturelle Vergleichbarkeit

Eine weitere Voraussetzung für Betriebsvergleiche ist die strukturelle Vergleichbarkeit der betrachteten Betriebe oder Organisationseinheiten. Neben einer vergleichbaren Leistungserstellung (Produkte und Dienstleistungen) ist dabei auch auf die Art der Produktionsstrukturen zu achten, z.B. Fertigungstiefe, Outsourcing von Dienstleistungen, Durchführung einzelner Herstellungsschritte in Lohnarbeit (vgl. Rauberger, R. / Wagner, B. 1997b, S. 28). Steinfeldt, M. (vgl. 1998, S. 68f.) fügt auf Basis von Benchmarkingerfahrungen mit Druckereien dazu an, dass Betriebsvergleiche generell möglich sind, jedoch in ihrer Aussagefähigkeit stark von Produktausrichtung der einzelnen Betriebe abhängen.

Ein Vergleich von Leistungsdaten verschiedener Betriebe kann daher im Allgemeinen nur innerhalb einer Branche zu aussagefähigen Ergebnisse führen. Inwieweit dazu auch weitere Spezifizierungen in Untersektoren einer Branche notwendig sind, ist noch nicht abschließend untersucht. Beispielsweise zeigen die Erfahrungen der Banken, dass die Kennzahlen von Sparkassen sehr wohl untereinander – nicht jedoch mit denen von Landesbanken, Geschäftsbanken oder Investmentbanken – vergleichbar sind (vgl. Rauberger, R. 1998a, S. 33f.). Bezogen auf die Chemiebranche kommt Clausen aus der Analyse von 14 Chemiebetrieben zu der Schlussfolgerung, dass die „chemische Industrie nicht geeignet [erscheint], um brancheninterne Kennzahlen für betriebsübergreifende Vergleiche zu nutzen" (1998, S. 60). Als entscheidenden Grund hierfür gibt er das weite Produkt- und Produktionsspektrum innerhalb der Branche an. Als weiteres Beispiel hierfür kann die je nach Unterbranche unterschiedliche Abfallintensität in der Chemieindustrie angeführt werden: Nach einer Untersuchung von Sheldon, R. (1993) weicht das Massenverhältnis „Menge Reststoff / Produkt" je nach Chemiesektor um bis zu einem Faktor 1000 voneinander ab (vgl. Tab. 26).

Chemiesektor / Unterbranche	**Verhältnis Reststoff/Produkt in kg/kg**
Erdölchemie	0,1
Industriechemikalien	1-5
Spezialitätenchemie	5-50
Pharmazeutika	25-100

Tab. 26: Durchschnittliche Abfallintensität nach Produktgruppe nach Sheldon R. (vgl. 1993) (zitiert nach Kostka, S. / Hassan, A. 1997, S. 61).

Im Umkehrschluss stellt sich damit die Frage, inwieweit Betriebsvergleiche innerhalb von Unterbranchen sinnvoll durchführbar sind. Clausen, J. (vgl. 1998, S. 61) greift diese Möglichkeit in den Schlussfolgerungen seiner Studie auf und hinterlegt sie mit einem Beispiel aus der Pharmabranche (vgl. Tab. 27).

Produktionskennzahlen	**Einheit**	**merkle/ratiopharm**	**Weleda**
Rohstoffeinsatz	kg/kg	0,42	0,63
Verpackungsmenge	kg/kg	0,53	0,53
Energieverbrauch	kWh/kg	4,24	4,33
Wasserverbrauch	l/kg	11,5	10,94
Gesamtabfall	kg/kg	0,11	0,2
Sonderabfall	g/kg	2,2	38,9

Tab. 27: Umweltkennzahlen zweier Pharmahersteller im Vergleich (Quelle: Clausen, J. 1998, S. 61)

Am Beispiel der Kennzahlen der Firmen merkle/ratiopharm und Weleda kommt er zu dem Ergebnis, dass Vergleiche um so sinnvoller sind, je enger die Unterbranchen abgegrenzt sind: „Wenn die Fertigungsprozesse im Wesentlichen übereinstimmen, so sollten auch die Faktoren Rohstoff- und Energieeinsatz sowie Emissionen in die Luft und Wasser bei gleicher Betrachtung einer bestimmten Branche etwa gleiche (vergleichbare) Werte zeigen. Einzelne Abweichungen bei diesen Faktoren können zurückzuführen sein auf die Effizienz der Produktionsanlagen, mögliche Fehlproduktionen oder unterschiedliche Maßnahmen der Unternehmen zur Einsparung von

Ressourcen bzw. zur Vermeidung von Abfällen und Emissionen (Claussen 1998, S. 61). Daraus ergibt sich die Möglichkeit, Schwachstellen zu erkennen und betriebliche Optimierungen einzuleiten. Beispielsweise könne bei den sonst verblüffend ähnlichen Kennzahlenwerten beider Pharmabetriebe die signifikante Abweichung bei der Sonderabfallmenge auf den bei Weleda hohen Einsatz natürlicher Rohstoffe im Vergleich zu merkle/ratiopharm zurückgeführt werden.

Als Maßstab für die strukturelle Vergleichbarkeit von Leistungskennzahlen verschiedener Betriebe kann nach Clausen, J. (vgl. 1998, S. 54) das Verhältnis aus der Standardabweichung (*s*) und dem Mittelwert (*M*) der Grundgesamtheit herangezogen werden. Der Quotient wird nachfolgend auch als Vergleichbarkeitskoeffizient K_V bezeichnet. Durch die Standardabweichung lässt sich die Streuung der Einzelwerte um den Mittelwert ausdrücken.

Vergleichbarkeitskoeffizient (K_V) *= Standardabweichung (s) / Mittelwert (M)*

Ist bei Variablen die Standardabweichung fast ebenso groß oder größer als der Mittelwert, so kann nach Lamprecht, J. (vgl. 1992, S. 18) auf eine statistisch nicht vergleichbare Grundgesamtheit geschlossen werden. Als geeigneten Benchmark für die statistische Vergleichbarkeit gibt Clausen, J. (vgl. 1998, S. 54) in diesem Zusammenhang einen Vergleichbarkeitskoeffizienten von kleiner oder gleich 0,8 an.

d) Aussagefähige Bezugsgrößen

Schließlich kommt der Auswahl geeigneter Bezugsgrößen für den Vergleich unterschiedlich großer Unternehmen eine wichtige Rolle zu. Häufig wird dazu die Produktionsmenge, beispielsweise in Stück oder in Tonnen, herangezogen (vgl. u.a. Bartolomeo, M. / Ranghieri, F. 1998, S. 13; Clausen, J. 1998, S. 54f.; SBVg 1998, S. 3). In einer Kennzahlenerhebung der Unternehmerinitiative in der Arbeitsgemeinschaft Selbständiger Unternehmer (UNI / ASU) wurde von den 140 beteiligten Unternehmen am häufigsten die Bezugsgröße „Produktionsoutput" für relative Umweltkennzahlen ausgewählt (vgl. Günther, K. / Kottmann, H. 1998, S. 92). Als weitere Bezugsgrößen für relative Leistungskennzahlen werden auch Einheiten wie Arbeitstage, Maschinenstunden, Mitarbeiter oder der Umsatz herangezogen (vgl. BMU / UBA 1997, S. 17). Für Betriebe mit breit gefächertem Produktspektrum oder Konzerne mit unterschiedlichen Divisionen wird als Alternative auf den Bezug der Umweltdaten auf die erzielte Wertschöpfung hingewiesen (vgl. u.a. Bartolomeo, M. / Ranghieri, F. 1998, S. 13; Bergmann, U. 1998; Rauberger, R. 1998a, S. 3).

Wichtig ist, dass die Basisgröße zu der Bezugsgröße in einem ursächlichen Zusammenhang steht. Beispielsweise hängt der Energieverbrauch oder das Abfallaufkommen wesentlich mit der erzielten Produktionsmenge zusammen. Andererseits ist für Arbeitsunfallzahlen eher die Zahl der geleisteten Arbeitsstunden eine geeignete Bezugsgröße als von Branche zu Branche unterschiedlich bedeutende Produktionstonnagen. Ein zusätzliches Kriterium für die Anwendbarkeit relativer Kennzahlen ist die Periodengerechtheit zwischen der gewählten Bezugsgröße und den zu relativierenden Umweltdaten. Beispielsweise kann sich die innerhalb eines Jahres verkaufte Produktmenge von der eigentlichen Produktionsmenge (z.B. durch Auf- oder Abbau von Beständen) unterscheiden, ohne dass damit Umweltbelastungen im eigenen Haus in Zusammenhang stehen (vgl. Wagner, B. 1995, S. 609). In einem mehrstufigen Produktionsprozess kann auch der Auf- bzw. Abbau von Fertigungslägern zu Veränderungen im Produktoutput führen. Umweltkennzahlen verlieren aber dann ihre Aussagefähigkeit, wenn Ressourcenverbräuche oder Emissionen eines Jahres zur Produktion aus anderen Perioden (Fertigwarenlagerabbau) oder Fremdzukauf in Verhältnis gesetzt werden.

Ein weiteres Beispiel – aus dem Krankenhausbereich – belegt die Bedeutung der Abstimmung von Basisdaten und Bezugsgrößen für die Vergleichbarkeit von Umweltkennzahlen in Betriebsvergleichen: In einem Pilotprojekt 'Möglichkeiten und Grenzen des Umweltschutzaudits für Krankenhäuser' wurden am Institut für Umweltmedizin und Krankenhaushygiene in Freiburg Umweltkennzahlen ermittelt, die sich auf die erbrachte Dienstleistung im Krankenhaus beziehen (vgl. Daschner et. al., 1996, S. 76). Die gebräuchlichste Art, absolute Kennzahlen zu relativieren, ist hier der Bezug zur stationären Patientenversorgung, d.h. zur Anzahl von Betten. Um eine Aussage über die tatsächlich erbrachte Dienstleistung treffen zu können, wäre es jedoch korrekter, anstatt der Anzahl der *vorhandenen* Betten die der tatsächlich mit Patienten *belegten* Betten als Bezugsgröße zu verwenden: Sinken beispielsweise die Verbrauchsdaten aufgrund einer geringeren Auslastung, so würde sich die planbettbezogene Kennzahl „verbessern“ (vgl. Tab. 28).

	1992	%	1993	%	1994	%
Planbettenzahl	1.887	100	1.887	100	1.887	100
Betriebene Betten	1.786	94,7	1.708	90,5	1.700	90,1
Belegte Betten	1.440	76,3	1.359	72,0	1.326	70,3

Tab. 28: Bezugsgrößen von Umweltkennzahlen in Krankenhäusern: Daschner et. al., 1996, S. 78

Die Tabelle zeigt dabei, dass die gebräuchlichste Bezugsgröße 'Planbettenzahl' von der inhaltlich relevantesten Bezugsgröße 'belegte Betten' um ungefähr 25 bis 30 % abweichen kann.

e) Unterschiede in der Kennzahlenauswahl und -darstellung

Ein letztes grundlegendes Problem für die Vergleichbarkeit von Unternehmen auf Basis von Umweltberichten und –erklärungen ist die mangelnde Übereinstimmung der Art und Darstellung der veröffentlichten Kennzahlen, selbst innerhalb der gleichen Branche. So weisen Bartolomeo, M. / Ranghieri, F. (vgl. 1998, S. 14) in einer Untersuchung von sechs Umweltberichten von Chemieunternehmen darauf hin, dass die Unterschiede bei den geschäftlichen Aktivitäten und bei den Methoden der Datenveröffentlichung zu groß waren, als dass aussagekräftige Vergleiche möglich wären. Auch Dyllik, Th. / Kolibius, M. (vgl. 1998, S. 48) kommen in ihrer Untersuchung von Umweltberichten aus der Lebensmittelbranche zu dem Schluss, dass in der überwiegenden Zahl der Fälle die veröffentlichten Kennzahlen so verschieden sind, dass Betriebsvergleiche weder durchführbar noch sinnvoll sind. Als weiteren Grund hierfür führen sie an, dass erhebliche Schwierigkeiten auch aus der Veröffentlichung der Kennzahlen in unterschiedlichen Einheiten bzw. unterschiedlichen Bezugsgrößen resultieren. Auch Clausen, J. (vgl. 1998, S. 53ff.) setzt mit seiner Kritik an der Durchführung von Betriebsvergleichen auf Basis von Umweltberichten dort an. In einer Untersuchung der Vergleichbarkeit von Umweltberichten und –erklärungen von 57 Unternehmen aus vier Branchen führt er in diesem Zusammenhang folgende Problemstellungen auf (vgl. 1998, S. 53):

- Die Produktionsmenge für relative Daten ist in Stück, aber nicht in kg angegeben.
- Die Angaben erfolgen nicht in physikalischen Mengeneinheiten, sondern monetär.
- Daten werden in unterschiedlichen Einheiten erfasst bzw. dargestellt; (z.B. teils in m^3, teils in t), ohne dass eine Umrechnung auf vergleichbare Einheiten erfolgt.
- Anstelle zu Angaben über Energieträger wird nur der Stromverbrauch dargestellt.
- Es werden keine Daten über produzierte Mengen angegeben.

Hroch, S. / Schaltegger, S. (vgl. 2000, S. 5f.) weisen in der größten bekannten Untersuchung zur Kommunikation aktueller Umweltthemen von 1550 deutschen Umwelterklärungen auf die geringe Durchgängigkeit selbst von „gängigen" Umweltkennzahlen hin. Beispielsweise wird der absolute Energieverbrauch nur von rund 20 Prozent der Unternehmen angegeben. In den meisten Fällen werden jedoch statt der Gesamtgröße die einzelnen Energieträger aufgelistet, ohne den Gesamtverbrauch als vergleichbare Basiskennzahl zu benennen. Als Untersuchungsparameter zur Erklärung von Unterschieden in der Veröffentlichungspraxis führen Hroch, S. / Schaltegger, St. (vgl. 2000, S. 6) Unterschiede in der Firmengröße und Branchenzugehörigkeit auf.

Dyllik, Th. / Kolibius, M (vgl. 1998, S. 48) und Bergmann (vgl. 1998, S. 80f.) führen dazu an, dass zum Teil methodische Probleme durch einfaches Umrechnen gelöst werden können. Eine akzeptable Vergleichbarkeit der Daten in Umweltberichten und –erklärungen ermöglichen aber erst branchenspezifische Lösungen (Rauberger, R. / Wagner, B. 1997b, S. 45f.), die auch für Unternehmen Vorteile bieten[60] und dadurch erst die Umsetzung und Akzeptanz in der Praxis ermöglichen.

4.4.4 Eignung der Vergleichsmaßstäbe für die Umweltleistungsbewertung

Mit den recherchierten Ansätzen zu Umweltkennzahlen und -kennzahlensystemen und den Umweltzielen liegen in ihren Grenzen und Möglichkeiten gründlich erforschte Werkzeuge zur Umweltleistungsbewertung vor, die auch für die empirische Analyse genutzt werden können. Zwar sind Umweltkennzahlen in der EG-Öko-Audit-Verordnung namentlich (noch) nicht enthalten, jedoch kann über die geforderten Zusammenfassungen der wichtigsten Zahlenangaben in den (vereinfachten) Umwelterklärungen eine Brücke zur Messung der Umweltleistung geschlagen werden.

Weiterhin liegen – z.T. gründlich erforschte – Vergleichsmaßstäbe zur Bewertung der Umweltleistung vor. Als mögliche Ansätze können aus der vorhergegangenen Analyse fünf Vergleichsmaßstäbe isoliert werden (vgl. Abb. 37). Die für den Vergleich der Umweltleistung auf Basis von Umweltberichten und -erklärungen geeignet erscheinenden Leistungsmaßstäbe sind dabei grau hinterlegt.

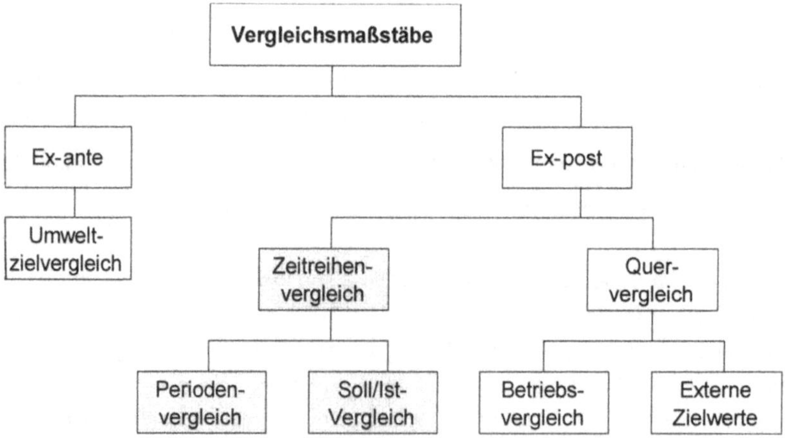

Abb. 37: Vergleichsmaßstäbe für die Umweltleistungsbewertung nach EG-Öko-Audit-Verordnung

[60] beispielsweise ein valides Benchmarking mit Wettbewerbern, eine vereinfachte Datenerfassung oder eine erhöhte Glaubwürdigkeit in der Öffentlichkeit durch mehr Transparenz.

Ex-ante betrachtet ist die Formulierung quantifizierter Umweltziele interessant. Sie kann über alle Standorte mit Vorlage ihrer ersten Umwelterklärung beurteilt werden. Ex-post betrachtet kommen zwei Arten von Vergleichsmaßstäben zur Bewertung der Umweltleistung in Betracht:

- Einerseits sind dies Zeitreihenvergleiche. Sie können anhand von historischen und aktuellen Daten (Periodenvergleich) oder im Vergleich mit gesetzten Zielen durchgeführt werden (Soll/Ist-Vergleich). Sie dienen der Beurteilung der kontinuierlichen Verbesserung aus der Perspektive, dass die zu bewertenden Verbesserungen alleine auf die Ausgangssituation des betrachteten Unternehmens bezogen sind („EG-Öko-Audit in a nutshell"). Beide Vergleichsansätze können daher angewendet werden, ohne dass externe Vergleichs- oder Leistungsdaten notwendig sind.

- Andererseits können die betrieblichen Daten mit denen anderer Organisationen (Betriebsvergleich) oder mit externen Zielwerten verglichen werden. Es handelt sich dann um Quervergleiche, die zu einem bestimmten Zeitpunkt durchgeführt werden.

4.4.4.1 Umweltzielvergleiche

Umweltzielvergleiche haben nur eine eingeschränkte Aussagekraft, da die tatsächliche Realisierung erst anhand historischer Daten in der ex-post-Analyse verifiziert werden kann. Sie können nur durchgeführt werden, wenn die Ziele quantifiziert und mit einem festen Zeithorizont versehen sind. Dies ist in der aktuellen Berichterstattungspraxis nicht durchgängig der Fall.

4.4.4.2 Zeitreihenvergleiche

Die einzelbetrieblichen Zeitreihen- und Soll/Ist-Vergleiche können auf Basis der untersuchten Grenzen und Möglichkeiten als in ihrer Anwendung gesicherte Maßstäbe zur Leistungsbewertung angesehen werden. Zwar müssen bei beiden Ansätzen z.T. auch geeignete Bezugsgrößen zur Bereinigung von Produktionsschwankungen und/oder Änderungen der Systemgrenzen gefunden werden, jedoch sind diese Probleme nicht methodischer Art. Grundvoraussetzung für die Vergleichbarkeit ist die kontinuierliche und zuverlässige Datenerfassung und –aufbereitung in den Unternehmen. Dazu bedarf es der Einrichtung und Dokumentation von systematischen Datenerhebungsverfahren in den Betrieben. Inwieweit diese in den Betrieben vorliegen, ist nicht untersucht. Da es aber beim EG-Öko-Audit-System um die langfristige Beteiligung von Standorten geht, kann davon ausgegangen werden, dass – schon aus Gründen der Kostenreduzierung bei der Datenerfassung – mittelfristig von den Unternehmen standardisierte Datenerfassungsverfahren eingesetzt werden, sofern nicht bereits solche bestehen (z. B. im Rahmen von Berichterstattungssystemen innerhalb konzernverbundener Unternehmen). Stichproben und Plausibilitätsprüfungen bei der Validierung der Umwelterklärung durch den Umweltgutachter tragen beim EG-Öko-Audit einen weiteren Teil zu Gewährleistung einer ausreichenden Datenqualität bei. Dies schließt jedoch nicht aus, dass in der Anfangsphase der Beteiligung am EG-Öko-Audit verschiedene Fehlerbeseitigungs- und Lernprozesse zu Unwägbarkeiten in der Datenbeurteilung führen können.

4.4.4.3 Quervergleiche

Will man die einzelbetriebliche Verbesserungsperspektive verlassen und die Umweltleistungsbewertung im Vergleich zur – sich dynamisch entwickelnden – Außenwelt durchführen, so ist man auf Quervergleiche mit außerbetrieblichen Leistungsmaßstäben (Benchmarks) angewiesen. Das wichtigste und zugleich stärkste Instrument dazu ist der Betriebsvergleich. Über verschiedene Branchen hinweg sind Quervergleiche i.d.R. nicht sinnvoll. Sie können - und werden auch schon in der Firmenpraxis - im Vergleich mit einzelnen Vorzeige-Betrieben oder dem Durchschnitt der Branche durchgeführt. Dadurch wird nicht nur deutlich, ob man sich gegenüber der Vergangenheit verbessert hat, sondern auch wie man sich im Vergleich zu anderen Unternehmen entwickelt hat.

Auch wenn erste methodische und praktische Ansätze und Erfahrungen mit Betriebsvergleichen bereits gemacht wurden, so muss aus der Analyse der Grenzen und Möglichkeiten festgestellt werden, dass hier noch die größte Entwicklungsarbeit notwendig ist, um zu allgemein aussagefähigen Resultaten zu kommen. Verschiedene methodische und inhaltliche Unwägbarkeiten müssen geklärt werden, bevor Daten unterschiedlicher Unternehmen selbst innerhalb der gleichen Branche miteinander verglichen werden können. Dazu gehören die Verfügbarkeit von Vergleichszahlen, deren einheitliche Definition und Erfassung (Datenerhebungsmethoden und Systemgrenzen), die strukturelle Vergleichbarkeit der Partner im Betriebsvergleich (z. B. Produktpalette und Fertigungsverfahren) sowie die Auswahl geeigneter Bezugsgrößen für produktionsunabhängige, relative Umweltkennzahlen. Zwischenbetriebliche Leistungsvergleiche auf Basis von Umwelterklärungen sind hierzu ohne eine einheitliche Abstimmung geeigneter Kennzahlen und vergleichbarer Datenerfassungsgrundlagen weder möglich noch sinnvoll. Als Möglichkeit der Leistungsbewertung für eine Branche bleibt ggf. die relative Bewertung der Gesamtheit der individuellen Verbesserungen oder Verschlechterungen der Einzelbetriebe im Vergleich zum Trend der Gesamtbranche.

Als zweite Möglichkeit zum Quervergleich können externe Zielwerte als Benchmark herangezogen werden. Auch hierzu liegen noch wenige Erfahrungen aus der wissenschaftlichen Überprüfung sowie aus praktischen Umsetzungen vor. Verschiedene Ansatzpunkte sind denkbar: von öffentlich festgelegten Umweltzielen über wissenschaftlich recherchierte Nachhaltigkeitsziele bis hin zu extern festgelegten Einstufungen von Anspruchsgruppen (z. B. Umweltratings, öko-soziale Unternehmensbewertungen). Inwieweit diese Kriterien sinnvoll für die Umweltleistungsbewertung herangezogen werden können, kann abschließend noch nicht beurteilt werden. Dazu sind weitere konzeptionelle und empirische Untersuchungen nötig.

4.5 Zusammenfassung

Die Umweltleistungsbewertung ist ein internes Managementinstrument, dessen Methodik auch auf die externe Analyse der kontinuierlichen Verbesserung auf Basis von Umweltberichten und –erklärungen übertragen werden kann. Aus dem Zusammenwirken von einzelbetrieblich veröffentlichten Umweltzielen und Umweltdaten bzw. –leistungskennzahlen liegen dazu gründlich erforschte und in der Praxis erprobte Werkzeuge vor. Allerdings müssen die für eine valide Bewertung heranziehbaren Vergleichsmaßstäbe auf Basis der (derzeitigen) Veröffentlichungspraxis noch stark eingeschränkt werden: Ex-ante Umweltzielvergleiche sind einerseits generell wenig aussagefähig; andererseits sind die informationsstarken überbetrieblichen Quervergleiche auf Basis von Umweltberichten ohne Zusatzinformationen nicht fundiert genug durchführbar, um daraus brauchbare Leistungsbewertungen ableiten zu können. Somit können derzeit nur einzelbetriebliche Soll-Ist- und Periodenvergleiche als geeignete Bewertungsmaßstäbe für die kontinuierliche Verbesserung nach EG-Öko-Audit-Verordnung herangezogen werden.

Sollen darüber hinaus überbetriebliche oder branchenbezogene Vergleiche durchgeführt werden, bedarf es der Abstimmung eines Kernsets relevanter Leistungsparameter. Die Vorgehensweise hierzu muss branchenspezifisch erfolgen. Auch für branchenübergreifende Aussagen zu einzelnen Industriezweigen können valide Schlussfolgerungen nur dann gezogen werden, wenn Standortdaten für eine ausreichend große Grundgesamtheit vorliegen. Die Zusammenstellung eines solchen Kernsets muss sich an branchenüblichen Kennzahlen und externen Anforderungen orientieren, wenn sie sowohl für das Unternehmen wie auch die Interessenten der Umwelterklärung von Nutzen sein soll. Vorschläge für relevante Kennzahlen können dazu aus Best-Practice-Leitfäden für Unternehmen und Verbände ebenso ermittelt werden wie über Nachfragen von externen Stakeholdern (z.B. Ratingagenturen) oder öffentliche Umweltziele, an denen sich Unternehmen orientieren sollen.

Die bisherigen Ausführungen beruhen auf der allgemeinen Praktikabilität der recherchierten Leistungsmaßstäbe zur Umweltleistungsbewertung. In einem zweiten Schritt sollen nun praktikable Umweltkennzahlen und -leistungskriterien für die chemische Industrie festgelegt werden. Sie sollen branchenspezifisch unter Einbeziehung der verschiedenen Anforderungen aus der Praxis, der Wissenschaft und von staatlichen Organisationen abgeleitet werden.

5 UMWELTKENNZAHLEN UND –LEISTUNGSKRITERIEN FÜR DIE CHEMISCHE INDUSTRIE

Nach der in Kapitel 4 vorgestellten Methodik zur Bewertung der Umweltleistung bedarf es der branchenspezifischen Festlegung von relevanten Kennzahlen und geeigneten Umweltleistungskriterien zur Beurteilung der kontinuierlichen Verbesserung nach EG-Öko-Audit-Verordnung. Für die branchenspezifische Betrachtung der chemischen Industrie ergeben sich eine Reihe von Schnittstellen mit anderen Anforderungen und (freiwilligen) Festlegungen der eigenen Branche, von Behörden, Investoren und anderen Stakeholdern (vgl. Kap. 1.1.5). Die wichtigsten Ansatzpunkte zur Ableitung relevanter Kennzahlen und Leistungskriterien sind die Anforderungen an betriebliche Umweltberichte, Vorgaben und Kennzahlen der Verbandsberichterstattung im Rahmen von Responsible Care, Bewertungskriterien von Umweltratingagenturen bzw. ökologischen Unternehmensbewertern sowie öffentliche Umweltziele (vgl. Abb. 38).

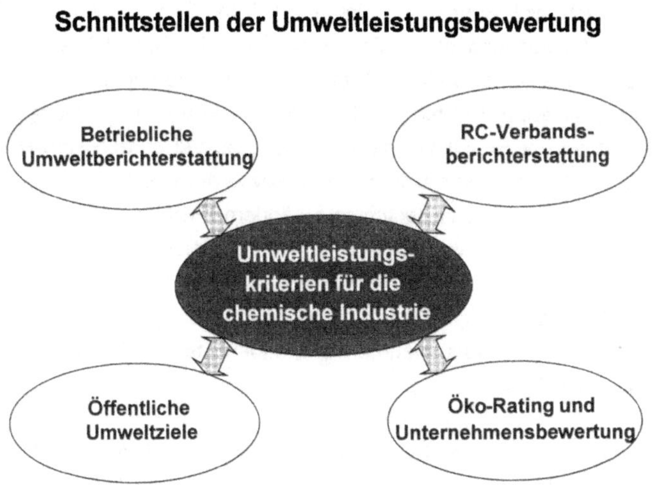

Abb. 38: Schnittstellen für Umweltkennzahlen und -leistungskriterien in der chemischen Industrie

Die einzelnen Schnittstellen werden im Folgenden beschrieben und ausgearbeitet. Sie sind einerseits die Rahmenbedingung für die Festlegung geeigneter Untersuchungsbereiche und –parameter zur empirischen Analyse der kontinuierlichen Verbesserung anhand von Umwelterklärungen. Andererseits sind sie die inhaltliche Grundlage möglicher Standardisierungsansätze für die Kommunikation mit Anspruchsgruppen.

5.1 Anforderungen aus der Umweltberichterstattung

5.1.1 Hintergrund und Entwicklung

Auf den Erfahrungen der Finanz- und der Sozialberichterstattung aufbauend sind Ende der 80er Jahre vermehrt Unternehmen dazu übergegangen, eigenständige Umweltberichte zu veröffentlichen. Mitte der 90er Jahre befand sich die Umweltberichterstattung von Unternehmen in Deutschland in einer „Boom-Phase" (vgl. Wagner, B. / Rauberger, R. 1996, S. 14): Hatten bis 1990 weltweit nicht einmal zehn Unternehmen einen Bericht über ihr Umweltengagement veröffentlicht, so lagen 1995 bereits über 60 Umweltberichte deutscher Unternehmen vor. Bis Mitte 1997 waren es weltweit bereits ca. 1000 (vgl. Peglau, R. 1997, S. 2ff.). Parallel dazu beteiligten sich bis Ende 1999 in Europa über 3.000 Standorte am EG-Öko-Audit-System und erstellten standortbezogene Umwelterklärungen (vgl. Kapitel 1.1.2).

Weiterhin wurden in Dänemark, in den Niederlanden und in Schweden Gesetze verabschiedet, die für bestimmte Unternehmen die Erstellung von Umweltberichten verpflichtend macht (vgl. Bennet, M. / James, P. 1999, S. 53). Das Institut für ökologische Wirtschaftsforschung (IÖW) GmbH hat Mitte der 90er Jahre prognostiziert, dass bis zur Jahrtausendwende mehrere tausend Unternehmen Umweltberichte erstellen (vgl. Clausen, J. / Fichter, K. 1995, S. 2). Die aktuellen Beteiligungszahlen von Standorten an der EG-Öko-Audit-Verordnung, zuzüglich der weltweit erstellten freiwilligen Umweltberichte von Unternehmen sowie der gesetzlich verpflichtend zu erstellenden Umweltberichte in bestimmten Ländern bestätigen die IÖW-Prognose. Nach Rickhardsson, P. M. (vgl. 1999, S. 344) kann derzeit von ca. 7000 – 10000 Standort- und/oder Firmenumweltberichten ausgegangen werden. Die Industry and Environment Division der UNEP hat die Vision, dass bis zum Jahr 2005 auf weltweiter Ebene 10.000 Großunternehmen Umweltberichte erstellen (vgl. Skillus, A. / Wennberg, U. 1998, S. 43).

Seit Beginn der 90er Jahre wurden von verschiedenen Initiativen der Wirtschaft, der Politik und der Wissenschaft unterschiedliche Rahmenmodelle zur Umweltberichterstattung von Unternehmen entwickelt. Nachdem die ersten Studien vor allem allgemeine Berichterstattungsmuster für alle Wirtschaftszweige entwickelt hatten, geht der Trend verstärkt in Richtung der Entwicklung branchenspezifischer Vorgaben. Auf Grundlage der vorgeschlagenen Berichterstattungsmodelle wurden auch erste (quantitative) Bewertungen und Klassifizierungen vorliegender Umweltberichte von Unternehmen durchgeführt und deren Ergebnisse veröffentlicht[61]. Dabei kann

[61] beispielsweise in UNEP (siehe 1994, 1996) oder Clausen, J. / Fichter, K. (siehe 1996)

die Umweltberichterstattung durchaus als Teil der Umweltleistung von Unternehmen betrachtet werden. Die Qualität von Umweltberichten steht jedoch nicht zwangsläufig in einem direkten Zusammenhang mit den Umweltauswirkungen von Unternehmen. Ein Betrieb, der qualitativ hochwertig über seine Umweltleistung berichtet, muss dabei nicht zwangsläufig auch vergleichsweise geringe Umweltauswirkungen aufweisen und umgekehrt. Jedoch können aus den entwickelten Anforderungen für Umweltberichte von Unternehmen Ansätze zur Messung der Umweltleistung entnommen werden, vor allem wenn diese detaillierte Kriterien für eine quantitative Berichterstattung festlegen.

Skillus, A. / Wennberg, U. (vgl. 1998, S. 4) führen weiterhin an, dass die öffentliche Umweltberichterstattung eine wesentliche Treibkraft zur Verbesserung der Umweltleistung ist, da die Unternehmen dadurch gezwungen sind, ihre Umweltauswirkungen zu messen und sie ihren Anspruchsgruppen zu kommunizieren. Weiterhin gilt (ebd., S. 39), dass zwar die meisten Umweltberichte mittlerweile quantifizierte Daten veröffentlichen, jedoch nur wenige Umweltkennzahlen enthalten, anhand derer eine leichte Vergleichbarkeit zwischen verschiedenen Betrieben gegeben wäre. Letzteres wird jedoch als Voraussetzung dafür angesehen, dass die Umweltberichterstattung auch weiterhin eine treibende Kraft in der Verbesserung des betrieblichen Umweltschutzes spielen kann.

5.1.2 Inhaltliche Entwicklung der Umweltberichterstattung

Das Londoner SustainAbility-Institut hat 1994 im Auftrag des Umweltprogramms der Vereinten Nationen (UNEP) weltweit den Stand der Umweltberichterstattung untersucht und darin fünf Entwicklungsstufen festgehalten (vgl. UNEP 1994, S. 18). Diese wurden wie folgt charakterisiert:

- Stufe 1: grüne Imagebroschüren
- Stufe 2: „Einweg-Umweltberichte", oft in Zusammenhang mit der Veröffentlichung einer Umweltpolitik
- Stufe 3: jährlich erstellte Umweltberichte in Zusammenhang mit einem Umweltmanagementsystem, aber noch mehr Text als Daten
- Stufe 4: wie 3, nur mit umfassender Datenbasis
- Stufe 5: Nachhaltigkeitsberichterstattung, Verbindung von ökonomischen, ökologischen und sozialen Aspekten

Zwei Jahre später hält SustainAbility in einer Folgestudie (vgl. UNEP 1996, S. 19) fest, dass sich die Umweltberichterstattungspraxis von Unternehmen so schnell weiterentwickelt hat, dass die Stufen 1 und 2 nach dem „Stand der Technik" nicht mehr als Umweltberichte angesehen werden können. In einem überarbeiteten Fünf-

Stufen-Modell wird daraufhin die Stufe 4 („State-of-the-Art-Umweltberichte") in drei aufeinander aufbauende Zwischenstufen (Quantität, Qualität, Vergleichbarkeit) aufgesplittet (vgl. Abbildung 39). Eine vollständige Abbildung der Charakteristika für alle fünf Stufen ist in Anhang 7 abgebildet. Nachfolgend werden daraus die wichtigsten Inhalte zusammengefasst (vgl. UNEP 1996, S. 20f.).

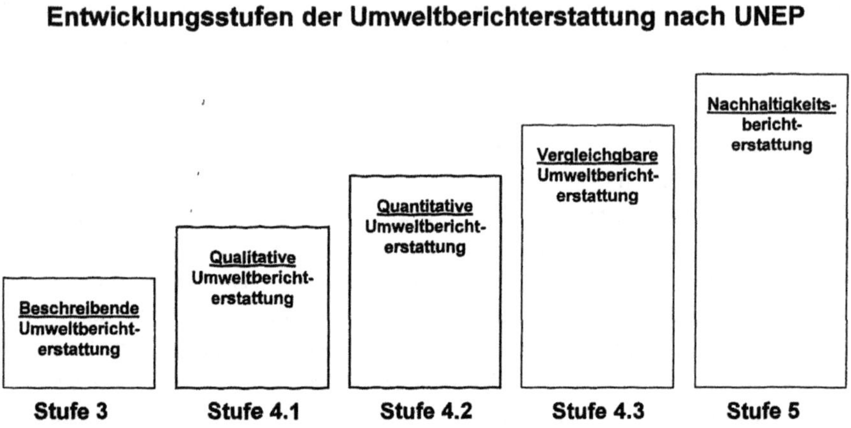

Abb. 39: Entwicklungsstufen der Umweltberichterstattung nach UNEP (vgl. 1996, S. 21) (Übersetzung durch den Verfasser)

Stufe 4.1 charakterisiert Umweltberichte, die in das Umweltmanagement eingebunden „sind, aber mehr beschreibende Erläuterungen als konkrete Zahlenangaben enthalten *qualitative Umweltberichterstattung*") enthält umfassende Leistungsdaten auf jährlicher Basis sowie konkrete Ziele in Verbindung zur Umweltpolitik und zum Betriebsprüfungsprozess. Stufe 4.2 betont die Darlegung des Zusammenhangs zwischen der Geschäftstätigkeit des Unternehmens und globalen Umweltproblemen sowie aktuellen umweltpolitischen Prioritäten. Dazu sollen die vom Unternehmen ermittelten signifikanten Umweltauswirkungen – messbar gemacht durch die Leistungsdaten aus Stufe 4.1 – mit klaren und verbindlichen Leistungszielen verknüpft werden („*quantitative Umweltberichterstattung*"). An *die „vergleichbare Umweltberichterstattung*" (Stufe 4.3) wird schließlich zusätzlich die Anforderung gestellt, sich an einem anerkannten, einheitlichem Rahmenmodell zu orientieren sowie eine externe Verifizierung durchzuführen. Als weiterführende Möglichkeit in der Stufe 4.3 wird optional auf die Vergleichbarkeit der Daten („Benchmarkability") durch eine quantitative Berichterstattung mit branchenspezifisch abgestimmten Umweltkennzahlen („use of sectoral indicators") hingewiesen. Detaillierte Vorgaben zur Art der Messung bzw. zu den Maßstäben der Bewertung der Umweltleistung werden jedoch nicht gegeben. Stufe 5 charakterisiert schließlich den Nachhaltigkeitsbericht.

Über die reine Umweltberichterstattung hinaus wird darin u.a. die Integration von ökonomischen und sozialen Aspekten gefordert. Nachhaltigkeitsberichte gehen vom Umfang und der Intention über den Rahmen der vorliegenden Arbeit zum Umweltmanagement und zur Umweltleistungsbewertung hinaus und werden deswegen nicht weiter berücksichtigt.

5.1.3 Grundsätze der Umweltberichterstattung nach DIN 33922

Im Januar 1997 wurde vom Deutschen Institut für Normung (DIN) e.V. die DIN Norm 33922 „Umweltberichte für die Öffentlichkeit" veröffentlicht (vgl. DIN 33922, 1997). Es handelt sich dabei um die erste Norm für Umweltberichte weltweit (vgl. Skillus, A. / Wennberg, U. 1998, S. 29). Ein Umweltbericht wird darin definiert als „Bericht einer Organisation für die Öffentlichkeit mit einer Beschreibung und Beurteilung wesentlicher Umweltaspekte (DIN 33922, 1997, S. 2)". Neben verschiedenen Pflichtbestandteilen von Umweltberichten (Tätigkeiten der Organisation, Umweltpolitik und Umweltprogramm, Umweltmanagementsystem, wichtige Zahlenangaben, Beurteilung wichtiger Umweltfragen und formelle Anforderungen werden darin fünf Grundsätzen der Umweltberichterstattung definiert (vgl. DIN 33922, 1997, S. 3):

- Wahrheit: Alle wesentlichen Umweltaspekte sollen nachvollziehbar dargestellt werden, die Aussagen sollen den Tatsachen entsprechen.
- Wesentlichkeit: Relevante Informationen über die wichtigen Umweltaspekte sollen enthalten sein, das Fehlen üblicher Daten und Informationen sollte ggf. erklärt werden.
- Klarheit: Der Umweltbericht soll klar und übersichtlich aufbereitet sein, Punkte eindeutig und verständlich dargestellt, bezeichnet und geordnet sein.
- Öffentlichkeit: der Bericht soll in knapper und verständlicher Form gehalten sein und die Informationsinteressen der Zielgruppen berücksichtigen, er sollte den Dialog mit der Öffentlichkeit unterstützen.
- Stetigkeit und Vergleichbarkeit: Die inhaltliche Struktur der Berichte soll im Wesentlichen beibehalten und die Erhebungs- und Bewertungsmethoden sollen bei ihrer Einführung beschrieben und in den Folgejahren beibehalten werden.

Sofern möglich und sinnvoll, sollten als wichtige Zahlenangaben Daten zu Rohstoff-, Wasser- und Energieverbrauch, Abfallaufkommen, Altlasten, Emissionen in die Luft, Wasser und Boden, Lärm und sonstigen Beeinträchtigungen, Flächenverbrauch und anderen Beanspruchungen natürlicher Ressourcen enthalten sein. Weitere Angaben zu konkreten Leistungsmaßstäben für die Bewertung der Fortschritte im Umweltmanagement sind nicht enthalten. Die Norm ist in dieser Hinsicht nur geringfügig konkreter als die EG-Öko-Audit-Verordnung (vgl. Fichter, K. 1998, S. 102).

5.1.4 Gesetzliche Pflichtberichterstattung

Eines der Kernergebnisse der letzten UNEP Studie zur Umweltberichterstattung ist, dass ein wachsender Druck zur Einführung von gesetzlichen – anstelle von freiwilligen – Berichterstattungssystemen wahrgenommen wird (vgl. UNEP 1996, S. 5). Demgegenüber ist die Haltung der Wirtschaft sehr zurückhaltend bis abweisend: Eine Studie der Universität Augsburg unter den 250 größten deutschen Industrie- und Dienstleistungsunternehmen belegt, dass nur 21 % der antwortenden Betriebe gesetzliche Vorgaben zur Standardisierung von Umweltberichten und enthaltenen Zahlenangaben für sinnvoll halten (vgl. Wagner, B. / Rauberger, R. 1996, S. 45f.). In verschiedenen Staaten bestehen aber z.T. umfangreiche von den Gesetzgebern vorgeschriebene Verpflichtungen zur Umweltberichterstattung. Darunter sind vertrauliche Pflichtberichte für Aufsichtsbehörden relativ weit verbreitet, während die Pflicht zur öffentlichen Umweltberichterstattung erst in wenigen Ländern weltweit eingeführt ist (vgl. Skillus, A. / Wennberg, U. 1998, S. 25). Das weltweit bekannteste öffentliche Pflichtberichterstattungssystem ist das 1986 unter der Ägide der Environmental Protection Agency (EPA) geführte Toxics Release Inventory (vgl. EPA, 1999, S. 1f.). Neuere Pflichtberichterstattungssysteme wurden ab Mitte der 90er Jahre in Europa eingeführt (vgl. Bennet, M. / James, P. 1999, S. 53). Skillus, A. / Wennberg folgern daraus, dass (die enthaltenen) Umweltkennzahlen nicht nur für die betriebliche Kommunikation relevant sind, sondern dass sie auch für die Entscheider in der Politik ein unverzichtbares Vergleichsinstrument darstellen (vgl. 1998, S. 20). Nachfolgend werden die wichtigsten Grundzüge bekannter gesetzlicher Pflichtberichterstattungssysteme herausgearbeitet.

5.1.4.1 Toxics Release Inventory

Nach dem Emergency Planning and Public Right to Know Act von 1986 müssen in den USA Unternehmen Daten zum Gebrauch, der Herstellung und/oder der Abgabe an die Umwelt von über 300 Stoffen und 20 Kategorien chemischer Verbindungen an die EPA melden (vgl. Irwin, H. I. et. al. 1995, S. 35/A2). Diese erstellt daraus ein öffentlich zugängliches, nationales Toxics Release Inventory (TRI). Berichtspflichtig sind alle Organisationen (Industrie, Staat, Dienstleister), die über zehn 10 Mitarbeiter beschäftigen und mehr als 10.000 pounds (4,57 Tonnen) eines Stoffes verbraucht bzw. mehr als 25.000 pounds (11,42 Tonnen) hergestellt haben (vgl. Fichter, K. 1998, S. 106). Insgesamt werden jährlich die Daten von ca. 20.000 Unternehmen und 200 staatlichen Institutionen in das TRI eingestellt.

Die im TRI gesammelten Daten werden als Druckversion, auf Disketten, als CD-ROM oder im Internet zugänglich gemacht (vgl. EPA, 1999, S. 1f.). Die auf den elektronischen Medien angebotenen Recherchemöglichkeiten erlauben es ohne großen Aufwand, die Daten nach Unternehmen, Bundesstaat, Stoffen oder Branchen auszuwerten. Jährlich erstellte Listen der Haupt-Emittenten haben dazu geführt, dass sich die Top-Manager einiger Unternehmen in Folge der Öffentlichkeitswirksamkeit der Daten z.T. erstmals mit diesen Zahlen befassten und freiwillig interne Reduktionsprogramme einleiteten. Durch die Publizität und die Vergleichbarkeit der Daten wurde ein indirekter Marktdruck auf die Unternehmen ausgeübt.

Die Datenqualität spielt für die Vergleichbarkeit der Zahlen eine große Rolle. Durch eine intern eingerichtete (Plausibilitäts-)Kontrolle werden statistisch von der EPA 3 % Fehler entdeckt. Die Qualität der Datenübertragung durch das EPA wird mit über 99 % beziffert (vgl. Clausen, J. / Fichter, K. 1996, S. 98). In Folge des TRI wurden die Gesamtemissionen in die einzelnen Umweltmedien alleine von 1988 bis 1993 um zwischen 20 % und 50 % reduziert (vgl. Clausen, J. / Fichter, K. 1996, S. 101). Weiterhin wurde von der EPA (vgl. 1999, S. 1f.) ein eigenes Reduktionsprogramm entwickelt, bei dem die Emissionen von 17 prioritären Chemikalien innerhalb von 5 Jahren um 33 % und von 8 Jahren um 50 % reduziert werden sollen („33/50-Initiative"). Bis 1995 hatten sich über 1.250 Unternehmen mit Selbstverpflichtungen an der freiwilligen Initiative beteiligt.

Aufbauend auf den Erfahrungen mit dem TRI wurden nach EPA (1999, S. 1f.) weltweit in mehreren anderen Ländern öffentlich zugängliche „Pollution Release and Transfer Register (PRTR)" eingeführt (vgl. Tabelle 29). Weiterhin wurden die Erfahrungen an die Europäischen Union, die Schweiz und Taiwan weitergegeben, wo seitens der Regierungen ähnliche Emissionsregister diskutiert bzw. geplant werden (vgl. Clausen, J. / Fichter, K. S. 110). Das in der Europäischen Union geplante European Pollutant Emission Register (EPER) wird in Kapitel 5.1.4.4 näher vorgestellt.

Land	**Nationales Emissionskataster (Abkürzung)**
Australien	National Pollutant Inventory (NPI)
Europäische Union	European Pollutant Emission Register (EPER)
Großbritannien	Chemical Release Inventory (CRI)
Kanada	National Pollutant Release Inventory (NPRI)
Mexiko	Registro de Emisiones y Transferencia de Contaminantes (RETC)
Tschechien	Pollutant Release and Transfer Register (PRTR)

Tab. 29: Weltweite Emissionsregister nach TRI-Muster (EPA, 1999, S. 1f.)

5.1.4.2 Danish Environmental Reporting Act: Green Accounts

In Dänemark wurde 1995 mit dem Gesetz „Act No. 403 [...] on the publications of Green Accounts" in Ergänzung zum Environmental Protection Act ein öffentliches System zur verpflichtenden Umweltberichterstattung („Green Accounts") für bestimmte Unternehmen eingeführt (siehe Ministery of Environment and Energy / Danish Environmental Protection Agency 1995). Vom Fiskaljahr 1996 sind ca. 1.300 Unternehmen verpflichtet, ihre „Green Accounts" der dänischen Umweltschutzagentur zu übermitteln sowie der interessierten Öffentlichkeit zugänglich zu machen (vgl. Fichter, K. 1998, S. 111). Standorte die im EG-Standortregister zum Öko-Audit eingetragen sind (bzw. die Umsetzung planen), sind gegen (spätere) Vorlage der Umwelterklärung von der Erstellung befreit (vgl. Rickhardsson, P. M., S. 348). Das System ist wie die EG-Öko-Audit-Verordnung standortbezogen und betrifft Betriebe mit mehr als 20 Beschäftigten, die im Gesetz näher klassifizierte genehmigungspflichtige Anlagen betreiben. Ähnlich wie in Umwelterklärungen nach dem EG-Öko-Audit müssen die Green Accounts allgemeine Angaben zum Unternehmen enthalten (z.B. Name, Anschrift, Branchenzugehörigkeit, genehmigungspflichtige Anlagen) sowie eine Erläuterung der wichtigsten Umweltauswirkungen in Zusammenhang mit den Tätigkeiten am Standort. Weiterhin sind folgende quantitative Angaben zu veröffentlichen (vgl. Rickhardsson, P.M., S. 347):

- Verbrauch von Rohstoffen, Energie und Wasser
- Emissionen und Beschreibung von bedeutenden Schadstoffen
  - die in Produktionsprozessen eingesetzt werden
  - die in den Boden, die Luft oder das Wasser abgegeben werden
  - die als Abfall entsorgt werden
  - die in den vom Unternehmen erstellten Produkten enthalten sind

Die genaue Auswahl und Bewertung der zu veröffentlichenden Stoffströme – nach Menge und ökologischer Relevanz – wird den einzelnen Betrieben überlassen (vgl. Rauberger, R. / Wagner, B. 1997b, S. 33). Die Daten müssen in absoluten Zahlen und in physikalischen Einheiten veröffentlicht werden (d.h. in Tonnen, Kubikmetern, etc.). Angaben in relativen Zahlen (z.B. pro produzierte Menge) können beigefügt werden. Unter bestimmten gesetzlich festgelegten Rahmenbedingungen können wettbewerbssensible Daten als indexierte Werte veröffentlicht werden (vgl. Rickhardsson, P. M. 1999, S. 347).

5.1.4.3 Erweiterung des Environmental Protection Act (1998) in den Niederlanden

In den Niederlanden wurde 1997 durch das „Gesetz zur Erweiterung des Umweltmanagementgesetzes betreffend der Umweltberichterstattung" ein verpflichtendes

System zur öffentlichen Umweltrechnungslegung für bestimmte Unternehmen beschlossen (vgl. Skillus, A. / Wennberg, U. 1998, S. 26). Davon betroffen sind ca. 330 nach dem Umweltmanagementgesetz näher klassifizierte Unternehmen (vgl. Bennet, M. / James, P. 1999, S. 53). Neben einem zusammenfassenden „Bericht für die Öffentlichkeit" müssen diese in einem zweiten Bericht an die zuständige Umweltbehörde („Regierungsbericht") hinsichtlich der Zahlenangaben und der ergriffenen Umweltschutzmaßnahmen näher detailliert werden (vgl. Fichter, K. 1998, S. 110).

Der Bericht an die Öffentlichkeit ist jährlich zu erstellen und hat als Zielgruppe ein „breit gefächertes Publikum": Anwohner, Umwelt- und Verbraucherorganisationen, Mitarbeiter der Firma sowie Finanzdienstleister mit denen das Unternehmen zusammenarbeitet (vgl. Staatsblad van het Koninkrijk der Nederlanden 1998, S. 23f). Er enthält Angaben zu

- der Art der Tätigkeit des Unternehmens bzw. Standorts;
- umweltbelastenden Auswirkungen einschließlich der Zusammenfassung relevanter Zahlenangaben und einer Kommentierung der Entwicklungen;
- ergriffenen technischen und organisatorischen Maßnahmen im Umweltschutz;
- den erwartenden Entwicklungen im kommenden Jahr (vgl. Staatsblad van het Koninkrijk der Nederlanden 1997, S. 2f.).

Abgesehen von diesen allgemeinen Forderungen kann der Bericht frei gestaltet werden) (vgl. Staatsblad van het Koninkrijk der Nederlanden 1998, S. 23). Es sind keine Kennzahlen oder Datenerfassungsgrundsätze enthalten. Teilnehmer an dem EG-System zum Öko-Audit sind von der Erstellung des Berichts an die Öffentlichkeit befreit (vgl. Staatsblad van het Koninkrijk der Nederlanden 1997, S. 3).

Der Regierungsbericht enthält weit umfangreiche Anforderungen an zu erhebende Daten. Diese werden jährlich in eine zum 1. September aktualisierte nationale Datenbank eingespeist. Die Anforderungen an die (vertraulich) gehandhabten Daten für die Behörden sind in einem eigenen Dekret spezifiziert (vgl. Staatsblad van het Koninkrijk der Nederlanden 1997, S. 1ff.). Unter anderem werden darin Qualitätsgrundsätze für die Datenerhebung stipuliert. Diese soll über die Zeit nach klaren, nachvollziehbaren Kriterien erfolgen. Annahmen und die Aggregation von Daten müssen transparent sein und intern dokumentiert werden (vgl. Staatsblad van het Koninkrijk der Nederlanden 1997, S. 16f.). Im Anhang II des Dekrets sind die genau abgefragten Daten spezifiziert (vgl. Staatsblad van het Koninkrijk der Nederlanden 1997, S. 7f.). Es handelt sich um absolute Daten in physischen Messgrößen. Die behandelten Themen umfassen die Bereiche Klimaveränderungen, Versauerung,

Luftemissionen, Emissionen in Gewässer, Eutrophierung, Abfallbeseitigung, Grundwasserknappheit, Bodenschutz, Lärm, Geruchsbelastungen, Gefahrenpotentiale, Umweltmanagementsysteme, externe Entwicklungen und behördliche Genehmigungen. Der umfassende Regierungsbericht hat zum Ziel, alle sonstigen Behördenberichte und Emissionserklärungen zu subsumieren. Er ist sehr umfangreich und nicht mit der Intention der Umwelterklärung nach dem EG-Öko-Audit vergleichbar.

Beide Berichte müssen bis spätestens 1. April den zuständigen Behörden vorgelegt bzw. veröffentlicht werden. Zum ersten Mal gilt das Gesetz für das Berichtsjahr 1999 (vgl. Staatsblad van het Koninkrijk der Nederlanden 1997, S. 7f.).

5.1.4.4 Das European Pollutant Emission Register (EPER) der EU

Nach Artikel 15 der Integrierten Verschmutzungsvermeidungs (IVV) Richtlinie der EU aus dem Jahr 1996 sind die Mitgliedsstaaten der EU verpflichtet, industrielle Emissionen an die EG-Kommission zu berichteten (vgl. 1999, S. 1f.). Im November 1999 wurde erstmals von der EG-Kommission ein Diskussionspapier zur Umsetzung dieser Verpflichtung in Form eines European Pollutant Emission Register (EPER) veröffentlicht. Anfang 2000 wurde nach Abschluss der Anhörung interessierter Gruppen ein von den Mitgliedsstaaten der EU am 25. Januar 2000 angenommener Endentwurf zur Umsetzung des EPER auf Basis der IVV-Richtlinie für eine Entscheidung der EG-Kommission veröffentlicht (vgl. EG-Kommission 2000).

a) Ziele

Der Hauptzweck des EPER betrifft die Erhebung vergleichbarer Emissionsdaten aus Standorten mit Industrietätigkeit (vgl. EG-Kommission, 1999, S. 3). Die Emissionsdaten sollen zusammen mit einer Klassifizierung der zugrundeliegenden Geschäftstätigkeit an ein öffentlich zugängliches Kataster übermittelt werden, welches von der EG-Kommission geführt und regelmäßig aktualisiert wird. Die Ziele des EPER sind in dem Kommissionspapier wie folgt zusamengefasst vgl. (EG-Kommission 1999, S. 2):

- integrierte Datenbank zu Umweltmanagement-Informationen für die Umweltpolitik der Regierungen und die Verbesserung der Öko-Effizienz durch die Industrie
- Verfolgung von Fortschritten in der Umweltpolitik (z.B. gegenüber Verpflichtungen aus internationalen Vereinbarungen oder nationalen Umweltplänen)
- Verbesserung der öffentlichen Bewusstseinsbildung über Umweltverschmutzungszusammenhänge und die Emissionsquellen
- Vergleich der Umweltleistung in der Industrie insgesamt sowie mit vergleichbaren Standorten mit ähnlichen Geschäftsaktivitäten

- Harmonisierung von Berichterstattungspflichten in Europa und Vermeidung von Doppelaufwendungen
- Zusatzinformation zur Prioritätensetzung bei der Überwachung der Umsetzung von genehmigungspflichtige Anlagen

In Analogie zu den Erfahrungen mit dem TRI in den Vereinigten Staaten wird durch das EPER eine Reduzierung der Gesamtschadstofffrachten im Schnitt um 4 % pro Jahr angestrebt (EG-Kommission, 1999, S. 8).

b) Anwendungsbereich

Der Anwendungsbereich des EPER bezieht sich auf schätzungsweise 20.000 im Anhang 1 der IPPC Richtlinie definierte Anlagen bzw. Industrieaktivitäten (EG-Kommission, 2000, S. 2). Unternehmen haben die Möglichkeit, die Emissionen mehrerer Anlagen in einem Standortbericht zusammenzufassen.

c) Inhalte und Anforderungen

Die Veröffentlichungspflicht nach dem EPER bezieht sich auf insgesamt 50 Schadstoffe, für die eine Anlage bzw. ein Standort aus dem oben definierten Anwendungsbereich einen bestimmten Schwellenwert überschreitet. Die Auswahl der Schadstoffe in dem EG-Vorschlag erfolgte nach Umweltrelevanz und internationalen Berichtspflichten (vgl. EG-Kommission, 1999, S. 3f.). Ziel der Schwellenwerte ist es, eine Erfassung von 90 % aller Industrieemissionen zu erreichen ohne Kleinbetriebe bzw. kleinere Emittenten unverhältnismäßig mit zusätzlichen Berichtspflichten zu belasten. (vgl. EG-Kommission, 1999, S. 4).

Eine komplette Liste der 50 festgelegten Schadstoffe ist in Anhang 8 abgebildet. Der Kommissionsvorschlag unterscheidet zwischen Emissionen in Gewässer (26 Schadstoffe) und in die Luft (37). Doppelnennungen ergeben sich aus verschiedenen Schadstoffen, die auf beiden Listen vertreten sind (v.a. Schwermetalle). Abfall ist derzeit noch nicht in dem EPER enthalten, soll aber in einer späteren Phase integriert werden.

Die Einzelheiten der Datenerfassung, der Berichterstattungsformate sowie der Hilfestellungen zur Interpretation der Definitionen sollen bis Dezember 2000 in nationalen Umsetzungsworkshops entwickelt und im Anschluss daran in einem *„Guidance Document for EPER implementation* (EG-Kommission 2000, Art. 3)" veröffentlicht werden. Unter anderem sind detaillierte Vorgaben der Datenerhebungsmethoden, Angaben zur Datenqualität (z.B. die Einstufung in die Klassen 'gemessen', 'berechnet' und 'geschätzt') sowie verschiedenen Methoden zur Abschätzung von Emissionsdaten vorgesehen (vgl. EG-Kommission 1999, S. 5ff.). Um die Aggregation zu branchenspezifischen Gesamtdaten zu ermöglichen, soll zusätzlich zur Angabe des zugrunde liegenden NACE-Codes eine Einteilung der Tätigkeiten am Standort nach der NOSE-P-Klassifizierung erfolgen. Ziel ist es, die Vergleichbarkeit der Daten innerhalb von abgegrenzten Unterbranchen zu erhöhen (vgl. EG-Kommission 1999, S. 5). Ein Entwurf des Berichterstattungsformats nach EPER sowie eine Liste der berichtspflichtigen Aktivitäten nach der NOSE-P Klassifizierung ist in Anhang 9 und 10 abgebildet.

d) Umsetzungszeitplan und Zugänglichkeit der Daten

Die erste Übermittlung der Daten von den Mitgliedsstaaten an die EG-Kommission erfolgt im Juni 2003 mit Emissionsdaten des Jahres 2001 (vgl. EG-Kommission 2000, Art. 2). Die zweite Übermittlung ist für Juni 2006 mit Emissionsdaten von 2004 vorgesehen. Ab 2008 ist, in Abhängigkeit von den Erfahrungen mit den ersten zwei Berichten, eine jährliche Datenerhebung und -übermittlung angestrebt. Die Datenermittlung erfolgt ausschließlich durch elektronischen Datentransfer. Die übermittelten Daten werden der Öffentlichkeit von der EG-Kommission mit Unterstützung der Europäischen Umweltagentur über das Internet zugänglich gemacht (vgl. EG-Kommission 2000, Art. 4)

5.1.5 Leitfäden für die Umweltberichterstattung

Verschiedenste Organisationen haben in den 90er Jahren Empfehlungen, Richtlinien, Kerninhalte und Mustergliederungen für die Erstellung von Umwelterklärungen herausgegeben: Neben bereits diskutieren Arbeiten zur Definition von Vorgaben für betriebliche Umweltberichte (vgl. UNEP 1994, UNEP 1996, DIN 33922:1997) und Umwelterklärungen nach der EG-Öko-Audit-Verordnung wurden von einer Reihe von Umweltverbänden, Forschungsinstituten und Wirtschaftsvereinigungen verschiedene Rahmenmodelle und Leitfäden zur Umweltberichterstattung entwickelt, u.a. vom Canadian Institute of Chartered Accountants (vgl. CICE 1994), vom Institut für ökologische Wirtschaftsforschung und future e.V. (vgl. 1994), der Global Environmental Management Initiative (vgl. GEMI 1996), von der Public Reporting Initiative (vgl. PERI 1993), vom Verein für Umweltmanagement in Banken, Sparkassen und Versicherungen (vgl. VfU 1996) und vom World Industry Council for the Environment (WICE 1994). Für die vorliegende Arbeit sind diese aber nur untergeordnet von Bedeutung: Entweder beziehen sie sich auf eine andere Branche als die Chemieindustrie oder sie bleiben zu unverbindlich, was die Einforderung konkreter Daten zur Umweltleistung einer Organisation betrifft. Nachfolgend wird daher nur auf diejenigen Rahmenmodelle und Leitfäden eingegangen, die einen spezifischen Bezug zum Umweltmanagement und der Umweltleistungsbewertung in der chemischen Industrie aufweisen.

5.1.5.1 CEFIC-Guidelines: Environmental reporting for the European Chemical Industry

Der Europäische Chemieverband hat im Juni 1993 allen Chemieunternehmen die jährliche Erstellung von Umweltberichten empfohlen[62]. Dazu wurde für die Mitgliedsverbände und deren Mitgliedsunternehmen ein eigener „Leitfaden zur Umweltberichterstattung" veröffentlicht (vgl. CEFIC 1993, S. 3ff.). Hintergrund der CEFIC-Aktivitäten war es, eine Alternative zu einer europäischen TRI-Initiative (in Europa zum damaligen Zeitpunkt als „Polluting Emissions Register / PER" diskutiert) zu bieten, die gleichzeitig mit den Anforderungen der EG-Öko-Audit-Verordnung kompatibel ist (vgl. CEFIC 1993, S. 4).

Der Leitfaden schlägt eine gemeinsame Berichterstattungsstruktur für Unternehmen bzw. Standorte der chemischen Industrie vor. Sie umfasst neun Berichterstattungselemente (Vorwort, Produktionsanlagen, Produkte, Pläne und Ziele, Umweltmanagementsystem, Daten im Vergleich zu Werten der Vorjahre, Kommunikation, allgemeine Anmerkungen und Ansprechpartner). Für Standortberichte wird eine leicht modifizierte und gekürzte Struktur vorgeschlagen, die die Anforderungen der EG-Öko-Audit-Verordnung berücksichtigt.

Der branchenbezogene Ansatz definiert verschiedene quantifizierbare Umweltleistungskriterien, die in allen Umweltberichten der europäischen Chemieindustrie beinhaltet sein sollen. Sie betreffen die Bereiche

- Emissionswerte (Abwasser, Abluft, Abfall);
- Ausgewählte Einzelheiten (z.B. Boden-/Grundwasserschutz, Lärmreduzierung).
- Energiegewinnung und –verbrauch;
- Gesundheit und Sicherheit;
- Beschwerden, Strafverfahren (optional);
- Aufwendungen für Umweltschutz (vgl. VCI 1993a, S. 9).

Für die Emissionswerte wird eine „Standard-Emissionstabelle" vorgeschlagen. Darin enthalten sind detaillierte Angaben zu den zu veröffentlichenden Emissionsarten, die mit zugehörigen Definitionen und Abschneidekriterien für die Datenerfassung hinterlegt wurden (vgl. Anhang 11). Die Veröffentlichung dieser Daten wird in vergleichbaren Jahreswerten gefordert. Ziel dieser Vorgehensweise ist es, Diskrepanzen in der Art, dem Inhalt und den durch die Umweltberichte angesprochenen Zielgruppen zu vermeiden (vgl. CEFIC 1993, S. 4). Dadurch wurde eine erste Grundlage für die

---

[62] In Deutschland wurde die CEFIC-Richtlinie vom VCI ins Deutsche übersetzt und mit einem nationalen Vorwort versehen an die Mitgliedsunternehmen herausgegeben (vgl. VCI 1993).

Vergleichbarkeit der vorgeschlagenen Umweltkenngrößen geschaffen. Für alle anderen geforderten Zahlenangabe sind keine näheren Spezifizierungen, d.h. weder mögliche Kennzahlen noch diesbezügliche Erfassungsrichtlinien, enthalten.

In der allgemeinen Präsentation der zu veröffentlichenden Zahlenangaben wird der Umweltbericherstattungsvorschlag von CEFIC als sehr ausgewogen beurteilt. Dadurch, dass nur der Bereich Emissionen detailliert ausgearbeitet ist, kann jedoch keine zusammenfassende Beurteilung der einzelnen Leistungskennzahlen durchgeführt werden. Problematisch erweist sich weiterhin, dass das entwickelte Konzept von den Unternehmen der Chemischen Industrie in ihrer Umweltberichterstattungspraxis nur zum Teil akzeptiert wurde. Eine Analyse der Umweltberichte durch das IÖW hat gezeigt, dass nur weniger als die Hälfte der geforderten Pflichtangaben in den Veröffentlichungen der Unternehmen enthalten ist (vgl. Loew, T. / Fichter, K. 1999, S. 20). Da sich mit der Umsetzung der EG-Öko-Audit-Verordnung und der Veröffentlichung von Responsible Care Jahresberichten durch verschiedenste CEFIC-Mitgliedsverbände in Europa verschiedene Rahmenbedingungen geändert haben, wurden die CEFIC-Guidelines 1997/98 überarbeitet[63]. Ende 1998 wurden sie durch die „Responsible Care Health, Safety and Environmental Reporting Guidelines" ersetzt (vgl. CEFIC 1998d, S. 5) (vgl. Kap. 5.2.3.).

5.1.5.2 Umweltreporting-Standard der Schweizerischen Bankiervereinigung

Eine Arbeitsgruppe der Schweizerischen Bankiervereinigung (SBVg) hat 1997/98 in einem Diskussionspapier einen detaillierten Anforderungskatalog an Umweltberichte erstellt, der auch mögliche Kernkennzahlen für Industrieunternehmen enthält (SBVg, 1997, S. 1f.). Im März 1998 wurde das Diskussionspapier nach Konsultation mit verschiedenen Experten und Anspruchsgruppen überarbeitet, erweitert und als Umweltreporting-Standard der SBVg (vgl. 1998, S. 1) verabschiedet.

a) Umweltinformationsbedarf von Banken

Hintergrund der Arbeiten in der Schweizerischen Bankiervereinigung war, dass zur Integration von ökologischen Aspekten in das Anlagegeschäft der Banken „umweltrelevante Informationen [...] notwendig [sind], [...] jedoch Standards zur Bewertung der Umweltleistung eines Unternehmens [fehlen] (SBVg, 1997, S. 1). Ein Standard-Berichterstattungskonzept sollte daher für mehr Transparenz sorgen und einheitliche Informationen für die Analysten bereitstellen, um deren Effizienz bei der Beurteilung der Unternehmen zu verbessern. Dazu werden zwei Anwendungsgebiete für Umweltkennzahlen hervorgehoben (vgl. SBVg 1998, S. 2):

---

[63] Auskunft von Dr. Frauke Druckrey, Verband der Chemischen Industrie (VCI) e.V.

- Zum einen dienen sie dazu, ökologische Risiken aus der Geschäftstätigkeit und daraus resultierende potentielle ökonomische Auswirkungen auf die klassische Finanzanalyse zu identifizieren. Als Beispiel wird die (höhere) Sensitivität eines (energieintensiven) Unternehmens auf die Einführung einer möglichen Energie/CO_2-Steuer im Vergleich zu anderen Betrieben innerhalb einer Branche aufgeführt. Auf der anderen Seite kann der Nutzen einer gesteigerten Öko-Effizienz positiv in die Analyse der finanziellen Situation eines Unternehmens einfließen.

- Zum anderen gibt es vermehrt Anleger, die ihre Investitionsentscheidungen neben der finanziellen Performance auch an der ökologischen Leistung orientieren. Die Banken können diesem Bedürfnis nur nachkommen, wenn sie seitens der Unternehmen aussagekräftige und vergleichbare Informationen zur Verfügung gestellt bekommen.

Der Standard wurde basierend auf vier Industriebranchen (Chemie/Pharma, Elektrotechnik/Elektronik, Lebens- und Genussmittel, Maschinenbau) entwickelt, die in der Schweiz ca. 70 % der Marktkapitalisierung aller börsennotierten Unternehmen repräsentieren (vgl. SBVg, 1997, S. 2). Die verabschiedete Endfassung soll für alle Industrieunternehmen anwendbar sein (SBVg 1998, S. 8).

b) Geforderte Umweltinformationen

Die in dem Umweltreporting-Standard geforderten Umweltinformationen werden in drei Bereiche untergliedert:

- unternehmensbezogene Umweltkennzahlen Produktion,
- Finanzkennzahlen und
- Qualitative Umweltkriterien (vgl. SBVg, 1997, S. 3ff.)

Für alle quantitativen und qualitativen Umweltinformationen wird eine stichpunktartige Beschreibung der Datenabgrenzung vorgenommen (siehe Anhang 13). Die Umweltkennzahlen und die Finanzkennzahlen sollen jeweils in absoluten Werten dargelegt werden. Parallel dazu wird die Veröffentlichung auch in relativen Werten gefordert. Als geeignete Bezugsgröße wird bei monetären Größen die Wertschöpfung, bei den materiellen Umweltkennzahlen die jährliche Produktionsmenge (z.B. Tonnen Produkte) vorgeschlagen. Die benötigten Informationen sollen idealerweise in einem einzigen, öffentlichen Umweltbericht vorgelegt werden (vgl. SBVg 1998, S. 3).

Für die Umweltleistungsbewertung nach der EG-Öko-Audit-Verordnung sind vor allem die *unternehmensbezogenen Umweltkennzahlen Produktion* von Bedeutung. Sie beinhalten allgemeine Kernkennzahlen für alle Industrieunternehmen und noch branchenspezifisch festzulegenden Unternehmenskennzahlen[64]. Dadurch soll eine ökologische Beurteilung durch Umweltspezialisten der Bank möglich werden. Die Angabe der gewünschten Kennzahlen wird in Tonnen pro Jahr gefordert. Die *Finanzkennzahlen* betreffen Angaben aus der Bilanz und Daten zu umweltbezogenen Aufwendungen. Sie sollen in monetären Einheiten (z. B. CHF, USD, EURO, etc.) den Finanzanalysten eine zusätzliche Beurteilung in Ergänzung zu ihrer traditionellen Bewertung ermöglichen.

Durch weitere *qualitative Umweltkriterien* (Strategie/Kommunikation, Umweltmanagement, Produktion/Prozesse, Produkte) soll die strategische und operative Integration von Umweltaspekten ins Management beurteilt werden können. Dies wird dadurch begründet, dass es wie in der Finanzanalyse auch in der Umweltanalyse wichtig ist, „dass nebst Kennzahlen auch qualitative Informationen zur Verfügung stehen (SBVg 1998, S. 7)", um der Größe und der Komplexität unterschiedlicher Unternehmen gerecht zu werden.

c) Kern-Umweltkennzahlen Produktion

Als Standard für alle Unternehmen fordert der SBVg sieben Kern-Umweltkennzahlen aus dem Bereich der Produktion. Der Energieverbrauch wird vor dem Hintergrund der Energieknappheit und dem Beitrag zu Luftverschmutzungen eingefordert. Neben allen Verbräuchen an den Standorten sollen auch für alle Branchen die Energieverbräuche des Verkehrs einbezogen werden. Es wird jedoch nicht erläutert welche Verkehrsarten darunter zu fassen sind (z.B. Berufsverkehr, Dienstreiseverkehr, Werkstransporte, Zu- und Ablieferungen). Eine Erfassungseinheit wird nicht genannt. Fünf der sieben Kernkennzahlen beziehen sich auf Emissionen in die Luft. Ihre Erfassung erfolgt jeweils in Tonnen. Nur bei den Treibhausgasen wird definiert, dass auch die Verkehrsemissionen mit einbezogen werden sollen. Alle anderen Luftemissionen enthalten keine Hinweise dazu. Die Berichterstattung über Treibhausgase und der FCKW-Emissionen wird in gewichteter Form bezogen auf CO_2- bzw. CFC-11-Äquivalente gefordert. Detaillierte Stofflisten und Umrechnungsfaktoren sind in den Anhängen des Bankenpapiers enthalten. Für die Emissionen flüchtiger Kohlenwasserstoffe wird auf die Definition des CEFIC-Umweltberichterstattungsleitfaden von 1993 verwiesen. Mit den fünf Kennzahlen zu den Luftemissionen werden

[64] Diesbezüglich wird insbesondere auf die Bedeutung branchenspezifischer Richtlinien für die Umweltberichterstattung verwiesen. Als geeignetes Beispiel wird der von CEFIC herausgegebene Umweltberichterstattungsleitfaden für Chemieunternehmen von 1993 aufgeführt.

die Umweltprobleme Treibhauseffekt (CO_2-äq.), Verdünnung der Ozonschicht (FCKW), Versauerung (SO_2) und bodennaher Smog (NO_x, VOC, SO_2) angesprochen. Als letzte Kernkennzahl für die Produktion wird das Abfallaufkommen in Tonnen gefordert. Es soll als Gesamtmenge und aufgeteilt in die Fraktionen Restmüll, Wertstoffe und Sondermüll dargestellt werden.

Kernkennzahlen	**Einheit**	**Definition/Anmerkung**
Energieverbrauch	k. A.	Strom, fossile und andere Brennstoffe (inkl. Abfall); Standort und Verkehr
Treibhausgase in CO_2-Äquivalenten	t CO_2-äq.	Inkl. Umrechnungsfaktoren
NO_x	t	
SO_2	t	
FKCW in CFC-11-Äquivalenten	t CFC-11-äq.	Inkl. Umrechnungsfaktoren
Flüchtige Kohlenwasserstoffe (VOC)	t	Bezug auf CEFIC-Richtlinien von 1993
Abfall	t	Gesamtmenge inkl. Aufgliederung nach Restmüll, Wertstoffen und Sondermüll

Tab. 30: Kern-Umwelt- und Finanzkennzahlen der Umweltberichterstattung nach SBVg (1998, S. 3ff.)

Die vorgeschlagenen Kernkennzahlen sind eine relevante Rahmenbedingung für die Ableitung branchenspezifischer Umweltkennzahlen für Umwelterklärungen. Sie beschränken sich auf eine überschaubare Anzahl von für alle Branchen relevante Leistungsparameter, die branchenspezifisch erweitert werden können. Die Auswahl der sieben Kennzahlen ist in Bezug auf die Schwerpunktsetzung auf dem Bereich Luftemissionen jedoch nicht ganz ausgewogen. Die Bereiche Abfall und Energie werden nur mit einer Kennzahl betrachtet. Abwasserkennzahlen fehlen ganz. Ebenso sind keine Kennzahlen zum Rohstoffverbrauch enthalten[65]. Durch präzise Umrechnungstabellen in den Anhängen hat der Umweltreportingstandard auch den Charakter einer Hilfestellung bei der Datenerfassung. Allerdings fehlt in der Abgrenzung der zu erfassenden Grunddaten (vgl. z.B. Einbeziehung der Verkehrsdaten) die notwendige Präzisierung, so dass alleine auf dieser Basis noch keine ausreichende Vergleichbarkeit der Daten gewährleistet sein dürfte.

5.1.5.3 Normvorschlag für Umwelterklärungen des Doktoranden-Netzwerks

Im Oktober 1997 hat sich die Arbeitsgruppe Umwelterklärungen des Doktoranden-Netzwerk-Öko-Audit e.V. an die Geschäftsstelle des NAGUS im DIN e.V. gewandt und einen Antrag auf Erarbeitung einer Norm für Umwelterklärungen gestellt (Müller, M. / Nissen, U. / Pape, J. 1999, S. 175). Parallel dazu wurden eine Begründung zum

[65] Unter den Finanzkennzahlen sind jedoch die Rohstoffkosten enthalten.

Normungsantrag, ein Normvorschlag der Arbeitsgruppe und eine Erläuterung des Normvorschlags eingereicht (vgl. Doktoranden-Netzwerk Öko-Audit e.V. 1997a, b, c). Der Normvorschlag wurde vom Beirat des NAGUS im Februar 1998 abgelehnt (Müller, M. / Nissen, U. / Pape, J. 1999, S. 175). Nachfolgend sollen unberührt davon die Relevanz des Normungsbedarfs sowie die wichtigsten Inhalte des Normvorschlags diskutiert werden.

a) Begründung des Normungsbedarfs

In der Begründung des Normungsbedarfs wird auf die Bedeutung der Öffentlichkeit als Kontrollinstanz der angestrebten kontinuierlichen Verbesserung und auf den Stellenwert der Umwelterklärungen als Erfolgsfaktor für die EG-Öko-Audit-Verordnung insgesamt verwiesen (vgl. Doktoranden-Netzwerk Öko-Audit e.V. 1997a, S. 4). Da in Artikel 5 der EG-Öko-Audit-Verordnung aber nur Rahmenbedingungen für den Inhalt der Umwelterklärungen festgelegt sind, nicht jedoch die Art der Darlegung der Informationen, wird die kontrollierende Rolle der Öffentlichkeit erschwert und dadurch die mittel- bis langfristig die kontinuierliche Verbesserung des Umweltschutzes in Frage gestellt: Der „Anreizmechanismus zur regelmäßigen Anpassung (also Niveauerhöhung) und Umsetzung der Umweltziele, durch die die kontinuierliche Umweltschutzverbesserung erreicht werden soll, setzt als notwendige Bedingung voraus, dass die Öffentlichkeit mit möglichst geringem Aufwand den Inhalt von Umwelterklärungen beurteilen kann" (Doktoranden-Netzwerk Öko-Audit e.V. 1997a, S. 2). Dazu wird weiterhin als Begründung angeführt, dass die Einhaltung der Anforderungen nach Art. 5 sowohl in der Umsetzungspraxis der Unternehmen wie auch der Validierungspraxis der Umweltgutachter zu stark differierenden Auslegungen geführt hat[66].

Das Ziel des Normvorschlags ist es nach den Doktoranden-Netzwerk Öko-Audit e.V. daher,

a) den Unternehmen eine Interpretationshilfe des Art. 5 der Verordnung zur Verfügung zu stellen, um die Erarbeitung von Umwelterklärungen zu erleichtern;

b) die Verordnungskonformität zu gewährleisten;

c) den Aufbau von Umwelterklärungen soweit zu standardisieren, dass eine möglichst hohe Objektivität bei vergleichenden Beurteilungen gewährleistet werden kann;

---

[66] Zitiert wird eine Untersuchung im Auftrag der schwedischen Regierung von Mai 1996, in der 78 % der zum damaligen Zeitpunkt in der EU validierten Umwelterklärungen untersucht wurden (vgl. Doktoranden-Netzwerk Öko-Audit e.V. 1997a, S. 3).

d) für die Öffentlichkeit die Nachvollziehbarkeit der Angaben in der Umwelterklärung zu erhöhen;

e) einen Anreiz zur Erarbeitung einer Umwelterklärung zu erzeugen (vgl. 1997b, S. 4)".

Die Vorgaben der EG-Öko-Audit-Verordnung sollen von der Norm unberührt bleiben, d.h. lediglich erläutert bzw. systematisiert werden. Die Grundsätze der DIN Norm 33922 über Wahrheit, Wesentlichkeit, Klarheit, Stetigkeit und Vergleichbarkeit sollen auch für die Norm für Umwelterklärungen gelten (vgl. Doktoranden-Netzwerk Öko-Audit e.V. 1997b S. 3ff.).

b) Inhalte des Normvorschlags

Die vorgeschlagene Norm richtet sich an alle Unternehmen, die sich an der EG-Öko-Audit-Verordnung beteiligen oder unabhängig davon eine an die Öffentlichkeit gerichtete Umwelterklärung erstellen, sowie an Umweltgutachter die diese validieren (vgl. Doktoranden-Netzwerk Öko-Audit e.V. 1997b, S. 4). Sie enthält Definitionen der wichtigsten Begriffe, eine Festlegung und Beschreibung des so genannten 'Mindestinhalts' für Umwelterklärungen nach EG-Öko-Audit-Verordnung sowie 'mögliche Zusatzinhalte' (vgl. Doktoranden-Netzwerk Öko-Audit e.V. 1997b, S. 5ff.).

Von Bedeutung für die vorliegende Arbeit sind folgende drei Punkte:

- begriffliche Abgrenzung der verschiedenen Arten von Umwelterklärungen
- Darlegung des Umweltprogramms und Verfolgung der Umweltziele
- Zusammenfassung der Zahlenangaben.

<u>Begriffliche Abgrenzungen</u>

Unter den begrifflichen Abgrenzungen werden drei Arten von Umwelterklärungen spezifiziert. Es wird zwischen Erst-Umwelterklärungen, Folge-Umwelterklärungen und Vereinfachten Umwelterklärungen unterschieden (vgl. Doktoranden-Netzwerk Öko-Audit e.V. 1997b, S. 5). Die *Erst-Umwelterklärung* ist demnach eine erstmals dem Umweltgutachter zur Validierung vorgelegte Umwelterklärung, die neben aktuellen Daten auch solche der Vergangenheit enthalten kann. Davon abgegrenzt werden alle anderen darauf folgenden Umwelterklärungen, die als *Folge-Umwelterklärung* definiert werden. Über die Daten der Erst-Umwelterklärung hinaus enthält die Folge-Umwelterklärung Feststellungen, inwieweit aufgestellte Umweltziele erreicht worden sind und sich bedeutsame Veränderungen ergeben haben. *Vereinfachte Umwelterklärungen* sind schließlich alle Umwelterklärungen, die jährlich vor der Erstellung der nächsten Folge-Umwelterklärung verfasst werden. In ihnen sind die zusammengefassten Zahlenangaben, die Zielerreichungsgrade und bedeutsame Veränderungen seit der letzten Umwelterklärung dargelegt.

Darlegung des Umweltprogramms und Zielverfolgung

In Bezug auf die Umweltziele und das Umweltprogramm wird gefordert, dass in der Umwelterklärung Ziele darzustellen sind, die die Umweltpolitik konkretisieren. Dabei muss dem Doktoranden-Netzwerk Öko-Audit e.V. (vgl. 1998b, S. 11) zufolge deutlich werden, dass „sie darauf ausgerichtet sind, zu einer angemessenen kontinuierlichen Verbesserung des betrieblichen Umweltschutzes zu führen und durch entsprechend eingeleitete Massnahmen (Umweltprogramm) die Zielerreichung nachprüfbar gewährleisten". Der Zusammenhang zwischen den formulierten Umweltzielen und den zu behandelnden Gesichtspunkten ('wichtige Umweltfragen') nach Anhang 1 C der EG-Verordnung soll schlüssig dargestellt werden.

Für die Darstellung des Umweltprogramms wird der Aufbau in Tabellenform vorgeschlagen, in der jeweils das konkrete Umweltziel in Bezug zu den wichtigen Umweltfragen nach Anhang 1 C dargestellt wird, die Ausgangssituation und das angestrebte Sollergebnis, die zur Zielerreichung festgelegten Maßnahmen sowie der Termin für die Zielerreichung (vgl. Tab. 32). Der Detaillierungsgrad der wichtigen Umweltfragen soll dabei dem Ermessensspielraum des Unternehmens überlassen werden (vgl. Doktoranden-Netzwerk Öko-Audit e.V. 1998b, S. 15).

Wichtige Umweltfragen in Bezug zu Anhang 1 C	**Ausgangs-situation**	**Umweltziel Sollergebnis**	**Maß-nahmen**	**Termin Ziel-erreichung**
z. B. Energieverbrauch (Ziel -10 % pro t Produkt)	30,56 kWh / t Produkt	27,50 kWh / t Produkt	Maßnahme a Maßnahme b	April 2002
...	...	...	...	...

Tab. 32: Struktur des Umweltprogramms nach Doktoranden-Netzwerk Öko-Audit e.V. (1997b, S. 15) (Beispiel durch Verfasser ergänzt)

Für die Beschreibung der Leistung des Umweltmanagementsystems soll in den Folge- und vereinfachten Umwelterklärungen, aufbauend auf der Tabellenstruktur zur Darlegung des Umweltprogramms aus den Vorläufer-Umwelterklärungen, der Zielerreichungsgrad ablesbar sein (vgl. Doktoranden-Netzwerk Öko-Audit e.V. 1998b, S. 18): Dazu ist die Umsetzung des Umweltziels durch Zahlenangaben zum aktuellen Stand zu quantifizieren. Im Detail wird für die Darstellung der Zielerreichung folgende Systematik in Tabellenform eingefordert (vgl. Tab. 33):

Wichtige Umweltfragen in Bezug zu Anhang 1 C	Ausgangs-situation	Umweltziel Sollergebnis	Aktueller Stand	Zielerreich-ungsgrad
z. B. Energieverbrauch (Ziel –10 % pro t Produkt)	30,56 kWh / t Produkt	27,50 kWh / t Produkt	27,94 kWh / t Produkt	86 %
...	...	...	...	...

Tab. 33: Systematik zur Umsetzungsverfolgung von Umweltzielen nach Doktoranden-Netzwerk Öko-Audit e.V. (1997b, S. 19) (Beispiel durch Verfasser ergänzt)

Sofern gesetzte Umweltziele nicht erreicht worden sind, sollten die Gründe und Korrekturmaßnahmen dargelegt werden (vgl. Doktoranden-Netzwerk Öko-Audit e.V. 1998b, S. 18).

Zusammenfassung der Zahlenangaben

Bezüglich der in allen Umwelterklärungen geforderten zusammenfassenden Zahlenangaben sind in dem Normvorschlag keine weiteren Präzisierungen zur Art der Darlegung bzw. zu verwendenden Umweltkennzahlen oder Datenerfassungsgrundsätzen enthalten (vgl. Doktoranden-Netzwerk Öko-Audit e.V. 1998b, S. 16). Der Normvorschlag beschränkt sich auf ein Wiedergabe der Bereiche aus Art. 5(3)c der EG-Verordnung.

Präzisiert wird nur, dass sich die Zahlenangaben auf ein Jahr beziehen sollen und dass der Erfassungszeitraum angegeben ist. Als Messgröße sind physikalische Größen, ausgedrückt in international gültigen (SI-)Einheiten, zu wählen. Durch die Nennung der Erfassungsmethode und der gewählten Bezugsgrößen soll eine Vergleichbarkeit der Zahlenangaben mit denen der Folge-Umwelterklärungen erreicht werden (vgl. Doktoranden-Netzwerk Öko-Audit e.V. 1998b, S. 16).

5.1.5.4 Nachhaltigkeitsberichterstattung der Global Reporting Initiative (GRI)

Ende 1997 wurde von der in Boston angesiedelten Coalition of Social Responsible Economies (CERES) die Global Reporting Initiative (GRI) ins Leben gerufen (vgl. White, A. / Zinkl. D. 1999, S. 130). Ziel der GRI ist es, „die Nachhaltigkeitsberichterstattung von Unternehmen auf ein Qualitäts- und Anerkennungsniveau zu bringen, wie es heute der Finanzberichterstattung gewährt wird (1999, S. 1). Dazu werden z.Zt. in einer Reihe von Workshops, Anwendungstests in Unternehmen und Stakeholderdiskussionen so genannte 'GRI-Guidelines" entwickelt, welche die drei Nachhaltigkeitssäulen Ökologie, Ökonomie und Soziales integrativ miteinander verknüpfen. Im März 1999 wurde ein erster Entwurf GRI-Guidelines zur Kommentierung veröffentlicht (White, A. / Zinkl. D 1999, S. 130).

Die GRI-Guidelines bestehen im Entwurf aus einer einführenden Präambel und verpflichtenden Richtlinien. In der Präambel werden u.a. allgemeine Berichterstattungsgrundsätze dargelegt sowie Fragen des Erscheinungsrhythmus und der Vergleichbarkeit enthaltener Zahlenangaben beschrieben (vgl. GRI 1999, S. 7ff.). Die Richtlinien selbst bestehen aus neun Untersektionen, die gleichzeitig die Gliederung eines GRI-Nachhaltigkeitsberichts darstellen. Sie umfasst die Unterpunkte:

1. Vorwort der Geschäftsleitung
2. Kernkennzahlen
3. Abgrenzung der berichterstattenden Organisation
4. Politik, Organisation und Managementsysteme
5. Einbeziehung von Anspruchsgruppen
6. Management-Leistung
7. Operative Leistung
8. Produkt-Leistung
9. Nachhaltigkeitsübersicht

In allen Gliederungspunkten sind ökologische, soziale und ökonomische Aspekte integriert. Für die Darlegung der Umweltleistung in Umwelterklärungen nach der EG-Öko-Audit-Verordnung ist vor allem der Unterpunkt 7 'Operative Leistung' von Bedeutung. Er enthält quantitative und qualitative Angaben zur operativen Leistung in Hinblick auf die drei Nachhaltigkeitssäulen. Bisher sind in dem Entwurf nur Angaben zum Bereich Ökologie enthalten. Für die Themen Soziales und Ökonomie müssen noch geeignete Pflichtangaben abgestimmt werden. Die aus den quantifizierten Leistungsangaben aus dem Bereich Ökologie ableitbaren Umweltkennzahlen sind in Tabelle 34 zusammengefasst: Sie beinhalten die drei Teilbereiche Gesundheit und Sicherheit ('Health and Safety'), Ressourcennutzung ('Resource use') und Abfallströme i.w.S. ('Non-product Output'). Qualitative Angaben, wie die Forderung zur Aufstellung von Umweltprogrammen für die einzelnen Teilbereiche, wurden nicht berücksichtigt[67].

Mit den geforderten Unterkennzahlen zu den dreizehn Bewertungsbereichen werden insgesamt 26 Umweltkennzahlen gefordert. Die Ausgewogenheit zwischen den Bereichen Gesundheit und Sicherheit, Ressourcennutzung und dem klassischen Emissionsbereich erscheint gewährleistet. Zählt man die Unterpunkte mit, so liegt der Schwerpunkt deutlich auf den Emissionskennzahlen (16). Demgegenüber sind drei

[67] Unter diesen Aspekt fällt auch der Punkt 7.12 Land: "Habitat improvements and damages due to enterprise operations", der nach den vorhandenen Angaben keine konkrete und vergleichbare Quantifizierungsmöglichkeit eröffnet.

Gesundheits- und Sicherheitskennzahlen und sechs Ressourcenkennzahlen enthalten.

Nr.	Bewertungsbereich – Kennzahlen		Einheit	Anmerkung
1	Health & Safety	Anzahl von Berufskrankheiten	Anzahl	Definitionen und Erhebungsmethoden sollen erklärt werden
2		Anzahl von Arbeitsunfällen	Anzahl	
3		Anzahl von Ausfalltagen	Anzahl	
4	Resource use: Energie, Wasser, Material	Gesamtenergieverbrauch	Joule	Summe (4-6)
5		Stromverbrauch	Joule	nach Primärenergieträger
6		Brennstoffverbrauch	Joule	inkl. Verkehr
7		Sonstiger Energieverbrauch	Joule	z. B. Fernwärme
8		Gesamtmaterialverbrauch	Tonnen	ohne Energie
9		Gesamtwasserverbrauch	Liter	
10	Non-product Output (Abfall, Emssionen in Luft und Gewässer)	Abfall zur Verwertung (nach Art, z.B. gefährlich/nicht-gefährlich)	Tonnen	Prozessrückführung, Vermarktung
11		Abfall zur Beseitigung (nach Art, z.B. gefährlich/nicht-gefährlich)	Tonnen	Verbrennung, Deponie, ...
12		Emissionen in die Luft (nach Art, mindestens jedoch: Treibhausgase, ozonschichtschädigende Gase, NOx, VOC, prioritäre Schwermetalle, nicht-abbaubare organische Schadstoffe)	Tonnen	Treibhausgase in CO_2-Äquivalenten, Ozonschichtschädigende Gase in CFC-11-Äquivalenten
13		Emissionen in das Wasser nach Art, mindestens jedoch: CSB, BSB, prioritäre Schwermetalle, nicht-abbaubare organische Schadstoffe)	Tonnen	
14	[...] weitere branchenspezifische Kennzahlen			

Tab. 34: Umweltkennzahlen der operativen Leistungsbewertung nach GRI (vgl. 1999, S. 16 und 27)

Für alle Kennzahlen sind die Erfassungseinheiten vorgegeben (Tonnen, Anzahl, Liter, Joule). Vor allem für Energiekennzahlen sind detaillierte Kriterien zur Erfassung der Leistungsdaten enthalten. Der Stromverbrauch soll gesamt und aufgegliedert nach Primärenergieträger (z.B. fossile Brennstoffe, Wasserkraft, Kernkraft und die regenerativen Quellen Sonne, Wind, Biomasse) dargelegt werden. Unter den Brennstoffen (6.) werden sowohl Treibstoffe für Fahrzeuge sowie alle anderen fossilen (z.B. Erdgas, Heizöl) und nicht-fossilen Primärenergieträger (z.B. Biomasse) zusammengefasst. Weiterhin wird für die Gewichtung der Treibhausgase in CO_2-Äquivalenten und der ozonschichtschädigenden Gase in FCKW-Äquivalenten auf anzuwendende Umrechnungsquellen der Wissenschaft verwiesen. Für alle anderen Umweltkennzahlen sind keine weiteren Abgrenzungskriterien enthalten.

Die Kennzahlen sollen jeweils in absoluten und relativen Werten angegeben werden (vgl. GRI 1999, S. 9). Die Art der Relativierung wird dabei in der Eigendarstellung dem Unternehmen überlassen. Allerdings werden im Gliederungspunkt 3 „Abgrenzung der berichterstattenden Organisation" verschiedene monetäre und physische Kennzahlen zum Unternehmen gefordert, die von den Anwendern der Berichte für andere Relativierungen genutzt werden können. Zu den dort aufgeführten Werten gehören mögliche Bezugsgrößen wie die Anzahl der Mitarbeiter, der Produktoutput, die Gebäudefläche oder der Nettoumsatz (vgl. GRI 1999, S. 13).

5.1.6 Zusammenfassende Bewertung

Zehn Jahre nach Erscheinen der ersten Umweltberichte scheint die Umweltberichterstattung an einem Scheideweg angelangt: Einerseits wurden weltweit mehr als ein Dutzend verschiedener Leitfäden für die betriebliche Umweltberichterstattung aufgelegt, die die Freiwilligkeit der Umweltberichterstattung betonen. Andererseits haben verschiedene Länder in der Europäischen Union einen Weg der gesetzlich vorgeschriebenen Pflichtberichterstattung für bestimmte Unternehmensgruppen gewählt. Beide Ansätze haben zum Ziel, das Ausmaß und die Qualität der Umweltberichterstattungspraxis deutlich anzuheben. Im Zentrum der Diskussion steht dabei die Quantifizierbarkeit und die Vergleichbarkeit der in den Umweltberichten beschriebenen Umweltleistung (Stufen 4.2. und 4.3 der Klassifizierung nach UNEP). Viele freiwillige und gesetzliche Initiativen (u.a. die Umweltberichtsnorm des DIN, die Green Accounts aus Dänemark, der Normenvorschlag des Doktoranden-Netzwerks) geben dabei nur allgemeine Bereiche vor, über die quantifiziert berichtet werden soll. Andererseits erkennen erste Initiativen, dass die (professionelle) Anwendung der in den Berichten enthaltenen Leistungsdaten nur dann möglich ist, wenn man sich innerhalb der Industrie bzw. der einzelnen Branchen auf ein einheitliches Set an zu veröffentlichenden Kernkennzahlen einigt. Der erste (Teil-)Ansatz dazu wurde, in beachtlichem Detaillierungsgrad mit dem von CEFIC 1993 vorgeschlagenen Standard-Emissionstabellen entwickelt. Eine weiterer zu beachtender Forderungskatalog an quantifizierte Umweltleistungsdaten wurde von der Schweizerischen Bankiervereinigung vorgelegt. Er beschränkt sich bei den physischen Leistungsdaten auf sieben Kernkennzahlen für alle Branchen, aus denen Umweltanalysten Ansatzpunkte zur externen Bewertung der Umweltleistung erhalten. Weltweit und branchenübergreifend ist schließlich der Standardisierungsansatz von GRI von Bedeutung, der das Ziel hat, eine die Ökologie umfassendes Nachhaltigkeitsberichterstattungsmodell zu entwickeln, welches international anerkannt wird und die gleiche Akzeptanz genießt wie die Finanzberichterstattung.

Für die Bewertung der Umweltleistung in der chemischen Industrie können aus den diskutierten Ansätzen zur Umweltberichterstattung folgende Erkenntnisse festgehalten werden:

- *Relevante Bewertungsbereiche* für die chemische Industrie sind nach den Maßgaben von CEFIC 1993, in Übereinstimmung mit den Forderungen des SBVg und von GRI, die Bereiche *Sicherheit und Gesundheitsschutz*, *Ressourcennutzung* (Inputs) sowie *Abfälle und Emissionen* (Outputs). Während die Inputs und Outputs branchenübergreifend von vielen weiteren Berichterstattungsleitfäden (z.B. DIN, Doktoranden-Netzwerk Öko-Audit) und gesetzlichen Modellen (z.B. Niederlande, Dänemark) gefordert werden, sind die Aspekte Sicherheit und Gesundheitsschutz speziell als chemiespezifisch relevant einzuschätzen.

- Aus allen gesetzlichen Pflichtberichterstattungsmodellen und dem Gros der freiwilligen Leitfäden zur Umweltberichterstattung wird deutlich, dass die Basis der *Darlegung der Umweltleistung in physischen Größen* (Tonnen, MWh, Liter, Anzahl, ...) notwendig ist. Monetäre Kennzahlen sind höchstens ergänzend für interne Zwecke (z.B. Umweltkostenmanagement) oder spezielle Anwendergruppen (z.B. Finanzanalysten) von Bedarf. Grundlage der Berichterstattung sind in allen Fällen *absolute Kennzahlen.* Ein Großteil der analysierten Berichterstattungsansätze fordert oder empfiehlt gleichzeitig der Veröffentlichung *relativer Kennzahlen* (GRI, SBVg, Dänemark).

- *Vorgaben für relevante Leistungskennzahlen* für die öffentliche Umweltberichterstattung enthalten nur die Rahmenmodelle von *CEFIC* (teilweise), des *SBVg* und von *GRI* (in Entwicklung). Bezogen auf den Teilbereich der Emissionskennzahlen ist der detaillierte Vorschlag von CEFIC (1993) eine von der Grundlage wichtige Basis für branchenspezifische Festlegungen (u.a. durch genaue Definitionen der Datenerfassung inklusive von Schwellenwerten für die Relevanz der Berichterstattung). Allerdings ist die (zukünftige) Relevanz des Papiers als gering einzuschätzen, da es 1998 offiziell von CEFIC zurückgezogen wurde und bereits zuvor in der Unternehmenspraxis nicht durchgängig Widerhall fand. Für alle Branchen anwendbar ist der entwickelte Bankenstandard des SBVg, der sich z.T. explizit auf die CEFIC-Grundlagen bezieht. Inwieweit die Arbeit des GRI Akzeptanz finden – und sich ggf. auch noch inhaltlich verändern wird – ist derzeit nicht abzuschätzen. Für den Standardisierungsvorschlag für Umweltberichte nutzbar sind jedoch die enthaltenen Überlegungen zur Datenabgrenzung (gilt auch für SBVg).

- Für die Vergleichbarkeit der enthaltenen Leistungskennzahlen wird von verschiedenen Initiativen gefordert, dass branchenübliche – und somit insbesondere von den eigenen Unternehmensverbänden empfohlene Leistungskennzahlen – ausdrücklich berücksichtigt werden sollen (UNEP, SBVg, GRI). Wenn bestimmte Angaben eines Branchenkatalogs für ein Unternehmen nicht zutreffend sind, sollen diese mit Nullwerten gekennzeichnet und erläutert werden. Darauf weist insbesondere GRI in Übereinstimmung mit der Umweltberichterstattungsnorm des DIN hin.

- Für den Zeitraum und die Fortschreibung der Leistungskennzahlen werden – soweit in den analysierten Arbeiten dargelegt – übereinstimmend Jahresdaten gefordert, die wiederum jährlich zu aktualisieren sind (UNEP, Dänemark, Niederlande, CEFIC, GRI). Vergleiche mit den Vorjahresdaten werden branchenspezifisch von CEFIC und branchenübergreifend von GRI ausdrücklich gefordert.

5.2 Verbandsberichterstattung unter Responsible Care

5.2.1 Hintergrund und Entwicklung

Die international gültigen Richtlinien für die Entwicklung und Umsetzung von Responsible Care Programmen stipulieren, dass darin ein fortlaufender Kommunikationsprozess über Gesundheits-, Sicherheits- und Umweltaspekte zu führen ist. Zielgruppen sind Anspruchsgruppen innerhalb und außerhalb der Branche (vgl. Kap. 2.3.1, ICCA 1996, S. 44). In Folge dieser Verpflichtung haben nicht nur einzelne Unternehmen, sondern auch nationale Chemieverbände damit begonnen ihre Fortschritte im Rahmen von Responsible Care öffentlich darzulegen und zu diskutieren.

Der Anfang der Verbandsberichterstattung wurde oftmals mit reinen Umweltberichten begangen, die dann im Laufe der Zeit um verschiedene andere Aspekte (z.B. Sicherheit, Gesundheit, Transport, Dialog) zu umfassenden Jahresberichten über Responsible Care ausgebaut wurden. Beispielsweise erschien in Deutschland der erste Verbands-Umweltbericht im Jahr 1989 (siehe VCI 1989). Nach mehreren Fortschreibungen des Umweltberichts wurde vom deutschen Chemieverband im Jahr 1996 der erste Responsible Care Jahresbericht veröffentlicht (vgl. VCI 1996) und seitdem jährlich fortgeschrieben (siehe VCI 1997a, 1998a). Innerhalb von CEFIC hat der britische Chemieverband bereits im Jahr 1993 den ersten Responsible Care Jahresbericht vorgelegt (siehe CIA 1993). Skillus, A. / Wennberg, U. betonen dazu den unmittelbaren Bezug zwischen der einzelbetrieblichen und der branchenbezogenen Umweltleistungsbewertung: Die aggregierten Verbandsdaten könnten zukünftig im Industriedurchschnitt als Vergleichsmaßstab in den Umweltberichten der einzelnen Unternehmen enthalten sein (vgl. 1998, S. 40). Als weiträumig angewandtes Beispiel verweisen sie dabei auf Praxis in der chemischen Industrie zur Veröffentlichung der betrieblichen Arbeitssicherheitsdaten im Vergleich zum Branchendurchschnitt.

5.2.2 Stand der Verbandsberichterstattung in Europa

Von den fünfzehn CEFIC Mitgliedsverbänden innerhalb der Europäischen Union und Norwegens[68] hatten bis Ende 1998 zehn Verbände einen oder mehrere Responsible Care Jahresberichte veröffentlicht (vgl. Tab. 35). In zwei Ländern ist die Veröffentlichung in Planung bzw. in Vorbereitung, von drei Ländern liegen keine Berichte bzw. keine Angaben vor.

Mitglieds-verband	Bericht	Leistungs-zahlen	Aufteilung der Bereiche und Indikatoren			
			Sicherheit[69]	Umwelt	Gesundheit	Andere[70]
Belgien	ja	20	2	15	-	3
Dänemark	geplant	in Arbeit	-	-	-	-
Deutschland	ja	32	4	22	2	6
Finnland	ja	23	3	14	-	6
Frankreich	ja	15	3	12	-	-
Griechenland	k.A.		-	-	-	-
Irland	nein[71]	k.A.	-	-	-	-
Italien	ja	22	2	18	-	1
Niederlande	ja	12	4	8	-	-
Norwegen	ja	24	1	19	-	4
Österreich	geplant[72]	nein	-	-	-	-
Portugal	k.A.	15	3	11	1	1
Spanien	ja	25	6	18	-	1
Schweden	ja	20	1	15	2	2
Großbritannien	ja	23	5	10	2	6

Tab. 35: Umwelt- bzw. Responsible-Care-Berichte von CEFIC-Mitgliedsverbänden (Quellen: eigene Erhebungen, Verbandsumweltberichte in Anhang 14, ICCA 1996)

[68] ohne Luxemburg

[69] inklusive Arbeits-, Anlagen- und Transportsicherheit

[70] Managementsysteme, Transport, Investitionen und Betriebskosten zu Sicherheit, Umwelt und Gesundheit, Mitarbeiterschulungen, Produktverantwortung

[71] Es wird ein jährlicher Emissionsbericht erstellt.

[72] geplant für das Jahr 2000. Teile eines Responsible Care Berichts sind bereits in verschiedenen Veröffentlichungen des österreichischen Chemieverbands bzw. der Berufsgenossenschaften abgedeckt. Allerdings gibt es keinen allein stehenden Umwelt- oder Responsible-Care-Jahresbericht.

Allerdings spiegelt sich in den derzeit von den europäischen Chemieverbänden ausgewählten Leistungsdaten für die Berichterstattung noch eine zu große Vielfalt bezüglich der Auswahl und Anzahl der Indikatoren wider, als dass von einer einheitlichen und ausgewogenen Reportingstruktur ausgegangen werden könnte (vgl. Tab. 36). Die von den nationalen Chemieverbänden entwickelten Indikatorenkataloge zur Berichterstattung umfassen zwischen 15 und 32 verschiedene Parameter als Leistungsdaten, die sich wiederum sehr unterschiedlich auf die einzelnen Bereiche von Responsible Care verteilen (Abb. 40):

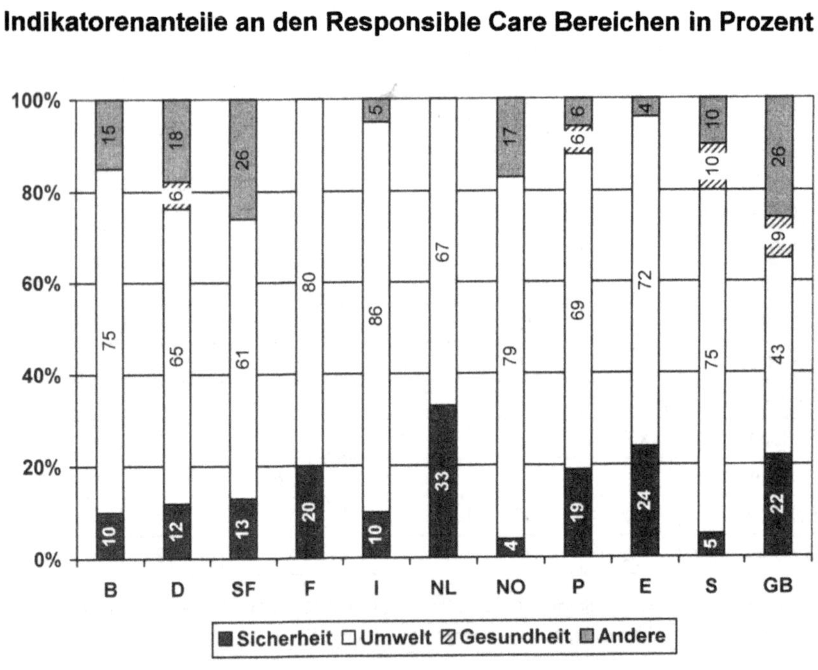

Abb. 40: Anteile der Leistungsdaten an einzelnen Responsible Care Bereichen

Kategorisiert man die angegebenen Leistungsdaten beispielsweise nach den drei RC-Hauptkategorien 'Sicherheit', 'Umweltschutz' und 'Gesundheit', so ist eine sehr starke 'Umweltlastigkeit' der Indikatoren festzustellen. Je nach Mitgliedsverband variiert der Umweltanteil an den veröffentlichten Leistungsdaten bei zwischen 43 % (englischer Chemieverband CIA) und 86 % (italienischer Chemieverband FEDERCHIMICA). Sicherheits- und Gesundheitsindikatoren sind in den ausgewählten Leistungsdaten deutlich untergewichtet: Während die Anzahl der umweltbezogenen Leistungsdaten bei zwischen zehn und 22 Indikatoren liegt, sind es für sicherheitsbezogene Daten nur zwischen ein und sechs Indikatoren (4 % - 33 %) und für gesundheitsbezogene Daten nur ein bzw. zwei Indikatoren (6 % - 10 %). Dabei sind bei sieben der elf untersuchten Leistungsdatenkatalogen keine Indikatoren zum Gesundheitsschutz enthalten. In verschiedenen Verbandsberichten werden darüber hinaus Leistungen messbar gemacht, die keinen der drei Bereiche Sicherheit, Gesundheit und Umweltschutz zuzuordnen sind (5 % - 26 %): In erster Linie sind dies Daten zur Einführung bestimmter Managementsystem (sechs) sowie Angaben zu Bereichen wie Transport (drei), RC-relevante Investitionen und Betriebskosten (drei), Produktverantwortung (zwei) und Schulungen (eins).

Das übergreifende Ziel der Veröffentlichungen ist es, die Umsetzung der Responsible Care Programme und die diesbezüglichen Fortschritte in der Chemieindustrie transparent zu machen, mit dem Ziel, Glaubwürdigkeit und Vertrauen zu erhöhen (vgl. CIA 1993, S. 1; VCI 1996, S. 3). Die ausgewählten Indikatoren für die Berichterstattung sind ein wichtiger Bestandteil davon. ICCA (vgl. 1996, S. 12) räumt allerdings ein, dass die Ansprüche der gesellschaftlichen Stakeholder an die Verbandsberichterstattung weiter steigen werden: Weiter zu entwickelnde Messgrößen für die Umwelt-, Sicherheits- und Gesundheitsleistung der Chemischen Industrie müssen deswegen für die Anspruchsgruppen relevant sein und die Anstrengungen der Industrie zur kontinuierlichen Verbesserung erkennbar widerspiegeln.

5.2.3 CEFIC Responsible Care Leistungsindikatoren („Indicators of Performance")

5.2.3.1 Ausgangssituation und Zielsetzungen

Die bis dato von den nationalen Mitgliedsverbänden vorgelegten Umwelt- bzw. Responsible Care Jahresberichte sind untereinander nicht vergleichbar (vgl. auch Kap. 5.2.2). Sie weichen bezüglich der Auswahl und Gewichtung der Indikatoren zur Beschreibung der Leistungsdaten deutlich voneinander ab. Darin spiegeln sich vielfach unterschiedliche Schwerpunkte bezüglich der in der Diskussion befindlichen Umweltprobleme, aber auch unterschiedliche Erfassungsgrundsätze und -definitionen wider (vgl. CEFIC, 1998d, S. 4). Vor diesem Hintergrund wurden im Europäischen Chemieverband 1998 Kernindikatoren für die Responsible Care Berichterstattung von Verbänden und Unternehmen entwickelt ('RC-Kernindikatoren'). Hauptintention war die Sammlung von vergleichbaren und aggregierbaren nationalen Daten, die es CEFIC ermöglichen wird, die kontinuierliche Verbesserung messbar zu machen und die Leistungsfortschritte untereinander zu vergleichen (Benchmarking) (vgl. CEFIC, 1998d, S. 5). Die RC-Kernindikatoren sollen von allen Mitgliedsverbänden einheitlich erhoben und in ihren Verbandsberichten veröffentlicht werden.

5.2.3.2 Auswahlkriterien

Die Auswahl der insgesamt 16 RC-Kernindikatoren wurde von folgenden zwei Schlüsselanforderungen geprägt (vgl. CEFIC 1998d, S. 5):

- Sie mussten Gesundheits-, Sicherheits- und Umweltdaten umfassen, die die Betriebe bereits jetzt aus verschiedenen Gründen erfassen, um gesetzlichen Anforderungen zu entsprechen, um leistungsbezogene bzw. wirtschaftliche Ziele zu erreichen, um lokalen Anforderungen zu genügen. Um die gegenwärtigen Bedürfnisse und Praktiken der einzelnen Unternehmen einzubeziehen, beschränken sich die neuen Richtlinien auf ein konsistentes Set von Parametern, die die Effektivität der Berichterstattung erhöhen sollen;

- Es bestand ein Bedarf, quantitative und qualitative Informationen in Bezug zu den Themen zu entwickeln, die von Regierungsinstitutionen, den Gesetzgebern, Politikern, den Medien, Pressure-Gruppen und anderen einflussreichen Institutionen als wichtig empfunden werden [...]. Die neuen Richtlinien fokussieren auf die transparente Berichterstattung von Daten in einem Format, das für die interessierten Zielgruppen einfach verständlich ist.

Die Auswahl der 16 Kernindikatoren spiegelt eine Mischung aus internen Effektivitäts- und Nutzengesichtspunkten der Chemieunternehmen und externen Anforderungen an die Art und Verständlichkeit der Information seitens der Nutzer der veröffentlichten Angaben wider (vgl. Tab. 36).

Nr.	CEFIC Responsible Care-Kernindikatoren	Einheit	Bereits erfasst von Mitgliedsland[73]	CEFIC ab Jahr
	Sicherheit und Gesundheit			
1	Anzahl von tödlichen Unfällen	Anzahl	(D), F, (GB), NL	1999
2	Häufigkeit von Arbeitsunfall-Ausfallzeiten	Anzahl pro Mio. Arbeitsstunden	B, D, E, F, GB, I, (NO), NL, S, SF	1999
3	Häufigkeit von Berufskrankheiten	Anzahl pro Mio. Arbeitsstunden	(D), S	2002
	Umweltschutz			
4	Gefährlicher Abfall zur Entsorgung	Tonnen	E, F, GB, I, S, SF	2002
5	Nicht-gefährlicher Abfall zur Entsorgung	Tonnen	(B), (D), F, E, GB, I, S, SF	2002
6	Schwefeldioxid	Tonnen	B, D, E, F, I, (NO), NL, S, SF	2000
7	Stickoxide (NO_2-Äquivalente)	Tonnen NO_2-Äquivalente	B, D, E, F, I, (NO), NL, S, SF	2000
8	Kohlendioxid und andere Treibhausgase (CO_2-Äquivalente)	Tonnen CO_2-Äquivalente	(B), (D), (I), NL, (S)	1998
9	Leichtflüchtige Kohlenwasserstoffe	Tonnen	B, D, E, GB, I, NO, NL, S, SF	2001
10	Phosporverbindungen	Tonnen	B, D, E, (F), I, NL, S, SF	2000
11	Stickstoffverbindungen	Tonnen	B, D, E, (F), I, NL, S, SF	2000
12	Chemischer Sauerstoffbedarf	Tonnen	B, D, E, (F), I, S, SF	2000
13	Schwermetalle (As, Cd, Cr, Cu, Pb, Hg, Ni, Zn)	Tonnen (pro Schwermetall)	(B), D, (E), (I), NO, NL, (S), (SF)	2001
14	Andere potentiell schädliche Substanzen[74]	Tonnen (pro Substanz)	NL	n.r.[75]
15a	Energieverbrauch absolut (Öl-Äquivalente)	Tonnen Öl-Äquivalente	B, D, E, GB, I, NL, S, SF	1998
15b	Energieeffizienz pro Tonne Chemieproduktion (Öl-Äquivalente)	Tonnen Öl-Äquivalente	B, E, F, GB	1998
	Transport/Distribution			
16	Transportzwischenfälle (nach Verkehrsträger	Anzahl / Tonne Transportmenge	D, GB, I, SF	2001

Tab. 36: CEFIC-Kernindikatoren für Responsible Care und Berichterstattung durch Mitgliedsländer (Quelle: CEFIC 1998d, S. 9ff. und eigene Erhebung aus Jahresberichten in Anhang 14)

[73] Angaben in Klammern stehen für Mitgliedsländer, die den neu festgelegten Indikator bisher nur teilweise in ihrem Indikatorensystem abdecken (Stand Ende 1998).

[74] Wie definiert in Anhang 15

[75] Keine Berichterstattung auf CEFIC-Ebene, nur in Unternehmens- oder Standortberichten

5.2.3.3 Gestaffelte Umsetzung und Anwendungsstand in den Mitgliedsverbänden

Da verschiedene der o.g. Indikatoren (vgl. Tab. 8) in einigen Ländern noch nicht bzw. anders erfasst wurden – und demnach erst die Grundlagen für eine gesicherte Datenerhebung geschaffen werden müssen – findet die Umsetzung der Datenerfassung auf europäischer Ebene nach einem gestaffelten Jahresplan von 1998 – 2002 statt.

Tabelle 36 gibt dabei gleichzeitig Auskunft darüber, in welchen CEFIC-Mitgliedsverbänden derzeit schon die festgelegten Kernindikatoren ganz oder zum Teil (Länderangabe in Klammern) erhoben bzw. veröffentlicht werden. Grundlage für die Erhebung war jeweils der aktuellste verfügbare Umwelt- bzw. Responsible Care Jahresbericht der Mitgliedsverbände wie in Anhang 14 aufgeführt[76].

Als bereits von einem Mitgliedsverband erhobener Kernindikator wurden alle Zahlenangaben gewertet, die deutlich als regelmäßig erfasste Daten hervorgehoben wurden (z.B. in Tabellen, Graphiken, Kurvendiagrammen). Dazu wurden auch alle Daten gerechnet, die in anderen Einheiten erfasst wurden, sofern diese auf der Basis von anerkannten Umrechnungsfaktoren in die neue Erfassungseinheit umgerechnet werden können.[77] Als z.T. erfasster Indikator (Länderangabe in Klammern) wurde gewertet, wenn

- die veröffentlichten Daten nur in Teilbereichen mit der CEFIC-Definition übereinstimmen;
- eine Umrechnung auf die neue Erfassungseinheit auf Basis anerkannter Konversionsfaktoren nicht möglich ist;
- die Datenangabe nicht in hervorgehobener Form veröffentlicht wurde (z.B. nur als erläuternde Angabe im Text).

Beispiele hierfür sind die Indikatoren 'Treibhausgase' in CO_2-Äquivalenten (Nr. 8), bei denen vier von fünf Mitgliedsverbänden bisher nur die CO_2-Emissionen angegeben haben, jedoch nicht die anderen Treibhausgase berücksichtigten oder die Angabe der Anzahl tödlicher Unfälle (Nr. 1), die nur in zwei von vier Fällen als Tabelle bzw. Graphik mit Vergleichszahlen angegeben wurde, während sie in den anderen beiden Veröffentlichungen erläuternd im Text aufgeführt ist.

---

[76] Stand: 31.3.1999

[77] Beispielsweise die Umrechnung des Energieverbrauchs von Giga-/Terajoule (GJ/TJ) oder Giga-/Megawattstunden (GWh/MWh) in Tonnen Öl-Äquivalente (toe) oder der Arbeitsunfallhäufigkeit in Unfällen pro 1000 Mitarbeiter ("1000 Mann-Quote") in die Häufigkeit von Arbeitsunfällen mit Ausfallzeiten pro 1 Mio. Arbeitsstunden (vgl. CEFIC 1998d, S. 17, S. 31).

Anwendungsstand der RC-Kernindikatoren in den bisherigen Jahresberichten der CEFIC-Mitgliedsverbände

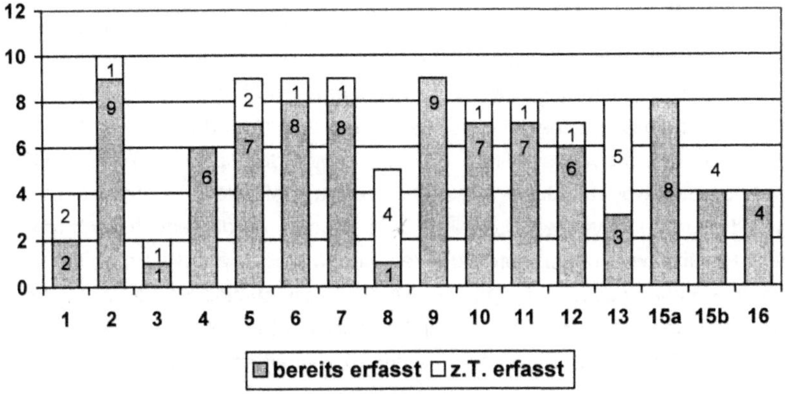

Abb. 41: Anwendungsstand der RC-Kernindikatoren in der aktuellen Berichterstattungspraxis der CEFIC-Mitgliedsverbände (n = 11)

Zehn der insgesamt 16 für Verbandsveröffentlichungen vorgeschlagenen Indikatoren[78] werden bereits jetzt von mehr als der Hälfte der betrachteten Mitgliedsverbände erhoben und veröffentlicht. Ihre Anwendung kann damit als ausreichend gesichert bezeichnet werden. Es handelt sich dabei um die Indikatoren 'Häufigkeit von Arbeitsunfallausfallzeiten' aus dem Bereich Sicherheit sowie um neun der insgesamt 12 Indikatoren aus dem Bereich Umweltschutz (gefährlicher und nicht-gefährlicher Abfall zur Beseitigung, SO_2- und NOx-Emissionen, VOC-Emissionen, Einleitung von Phosphor- und Stickstoffverbindungen, CSB-Belastungen und den absoluter Energieverbrauch).

Nur in einem kleineren Teil der Responsible Care Jahresberichte wurden bisher regelmäßige Angaben zur Anzahl der tödlichen Unfälle, zu den ausgewählten Schwermetallen im Abwasser, zum relativen Energieverbrauch und zu den Transportunfällen nach Verkehrsträger gemacht. In mehreren Ländern wurden die Angaben bisher in anderer Art oder nicht erfasst. Ihre Umsetzung kann damit zum Teil als gesichert angesehen werden. In zwei Fällen liegen sogar nur in einem einzigen Land Erfahrungen auf Verbandsebene mit der Veröffentlichung eines

[78] Der nur für die Veröffentlichung von auf Unternehmensebene definierte Indikator No. 14 ("andere potentiell schädliche Substanzen") wurde nicht in die Analyse einbezogen.

ausgewählten Indikators vor. Dies betrifft die Häufigkeit von Berufskrankheiten (Schweden) sowie die Emission von Treibhausgasen in CO_2-Äquivalenten. Hier sind seitens der Mitgliedsverbände und in Folge auch der Unternehmen noch umfangreiche Abstimmungs-, Definitions- und Erhebungsaktivitäten durchzuführen.

In der Praxis müssen damit für mindestens sechs der 16 Indikatoren noch ausreichende Erfahrungen auf gesamteuropäischer Ebene gesammelt werden, bevor eine einheitliche Erfassung und ausreichende Vergleichbarkeit gewährleistet werden kann. Dies umfasst je nach Land die komplette Neuerhebung und/oder die Neudefinition der Erhebungskriterien. Bei der Auswahl der Indikatoren scheint CEFIC damit eine ausgewogene Balance zwischen fest eingeführten, traditionellen Indikatoren und neuen, innovativen Maßzahlen zu schlagen, für die jedoch noch umfangreichere Einführungsarbeiten durchzuführen sind. Mit Sicht auf die Erhebung in den Unternehmen kann davon ausgegangen werden, dass zumindest die sechs nur z.T. von den Mitgliedsverbänden erfassten und veröffentlichten Daten nicht europaweit in der bisherigen Betriebspraxis erhoben werden bzw. anerkannt sind.

5.2.4 Vorstellung der Indikatoren und Datenerfassungsrichtlinien

5.2.4.1 Allgemeine Definitionen und Bezugsgrößen

Zur Beschreibung der CEFIC-RC-Kernindikatoren werden zunächst die allgemeinen Definitionen und Bezugsgrößen abgegrenzt.

Die allgemeinen Definitionen sind vor allem für die Aufstellung der Sicherheitsindikatoren von Bedeutung. Sie wurden aus dem *CEFIC-Guidance Document on Safety and Health Reporting – May 1995* übernommen. Es werden folgende vier Begriffe (englische Originalbezeichnung in Klammern) definiert (vgl. CEFIC 1998d, S. 9):

- Arbeitgeber (Employer)
- Beschäftigter (Employee)
- Angehöriger einer Fremdfirma (Contractor)
- Arbeit (Work)

Als *Arbeitgeber* wird jede juristische oder rechtliche Person betrachtet, die Arbeitsverhältnisse mit Mitarbeitern begründet und Verantwortung für die Sicherheits- und Gesundheitssituation trägt. Als *Beschäftigte* werden alle Personen definiert die vom Arbeitgeber angestellt sind, inklusive Trainees und Auszubildende. Unter *Angehörige von Fremdfirmen* werden alle Personen zusammengefasst, die auf dem Werksgelände für den Arbeitgeber tätig und nicht Beschäftigte sind. Dazu werden Besucher und Personengruppen, die aufgrund von Zwischenfällen auf dem Werksgelände tätig sind, gezählt. Als *Arbeit* werden alle arbeitstypischen Tätigkeiten der Beschäftigten definiert, unabhängig davon, ob sie auf oder außerhalb des Werksgeländes aktiv sind. Dazu zählen Dienstreisen, nicht jedoch der Berufs- bzw. Pendelverkehr der Mitarbeiter.

Bezugsgrößen

Als Bezugsgrößen wurden von CEFIC (vgl. 1998d, S. 14) für die Erhebung der Mitgliedsverbände folgende Parameter festgelegt:

- Anzahl ausgeübter Arbeitsstunden (Beschäftigte – Angehörige von Fremdfirmen)
- Menge versandter Chemikalien in Tonnen nach Verkehrsträger
- Anzahl der Beschäftigten
- Umsatz

Die Daten werden – soweit nicht CEFIC-einheitlich harmonisiert – nach den von den Mitgliedsverbänden angewendeten Definitionen erhoben. Sie dienen als Bezugsgröße für die Aggregation und den Vergleich der Kernindikatoren im Verhältnis zur Anzahl der Beschäftigten und zum Umsatz der Unternehmen.

5.2.4.2 Indikatoren

Nachfolgend werden die 16 RC-Leistungsindikatoren vorgestellt, zusammengefasst und kurz diskutiert. Grundlage für die Vorstellung der Indikatoren sind die Definitionen der Kernparameter nach Kapitel 2 der *Responsible Care Health, Safety and Environmental Reporting Guidelines* von CEFIC (vgl. 1998d, S. 9ff.).

Die Diskussion der Eignung der ausgewählten Indikatoren erfolgt vor dem Hintergrund der in Kapitel 4 dargelegten Rahmenbedingungen an die Leistungsmessung mit Kennzahlen. Außerdem werden die für Unternehmen geltenden Kriterien aus der Umweltberichterstattung (vgl. Kap. 5.1) sowie die Anforderungen der EG-Öko-Audit-Verordnung an zusammenfassende Zahlenangaben in Umwelterklärungen (Art. 5(3)c) bzw. die Erhebung der Auswirkungen auf die Umwelt (Anhang 1B.3) berücksichtigt.

a) Sicherheit und Gesundheit

Im Bereich Sicherheit und Gesundheit wurden drei Leistungsindikatoren festgelegt. Sie betreffen die Anzahl von tödlichen Unfällen, die Häufigkeit von Arbeitsunfall-Ausfallzeiten und die Häufigkeit von Berufskrankheiten.

1. **Anzahl von tödlichen Unfällen (Anzahl):** Es werden alle arbeitsbezogenen Vorfälle und Ereignisse einbezogen, die binnen eines Jahres zum Tod führen (differenziert nach eigenen Beschäftigten und Mitarbeitern von Fremdfirmen).

2. **Häufigkeit von Arbeitsunfall-Ausfallzeiten (Anzahl pro Mio. Arbeitsstunden):** Es werden alle arbeitsbezogenen Unfälle mit körperlichen Verletzungen erfasst, die zu Ausfallzeiten von mindestens einem Tag führen. Die Zahlen werden nach eigenen Beschäftigten und Mitarbeitern von Fremdfirmen differenziert. Für Länder, die die Häufigkeit von Arbeitsunfall-Ausfallzeiten nach der 3-Tages-Regel erfassen, wird ein anerkannter Umrechnungsschlüssel zur näherungsweisen Übertragung auf die 1-Tages-Definition dargelegt.

3. **Häufigkeit von Berufskrankheiten (Anzahl pro Mio. Arbeitsstunden):** Unter Berufskrankheiten werden alle gesundheitlichen Störungen erfasst, die ganz oder überwiegend auf arbeitsbedingte Ursachen zurückzuführen sind und nicht direkt von einem Arbeitsunfall herrühren. Die erfasste Anzahl bezieht sich auf alle nach nationalen Regelungen gemeldeten Krankheiten im Jahr der Meldung. Sie wird nur für eigene Beschäftigte abgeleitet.

CEFIC merkt dazu an, dass die Erhebungssituation länderspezifisch z. Zt. noch sehr stark variiert bzw. unvollständig ist. Eine bereits eingeleitete Pilotstudie soll weitere Richtlinien für die Erfassung und Zusammenstellung der Einzeldaten für alle Mitgliedsländer festlegen.

Einschätzung

Die drei Indikatoren stellen eine ausgewogene Abbildung von Arbeitsunfällen und anderen schwerwiegenden Beeinträchtigungen der Gesundheit der Mitarbeiter dar. Neben den Arbeitsunfällen werden durch die Verfolgung der Anzahl von Berufskrankheiten auch die längerfristigen Wirkungen der Arbeit auf die Gesundheit einbezogen. Anlagenbezogene Sicherheitsaspekte ohne gesundheitliche Auswirkungen bzw. Zwischenfälle mit Auswirkungen für Mensch und Umwelt über die Werkstore hinaus (z.B. Brände, Explosionen, Freisetzung von Stoffen) sind jedoch nicht in der Erhebung enthalten. Vom deutschen Chemieverband wird dazu beispielsweise die Anzahl jährlicher Schadensereignisse nach verschiedenen internen und externen Kriterien (z.B. Schadenshöhe, öffentliche Berichterstattung...) erfasst und jährlich veröffentlicht (vgl. VCI 1998a, S. 24). Das Fehlen des für die lokale Öffentlichkeit wichtigen Indikators wird deswegen als relevante Lücke in der Vollständigkeit der ausgewählten Indikatoren eingestuft.

b) Umweltschutz

Im Bereich Umweltschutz wurden dreizehn Leistungsindikatoren definiert. Sie betreffen die Bereiche Abfallmanagement (4/5), Emissionen in die Luft (7-9), Emissionen in Gewässer (10-13), weitere potentielle Auswirkungen (14) und Nutzung von Energie (15a/b).

4/5. **Gefährlicher und nicht-gefährlicher Abfall zur Entsorgung (in Tonnen):** Die Begriffe 'Abfall', gefährlicher Abfall' und 'Entsorgung' werden nach den national gültigen Regelungen abgegrenzt. Für den Fall dass keine nationalen Definitionen festgelegt sind, werden eigene Definitionen in Anlehnung an verschiedene EG-Richtlinien vorgeschlagen (91/156/EWG, 91/689/EWG, 94/904/EWG) und in detaillierten Anhängen spezifiziert. Größere Mengen an Boden, der zur Reinigung oder zur Entsorgung in den Gesamtabfallmengen enthalten sind sollten besonders erwähnt werden. Neben der Beurteilung der Gefährlichkeit der anfallenden Abfällen kann durch Addition der beiden Parameter auch das Gesamtabfallaufkommen ermittelt werden.

6. **Schwefeldioxid (in Tonnen):** Emissionen von Schwefel und schwefelhaltigen Verbindungen in die Luft, definiert als SO_2. Als mögliche Emissionsquellen werden Verbrennungs- und Produktionsprozesse aufgeführt.

7. **Stickoxide (in Tonnen NO_2-Äquivalente):** Emissionen von Stickoxiden in die Luft, definiert als NO_2. Stickstoffmonoxid (NO) wird auf Basis vollständiger Oxidation in Stickstoffdioxid umgerechnet. Als mögliche Emissionsquellen werden Verbrennungs- und Produktionsprozesse aufgeführt.

8. **Kohlendioxid und andere Treibhausgase (in Tonnen)**: Energiebedingte Emissionen aus der direkten Verbrennung von Energieträgern oder indirekt über die zurechenbaren Emissionswerte von Kraftwerken bei der Stromerzeugung. CO_2-Emissionen aus Produktionsprozessen werden nicht einbezogen. Die Ermittlung der CO_2-Emissionen erfolgt rechnerisch auf Basis festgelegter Emissionsfaktoren für feste, flüssige und gasförmiger Brennstoffe (vgl. Tabelle 37). CEFIC (vgl. 1998d, S. 31) trifft dabei die Annahme, dass die Fehlerquelle durch die Vereinfachung auf einen Basisenergieträger pro Aggregatzustand gering ist, da die Spannweite des Energiegehalts innerhalb einer Brennstoffklasse relativ gering ist: aus einer Umrechnungstabelle im Anhang (CEFIC 1998d, S. 32) lässt sich ermitteln, dass die maximale Schwankung innerhalb aller aufgeführten festen, flüssigen und gasförmigen Brennstoffe bei maximal 11,6 %, 14,3 % und 12,5 % liegt[79]. Aggregierte Daten auf Ebene der Mitgliedsverbände sind für CEFIC nicht erforderlich, da die Angaben den nationalen Energiestatistiken entnommen werden.

[79] jeweils bezogen auf den emissionsärmsten Brennstoff pro GJ innerhalb einer Klasse

Brennstoffklassen (Basis)	t CO_2 / toe	t CO_2 / MWh
Fest (Stein-/Kesselkohle)	4,032	346,7
Flüssig (Heizöl)	3,207	275,8
Gasförmig (Erdgas)	2,337	200,9

Tab. 37: Umrechnungsfaktoren für energiebedingte CO_2-Emissionen nach CEFIC (1998d, S. 31)

Zusätzlich werden folgende im Kyoto-Protokoll aufgeführten Treibhausgase erfasst: Methan (CH_4), Lachgas (N_2O), Fluorchlorkohlenwasserstoffe, Perfluorkohlenwasserstoffe und Schwefelhexafluorid. Ein CEFIC-Committee untersucht z.Zt. detaillierte Erfassungs- und Berichterstattungsvorschläge zur Veröffentlichung. Um das Klimaerwärmungspotential der verschiedenen Treibhausgase miteinander vergleichen zu können, wird in den Richtlinien die Möglichkeit eröffnet, die Emissionen aller Treibhausgase in CO_2-Äquivalenten zu erfassen. Die festgelegten Gewichtungsfaktoren sind in Anhang 16 zusammengestellt.

9. **Leichtflüchtige Kohlenwasserstoffe (VOC) (in Tonnen):** Emissionen von organischen Verbindungen in die Luft die bei einer Temperatur von 20° Celsius, einen Dampfdruck von 0,01 Pascal oder mehr aufweisen und in vergleichbaren Verhältnissen im Betrieb eingesetzt werden. Mögliche Emissionsquellen umfassen wie bei den anderen Abluftemissionen Verbrennungs- und Produktionsprozesse. Als Option wird den Mitgliedsländern die Möglichkeit gegeben, die Wirkungen der einzelnen Stoffe bezüglich spezifischer Umweltthemen (z.B. Sommersmog) durch die Multiplikation mit unterschiedlichen Gewichtungsfaktoren vergleichbar zu machen.

10. **Phosporverbindungen (in Tonnen Phosphor):** Die Phosphoremissionen in Gewässer werden laut ihrem Phosphorgehalt erfasst. Firmen sollen die Einleitung von Phosphorverbindungen nur dann in ihre Berichterstattung aufnehmen wenn davon auszugehen ist, dass die Emissionen auch am Standort produziert bzw. freigesetzt wurden. Bei der Erfassung ist zu unterscheiden, ob es sich um Direkt- oder Indirekteinleiter handelt.

11. **Stickstoffverbindungen (in Tonnen Stickstoff):** wie bei Nr. 10.

12. **Chemischer Sauerstoffbedarf (in Tonnen Sauerstoff):** Erfasst wird die Menge Sauerstoff, die für die Oxidation der im Abwasser enthaltenen Stoffe mit einem starken Oxidationsmittel verbraucht wird. Für Standorte, die ihr Abwasser in einer externen Reinigungsanlage behandeln lassen und keine firmenspezifischen

Messwerte über die CSB-Einleitung erhalten, sollte die Abbaurate der Kläranlage bei Ermittlung der dem Unternehmen zurechenbaren Einleitungen berücksichtigt werden.

13. **Schwermetalle (As, Cd, Cr, Cu, Pb, Hg, Ni, Zn) (in Tonnen je Einzelstoff):** Es werden alle Einleitungen von Schwermetallen und Schwermetallverbindungen getrennt nach den einzelnen Stoffen erfasst. Als Option wird die Möglichkeit eröffnet, das Potential der Auswirkungen auf Gewässer durch Multiplikation mit Standardgewichtungsfaktoren in Zukunft aggregier- und vergleichbar darzustellen.

14 **Andere potentiell schädliche Substanzen[80] (in Tonnen je Stoff):** Darunter werden Emissionen einer Liste weiterer Stoffe verstanden (vgl. Anhang 15) die in die Luft oder Gewässer abgegeben und Auswirkungen auf die menschliche Gesundheit oder die Umwelt haben können. Die ausgewählten Stoffe umfassen hauptsächlich kanzerogene und ozonschichtschädigende Verbindungen. Sie gehen aus den alten CEFIC-Umweltberichterstattungsrichtlinien hervor und berücksichtigen die aktuelle Diskussion um eine Emissionsberichterstattung (vgl. u.a. Kap. 5.1.4). Die Emissionen der jeweiligen Stoffe werden getrennt erfasst pro Stoff, der in die Luft und in Gewässer abgegeben wird. Die Berichterstattung wird nur für Unternehmen bzw. Standorte empfohlen. Eine Aggregation auf nationaler oder europäischer Ebene ist nicht vorgesehen.

15a/b **Energieverbrauch absolut und Energieeffizienz (in Tonnen Öl-Äquivalente absolut bzw. pro Produktionseinheit):** Als Energieverbrauch wurde der Verbrauch an fossilen Brennstoffen und Strom definiert, die zur Erzeugung von Wärme, Kraft und Strom eingesetzt werden. Der Einsatz fossiler Energieträger als Rohstoff für die Energieerzeugung wird nicht mit einbezogen. Weiterhin wird der Treibstoffverbrauch für betrieblich genutzte Kraftfahrzeuge ausgeklammert. Zur Abgrenzung werden insgesamt 30 verschiedene fossile Brennstoffe drei Erfassungsklassen (feste, flüssige und gasförmige Brennstoffe) zugeordnet (vgl. Anhang 17). Eine Brennstoffumrechnungstabelle für die in den Betrieben benutzten Erfassungseinheiten (z.B. m^3, t, MWh, ...) in Tonnen Öl-Äquivalente (toe) ist nicht in dem Leitfaden enthalten. Bei Strom witrd der Nettoverbrauch in GWh ermittelt, als Summe von zugekaufter minus an das Netz abgegebener Elektrizität. In einem zweiten Schritt wird dann der Verbrauch in kWh in GJ bzw. toe Primärenergie umgerechnet. Als Umrechnungsfaktor gibt CEFIC (vgl. 1998d, S. 30) 233,2 toe pro GWh an.

---

[80] Wie definiert in Anhang 15

Die Energieeffizienz wird als spezifischer Energieverbrauch in toe pro Produktionseinheit definiert. Als Basis für die Chemieproduktion wird der mengenmäßige Produktionsindex der jeweiligen nationalen Chemieverbände, gewichtet nach der Bedeutung der 1990 erzielten, preisbereinigten Wertschöpfung, festgelegt.

Einschätzung:
Die zehn Kernindikatoren im Bereich Umweltschutz decken in hohem Maße und auf ausgewogene Weise die wesentlichen Beiträge und Emissionen zu aktuell diskutierten Umweltproblemen ab. Die nachfolgende Zusammenstellung verdeutlicht dies (Tab. 38):

Umweltthema	**RC-Kernindikator (Nr./Bezeichnung)**
Klimaerwärmung	Nr. 8: CO_2-Emissionen und Treibhausgase Nr. 15a/b: Energieverbrauch und -effizienz
Abfallentsorgung	Nr. 4: Gefährliche Abfälle Nr. 5: Nicht-gefährliche Abfälle
Versauerung	Nr. 6: Schwefeldioxid Nr. 7: Stickoxide
Sommersmog (Bildung von photochemischem Ozon)	Nr. 7 Stickoxide Nr. 9 Flüchtige organische Verbindungen (VOC)
Eutrophierung von Gewässern (Nährstoffeintrag)	Nr. 10 Phosphorverbindungen Nr. 11 Stickstoffverbindungen
Gewässerbelastung	Nr. 12 Chemischer Sauerstoffbedarf (CSB) Nr. 13 Schwermetalle (As, Cd, Cr, Cu, Pb, Hg, Ni, Zn)
Auswirkungen auf die menschliche Gesundheit	Nr. 14 Andere potentiell schädliche Substanzen (z.B. Kanzerogene)
Ozonschichtschädigung	Nr. 14 Andere potentiell schädliche Substanzen (z.B. ozonschichtschädigende Stoffe)

Tab. 38: Gegenüberstellung von Umweltthemen und RC-Kernindikatoren

Andererseits bleibt der Aspekt der Ressourcenschonung nahezu unberücksichtigt. Alleine der energiebedingte Verbrauch fossiler Energieträger wird betrachtet. Demgegenüber bleibt der Einsatz fossiler Energieträger als Rohstoff außer Betracht[81]. Auch der Aspekt der Nutzung nachwachsender Rohstoffe – egal ob zur

[81] Alleine in Deutschland wird ca. 1/5 des gesamten Verbrauchs an fossilen Energieträgern als Rohstoff für die Herstellung synthetischer Chemieprodukte eingesetzt (VCI 1997b, S. 10)

Energiegewinnung oder als Rohstoffquelle – bleibt auf der Ebene der CEFIC-RC-Kernindikatoren unbeleuchtet. In Konsequenz fehlt auch die Benennung des Verbrauchs an nicht-nachwachsenden Rohstoffen. Zwar kann allgemein die Verringerung von Abfallmengen als Hinweis auf eine Ressourcen schonendere Wirtschaftsweise gesehen werden, jedoch spiegelt sich darin nur das Ersatzpotential von ungewünschtem Output in der eigenen Produktion wieder. Auch das Rohstoffsubstitutionspotential durch konzentrierte oder wirksamere Produkte und Dienstleistungsangebote (z.B. Total Chemical Management) bleibt unberücksichtigt. Dies ist um so bemerkenswerter, als dass mit den ausgewählten Indikatoren auch eine Hilfestellung für Standortumweltberichte angestrebt wird, wie beispielsweise für Umwelterklärungen nach EG-Öko-Audit-Verordnung. Darin wird aber eine Veröffentlichung zusammenfassender Zahlenangaben zum Rohstoffverbrauch ausdrücklich gefordert. Auch der Aspekt des Wasserverbrauchs – ebenso deutlich von der EG-Öko-Audit-Verordnung gefordert und Standard in vielen Unternehmensveröffentlichungen – bleibt im Katalog der RC-Kernindikatoren ohne Berücksichtigung.

c) Transport/Distribution

16 Transportunfälle (nach Verkehrsträgern) (Anzahl pro Mio. transportierte Chemikalien): Es werden alle Transportunfälle erfasst, die Chemikalien enthalten, die Eigentum des Bericht erstattenden Unternehmens sind bzw. die Produkte des Unternehmens enthalten, unabhängig davon, ob es sich um gefährliche Stoffe handelt oder nicht. Zwischenfälle beim Be- oder Entladen auf dem Werksgelände des Spediteurs bzw. des Kunden werden nicht einbezogen. Als Erfassungskriterium wird festgelegt, dass mindestens einer der nachfolgenden Punkte erfüllt wird:

- Tod oder Verletzungen mit mehr als drei Tagen Arbeitsausfallzeit
- Verschüttung oder Leckage mit Austritt von über 200 kg gefährlichen oder über 1000 kg nicht-gefährlichen Stoffen
- Eigentumsschaden von über 40.000 ECU (inkl. Behebung von Umweltschäden)
- Störung des öffentlichen Lebens (Evakuierung, Straßensperre oder andere Vorsichtsmaßnahmen) von über einer Stunde
- Berichterstattung in nationalen Medien

Die Verkehrsträger werden differenziert nach Luft-, Straßen-, Schienen-, See-, Binnenwasserwege- und Pipelinetransport. Zusätzlich soll erhoben werden, ob es sich bei der transportierten Ware um einen Massenartikel in Großbehältern

(z. B. Tankwagen, Container) oder um Kleingebinde (z. B. Bigbags, Trommeln, Fässer) handelte.

Einschätzung:
Im Bereich Transport/Distribution wird ein einziger Kernindikator abgeleitet, der auf Transportrisiken abzielt. Mit der Beleuchtung des Gefahrenpotentials durch Chemietransporte wird dabei ein wesentlicher Aspekt der Verkehrssicherheit beleuchtet. Durch die Aufgliederung der Anzahl von Zwischenfällen nach Verkehrsträgern in Bezug auf eine vergleichbare Transportleistung wird darüber hinaus ein Beitrag zum „Sicherheits-Wettbewerb" zwischen den verschiedenen Verkehrsträgern geleistet. Andererseits bleibt die Belastung der Umwelt durch das Transportaufkommen an sich unberücksichtigt. Dabei hängen die Lärmbelastungen, der Energieverbrauch und der Flächenverbrauch für Infrastruktur maßgeblich mit der absoluten Transportmenge zusammen. Das Auslassen dieser Informationen ist um so bemerkenswerter, als die Information zur Bildung des relativen Indikators Zwischenfälle pro Mio. Transportkilometer erhoben werden muss. Dies ist aus dreifacher Sicht zu kritisieren:

- Erstens bleibt die absolute Transportmenge intransparent und wird nicht Gegenstand des kontinuierlichen Verbesserungsprozesses;
- Zweitens wird durch die alleinige relative Darstellung der Unfallzahlen die allgemeine Sicherheitssituation nicht adäquat abgebildet: Bei stark steigendem Verkehrsaufkommen kann die absolute Unfallzahl zunehmen, auch wenn die relativen Unfallzahlen pro km eine sinkende Tendenz aufweisen;
- Drittens bleibt die Möglichkeit ungenutzt, den Anteil der verschiedenen Verkehrsträger am Gesamtverkehrsaufkommen zu ermitteln und dadurch einen „Umwelt-Wettbewerb" zwischen den einzelnen Verkehrsträgern zu ermöglichen.

5.2.5 Zusammenfassende Bewertung

Die Stärke des CEFIC-Reportingansatzes liegt in der Beschränkung auf eine überschaubare Anzahl von Indikatoren, die europaweit nach einheitlichen Kriterien erfasst werden. Weiterhin positiv hervorzuheben ist die ausgewogene Balance zwischen bewährten und neueren Indikatoren. Europaweit wird in weiten Strecken Neuland betreten, da in vielen Ländern die Verbandsberichterstattung im Allgemeinen und die Erhebung verschiedener Indikatoren noch nicht Standard sind. Im Hinblick auf eine gesicherte Übertragung der Erfahrungen und eine fundierte Vorbereitung der Erhebungsmodalitäten ist die über fünf Jahre gestaffelte Einführung eine pragmatische Vorgehensweise. Europaweit wird damit der Überblick über die Leistungen der Gesamtbranche deutlich verbessert. Gleichzeitig wird erstmals die Vergleichbarkeit der Leistungen zwischen den Mitgliedsverbänden ermöglicht. Grundlage hierfür ist die europaweite Erfassung geeigneter Bezugsgrößen zum Vergleich der Daten (Mitarbeiter, Umsatz, Arbeitsstunden, Transportaufkommen). Als Kritikpunkt muss erwähnt werden, dass die Produktionsmenge in Tonnen nicht als Referenzgröße abgefragt, sondern nur auf Verbandsebene als „einheitsloser" Index geführt wird.

Bezüglich der Auswahl der Indikatoren ergibt sich eine umfassende Abdeckung der über Emissionen verursachten aktuellen Umweltprobleme. Andererseits muss zu den Aspekten Rohstoffbewirtschaftung (Input) und Ressourcenschonung festgestellt werden, dass die gewählte Beschränkung auf den Einsatz von fossilen Brennstoffen zur Energieerzeugung deutlich zu kurz greift: Zum einen sind die von der EG-Öko-Audit-Verordnung geforderten Mindestangaben zum Rohstoff- und Wasserverbrauch nicht berücksichtigt. Zum anderen werden auch die Aspekte erneuerbare Ressourcen und Energieträger nicht betrachtet. Sicherheitsbezogene Aspekte werden hingegen - mit Ausnahme des Aspekts von anlagenbezogenen Zwischenfällen bzw. Schadensereignissen bei der Produktion - umfassend und ausgewogen durch die ausgewählten Kernindikatoren abgedeckt. Ein von CEFIC selbst benannter Kritikpunkt ist das Fehlen von Indikatoren für die Produktverantwortung über den Lebenszyklus. In der derzeitigen Vertiefungsarbeit bei CEFIC sollten neben der Bewertung der Produktverantwortung auch Potentiale und Chancen durch den Ersatz von herkömmlichen Produkten durch innovative Chemiedienstleistungen einbezogen werden. Das Thema Transport wird zwar vor dem Hintergrund der Sicherheit von Chemietransporten angesprochen, allerdings ohne die absoluten Transportmengen und die Transportträgerquoten aktiv als Handlungsfelder zu benennen.

Zusammenfassend ergibt sich somit folgende Bewertung[82] der Abdeckung der RC-Kernindikatoren im Hinblick auf die fünf Bereiche von Umweltbelastungen in der Chemieindustrie (vgl. Tab. 39):

	Input/ Ressourcen	**Produktion/ Emissionen**	**Produkte/ Output**	**Unfallbedingte Risiken**	**Transportbelastung**
Bewertung	-	++	--	+	--

Tab. 39: Zusammenfassende Bewertung der RC-Kernindikatoren nach der allgemeinen Klassifizierung von Umweltauswirkungen der Chemischen Industrie (eigene Darstellung)

Für Chemieunternehmen, die betriebliche Umweltinformationssysteme aufbauen oder überarbeiten, stellen die RC-Kernindikatoren bereits jetzt eine wichtige Orientierungsgrundlage. Für Standorte, die sich an der EG-Öko-Audit-Verordnung beteiligen,

---

[82] Bewertung des Verfassers nach Kategorien: ++ = sehr gut, + gut, - = mangelhaft, -- = ungenügend

bieten die ausgewählten Indikatoren – unter o.a. Einschränkungen der fehlenden Indikatoren zum Ressourcenverbrauch – eine branchenspezifische Hilfestellung bei der Ermittlung relevanter Auswirkungen auf die Umwelt.

Für die Bewertung der Umweltleistung in der chemischen Industrie können aus den von CEFIC vorgeschlagenen RC-Leistungskennzahlen für die Berichterstattung von Verbänden und Unternehmen folgende Erkenntnisse festgehalten werden:

- CEFIC hat die RC-Indikatoren neben der Verwendung für die Mitgliedsverbänden auch für die Umweltberichterstattung der dazugehörigen Chemieunternehmen ausgewählt und branchenintern abgestimmt. Bezüglich der Vorgaben für Leistungsbewertung anhand von Umwelterklärungen aus der chemischen Industrie muss sich die Vorgehensweise an dem europäischen Verbandsvorschlag orientieren. Geeignete Kennzahlen sollten nach Möglichkeit und Eignung für Umwelterklärungen 1:1 übernommen werden. Fehlende Bereiche müssen ergänzt werden. Neben der Übernahme bestehender Kennzahlen soll die 1:1 Übernahme im Sinne der Akzeptanz, der Vergleichbarkeit und der Vermeidung von Doppelaufwand auch für die entwickelten Datenerfassungsrichtlinien gelten – soweit möglich und sinnvoll. Abweichungen davon müssen auf Basis der EG-Öko-Audit-Verordnung begründet sowie hinsichtlich der Aussagefähigkeit und des Aufwands für eine zusätzliche Datenerhebung sinnvoll und vertretbar sein.

- Die relevanten Bewertungsbereiche sind branchenspezifisch über die von der EG-Öko-Audit-Verordnung geforderten Zahlenangaben zu Ressourcenverbräuchen und Emissionen – soweit für standortbezogenen Fragen möglich und sinnvoll – auch auf die Bereiche des Transport sowie der Anlagen- und Arbeitssicherheit auszudehnen. Dies deckt sich im Wesentlichen auch mit den bis 1998 gültigen CEFIC Richtlinien für Umweltberichte und –erklärungen von Unternehmen sowie den im Entwurf vorliegenden GRI-Richtlinien (vgl. Kap. 5.1.5.1/5.1.5.4).

- Grundlage der Darlegung der Umweltleistung sind auch nach CEFIC absolute Kennzahlen. Als Referenzgrößen für mögliche relative Umweltkennzahlen können aus dem CEFIC-Ansatz die Anzahl Arbeitsstunden, die Menge transportierter Produkte in Tonnen, die Anzahl der Beschäftigten und der Umsatz genannt werden.

- Die Darlegung der Leistungskennzahlen erfolgt ausschließlich in physischen Größen (z.B. Tonnen, toe, Anzahl). Monetäre Kennzahlen sind nicht enthalten. Die bisher auf CEFIC-Ebene erhobenen Indikatoren Investitionen und Betriebskosten für Umweltschutz (und Sicherheit und Gesundheit) wurden nicht mehr berücksichtigt, da sie wegen zunehmender Abgrenzungsschwierigkeiten zu integrierten Vermeidungstechnologien nicht mehr aussagekräftig sind.

- In den CEFIC-Guidelines von 1998 sind keine Schwellenwerte mehr enthalten, oberhalb derer die Veröffentlichung der Emissionen empfohlen wird (vgl. Kap. 5.1.5.1). Dies bedeutet, dass auch Kleinbetriebe und Unternehmen mit relativ geringen Zahlenausprägungen mit in die Bereichterstattungsempfehlung einbezogen sind. Sind einzelne Leistungszahlen nicht relevant oder treffen auf das Unternehmen nicht zu, wird empfohlen, die Kennzahl mit „0" auszuweisen.

- Zum Datenerfassungs- und Veröffentlichungsturnus betont CEFIC die jährliche Erhebung und Fortschreibung der Leistungsdaten. Dabei beinhaltet der Vorschlag von CEFIC (vgl. 1998d), dass die enthaltenen Verbandsdaten sowohl für die Beurteilung der kontinuierliche Verbesserung (=Periodenvergleich) wie auch als Benchmark für den Quervergleich der Umweltleistung (= Betriebsvergleich) genutzt werden können. Beim Betriebsvergleich bzw. Benchmarking wird explizit auf den „transfer of best sector practice" als grundlegendes Ziel von RC verwiesen.

5.3 Umweltrating und ökologische Unternehmensbewertungen

5.3.1 Hintergrund und Entwicklung

Unter dem Begriff des 'Öko-Rating' wird die „systematische Erhebung, Auswertung und Aufbereitung umweltbezogener Unternehmensdaten [verstanden], um diese in komprimierter Form der Öffentlichkeit zugänglich zu machen." (Haßler, R. 1994, S. 3). Ratings, oder auf Deutsch 'Unternehmensbewertungen' haben eine lange Tradition im institutionellen Kredit- und Investmentgeschäft (vgl. Chanson, R. 1993, S. 108). In so genannten Finanzratings werden Unternehmen, Investmentfonds oder auch Staatsanleihen im Hinblick auf ihre Kreditwürdigkeit beurteilt. Für die Bewertung von umweltorientierten Anlageentscheidungen wurde die Idee des Finanzratings auf ökologische Unternehmensbewertungen oder kurz 'Öko-Ratings' übertragen und weiterentwickelt. Es handelt sich dabei um extern-orientierte Bewertungen der Umweltleistung von Unternehmen mit dem Ziel, relevante Umweltinformationen für bestimmte öffentliche Zielgruppen zusammenzustellen (z.B. Kapitalanleger, Verbraucher). Ziel ist es zu sensibilisieren und zu informieren. In verschiedenen Fällen wird dadurch versucht, über die Veröffentlichung der Ergebnisse indirekt auf die Öko-Performance der Unternehmen Einfluss zu nehmen[83].

---

[83] z.B. die in mehrjährigem Rhythmus durchgeführte Bewertung der 50 größten Chemieunternehmen der Welt durch das Hamburger Umweltinstitut (vgl. Pallas, B. 1999, S. 163).

Die Ratingverfahren basieren i.d.R. sowohl auf qualitativen wie auch auf quantitativen Bewertungskriterien. In Bezug auf die Evaluierung der kontinuierlichen Verbesserung nach der EG-Öko-Audit-Verordnung sind daher insbesondere die ausgewählten quantitativen Kennzahlen von Interesse. Dies zeigt auch eine 1998 von Noranda und der Swiss Bank Corporation durchgeführte 'Investors' Survey': Unter den befragten umweltinteressierten Finanz- bzw. Rating-Institutionen[84] berücksichtigen in Europa bereits 86 % die Entwicklung der Umweltleistung in ihrer Anlageentscheidung (vgl. Frantisak, F., 1998, S. 6). Zwei Drittel bezeichnen die Umweltberichterstattung neben der direkten Kommunikation mit dem Unternehmen als wichtigste Bewertungsgrundlage und 81 % benutzen Umweltkennzahlen in ihrer Bewertungsarbeit.

5.3.2 Ansatzpunkte zur Umweltleistungsbewertung

Für die vorliegende Arbeit wurden zwei öko-soziale Unternehmensbewertungen analysiert, die sich explizit auf die chemische Industrie bzw. deren Unterbranchen beziehen:

- die Bewertung der weltweit 50 größten Chemieunternehmen (TOP 50-Studie) durch das Hamburger Umweltinstitut (HUI)
- das sozial-ökologische Rating von Unternehmen der Kosmetik, Körperpflege- und Waschmittelbranche des Instituts für Markt-Umwelt-Gesellschaft (IMUG)

Darüber hinaus wurde stellvertretend für verschiedenste weltweit entwickelte Ratingansätze von Finanzdienstleistern ein auf die Branche bezogenes Ratingverfahren analysiert. Dabei handelt es sich um das weltweite Sustainability-Rating von Sustainable Asset Management (SAM) zur Ermittlung der Branchenleader für den Dow-Jones-Sustainability Index[85]. Nachfolgend werden die wichtigsten Grundzüge der drei Studien und mögliche Leistungskriterien für die Umweltbewertung von Unternehmen herausgearbeitet.

5.3.2.1 Die TOP 50 Studie des Hamburger Umweltinstituts

Das Hamburger Umweltinstitut e.V. hat 1994, 1996 und 1999 ein ökologisches Ranking der 50 weltgrößten Chemie- und Pharmaunternehmen durchgeführt (vgl. Pallas, B. 1999, S. 143ff.). Ziel der Studien ist es, anhand der durchzuführenden

[84] Rücklaufquote 41,5 % (= 34), davon 61,8 % aus Europa, 32,4 % aus Nordamerika und 5,9 % aus Südamerika

[85] stellvertretend für alle anderen Bewertungsraster von Agenturen und Banken für die Umwelteffizienz-Selektion von Unternehmen bei Investmententscheidungen

Eigenbewertungen den einbezogenen Unternehmen Ansatzpunkte für die Verbesserung der Umweltleistung zu geben (vgl. HUI, 1996, S. 1). Dazu wurde ein Fragebogen mit 55 Fragen entwickelt, auf dem sich die Betriebe anhand eines Rasters selbst bewerten können (auf einer Skala von 0 bis 5 Punkte). Die Angaben der Unternehmen werden anhand von unterstützenden Firmenmaterialien und zusätzlichen Eigenrecherchen durch das HUI evaluiert (vgl. HUI, 1996, S. 2). Die Ergebnisse der Studien werden in Zusammenarbeit mit der Zeitschrift 'manager magazin' veröffentlicht. Zielgruppe der Studie ist die interessierte Öffentlichkeit sowie die Chemieindustrie selbst. Die Ergebnisse des Ranking 1999 sind in Anhang 18 abgebildet.

Die Bewertung selbst erfolgt nach einem Bepunktungsschema mit maximal 500 Punkten. Insgesamt liegen dem Bewertungsraster des HUI zehn Bereiche zugrunde, die mit jeweils 25 Punkten bis 75 Punkten gewichtet werden (vgl. HUI 1996, S. 3ff.):

1. Umweltpolitik und –ziele
2. Weltweite Standards
3. Internes Management
4. Produkte
5. Prozesse
6. Informationspolitik
7. Abfallmanagement
8. Störfälle
9. Altlastensanierung
10. Externes Engagement

Die Kriterienauswahl und die Ergebnisse des Rankings werden mit den Chemieunternehmen diskutiert sowie gemäß den daraus resultierenden Erkenntnissen angepasst (vgl. Schneidewind, U. 1996, S. 40). Vor dem Hintergrund der quantitativen Umweltleistungsbewertung von an der EG-Öko-Audit-Verordnung beteiligten Standorten der Chemieindustrie sind vor allem die produktionsbezogenen Aspekte aus dem Bereich „5. Prozesse" von Relevanz. Die vom HUI anvisierte Leitfragestellung lautet dabei: „Was unternimmt die Firma zur ressourcenschonenden Produktion?" (vgl. Schneidewind, U. 1996, S. 40).

In drei der fünf Unterbereiche werden von den Unternehmen konkrete Zahlenangaben zur Verbesserung bzw. zum aktuellen Stand der Umweltleistung erfragt. Dabei handelt es sich um die Quantifizierung der Abfall-, Abluft- und Abwasserreduzierung (Bewertungskriterium 24), zur der Steigerung der Energie- und Rohstoffeffizienz (Bewertungskriterium 26) in den letzen drei bzw. zehn Jahren, sowie zum Anteil nachwachsender Rohstoffe bzw. regenerativer Energieträger zum aktuellen

Zeitpunkt bzw. vor fünf Jahren (vgl. HUI, 1996, S. 9f.). Zur Einstufung der Leistungen werden in einem Anhang quantitative Leistungsvorgaben für die Einteilung von zwischen null und max. fünf Punkte vorgegeben. Diese Vorgaben können als mögliche Kriterien für die Bewertung der Umweltleistung der EG-Öko-Audit-Standorte herangezogen werden.

Nr.	Bewertungskriterium	Einheit	5	4	3	2	1
24	***Abfall-, Abluft- und Abwasserreduzierung***		*Verbesserung über drei Jahre*				
	Abfall pro t Output	%	>25	>20	>15	>10	>5
	Luftemissionen pro t Output	%	>25	>20	>15	>10	>5
	Abwasserfrachten pro t Output	%	>25	>20	>15	>10	>5
26	***Steigerung Energie-/ Rohstoffeffizienz***		*Verbesserung über drei Jahre*				
	Energieverbrauch pro t Output	%	>40	>25	>13	>7	>3
	Rohstoffverbrauch pro t Output	%	>40	>25	>13	>7	>3
27	***Aktueller Anteil in %***		*Aktueller Stand*				
	Nachwachsende Rohstoffe	%	>75	>60	>45	>30	>15
	Regenerative Energieträger	%	>75	>60	>45	>30	>15

Tab. 40: Quantitative Bewertungskriterien für die Beurteilung quantitativer Umweltleistungen in der Produktion nach HUI (1996, S. 9f; S. 24)

Dazu werden nachfolgend die quantitativen Anforderungen den damit erzielbaren Punkten gegenübergestellt. Für die Bewertung der Reduzierung der Emissionen und Ressourcenverbräuche wird als Zeithorizont die Verbesserung über drei Jahre ausgewählt. Diese entspricht dem noch relativ kurzen Anwendungszeitraum der EG-Öko-Audit-Verordnung seit 1995 besser als der zehnjährige Zeitrahmen. Für die Beurteilung des Anteils nachwachsender Rohstoffe bzw. regenerativer Energieträger wurde analog nicht die Verbesserung über fünf Jahre, sondern der aktuelle Anteil als Kriterium ausgewählt (vgl. Tab. 40).

5.3.2.2 Das sozial-ökologische Rating des Institut für Markt-Umwelt-Gesellschaft

Das Institut für Markt-Umwelt-Gesellschaft (IMUG) hat 1997 einen sozial-ökologischen Unternehmenstest von 50 deutschen Unternehmen der Kosmetik-, Körperpflege- und Waschmittelbranche durchgeführt (vgl. IMUG 1997, S. 256f.). In Überschneidung mit der NACE-Wirtschaftsklassifzierung „DG 24.5 Herstellung von Seifen-, Wasch-, Reinigungs- und Körperpflegemitteln" können die untersuchten Unternehmen der Chemiebranche zugeordnet werden. Ziel der IMUG-Untersuchung ist es, das sozial-ökologische Verhalten von Unternehmen transparenter zu machen. Dem Verbraucher sollen dadurch glaubwürdige und verlässliche Informationen zur

Verfügung gestellt werden, anhand derer er sich beim Einkaufen nach seinen spezifischen Wertemustern orientieren kann. Dazu wurde ein Fragebogen aufgestellt, der die folgenden Bewertungsbereiche umfasst:

- Informationsverhalten
- Verbraucherinteressen
- Arbeitnehmerinteressen
- Frauenförderung
- Behinderteninteressen
- Umweltengagement

Für die Bewertung der Umweltleistung auf der Basis von Umweltberichten ist vor allem der Bereich 'Umweltengagement' von Bedeutung. Dazu werden die Unternehmen nach insgesamt 22 Kriterien analysiert. Im Gegensatz zu den anderen fünf Bewertungsbereichen sind bei der Einstufung des Umweltengagements keine quantifizierten Leistungskriterien enthalten. Ein Maßstab für die Bewertung der Umweltleistung von Chemieunternehmen kann damit nicht entnommen werden. Das qualitative Teil-Ranking der 50 untersuchten Firmen im Bereich Umweltengagements ist in Anhang 19 abgebildet.

5.3.2.3 Das Sustainability Rating von Sustainable Asset Management

Sustainable Asset Management (SAM) hat ein Sustainability-Rating entwickelt, in dem diejenigen Unternehmen ermittelt werden sollen, „die bezüglich der Umsetzung einer nachhaltigen Unternehmensstrategie führend sind und dadurch substantielle Wettbewerbsvorteile erzielen (SAM 1998, S. 1)". SAM bevorzugt dabei eine qualitative, vorausschauende Analyse im Gegensatz zur rückblickenden Analyse von Leistungsdaten aus der Vergangenheit (vgl. House, R. 1999, S. 13). Für die Analyse der Umweltleistung basierend auf Umweltberichten von Unternehmen ist die Arbeit von SAM daher nicht weiter relevant.

Von Interesse für den Zusammenhang zwischen Umweltleistung und Shareholder Value ist allerdings ein auf dem Sustainability-Rating basierendes Kooperationsprojekt von SAM mit Dow Jones. Seit September 1999 wird von beiden Partnern der Dow Jones Sustainability Index gebildet, nach eigenen Angaben der „weltweit erste Sustainability-Aktien-Index mit globaler Ausrichtung" (SAM / Dow Jones 1999, S. 2): Neben nordamerikanischen Aktien sind auch Unternehmen aus europäischen und asiatischen Ländern sowie den sog. Emerging Markets vertreten. Ziel von SAM / Dow Jones (vgl. 1999, S. 2f.) ist es, der weltweite Standard-Benchmark für nachhaltigkeitsorientierte Anlagen zu werden.

SAM analysiert dazu mit dem eigenentwickelten Sustainability-Rating regelmäßig die 2000 größten Unternehmen aus dem Dow Jones World Stock Index (nach Marktkapitalisierung). Die führenden Unternehmen aus jeder Branche werden in den Dow Jones Sustainability Index aufgenommen. Der Analyse- und Auswahlprozess wird jährlich wiederholt, unterjährig notwendige Anpassungen werden alle drei Monate durchgeführt (vgl. SAM / Dow Jones 1999, S. 2ff).

5.3.3 Zusammenfassende Bewertung

Umweltratings und ökologische Unternehmensbewertungen stellen relevante externe Anforderungen für die Umweltleistungsbewertung von Unternehmen dar. Alleine die drei untersuchten Ansätze zeigen jedoch, dass die gewählte Methodik hinsichtlich der Schwerpunkte der Analyse und der untersuchten quantitativen Kriterien so stark von einander abweichen, dass eine übergreifende Ausrichtung auf allgemein angewandte Kernkriterien nicht möglich und sinnvoll erscheint. Einzelne Ansätze können derzeit schon – versuchsweise – auf den Anwendungsbereich der EG-Öko-Audit-Verordnung übertragen werden. Dies trifft vor allem auf die seit mehreren Jahren branchenumfassend und weltweit durchgeführte Bewertung des HUI zu. Aus den Ansätzen von SAM und IMUG können keine quantitativen Leistungskriterien übernommen werden.

Für die Umweltleistungsbewertung in der chemischen Industrie wird es nicht als sinnvoll erachtet, den breiten Untersuchungsansatz des HUI mit allen qualitativen und quantitativen Kriterien zu übernehmen. In den Teilbereichen Emissionen sowie Rohstoff- und Energieeinsatz[86] können die Anforderungen des HUI gut auf die EG-Öko-Audit-Verordnung übertragen werden. Dabei bestätigen die vom HUI abgefragten Zahlengaben die Notwendigkeit der Darlegung der Leistungsdaten auf jährlicher Basis und in physischen Einheiten. Als Beurteilungsmaßstab für leistungsbezogene Kennzahlen bevorzugt HUI die Relativierung über die produzierte Menge in Tonnen.

5.4 Öffentliche und branchenbezogene Umweltziele

Unternehmen können mit Hilfe von Umweltkennzahlen betriebliche Umweltziele operationalisieren und im laufenden Abgleich ihre Umweltleistung messbar machen. Neben betrieblichen Umweltzielen gibt es auch branchenbezogene und öffentliche Umweltziele. Öffentliche Umweltziele sind seit längerem unter dem Begriff der Umwelt*qualitäts*ziele bekannt (vgl. Rauberger, R. / Wagner, B. 1997b, S. 39). Ein bekanntes Beispiel hierfür ist die Erklärung der deutschen Bundesregierung, die

[86] inkl. der Aspekte 'nachwachsende Rohstoffe' und 'regenerative Energieträger'

CO_2-Emissionen in Deutschland bis zum Jahr 2005 um 25 bis 30 % zu reduzieren (vgl. VCI 1998a). Auch auf Branchenebene wurden in letzter Zeit verstärkt Umweltziele vereinbart, z.B. im Rahmen von freiwilligen Selbstvereinbarungen oder Verpflichtungsprogrammen der Industrie mit Regierungsorganisationen. Der Begriff der Umweltziele wurde in letzter Zeit auch mit dem Konzept einer nachhaltigen, dauerhaft-umweltgerechten Entwicklung in Verbindung gebracht (vgl. Rauberger, R. / Wagner, B. 1997b, S. 39).

Hier ergibt sich ein Zusammenhang zwischen gesellschaftlich festgelegten Umwelt- oder Nachhaltigkeitszielen sowie branchenbezogenen und betrieblichen Leistungskennzahlen. Übergeordnete öffentliche Ziele können – einen entsprechenden gesellschaftlichen Konsens vorausgesetzt – je nach Belastungsbeitrag auf die Industrie, einzelne Branchen und letztlich individuelle Unternehmen heruntergebrochen werden. Ein Beispiel dafür ist der von 1995 bis 1997 geführte Dialogprozess zwischen dem Verband der Chemischen Industrie in Deutschland und dem Bundesumweltministerium (vgl. BMU / VCI 1997). Dort wurde ausgehend von dem Umweltqualitätsziel zum Schutz der menschlichen Gesundheit (Sommersmog) die Notwendigkeit zur Reduzierung der Emissionen um 70 – 80 % festgelegt, bezogen auf das Jahr 1998 (vgl. BMU / VCI 1997, S. 5). Darauf aufbauend wurde am Beispiel der Lack-, Druckfarben- und Klebstoffhersteller die Entwicklung der Emissionen von 1988 bis 1995 analysiert und – nach Unterbranche – eine Abschätzung der weiteren erzielbaren Reduzierung bis 2007 vorgenommen. Dem gegenübergestellt wurden die Emissionen bei der Verarbeitung der Lacke, Druckfarben und Klebstoffe (vgl. Tabelle 41).

VOC nach Branche (in t)	**1988**	**1995**	**2007**	**88/95 (%)**	**88/07 (%)**
Lackherstellung	*15.100*	*3.500*	*3.200*	*-77 %*	*-79 %*
Lackverarbeitung	414.700	372.144	207.831	-10 %	-50 %
Druckfarbenherstellung	*1.246*	*881*	*716*	*-29 %*	*-66 %*
Druckindustrie	70.300	47.800	24.100	-32 %	-66 %
Verpackungsdruck	35.855	13.484	12.350	-62 %	-66 %
Klebstoffherstellung	*815*	*410*	*350*	*-50 %*	*-57 %*
Klebstoffverarbeitung	35.293	17.615	13.795	- 50 %	- 61 %
Gesamt	**573.309**	**455.835**	**261.802**	**- 20 %**	**- 54 %**

Tab. 41: VOC-Emissionen bei der Herstellung und Verwendung von Lacken, Druckfarben und Klebstoffen in Deutschland (Quelle: BMU / VCI 1997, S. 6).

Der Gesamtbeitrag der drei Chemiebranchen (vgl. Tab. 41; in Kursiv) bei der Herstellung der Produkte liegt für 1995 mit ca. 4.800 Tonnen im Vergleich zu 455.000

Tonnen bei der Verarbeitung relativ niedrig. Der größere Ansatzpunkt liegt daher weniger in den bei der Produktion entstehenden als bei der Verwendung frei werdender (d.h. im *Produkt* enthaltenen) Lösemittel. Auch ist erkennbar, dass sowohl die Vorleistungen zwischen 1988 – 95 als auch die noch bestehenden Potentiale bis 2007 je nach Unterbranche sehr unterschiedlich sind. Für die Umweltleistungsbewertung kann daraus geschlossen werden, dass die Übertragung eines öffentlichen oder eines branchenbezogenen Umweltziels nicht pauschal auf einen einzelnen Betrieb heruntergebrochen werden kann. Sie können demnach höchstens als allgemeine Orientierungsgröße für branchenbezogene Aussagen herangezogen werden.

5.4.1 Branchenbezogene Ziele

Auf Branchenebene sind in Europa (noch) keine Umweltziele abgestimmt und veröffentlicht worden, die einen relevanten Bezug zur Umweltleistungsbewertung bzw. zum EG-Öko-Audit haben. Nachfolgend wird deswegen exemplarisch auf die Situation des deutschen und des niederländischen Chemieverbands eingegangen.

5.4.1.1 Deutschland: Relevante Umweltziele des VCI

In Deutschland wurde vom VCI eine Selbstverpflichtung zur Verringerung der energiebedingten CO_2-Emissionen zwischen 1990 und 2005 um 30 % (vgl. VCI 1998a, S. 7) eingegangen. Das Ziel ist absolut formuliert und enthält keinen Bezug zum produzierten Output. Bis 1995 wurde bereits eine Reduzierung um 25,8 % realisiert. Sie hängt zu einem großen Teil mit der Schließung und Restmodernisierung vieler Chemieanlagen im ehemaligen Ostdeutschland zusammen. Bis 1997 wurden keinen weiteren Fortschritte erreicht. In den verbleibenden acht Jahren müssen daher die jährlichen CO_2-Emissionen im Schnitt um 0,5 % reduziert werden.

5.4.1.2 Niederlande: Relevante Umweltziele des VNCI

In den Niederlanden wurde bereits Anfang der 90er Jahre zwischen dem VNCI und der Regierung eine Vereinbarung abgeschlossen, in der von der Branche folgende Leistungen zugesichert wurden (vgl. James, P. / Bennet, M. 1994, S. 11):

- Verringerung der Emission von ausgewählten gefährlichen Chemikalien um 50 % – 99 % bis zum Jahr 2010 (Basisjahr 1985)
- Erhöhung der Energieeffizienz um 20 % zwischen dem Jahr 1989 und 2000
- Verringerung der Schwefeldioxid- und Stickoxidemissionen um 90 % bis zum Jahr 2000 (Basis 1985)

Die Vereinbarung enthält eine Verpflichtung für die Mitgliedsfirmen des VNCI jährlich einen Bericht über ihre erzielten Leistungen und die geplanten Verbesserungsschritte zu veröffentlichen.

5.4.2 Öffentliche Ziele

Auf europäischer Ebene wurden im Rahmen des 5. Umweltaktionsprogramms der EU verschiedenen Zielsetzungen formuliert, die als Anhaltspunkte für Firmen im Rahmen der Umweltleistungsbewertung zum EG-Öko-Audit herangezogen werden können. Sie betreffen u.a. folgende Zielsetzungen bis zum Jahr 2000

- die Stabilisierung der CO_2-Emissionen auf dem Niveau des Jahres 1990
- die Senkung der NOx-Emissionen um 30 % bezogen auf das Jahr 1990
- die Verringerung der SO_2-Emissionen um 35 % relativ zum Jahr 1985 (vgl. Europäische Kommission 1998, S. 12).

Aufgrund der unterschiedlichen landes- und industriespezifischen Ausgangslagen wird es nicht als sinnvoll erachtet, diese Zielsetzungen undifferenziert auf alle Unternehmen und Standorte herunter zu brechen. Im Detail wird daher nachfolgend nur auf länderspezifische Umweltziele, bezogen auf verschiedene Arbeiten für die Bundesrepublik Deutschland, eingegangen.

5.4.2.1 Zukunftsfähiges Deutschland (BUND/Misereor)

Ein erster Vorschlag umweltpolitischer Indikatoren und Ziele für eine nachhaltige Entwicklung wurde 1996 in der Studie 'Zukunftsfähiges Deutschland' des Wuppertal Institut für Klima, Umwelt und Energie formuliert. Zu den Bereichen Ressourcenentnahme und Stoffabgaben/Emissionen wurden kurzfristige (bis 2010) und z.T. langfristige Umweltziele (bis 2050) aufgestellt (vgl. Bund für Umwelt und Naturschutz Deutschland / Misereor 1996, S. 79f.). In Tabelle 42 sind ausgewählte umweltpolitische Indikatoren und Ziele eines zukunftsfähigen Deutschlands dargelegt, bezogen auf das Basisjahr 1995. Die Auswahl bezieht sich nur auf die quantitativ bestimmbaren Kriterien. Als für Unternehmen noch übertragbarer Zielhorizont sind die kurzfristigen Umweltziele bis zum Jahr 2010 dargestellt. Als Orientierungsgröße für Unternehmen wurde, sofern nicht bereits angegeben, das 15-Jahresziel zusätzlich auf jährliche Zielgrößen herunter gebrochen.

Umweltindikator	**Umwelt bis 2010**	**Jährliches Ziel**[87]
Primärenergieverbrauch	Mindestens –30 %	-1,8 %
Fossile Brennstoffe	- 25 %	-1,4 %
Erneuerbare Energien	k.A.	+3 - 5 %
Energieproduktivität[88]	k.A.	+3 - 5 %
Nicht erneuerbare Rohstoffe	- 25 %	-1,5 %
Materialproduktivität	k.A.	+4 - 6 %
Kohlendioxid	- 35 %	-2,1 %
Schwefeldioxid	- 80 bis 90 %	-7,7 - 10,9 %
Stickoxide (bis 2005)	- 80 %	-10,2 %
Ammoniak	- 80 bis 90 %	-7.7 – 10,9 %
Flüchtige org. Verbindungen (bis 2005)	- 80 %	-10,2 %

Tab. 42: Ziele eines zukunftsfähigen Deutschland nach Bund/Misereor (vgl. 1996, S. 76f.)

Weiterhin sind qualitative Ziele benannt: der Ausstieg aus der Kernenergie, die absolute Stabilisierung der Siedlungs- und Verkehrsfläche, die flächendeckende Umstellung auf ökologischen Land- und Waldbau, die Regionalisierung der Nährstoffkreisläufe sowie die verstärkte Nutzung heimischer Hölzer in der Land- und Forstwirtschaft sowie der Verzicht auf den Einsatz von synthetischen Stickstoffdüngern und Bioziden. Ein quantifiziertes Ziel zur Bodenerosion ist oben nicht aufgeführt, da es sich nicht auf direkt einen von Unternehmen beeinflussbaren Aspekt handelt.

5.4.2.2 Umweltbarometer des Bundesumweltministeriums

Im April 1998 wurde vom Bundesumweltministerium der Entwurf eines umweltpolitischen Schwerpunktprogramms mit Indikatoren und Handlungszielen für verschiedene prioritäre Bereiche entwickelt. Die wichtigsten Informationen, die jährlich verfolgt und bewertet werden sollen, wurden in einem so genannten 'Umweltbarometer' zusammengefasst (vgl. Tab. 43). Für Unternehmen sind vor allem die Reduktionsziele zum Ressourcenverbrauch sowie zu den Emissionen in die Luft von Bedeutung. Die anderen Bereiche eignen sich als Messgrößen zum Umweltzustand und weniger zur Übertragung auf die betriebliche Leistungsbewertung. Die entwickelten Indikatoren und Ziele wurden vom Bundesumweltministerium entwickelt

[87] Soweit nicht bereits angegeben wurde das jährliche Reduktionsziel über das geometrische Mittel aus den Umweltzielen bis 2010 ermittelt

[88] definiert als Primärenergieverbrauch pro Wertschöpfung (Brutto-Inlandsprodukt)

und mit interessierten Gruppen diskutiert, jedoch nicht mit anderen Ressorts abgestimmt oder von der Bundesregierung verabschiedet. Sie haben daher informativen Charakter für Firmen, die sich in ihrer Umweltpolitik daran orientieren möchten, besitzt jedoch keinen rechtlich verbindlichen Status.

Umweltbereich	**Schlüsselindikator**	**Umwelthandlungsziel**
Klima	CO_2-Emissionen	Reduzierung um 25 % bis 2005 auf der Basis von 1990
Luft	Emissionen von SO_2, NO_x, NH_3 und VOC	Reduzierung um 70 % bis 2010 auf der Basis von 1990
Boden	Flächenverbrauch	Reduzierung der Zunahme der Siedlungs- und Verkehrsflächen auf 30 ha pro Tag bis 2020
Natur	Ökologische Vorrang-flächen	Sicherung von 10 – 15 % Vorrangflächen für Biotopverbund bis 2010
Wasser	Gewässergüteklasse	Erreichen der chemischen Güteklasse II bei allen Fließgewässern bis 2010
Ressourcen (energetisch)	Energieproduktivität	Verdoppelung der Energieproduktivität bis 2020 auf der Basis von 1990
Ressourcen (stofflich)	Rohstoffproduktivität	Erhöhung der Rohstoffproduktivität auf das 2,5-fache bis 2020 auf der Basis von 1993

Tab. 43: Handlungsziele aus dem umweltpolitischen Schwerpunktprogramm (vgl. Henseling, K. O. 1999, S. 52).

5.4.3 Zusammenfassende Bewertung

Öffentliche und branchenbezogene Umweltziele sind – der gesellschaftliche Konsens darüber vorausgesetzt – mittelfristig ein wichtiger Benchmark zur Bewertung betrieblicher Umweltleistungen. Branchenbezogen sind solche Festlegungen in Europa erst in einzelnen Fällen auf nationaler Ebene vollzogen worden. Der Dialog des Bundesumweltministeriums mit dem deutschen Verband der Chemischen Industrie zum Thema VOC-Minderungen zeigt dabei deutlich, dass die jeweiligen Reduzierungspotentiale je nach Unterbranche und erreichtem Umweltstandard unterschiedlich zu bewerten sind. Für einzelne Unternehmen können branchenbezogene Umweltziele – und das gilt übertragen auch für öffentliche Umweltziele – nur als Rahmenbedingung oder Orientierungsgröße für die Einordnung der eigenen Leistungen herangezogen werden. Für eine konkrete, auch für einzelne Betriebe verbindliche Abstimmung müssen zunächst tragfähige öffentliche Umweltziele vorliegen. Das Beispiel des Branchendiskurses zwischen dem deutschen Verband der Chemischen Industrie und dem Bundesumweltministerium zu Zielgrößen der VOC-Reduzierung zeigt dabei, dass im Allgemeinen die Potentiale und Reduzierungsvorgaben nicht pauschal für einen ganzen Industriesektor festgelegt werden können, sondern nach Unterbranchen (z.B. Lackherstellung, Lackverarbeitung, Druckindustrie) zu differenzieren sind.

Seitens der Wissenschaft wurde in Deutschland mit der BUND/Misereor-Studie 'Nachhaltiges Deutschland' ein erster Vorschlag für ökologieorientierte Nachhaltigkeitsziele gemacht. Auch das Bundesumweltministerium hat seine Nachhaltigkeitsvorstellungen artikuliert. Allerdings wurden diese bisher nur zur Diskussion gestellt, ohne dass ein verbindlicher Beschluss gefasst wurde. Erst dann kann, aufbauend auf der absoluten Höhe des staatlichen Umweltziels, ein nach gesellschaftlichen, ökonomischen und ökologischen Kriterien entwickelter Verteilungsschlüssel entwickelt werden, in dem die Zielgrößen der verschiedenen sozioökonomischen Akteure (Industrie, Haushalte, Verwaltung etc.) je nach bisherigem Beitrag und bestehenden Minderungspotentialen untereinander festgelegt werden.

Bezüglich der Auswahl der öffentlichen Zielgrößen fällt auf, dass sowohl beim Umweltbarometer als auch bei der Wuppertal-Studie neben verschiedenen Emissionsindikatoren durchgängig auch input-orientierte Indikatoren verwendet wurden. Während die Emissionsindikatoren im übertragenen Sinne die End-of-Pipe-Leistungen messbar machen, zielen die input-orientierten Indikatoren auf integrierte Vermeidungs- und Effizienzsteigerungen ab. Demgegenüber beschränken sich die von Branchenverbänden abgestimmten Umweltziele noch vorwiegend auf die Emissionsreduzierung.

5.5 Standardisierungsansätze zur Darlegung und Bewertung der Umweltleistung in Umwelterklärungen

5.5.1 Standardisierungsbedarf

Verschiedenste Initiativen haben sich seit Mitte der 90er Jahre mit der Darlegung und Beurteilung von Umweltleistungen in Umweltberichten beschäftigt. Die erste branchenspezifische Initiative geht dabei zurück auf den Verein für Umweltmanagement in Banken, Sparkassen und Versicherungen (vgl. White, A. / Zinkl, D. (vgl. 1999, S. 121). In einem internationalen Arbeitskreis wurden 11 Kernkennzahlen für die Umweltberichterstattung festgelegt. Darin enthalten sind auch detaillierte Definitionen und Erhebungsrichtlinien sowie Bezugsgrößen für den Vergleich der Umweltkennzahlen (vgl. Rauberger, R. 1996, S. 17ff.). Eine erste branchenspezifische Empfehlung für quantitative Leistungsdaten in Umweltberichten hatte zuvor bereits der europäische Chemieverband entwickelt, allerdings waren keine detaillierten Datenerfassungsrichtlinien enthalten (vgl. Kap. 5.1.5.1). Der aktuellste und vielleicht umfassendste Ansatz zur Standardisierung von Umweltberichten und –daten wird derzeit von der Global Reporting Initiative (GRI) bearbeitet. Dabei soll u.a. von allen Branchen anwendbare Leistungskennzahlen entwickelt werden, die weltweit einheitlich erhoben werden und dadurch vergleichbar sind (vgl. White, A. / Zinkl, D. (vgl. 1999, S. 130f). In Zukunft sollen von GRI auch branchenspezifische Spezifizierungen bzw. Erweiterungen erfolgen (vgl. Kap. 5.1.5.4)

5.5.1.1 Bedarf seitens der Nutzer

Die kennzahlengestützten Standardisierungsansätze für die Umweltberichterstattung durch den Gesetzgeber (TRI, Niederlande, Schweden, EPER), Banken (Schweizerische Bankiervereinigung) oder Nachhaltigkeitsinitiativen (GRI) sind ein Indiz für den wachsenden Harmonisierungsbedarf von Leistungsdaten in Umweltberichten. Hintergrund ist zum einen der Wunsch nach validen, aggregierbaren Daten auf einzelbetrieblicher Ebene zur Zusammenfassung auf höheren Ebenen (z.B. für einzelne Branchen, das verarbeitende Gewerbe gesamt). Dies ist beispielsweise die Zielrichtung der unter dem niederländischen Gesetz zur Umweltberichterstattung geforderten „Regierungsberichte". Andererseits erwarten verschiedene Anwender von Umweltberichten die Vergleichbarkeit der Leistungsdaten verschiedener Unternehmen auf Basis ihrer Umweltberichte.

Insbesondere mit der überbetrieblichen Vergleichbarkeit von Umweltberichten haben sich in der Vergangenheit verschiedene Forschungsarbeiten auseinander gesetzt (vgl. u. a. Wagner, B. / Rauberger, R. 1996, Bartolomeo, M. / Ranghieri, F. 1998, Bergmann, U. 1998, Clausen, J. 1998, Letmathe, P. 1998, White, A. / Zinkl. D. 1999). Die Praktikabilität von Zielvergleichen und Zeitreihenvergleichen wird dabei – bis auf technische Fehler bei der Bildung von Kennzahlen und missverständliche Interpretationen bei der Arbeit mit den Daten – im allgemeinen nicht in Frage gestellt. Der Schwerpunkt der Arbeiten setzt an den Möglichkeiten und Grenzen von Betriebsvergleichen bzw. der Ermittlung der Branchenbesten anhand von Umweltberichten an. Im Gegensatz zu Perioden- oder Soll-Ist-Vergleichen für einzelne Unternehmen sind Betriebsvergleiche auf Basis von Umweltberichten nur sehr eingeschränkt möglich bzw. überhaupt sinnvoll (vgl. Rauberger, R. / Wagner, B. 1997b, S. 77f.; Bartolomeo, M. / Ranghieri, F. 1998, S. 12ff., Clausen, J. 1998, S. 61f., White, A. / Zinkl. D. 1999, S. 119f.). Die Gründe hierfür liegen in der mangelnden Konsistenz der Art der veröffentlichten Daten, unterschiedlichen Systemgrenzen sowie abweichenden Definitionen und Datenerfassungskriterien und zum Teil auch einer noch ungenügenden Datenqualität.

a) Mangelnde Konsistenz der Art von Umweltdaten

Der wichtigste Ansatzpunkt ist die mangelnde Einigung – auch innerhalb einer Branche – auf allgemein anerkannte Kennzahlen zum Vergleich (vgl. Dyllik, T. /

Kolibius, M. 1998, S. 47f.; White, A. / Zinkl, D. 1999, S. 119f.). Mit speziellem Bezug auf Umwelterklärungen kommt Letmathe, P. bei einer Untersuchung von 216 Umwelterklärungen zu dem Schluss, dass hinsichtlich der veröffentlichten Daten eine große Vielfalt herrscht (vgl. 1998, S. 59f.). Dazu gehört auch, dass bezüglich der für Betriebsvergleiche notwendigen einheitlichen Bezugsgrößen in der Berichterstattungspraxis noch eine Fülle nicht miteinander vergleichbarer Referenzwerte herangezogen wird (vgl. Dyllik, T. / Kolibius, M. 1998, S. 48f.).

b) Unterschiedliche Systemgrenzen und abweichende Datenerhebungsmethoden

Weiterhin werden Unterschiede in der Systemabgrenzung und der Methodik der Datenerfassung dafür verantwortlich gemacht, dass Betriebsvergleiche auf der Basis von Umwelterklärungen Fehlern unterliegen können (vgl. Rauberger, R. 1996, S. 18f.; Clausen, J. 1998, S. 53f.; Dyllik, T. / Kolibius, M. 1998, S. 48f., White, A. / Zinkl. D. 1999, S. 119f.). Dazu gehören auch die Fälle, in denen gleiche Kennzahlen gebildet werden, aufgrund unterschiedlicher Einheiten jedoch nicht miteinander vergleichbar sind (vgl. Clausen, J. 1998, S. 53). Beispiele hierfür sind die Erfassung von Abfallmengen in m^3 oder kg bzw. die Angabe von Abwasseremissionswerten in Jahresfrachten oder in durchschnittlichen Konzentrationen. Zum Teil kann hier die Verwendung von anerkannten Umrechnungsfaktoren Abhilfe schaffen (vgl. Dyllik, T. / Kolibius, M. 1998, S. 48f.).

c) Schlechte Datenqualität

Als dritter erschwerender Punkt für die Vergleichbarkeit von zwischenbetrieblichen Daten in Umwelterklärungen werden in der Literatur Ungenauigkeiten (vgl. Steinfeldt, M. / Kottmann, H. 1998, S. 81) oder sogar Fehler (vgl. Clausen, J. 1998, S. 61) bei der Datenerfassung und –veröffentlichung genannt. Beispielsweise können Daten z.T. nur pauschal ermittelt oder geschätzt werden, da für eine genaue Erhebung keine Zähler bzw. Messgeräte vorhanden sind oder Verbräuche und Emissionen nicht auf Basis der tatsächlichen Entwicklung, sondern nur über die genutzte Büro- oder Anlagenfläche verrechnet werden (z.B. bei gemieteten oder geleasten Anlagen, Gebäuden oder Grundstücken).

5.5.1.2 Systemverständnis des Standardisierungbedarfs

Vor dem Hintergrund der dynamischen Entwicklung in der Umweltberichterstattung und der steigenden Beteiligung von Standorten an der EG-Öko-Audit-Verordnung kann somit folgendes Bild für die Situation aus Sicht der Nutzer gezeichnet werden (vgl. Abb. 42).

Abb. 42: Systemverständnis für den Standardisierungsbedarf (in Anlehnung an White, A. 1999, S. 5)

Mit der Zunahme veröffentlichter Umweltberichte steigt einerseits die Menge der zu bewältigenden Datenanalysen. Gleichzeitig nimmt der Informationsgewinn durch Inkonsistenzen bei der Datenerfassung und die mangelnde Vergleichbarkeit nicht in gleichem Maße zu. Als Ergebnis bleibt dem interessierten Leser im Verhältnis zum Aufwand ein geringerer Nutzen. Dabei wird der Standardisierungsbedarf weniger in der Art der Veröffentlichung als in der Auswahl und Vergleichbarkeit quantifizierter Leistungsangaben gesehen. Ditz, D. / Ranganathan, J. (1998, S. 2) ziehen dabei eine deutliche Parallele zu den Anfängen der Finanzberichterstattung: „A century ago a firm's accounts were private matter. The suggestion of standardized reporting [...] was nearly unimaginable. But following the collapse of the stock market in 1929, firms and investors saw the value of systematic disclosure. As financial accounting has matured, firms have accommodated this requirement while maintaining detailed internal records for the sake of internal management, and yet drawing from the [...] body of generally adopted accounting principles (GAAP) to report publicly."

5.5.1.3 Bedarf seitens der Firmen

Eine Studie der Universität Augsburg unter den 250 größten Industrie- und Dienstleistungsunternehmen kommt im Hinblick auf die in Umweltberichten enthaltenen Informationen und Zahlenangaben zu dem Schluss, dass auch seitens der Wirtschaft ein hoher Standardisierungsbedarf vorliegt (vgl. Wagner, B. / Rauberger, R. 1996, S. 45f.). Insgesamt 85 % der befragten Unternehmen äußerten sich positiv zu einer möglichen Standardisierung, nur 15 % lehnen eine Vereinheitlichung der Umweltberichterstattung ab. Befragt nach dem gewünschten Standardisierungsansatz („Welche Art von Standardisierung halten Sie [...] ggf. für sinnvoll? ") sprach sich die große Mehrheit für einen branchenspezifischen Leitfaden aus (vgl. Abb. 43).

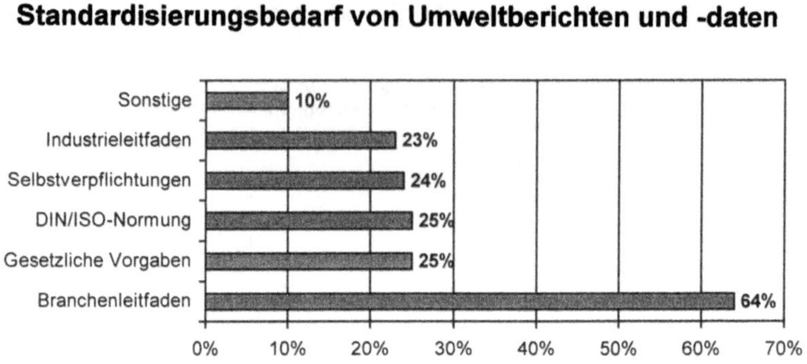

Abb. 43: Standardisierungsbedarf für Inhalte und Daten von Umweltberichten und –daten (vgl. Wagner, B. / Rauberger, R. 1996, S. 45).

Die Erstellung eines Umweltberichts ist – ebenso wie die Entscheidung zur Beteiligung am EG-Öko-Audit-System – freiwillig. Wenn sich die befragten Unternehmen jedoch deutlich für eine Standardisierung der Inhalte und Daten von Umweltberichten aussprechen, mag dies verschiedene Gründe haben. Eine erster Grund liegt in der Vermeidung von nicht aussagefähigen Vergleichen auf Basis nicht kompatibler Leistungsdaten. Weiterhin kann aus dem Standardisierungsbedarf der Nutzer ein Rückschluss auf die Vorteile der Berichtersteller vollzogen werden: Durch die gesteigerte Akzeptanz und Anwendung standardisierter Berichte nimmt auch der „Gegenwert" für die berichtenden Unternehmen zu. Ein letzter Punkt – zitiert nach GRI (1999, S. 5) dürfte vor allem für die bisherigen Pioniere einen entscheidenden Vorteil darstellen: „Increased uniformity in reporting [...] will help leaders more readily distinguish themselves from laggards, and be recognized for improved performance".

5.5.2 Überlegungen zu einem standardisierten Berichterstattungsvorschlag

Die Notwendigkeit von branchenspezifischen Standards für die Umweltberichterstattung ist unbestritten. CEFIC selbst hat in Europa 1993 mit dem ersten Leitfaden zur Umweltberichterstattung für die chemische Industrie einen ersten Schritt unternommen. Mit dem 1998 vorgelegten Leitfaden zur Sicherheits-, Gesundheits- und Umweltberichterstattung nach dem Responsible Care Programm wurde dieser fortgeschrieben und um das Ziel der einheitlichen Verbandsberichterstattung erweitert. Über die reine Verbandsberichterstattung hinaus werden die im CEFIC-Leitfaden von 1998 verbindlich enthaltenen Kernkennzahlen auch den Unternehmen für ihre Berichterstattung auf Unternehmens- bzw. Standortebene empfohlen. Allerdings werden nicht alle Bereiche abgedeckt, die für die Veröffentlichung von Umwelterklärungen nach EG-Öko-Audit-Verordnung vorgeschrieben sind. Weiterhin haben verschiedene Stakeholder Berichterstattungsstandards entwickelt, um die

Umweltleistung von Unternehmen vergleichbar bewerten zu können (z.B. SBVg, GRI). Nicht zuletzt wurden Ende der 90er Jahre in Europa auch von Seiten der Gesetzgeber verschiedene Initiativen zur verpflichtenden Umweltberichterstattung für bestimmte Wirtschaftstätigkeiten vorgeschrieben (u.a. Niederlande, Schweden sowie die Überlegungen der EG-Kommission zum EPER).

Die Überlegung liegt nahe, diese für sich isolierten Systeme in einem einzigen, sich gegenseitig ergänzenden System abzubilden. Sinnvollerweise geschieht dies auf Branchenebene. Ein Grund hierfür liegt in der hohen Komplexität der Umweltthemen zwischen verschiedenen Industriezweigen. Ein anderer liegt in der Nutzung bewährter Verbandsstrukturen, um innerhalb der Branche einen breit angelegten Konsens für einen umfassenden Berichterstattungsstandard zu erhalten.

Als Konzept wird dazu branchenbezogen ein modulares System vorgeschlagen (vgl. Abb. 44). Es geht von den CEFIC-RC-Indikatoren aus, die auf nationaler Ebene durch zusätzliche Indikatoren der Mitgliedsverbände erweitert werden können. Darauf folgen Ergänzungen, die für Standorte der chemischen Industrie bei der Erstellung einer Umwelterklärung nach EG-Öko-Audit-Verordnung sinnvoll und notwendig sind. Dabei sollten auch die von verschiedenen Stakeholdern und Gesetzesinitiativen geforderten Datenangaben berücksichtigt werden. In einem weiteren Schritt können darauf aufbauend die ab 2003 die von der Europäischen Union festgelegten Vorgaben für das European Pollutant Emission Register (EPER) einbezogen werden. Auf der „untersten" Stufe müssen letztlich die übergreifend ausgewählten Kernkennzahlen um individuelle Leistungskennzahlen des Standortes ergänzt werden. Über die branchenbezogen vereinheitlichten Schwerpunkte hinaus werden auf dieser Ebene die standortspezifischen Leistungskriterien widergespiegelt.

Modulares Berichterstattungskonzept für die Chemieindustrie

Abb. 44: Modulares Berichterstattungskonzept für die Chemieindustrie (eigene Darstellung)

Das modulare Berichterstattungskonzept ist als Plattform zur einheitlichen Dokumentation von Umweltleistungsdaten auf Standortebene konzipiert. Davon unbeeinflusst soll die Darstellung, Bewertung und ggf. Hervorhebung der (einzelnen) Kennzahlen in der Umwelterklärung bleiben. Diese muss von den Unternehmen selbst auf Basis der für sie relevanten Umweltauswirkungen und der Kommunikationsbedürfnisse der Anspruchsgruppen festgelegt werden.

Als Dokumentationsform ist – analog zur geforderten elektronischen Datenübertragung beim EPER – das Internet denkbar. Bei einheitlicher Verwendung des Standardisierungsansatzes können die Datenblätter verschiedener Unternehmen nach Jahren und Standorten gegliedert auch in eine eigene Kommunikationsplattform einbracht werden. Nach Bedarf wäre auch der Abdruck in Form eines Anhangs zur Umwelterklärung denkbar.

Hintergrund dieser Überlegungen ist die Frage, inwieweit ein derartiger Ansatz für die gedruckte Kommunikation in Umwelterklärungen geeignet ist. Ausgehend von den 16 Kernkennzahlen nach CEFIC, zusätzlichen nationalen Kennzahlen und den zu ergänzenden Leistungsparametern nach Art. 5(3)c der EG-Öko-Audit-Verordnung ist die für eine Standortkommunikation (u.a. mit Nachbarn, Besuchergruppen, Kommunalpolitikern) kritische Anzahl von Kenngrößen von maximal 20 – 30 Kenngrößen schnell erreicht. Dabei sind darin mögliche zusätzliche Zahlenangaben nach dem EPER sowie die für das EG-Öko-Audit wichtigen standortspezifischen Kennzahlen noch nicht berücksichtigt. Auch wenn nicht alle Pflichtparameter der Branche für den Standort zutreffen mögen, muss dies in der Veröffentlichung angegeben und dem Leser erläutert werden. Innerhalb der verbleibenden standort- und branchenspezifischen Kennzahlen muss dabei gewährleistet werden, dass die Entwicklung bei den relevanten Kennzahlen nicht von der zusätzlichen Pflichtangaben verdeckt wird.

Dazu kann auf Basis bisher vorliegender Umwelterklärungen die Übereinstimmung der von verschiedenen Seiten vorgeschlagenen Leistungsparameter mit der Berichterstattungspraxis auf Standortebene untersucht werden. Die Ergebnisse der Analyse wiederum können dann als Empfehlungen für eine Überarbeitung des CEFIC-Kernkennzahlenansatzes oder für ein neu aufzubauendes Standardberichtsmuster dienen. Dieses muss in Zusammenarbeit der Verbände mit ihren Unternehmen – unter Beachtung der Vorgaben des Gesetzgebers und Einbeziehung relevanter Stakeholder – im Detail ausformuliert werden. Dies gilt neben den zugrunde gelegten Kennzahlen auch für die notwendigen Datenerfassungs- und Datenveröffentlichungskriterien. Als Institution zur Organisation eines derartigen Standardisierungsprozesses käme in erster Linie CEFIC zusammen mit den nationalen Chemieverbänden unter Konsultation der verschiedenen Anspruchsgruppen in Frage. Ein isoliert formuliertes Standardberichtskonzept ohne Einbeziehung der betroffenen Unternehmen und externer Stakeholder würde nicht die notwendige Akzeptanz finden[89].

In der vorliegenden Arbeit können dazu vorbereitende Untersuchungen durchgeführt werden. Dabei soll in einem ersten Schritt ein Vorschlag für einen erweiterten Satz von Untersuchungsparametern entwickelt werden, der auch die Anforderungen an Umwelterklärungen nach EG-Öko-Audit-Verordnung sowie externe Stakeholderansprüche angemessen berücksichtigt. Die Ausgangsbasis dafür sind die von CEFIC im Jahr 1998 verabschiedeten Kernkennzahlen. In einem zweiten Schritt kann dann auf empirischer Basis der bisherige Anwendungsstand der vorgeschlagenen Parameter getestet werden. Darauf aufbauend dient er als Grundlage für die empirische Analyse der kontinuierlichen Verbesserung in der chemischen Industrie.

5.5.3 Untersuchungsparameter für die Umweltleistungsbewertung

5.5.3.1 Bezugsgrößen

Aus dem CEFIC-Berichterstattungsraster werden folgende Bezugsgrößen für die Umweltleistungsbewertung übernommen:

(i) Anzahl der Mitarbeiter
(ii) Anzahl der Arbeitsstunden (in 1000 Stunden)
(iii) Umsatz (in Landeswährung)

Sie informieren allgemein über die Größe und wirtschaftliche Bedeutung des Standortes. Der Parameter 'Anzahl der Arbeitsstunden' ist eine wichtige Bezugsgröße für Leistungskennzahlen zur Arbeitssicherheit.

Zusätzlich wird die produzierte Tonnage als Bezugsgröße ausgewählt. Dies wird dadurch begründet, dass durch den Umsatz alleine noch keine ausreichende Beschreibung der Leistungserstellung zur Bildung relativer Kennzahlen gegeben ist.

(iv) Produzierte Tonnage (in t)

Clausen, J. (1998b, S. 10) betont dazu, dass „die produzierte Menge in Tonnen einen Kompromiss dar(stellt), zu dem es für ein ganzes Spektrum an Branchen keine

[89] Vgl. diesbezüglich die positiven Erfahrungen im Verein für Umweltmanagement in Banken, Sparkas-sen und Versicherungen (VfU) bei der Standardisierung von Umweltberichten und –kennzahlen für Finanzdienstleister.

Alternative gibt". Auch die ISO 14031 (vgl. 1999) und GRI (vgl. 1999) betonen an verschiedenen Stellen die Notwendigkeit des Bezugs auf die mengenmäßig produzierte Leistung.

In verschiedenen Unternehmen ist jedoch auch eine Erfassung in Stück oder Liter gebräuchlich. Für diese Fälle wurde eine fünfte, optionale Bezugsgröße eingeführt, in der parallel die produzierte Menge in Prozent bezogen auf ein Ausgangsjahr = 100 % angegeben werden kann.

(v) Produktionsindex (Bezogen auf Ausgangsjahr = 100 %)

Dies ist auch für die Standorte von Bedeutung, die aus Gründen des Wettbewerbsschutzes keine detaillierten Produktionstonnagen veröffentlichen können[90].

5.5.3.2 Auswahl der Untersuchungsparameter für die Umweltleistungsbewertung

Zunächst wurden acht Bereiche ausgewählt, die für die branchenspezifische Messung der Umweltleistung relevant sind. Als Auswahlkriterium für die Bereiche galt, dass sie entweder von dem CEFIC-Berichterstattungsleitfaden 1998 mit verpflichtenden Kennzahlen hinterlegt wurden oder von der EG-Öko-Audit-Verordnung nach Art. 5(3)c für die zusammenfassenden Zahlenangaben in der Umwelterklärung bzw. nach Anhang 1C als zu berücksichtigende Gesichtspunkte für die Umweltprüfung und das Umweltprogramm angesprochen wurden (vgl. Tab. 44).

Untersuchungsbereiche	**CEFIC 1998**	**Art. 5(3)c EG-VO**	**Anh. IC EG-VO**
Rohstoffe	-	ja	ja
Wasser	-	Ja	ja
Energie	ja	Ja	ja
Abluft	ja	Ja	ja
Abwasser	ja	Ja	ja
Abfall	ja	Ja	ja
Transport	ja	-	ja
Arbeitsunfälle/Gesundheit	ja	-	ja

Tab. 44: Untersuchungsbereiche für die Umweltleistungsbewertung in der chemischen Industrie

Während CEFIC die nach EG-Öko-Audit-Verordnung verpflichtenden Bewertungsbereiche Rohstoff- und Wasserverbrauch nicht anspricht, wurden die Aspekte Trans-

[90] Die Angabe der Produktionstonnagen würde dann entfallen.

port, Arbeitsunfälle und Gesundheit auf Basis des CEFIC-Vorschlags von 1998 ergänzt.
Für die Bestimmung der relevanten Untersuchungsparameter für die chemische Industrie wurden folgende Kriterien festgelegt:

1. Die festzulegenden Parameter müssen branchenüblich sein und die Anforderungen des Art. 5(3)c der EG-Öko-Audit-Verordnung in Bezug auf die zusammenfassenden Zahlenangaben erfüllen.

2. Über den Bereich des Art. 5(3)c hinausgehende Parameter können hinzu genommen werden, sofern diese branchenüblich sind und im weiteren Sinn durch die EG-Verordnung abgedeckt werden (z.B. durch Bezug auf Anhang 1C oder 1D der Verordnung oder Verbandsvorgaben für die öffentliche Berichterstattung).

3. Branchenbezogene Ausgangsbasis für die Auswahl der Leistungsparameter sind die von CEFIC verabschiedeten 16 Kernparameter für Sicherheits-, Gesundheits- und Umweltberichterstattung.

4. Abweichungen von und Ergänzungen zu den CEFIC- und EG-Öko-Audit-Kennzahlen werden auf Basis von relevanten Berichterstattungs- bzw. Leistungskriterien für die chemische Industrie begründet und bezüglich der Kennzahlendefinition näher spezifiziert.

5. Die Auswahl der Kennzahlen soll sich auf maximal 20 – 30 branchenübliche, mit vertretbarem Aufwand erfassbare und allgemein verständliche Kennzahlen beschränken.

6. Die Kennzahlen sollen in physikalischen Einheiten absolut und relativ dargelegt werden können und für mehrjährige Vergleiche geeignet sein.

7. Die Kennzahlen sollen sowohl input-orientiert auf einen Vermeidungs- und Effizienzsteigerungsansatz wie auch End-of-Pipe-bezogen auf die Reduzierung konkreter Belastungen und Risiken hinwirken.

Die Anforderungen eins bis drei sind Mindestanforderungen für die Validierungsfähigkeit durch Umweltgutachter sowie die allgemeine Akzeptanz und Relevanz für die Unternehmen. Das vierte Kriterium ist die Grundlage für die fundierte Erweiterung des CEFIC-Ansatzes um Umweltkennzahlenvorschläge und –leistungskriterien aus der chemischen Industrie. Die Anforderungen Nummer fünf und sechs ergeben sich aus dem „Stand der Technik" der Kommunikation von Leistungsdaten in der Umweltberichterstattung. Mit der Einbeziehung der Input-Orientierung und Effizienzsteigerungen soll neben der Reduzierung von Umweltbelastungen auf der Output-Seite die Stärkung der Wettbewerbsfähigkeit ins Zentrum der Aktivitäten gerückt werden (vgl. Clausen 1998b, S. 28).

Auf Basis dieser Vorgaben wurden aus den acht Bewertungsbereichen 24 Parameter für die Messung der Umweltleistung ausgewählt (vgl. Tab. 45).

Bereich	**Kennzahl**	**CEFIC 1998**	**CEFIC 1993**	**SBVg 1998**	**GRI 1999**	**EPER 2000**	**HUI 1999**	**BMU 1998**	**BUND/Misereor 1996**	**Art. 5 EG-VO**	**Anh. 1C EG-VO**
Rohstoffe	Rohstoffverbrauch				✓		*	✓	✓	✓	✓
	Anteil nachwachsend						✓		✓		✓
Wasser	Gesamtverbrauch				✓					✓	✓
Energie	Gesamtverbrauch	✓		✓	✓		*	✓	✓	✓	✓
	Anteil regenerativ						✓		✓	*	*
Abluft	VOC	✓	✓	✓		*	*	✓	✓	*	*
	SO_2	✓	✓		✓	✓	*	✓	✓	*	*
	Nox	✓	✓	✓	✓	✓	*	✓	✓	*	*
	CO_2	✓		✓	✓	✓	*	✓	✓	*	*
	Andere Treibhausgase	✓		✓	✓	✓					
Abwasser	CSB	✓	✓		✓	✓	*			*	*
	Stickstoff	✓	✓			✓	*			*	*
	Phosphor	✓	✓			✓	*			*	*
	Schwermetalle	✓	*		✓	*	*			*	*
	AOX		✓			✓	*			*	*
Abfälle	Gesamt	✓		✓	✓		*			✓	✓
	Anteil gefährlich	✓		✓	✓		*			*	*
	Anteil Verwertung			✓			*			*	*
Transport	Unfälle bei Distribution	✓									*
	Verkehrsaufkommen Distribution	*									*
	Anteile Verkehrsträger	*									*
Sicherheit /	Anzahl Arbeitsunfälle	✓			✓						
Gesundheit	Tödliche Unfälle	✓			✓						
	Anzahl Berufskrankheiten	✓			✓						

Tab. 45: Untersuchungsparameter für die Umweltleistungsbewertung in der chemischen Industrie

Grundlage dafür waren die 16 Kernparameter nach CEFIC 1998[91], die auf Basis der zusätzlichen Untersuchungsbereiche nach EG-Öko-Audit-Verordnung sowie der Vorgaben weiterer Rahmenbedingungen für Umweltkennzahlen und -leistungskriterien in der chemischen Industrie weiter ergänzt wurden. Insbesondere wurden die zusätzlichen Anforderungen des CEFIC-Umweltberichterstattungsleitfadens aus dem Jahr 1993 (CEFIC 1993), des Berichterstattungsvorschlags der Schweizerischen Bankiervereinigung (SBVg 1998), der Global Reporting Initiative (GRI 1999), des branchenspezifischen Ratings des Hamburger Umweltinstituts (1999) und die Inhalte des zukünftigen European Pollutant Emission Register (EPER 2000) aufgegriffen. Vor dem Hintergrund des Länderschwerpunktes Deutschland wurden auch die gesetzten Ziele der Studie 'Zukunftsfähiges Deutschland' (BUND/Misereor 1996) und das 'Umweltbarometer' des Bundesumweltministeriums mit (BMU 1998) berücksichtigt.

Um die Ausgewogenheit zwischen den verschiedenen Bewertungsbereichen sicherzustellen, wurde die maximale Anzahl der ausgewählten Parameter pro Bereich auf fünf festgelegt. Die direkt von den aufgeführten Quellen angesprochenen Parameter sind in der Tabelle mit einem Haken (✓) gekennzeichnet. Parameter, die von den genannten Quellen zwar nicht explizit aufgeführt werden, aber darunter zusammengefasst werden können, sind mit einem Stern versehen (*). Nachfolgend wird nach Bereichen gegliedert die Auswahl der 24 Untersuchungsparameter dargelegt. Bei über den CEFIC-Vorschlag hinausgehenden Kennzahlen wird als Arbeitsbasis für die empirische Untersuchung eine grobe Abgrenzung der Kennzahlendefinition vorgeschlagen.

a) Rohstoffe

In den CEFIC-Indikatoren sind keine Kennzahlen für den Materialeinsatz enthalten. Für Umwelterklärungen werden andererseits zusammenfassende Zahlenangaben zum Rohstoffverbrauch gefordert. Um diese Lücke zu füllen, werden branchenspezifisch zwei ergänzende Kennzahlen vorgeschlagen:

(1) Rohstoffverbrauch
(2) Anteil nachwachsender Rohstoffe

[91] Da der CEFIC-Indikator # 14 "Andere potentiell schädliche Substanzen" wegen der stark unternehmensspezifischen Bedeutung der einzelnen Stoffe nicht auf europäischer oder nationaler Ebene als Verbandskennzahl abgebildet wird, werden die Reportingempfehlungen in dem hier gewählten Ansatz dem standortspezifischen Teil des modularen Berichtskonzepts zugeordnet.

Mit dem Rohstoffverbrauch wird i.d.R. der mengenmäßig wichtigste Materialverbrauch abgedeckt. Als Absolutzahl lenkt der aggregierte Ressourcenverbrauchsparameter den Blick auf (indirekte) Umweltbelastungen in Abhängigkeit von der Entwicklung der Produktionszahlen. Je weniger Rohstoffe verbraucht werden, desto geringer sind auch Umweltbelastungen in den Vorstufen der Produktion und beim Transport. In Verhältnis gesetzt zur produzierten Menge fokussiert der Parameter auf die Erhöhung der Ressourceneffizienz. Die Rohstoffe dürften auf Basis der betrieblichen Informationssysteme gut zu erfassen sein und sind als Summenparameter ein Grobindikator für den Materialverbrauch. Neben den Forderungen der EG-Öko-Audit-Verordnung sind auch in den GRI-Guidelines sowie in den Zielen des BMU-Umweltbarometers und des BUND/Misereor-Ansatzes Bezüge zum Gesamtmaterialverbrauch bzw. zur Ressourceneffizienz enthalten.

Als Rohstoffe werden diejenigen Stoffe definiert, die als Hauptbestandteil in die Produkte eingehen. Demgegenüber grenzen sich Hilfsstoffe dadurch ab, dass sie zwar auch Bestandteil des Fertigfabrikats werden, aber wertmäßig oder mengenmäßig eine geringe Rolle spielen (vgl. Wöhe, G. 1986, S. 252). Weiterhin sollen Verpackungen und Betriebsstoffe (z.B. Schmierstoffe, Kühlmittel für Anlagen) nicht unter den Rohstoffverbrauch erfasst werden.

Eine Untersuchung des Hilfsstoffeinsatzes ist als Mengenparameter nicht sinnvoll, da eine Erhöhung des Hilfsstoffverbrauchs nicht zwangsläufig eine Verschlechterung der Umweltleistung darstellen muss, sondern auch produktionsbedingt zu Steigerungen der Rohstoffausbeute (z.B. durch Katalysatoren) oder zur Prozessoptimierung und damit zur Abfallvermeidung beitragen kann (z.B. durch Anlagenhilfsstoffe). Für eine tiefergehende Analyse einzelner umweltrelevanter Problemstoffe (z.B. Lösemittel) konnten aus der Untersuchung der branchenbezogenen Anforderungen an Umweltkennzahlen und –leistungskriterien keine allgemein anerkannten Ansatzpunkte entnommen werden (Kap. 5). Derartige Kennzahlen müssen somit unternehmensspezifisch in die standortbezogenen Leistungskennzahlen integriert werden.

Als zweiter Parameter für den Bereich Rohstoffe wurde der 'Anteil nachwachsender Rohstoffe' ausgewählt. Auch unter der Prämisse von absolut steigenden Rohstoffverbräuchen wirtschaftlich erfolgreicher Standorte oder Branchen kann durch eine Erhöhung des Anteils nachwachsender Rohstoffe eine qualitative Verbesserung der Umweltleistung herbeigeführt werden. Branchenspezifisch wird die Kennzahl auch vom Hamburger Umweltinstitut als Leistungskriterium angewendet. Aus umweltpolitischer Sicht wird dadurch ein wesentlicher Beitrag zum Nachhaltigen Wirtschaften messbar gemacht (vgl. die Leistungskriterien nach BMU und BUND / Misereor in Kap. 5.4.2.1/5.4.2.2).

b) Wasser

Zusammenfassende Zahlenangaben zum Wasserverbrauch werden von der EG-Öko-Audit-Verordnung für Umwelterklärungen gefordert, sind jedoch im CEFIC-Vorschlag nicht enthalten. Als Untersuchungsparameter zur Bewertung von Aspekten der Wasserbewirtschaftung in der chemischen Industrie wird deswegen der Wasserverbrauch als Kernkenngröße ausgewählt.

(3) Wasserverbrauch

Auch in den GRI-Guidelines ist der Wasserverbrauch als relevante Kenngröße festgehalten. Darunter verstanden wird der Gesamtverbrauch an Frischwasser und Oberflächenwasser (vgl. GRI 1999), unabhängig von der internen Nutzung im Betrieb (z.B. als Kühlwasser, Prozesswasser)

c) Energie

Angaben zum Energieverbrauch sind ein zentraler Inhalt für Umwelterklärungen nach EG-Öko-Audit-Verordnung. Aus den CEFIC-RC-Indikatoren wird dazu für die Kernkennzahl

(4) Gesamtenergieverbrauch

übernommen. Die Anteile einzelner Energieträger (z.B. Gas, Kohle, Heizöl) werden nicht als eigene Kennzahl ermittelt, da ihre ökologischen Auswirkungen in den energiebedingten Luftemissionen enthalten sind. Nach CEFIC gehören die Strom- und Brennstoffverbräuche zu den Erfassungsgrößen, nicht jedoch durch Dienstreise- oder Güterverkehr verursachte Energieverbräuche. Weiterhin ist zu beachten, ob die Verbrauchswerte als eingesetzte Sekundärenergie oder umgerechnet als die bei ihrer Erzeugung benötigte Primärenergie dargestellt sind. Mit Blick auf die Nachhaltigkeitsperspektive wird darüber hinaus der

(5) Anteil erneuerbarer Energien

als Untersuchungsparameter in die ausgewählten Kenngrößen aufgenommen. Die Auswahl wird mit den zu behandelnden Gesichtspunkten nach Anhang 1 C der EG-Öko-Audit-Verordnung begründet, in der die 'Auswahl von Energiequellen' thematisiert wird. Weiterhin wird der Aspekt der erneuerbaren Energieträger von den GRI-Guidelines, den Nachhaltigkeitszielen von BUND Misereor sowie dem BMU-Umweltbarometer abgedeckt (vgl. Kap. 5.4.2.1/5.4.2.2)

d) Abluft

Emissionen in die Luft können unter den für Umwelterklärungen geforderten Zahlenangaben zu Schadstoffemissionen subsumiert werden. CEFIC hat dazu verschiedene Parameter in den Empfehlungen zur HSE-Berichterstattung benannt: Treibhausgase (energiebedingte Kohlendioxid-Emissionen und andere), flüchtige Kohlenwasserstoffe (VOC) sowie Schwefeldioxid- (SO_2)- und Stickoxidemissionen (NO_x). Die Messgrößen

(6) VOC-Emissionen
(7) NO_x-Emissionen
(8) SO_2-Emissionen

werden direkt übernommen. Weiterhin wird der CEFIC-Summenparameter 'Treibhausgase und CO_2-Emissionen' in die beiden Komponenten

(9) CO_2-Emissionen
(10) andere Treibhausgase in CO_2-Äquivalenten

aufgeteilt. Der Grund hierfür liegt darin, dass sich die meisten Reduktionsziele, Selbstverpflichtungen der Industrie und Nachhaltigkeitsziele alleine auf die CO_2-Emissionen beziehen. Bei den Kohlendioxid-Emissionen wird die CEFIC-Einschränkung auf energiebedingte Emissionen vor dem Hintergrund diesbezüglicher Verbands-Umweltziele (wie z.B. in Deutschland) zwar für nachvollziehbar gehalten. Allerdings sind gerade in der chemischen Industrie auch die prozessbedingten CO_2-Emissionen von Interesse. Wie bei den Parametern # 6 - 8 sollen deswegen auch für die CO_2-Emissionen sowohl Feuerungs- als auch prozessbedingte Emissionsquellen erfasst werden. Die anderen Treibhausgase sind nur prozessbedingt und beziehen sich auf die in der CEFIC-Definition aufgeführten Stoffe.

e) Abwasser

Wie die Abluftemissionen können auch Emissionen in die Gewässer unter den in Umwelterklärungen geforderten Zahlenangaben zu Schadstoffemissionen subsumiert werden. In den Verbandsempfehlungen von CEFIC sind die Parameter

(11) Chemischer Sauerstoffbedarf
(12) Phosphorfrachten
(13) Stickstofffrachten
(14) Schwermetalle: As, Cd, Cr, Cu, Pb, Hg, Ni, Zn

enthalten, die direkt als Kernkennzahlen für die Umweltleistungsbewertung übernommen werden. Für die Bewertung der einzelnen Frachten auf Basis der Angaben in den Umwelterklärungen ist dabei zu spezifizieren, ob es sich bei den Standorten um Direkt- oder Indirekteinleiter handelt. Zusätzlich zu den Verbandsempfehlungen werden noch die AOX-Frachten als Untersuchungsparameter mit aufgenommen. Sie wurden von den CEFIC-Empfehlungen für die Umweltberichterstattung aus dem Jahre 1993 aufgegriffen und sind auch im Europäischen Pollutant Emission Register (EPER 2000) enthalten.

(15) AOX-Frachten

f) Abfall

Die Anforderungen an Umwelterklärungen enthalten explizit zusammenfassende Zahlenangaben zum Abfallaufkommen. Nach den CEFIC-Empfehlungen zur Umweltberichterstattung wird die getrennte Veröffentlichung der gefährlichen und der nicht-gefährlichen Abfallmenge vorgeschlagen. Dies wird nicht als sinnvoll erachtet, da der Blickwinkel in erster Linie auf die Vermeidung aller Arten von Abfällen gelenkt werden sollte (Abfallmenge gesamt). In zweiter Linie kann daraus dann der Anteil gefährlicher Abfälle ermittelt werden.

(16) Abfallmenge gesamt (17) Anteil gefährlicher Abfälle

Ein weiterer wichtiger Aspekt ist die Art der Entsorgung. Werden die Abfälle stofflich oder energetisch weiterverwertet – und tragen somit zur Ressourcenschonung bei – oder werden sich ohne weitere Nutzung beseitigt? Um diesen zentralen Aspekt der Abfallwirtschaft abzudecken, wird als weiterer Untersuchungsparameter zum Abfallbereich aufgenommen:

(18) Anteil Verwertung

Auch die Reporting-Empfehlungen der Schweizerischen Bankiervereinigung beinhalten die getrennte Berichterstattung für die Aspekte der Verwertung und der Beseitigung. Eine getrennte Ausweisung des Abfalls zur Beseitigung ist nicht notwendig, da sie aus der 'Abfallmenge gesamt' und dem 'Anteil Verwertung' ermittelt werden kann. Darüber hinaus sind sie auch im Anhang 1 C der zu behandelnden Gesichtspunkte unter dem Thema 'Vermeidung, Recycling, Wiederverwendung, [...] und Endlagerung von Abfällen' abgedeckt.

g) Transport

CEFIC greift im Bereich Transport nur die Frage der Transportsicherheit auf:

(19) Transportzwischenfälle bei der Distribution

Der Bereich des Transportvolumens, d.h. durch Unternehmen verursachte Verkehrsbelastungen sowie die zugehörigen Energieverbräuche und Lärmemissionen werden weder von der standortbezogenen EG-Öko-Audit-Verordnung noch von dem branchenbezogenen CEFIC-Berichterstattungssystem direkt aufgegriffen. Allerdings wird für die Bildung des CEFIC-RC-Indikators 'Transportsicherheit bei der Distribution' die Menge transportierter Chemikalien insgesamt und nach Verkehrsträger erhoben. Diese 'Bezugsgröße' wird deswegen isoliert als eigener Untersuchungsparameter herausgelöst. Daraus können auch die Transportträgerquoten in % ermittelt werden.

(20) Transportaufkommen nach Verkehrsträgern
(21) Transportträgerquoten

h) Sicherheit/Gesundheit

Nach den CEFIC-Empfehlungen werden folgende Kernkennzahlen für die Leistungsbewertung im Bereich der Arbeitssicherheit übernommen:

(22) Anzahl Arbeitsunfälle
(23) Tödliche Unfälle

Nach den Bereichen des Art. 5(3)c der EG-Öko-Audit-Verordnung gehören sie nicht zu den Pflichtangaben für Umwelterklärungen. Im Fall der chemischen Industrie ist ihre Aufnahme in das Untersuchungsraster aber durch den umfassenden Responsible Care Ansatz abgedeckt. Die Erweiterung wird auch dadurch gestützt, dass in Anhang 1 C der EG-Öko-Audit-Verordnung in den Punkten 9. und 10. die Aspekte 'Verhütung und Begrenzung umweltschädlicher Unfälle' und 'besondere Verfahren bei umweltschädlichen Unfällen ' angesprochen werden.

Weiterhin wird aus den CEFIC-Empfehlungen für den Bereich Gesundheitsschutz die

(24) Anzahl der Berufskrankheiten

in die Auswahl der Untersuchungsparameter aufgenommen. Auch dieser Parameter wird nicht direkt von dem engeren Ansatz der EG-Öko-Audit-Verordnung abgedeckt.

Aufgrund der breiteren Responsible Care Orientierung in der Chemieindustrie wird sie jedoch branchenspezifisch mit in das Untersuchungsraster aufgenommen.

5.6 Zusammenfassung

Die Umweltberichterstattung von Unternehmen wie auch die der nationalen Chemieverbände unter dem Responsible Care Programm hat sich in den letzten Jahren mit hoher Dynamik fortentwickelt. Ein gemeinsamer Schwerpunkt vieler Initiativen liegt in der Vergleichbarkeit der Daten zwischen Unternehmen und Standorten. Sowohl von seiten der Industrie wie auch von einzelnen Stakeholdern (z.B. Banken) hat sich dabei in jüngster Vergangenheit ein Trend zur Standardisierung von Umweltdaten für die Berichterstattung herausgeschält. Branchenspezifisch hat der europäische Chemieverband CEFIC mit dem Leitfaden zur Umweltberichterstattung 1993 und den Indicators of Performance aus dem Berichterstattungs-Leitfaden für Sicherheit, Gesundheit und Umwelt (1998) wesentliche Eckpunkte für die Bewertung der Umweltleistung festgelegt. Im Abgleich mit anderen Berichterstattungsinitiativen, Öko-Rating-Ansätzen und öffentlichen Umwelt- bzw. Nachhaltigkeitszielen konnte dadurch ein branchenspezifischer Vorschlag von Untersuchungsparametern für die standortbezogene Bewertung der Umweltleistung nach der EG-Öko-Audit-Verordnung entwickelt werden. Das Ziel dabei ist, unter Beachtung der individuellen Kommunikationsbedürfnisse der Unternehmen die viel geforderte Vergleichbarkeit der Umweltdaten von Unternehmen untereinander zu verbessern. Der vorgeschlagene Ansatz wird in der empirischen Untersuchung auf seine derzeitige Praktikabilität hin untersucht. Auf Basis dieser Ergebnisse soll dann exemplarisch anhand umfassend angewandter Kenngrößen die kontinuierliche Verbesserung der in Umwelterklärungen dargelegten Umweltleistung von EG-Öko-Audit-Standorten untersucht werden.

6 METHODIK DER EMPIRISCHEN UNTERSUCHUNG

6.1 Forschungsziel und Forschungsmethode

Das Ziel der empirischen Untersuchung ist die Beurteilung der einzelbetrieblichen und branchenbezogenen Wirksamkeit der EG-Öko-Audit-Verordnung aus umweltpolitischer Sicht. Grundlage hierfür sind die von den Unternehmen veröffentlichten Umwelterklärungen. Aus dem Blickwinkel der Öffentlichkeit sollen anhand der zur Verfügung stehenden Veröffentlichungen Schlüsse über die Darlegung und Bewertung der Umweltleistung gezogen werden.

Der Schwerpunkt der Untersuchung liegt auf der Beurteilung der kontinuierlichen Verbesserung auf einzelbetrieblicher Ebene. Dabei sollen nicht einzelne Standorte als „gut" oder „schlecht" eingestuft werden, sondern auf Basis der zur Verfügung stehenden Daten aus der Vollerhebung die Bildung eines aussagefähigen Durchschnitts über die Gesamtheit aller teilnehmenden Standorte ermöglicht werden. Ausgangspunkt hierfür ist das in Kapitel 5 entwickelte modulare Berichtskonzept für Umwelterklärungen. Neben empirisch belegten Aussagen zur Qualität der erreichten Verbesserungen sollen die vorgeschlagenen Leistungsparameter auf deren Praktikabilität sowie deren Grenzen und Möglichkeiten bei der Anwendung in der Praxis überprüft werden. Die Ergebnisse fließen abschließend in Empfehlungen an die Umweltpolitik, Unternehmen und Branchenverbände ein.

Die angewandte Forschungsmethode folgt der vergleichenden Inhaltsanalyse (vgl. Atteslander, P. 1984, S. 68). In Bezug auf die Auswahl der Analysematerialien (d.h. der Umwelterklärungen von Chemiestandorten) wird eine Vollerhebung angestrebt (vgl. Atteslander, P. 1984, S. 71f.). Die zu erhebenden Ausprägungen werden auf Basis der vorab entwickelten theoretischen Grundlagen definiert und in ein auszuwertendes Kategoriensystem eingeteilt (vgl. Atteslander, P. 1984, S. 73f.). Für ergänzende, nicht den Umwelterklärungen zu entnehmenden Rahmenangaben, wurde eine schriftliche Befragung konzipiert.

6.2 Aufbau der empirischen Erhebung

Die empirische Untersuchung wurde in einem dreistufigen Prozess von aufeinander aufbauenden Schritten vollzogen (vgl. Abb. 45). Ausgangspunkt der Analyse ist eine allgemeine Beurteilung der Beteiligung der Unternehmen der chemischen Industrie am EG-Öko-Audit. Aus umweltpolitischer Perspektive wird dadurch ein Beitrag zur Beurteilung der Branchenbeteiligung am dem EG-System geliefert. Um die Relevanz der Untersuchung und deren Aussagefähigkeit abschätzen zu können, werden weiterhin wichtige wirtschaftliche Rahmengrößen der am Öko-Audit beteiligten Unternehmen aus der Chemiebranche sowie die Zugänglichkeit der Unternehmensveröffentlichungen untersucht.

Dreistufiger Prozess der empirischen Analyse

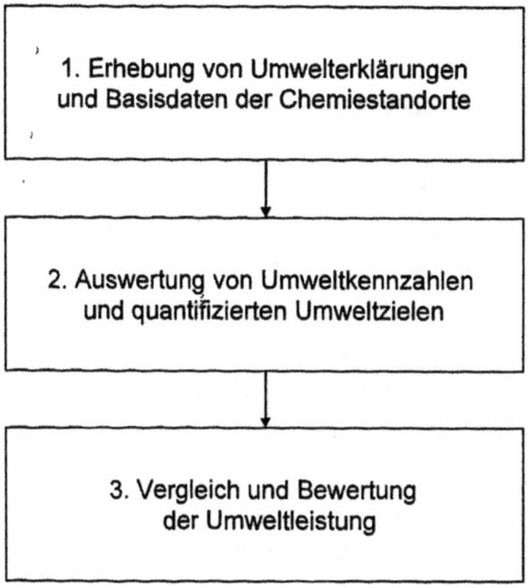

Abb. 45: Dreistufiger Aufbau der empirischen Analyse

Als zweiter Schritt folgt die Analyse der in den Umwelterklärungen veröffentlichten Umweltziele und Umweltkennzahlen. Dabei wird insbesondere untersucht

- in welchen Bereichen die Umweltleistung beschrieben wird;
- in welcher Art die Umweltleistung dargelegt wird (z.B. absolut oder relativ);
- in welchem Umfang den Veröffentlichungspflichten nach der EG-Öko-Audit-Verordnung nachgekommen wird;
- inwieweit die vorgeschlagenen Untersuchungsparameter für die Leistungsbewertung in den Umwelterklärungen Anwendung finden.

Abschließend erfolgt aus branchenspezifischer Sicht ein Vergleich mit Bewertung der Umweltleistung anhand ausgewählter Leistungsparameter. Dazu wird aufbauend auf die Ergebnisse aus Schritt 2 auf eine Auswahl geeigneter Kernkennzahlen zurückgegriffen. In der Analyse wird auf die Problematik absoluter versus relativer Verbesserungen eingegangen. Um eine Aussage auch in Bezug auf Unternehmen zu treffen, die sich nicht an dem EG-Öko-Audit beteiligt haben, erfolgt nach Möglichkeit ein Vergleich mit geeigneten Referenzwerten wie dem Branchendurchschnitt oder externen Zielgrößen.

Nachfolgend werden die einzelnen Schritte der Untersuchung dargelegt und kritisch diskutiert. Dabei wird jeweils Bezug auf die in den Zielen der Untersuchung gestellten Forschungsfragen genommen.

6.2.1 Erhebung der Umwelterklärungen von Chemiestandorten

6.2.1.1 Grundlagen der Erhebung

Die Erhebung der Umwelterklärungen ist die Grundlage für die externe Beurteilung der Umweltleistung der Chemiestandorte. Dazu muss zunächst die Branchenzuordnung abgegrenzt werden. Die Orientierung erfolgt dabei anhand der Angaben aus dem EG-Standortregister (Branchenzugehörigkeit nach NACE-Schlüssel DG 24). Nach Abgrenzung der Grundgesamtheit erfolgt die Erhebung der Umwelterklärungen und ggf. erstellter vereinfachter Umwelterklärungen durch schriftliche Anfrage bei den Standorten.

Um eine Grundeinschätzung der ausgewerteten Standorte zu ermöglichen, ist es Ziel der Untersuchung, gleichzeitig aussagefähige wirtschaftliche Rahmendaten zu erheben. Da diese den Umwelterklärungen nicht zwingend zu entnehmen sind, wurde dazu die Methode der Befragung mit Fragebogen gewählt (vgl. Atteslander, P. 1984, S. 121f.). Es werden Parameter wie die Anzahl der Beschäftigten, der Produktionsoutput in Tonnen und der Umsatz erhoben. Zur Abfrage dieser Zahlenangaben wurden geschlossene Fragen (vgl. Atteslander R, P. 1984, S. 127f.) verwendet. Die Erfassungseinheiten wurden vorgegeben. Anhand dieser Parameter kann die Bedeutung von Teilmengen der analysierten Standorte zur Grundgesamtheit dargelegt werden. Dadurch wird ermöglicht, dass Vergleiche zu gesamtwirtschaftlichen Zahlenangaben auf Branchenebene gezogen werden können.

6.2.1.2 Klassifizierung der Unternehmen nach NACE DG 24

Weiterhin soll eine Klassifizierung der untersuchten Standorte nach Art der Chemieaktivitäten vorgenommen werden. Dies kann in einem ersten Schritt auf Basis der im EG-Standortregister enthaltenen Angaben vollzogen werden. Verschiedene Standorte sind jedoch aufgrund ihrer Aktivitäten am Standort mehreren Haupt- und Unterbranchen nach der NACE-Klassifizierung zugeteilt. Für diese Fälle musste zusätzlich ermittelt werden, ob sie schwerpunktmäßig chemiespezifische Aktivitäten am

Standort betreiben und inwieweit sie sich einem der sieben Unterbereiche des NACE DG 24 zuordnen lassen. Die Erhebung erfolgte wiederum per Fragebogen in einer geschlossenen Frage. Dadurch soll einerseits gewährleistet werden, dass Standorte mit Chemieaktivitäten, die nur untergeordnet von Bedeutung sind, nicht mit in die Untersuchung aufgenommen werden. Andererseits soll die Einteilung nach den Unterbereichen des NACE DG 24 ermöglichen, ggf. signifikante Unterschiede innerhalb der Branche zu isolieren.

6.2.1.3 Zeitpunkt der Erstvalidierung und Erstellung vereinfachter Umwelterklärungen

Ferner war es Ziel der Erhebung, den Zeitpunkt der ersten Validierung nach EG-Öko-Audit-Verordnung zu ermitteln. Dies kann ggf. durch einen in der Umwelterklärung enthaltenen Validierungsvermerk oder aus Abbildungen der Validierungsurkunde entnommen werden. Parallel dazu wurde auch über den Fragebogen das Datum der Erstvalidierung erhoben. Einerseits ermöglicht dies, die Entwicklung der Erstbeteiligung von Chemieunternehmen am EG-Öko-Audit nachzuvollziehen. Anderseits ist das Datum der Erstvalidierung gleichzeitig Grundlage dafür, ob ggf. bereits eine oder mehrere vereinfachte Umwelterklärungen zu erstellen waren bzw. bereits Folgeumwelterklärungen zu veröffentlichen waren.

Da die Verordnung es ermöglicht, dass Standorte mit geringen Umweltauswirkungen von der Pflicht zur Erstellung der vereinfachten Umwelterklärungen ausgenommen werden, muss dies ebenfalls im Untersuchungsdesign berücksichtigt werden. Die Ermittlung dieser Angaben erfolgte wiederum per Fragebogen anhand geschlossener Fragen. Schließlich können daraus Schlüsse über die (jährliche) Ermittlung und Verfügbarkeit fortgeschriebener Daten gezogen werden, ohne dass der maximale Dreijahreszeitraum bis zur Veröffentlichung umfassender Umwelterklärungen abgewartet werden muss. Weiterhin soll dabei auch untersucht werden, inwieweit überhaupt vereinfachte Umwelterklärungen zwischen den umfassenden Umwelterklärungen an die interessierte Öffentlichkeit herausgegeben werden.

6.2.2 Auswertung von Umweltkennzahlen und quantifizierten Umweltzielen

In einem zweiten Schritt sollen dann die in den Umwelterklärungen enthaltenen Leistungsdaten branchenspezifisch erhoben und klassifiziert werden. In erster Linie betrifft dies die enthaltenen umweltrelevanten Zahlenangaben sowie die quantifizierten Umweltziele. Die zugrunde liegenden Forschungsfragen lauten dabei:

Welche Umweltziele werden derzeit auf Standortebene zur Verbesserung des Umweltschutzniveaus formuliert?

Mit welchen Kennzahlen werden in Umwelterklärungen die Leistungsfortschritte im Umweltschutz dargelegt?

Ausgangsbasis dafür sind die in dem modularen Berichtsansatz vorgeschlagenen Untersuchungsparameter für die Umweltleistungsbewertung.

6.2.2.1 Analyse der quantifizierten Umweltziele

Die Analyse der Umweltziele erlaubt Rückschlüsse auf die Bereiche und Parameter, bei denen branchenspezifisch die kontinuierliche Verbesserung angestrebt wird. Zusammen mit den Maßnahmen des Umweltprogramms sind sie ein planerisches Mittel zur Reduzierung der Umweltauswirkungen.

Dabei werden nur die konkreten, für die Öffentlichkeit nachvollziehbaren Vorgaben mit in die Untersuchung einbezogen. Die beiden Auswahlkriterien sind dabei nach den Definitionen aus Kap. 4.3.3.2:

a) die Quantifizierung der Umweltziele
b) die Festlegung eines konkreten Zeithorizontes zur Erreichung der Vorgaben

Die Quantifizierung kann dabei auf verschiedene Arten erfolgen: Entweder ist sie in Prozent oder in Mengeneinheiten unmittelbar aus der Zielformulierung zu entnehmen, oder sie kann über das Verbesserungspotential von zugehörigen Reduzierungsmaßnahmen abgeschätzt werden. Der Umsetzungszeitraum kann entweder durch die Gültigkeit des Umweltprogramms festgelegt sein (z.B. „Umweltprogramm bis zum Jahr 2002", in der Zielformulierung direkt enthalten sein („z.B. Reduzierung um x % bis Ende 1999") oder durch Rückrechnung aus dem letzten Umsetzungstermin der zugehörigen Maßnahmen ermittelt werden.

Ziel der Erhebung der veröffentlichten Umweltziele ist zu erkennen, welche Vorgaben branchenspezifisch am häufigsten - und damit aus Firmensicht am relevantesten – als interne Kriterien zur Bewertung der Umweltleistung in den Umwelterklärungen enthalten sind. Die Einteilung erfolgt nach den in Kapitel 5 ausgewählten Bereichen und Untersuchungsparametern des modularen Berichterstattungskonzepts.

6.2.2.2 Analyse der umweltrelevanten Zahlenangaben / Umweltkennzahlen

Ziel der Analyse der veröffentlichten Umweltdaten ist es, welche Kennzahlen in der chemischen Industrie zur Darlegung der Umweltleistung in den Umwelterklärungen Einsatz finden. Die Klassifizierung der Umweltdaten erfolgt – in Analogie zu der

Einteilung der wichtigsten Umweltziele – nach den Bereichen und Leistungsparametern des modularen Berichterstattungskonzepts.

Bei der Analyse der umweltrelevanten Zahlenangaben wurden folgende Untersuchungskriterien zugrunde gelegt:

a) Relevante Daten werden als Grundlage für die externe Beurteilung insbesondere durch Tabellen, Diagramme, Abbildungen und sonstige graphische Mittel hervorgehoben.

b) Zahlenangaben, die nur als Beispiel gekennzeichnet verwendet werden und aus der Art der Darstellung nicht auf eine hervorgehobene Bedeutung zur Darlegung Umweltleistung schließen lassen, werden nicht erhoben.

c) Als grundlegende Anforderungen an die zu erfassenden Leistungsparameter werden die drei Qualitätskriterien der Wesentlichkeit, der Beeinflussbarkeit und der Zielorientierung verwendet (vgl. Kap. 4.3.1.2).

Weiterhin werden diejenigen Daten nicht berücksichtigt, die sich nicht auf den Standort als Ganzes beziehen, sondern beispielsweise nur einzelne Anlagen oder Produktionsprozesse betreffen[92].

Dabei auch analysiert, inwieweit die vorgeschlagenen Untersuchungsparameter zur Leistungsbewertung bereits in Umwelterklärungen der chemischen Industrie Anwendung finden. Dabei wird für jeden vorgeschlagenen Leistungsparameter geklärt, inwieweit die vorgegebenen Kernkennzahlen auf Standortebene ganz, teilweise oder nicht veröffentlicht wurden. Die am häufigsten verwendeten Leistungsparameter werden für die darauf folgende Bewertung der kontinuierlichen Verbesserung ausgewählt. Die diesem Arbeitsschritt zugrunde liegende Forschungsfrage lautet:

Welche Kriterien sind geeignet, um in der chemischen Industrie anhand von Umwelterklärungen die Umweltleistung beurteilen zu können?

[92] Der Grund hierfür liegt im Standortbezug der EG-Öko-Audit-Verordnung. Leistungskennzahlen einzelner Prozesse oder Anlagen liefern jedoch nur Teilinformationen über die gesamten standortbezogenen Umweltauswirkungen.

6.2.3 Vergleich und Bewertung der Umweltleistung

Als letzter Arbeitsschritt wird der Vergleich der erhobenen Daten mit geeigneten Leistungskriterien zur Bewertung der Umweltleistung vollzogen.

Folgende Forschungsfragen stehen dabei zur Beantwortung:

> Wo und in welchem Ausmaß sind bei nach EG-Öko-Audit-Verordnung registrierten Standorten in der chemischen Industrie tatsächliche Verbesserungen der Umweltleistung eingetreten?

> Wie ist die Verbesserung der Umweltleistung von nach der EG-Öko-Audit-Verordnung registrierten Standorten der chemischen Industrie insgesamt zu beurteilen, z.B. im Vergleich zum Branchendurchschnitt oder zu öffentlichen Umwelt- bzw. Nachhaltigkeitszielen ?

Die Beurteilung erfolgt branchenbezogen auf den nach Schritt 2 am häufigsten verwendeten Umweltkennzahlen. Die Beurteilung soll dabei nicht auf Basis des Betriebsvergleichs konkreter Umweltkennzahlen vollzogen werden. Die in Kapitel 5 recherchierten wissenschaftlichen Untersuchungen belegen nachdrücklich, dass ohne vorherige Abstimmung zwischen den Unternehmen keine validen Quervergleiche gezogen werden können. Dies betrifft sowohl die Festlegung der Erfassungsgrenzen, die Definition von Kennzahlen und Bezugsgrößen sowie die einzelnen Methoden zur Datenerhebung, beispielsweise angewendete Umrechnungsfaktoren, Ausschlusskriterien, Annahmen für Abschätzungen, etc.

Unter der Hypothese, dass innerhalb eines Unternehmens die o.a. Kriterien über die Zeit gleichbleibend angewendet werden, ergibt sich jedoch der Ansatz, die Verbesserungen jeweils einzelbetrieblich in Bezug auf die jeweilige Ausgangssituation zu ermitteln. Der Leistungsfortschritt kann dann – zeit-, unternehmens- und bezugsgrößenneutral – jeweils in Prozent relativ zum Ausgangswert ausgedrückt werden. Dies erlaubt später den Vergleich von Standorten unabhängig von der Unternehmensgröße. Dazu wird für die ausgewählten Leistungsparameter die Zeitreihenentwicklung über die Jahre seit der erstmaligen Beteiligung verfolgt. Da bereits während der Umsetzung der EG-Öko-Audit-Verordnung aus der Bestandsaufnahme resultierende Verbesserungsmaßnahmen umgesetzt werden können, wird als Ausgangsbasis das Jahr der Erstvalidierung herangezogen.

Dabei wird sowohl die absolute Entwicklung der Umweltdaten als Maß für die lokale Umweltbelastung (= *Umwelteffektivität*) wie auch die relative Entwicklung pro Produktionseinheit - d.h. die *Umwelteffizienz* - verfolgt. Nur so lässt sich, einzelbetrieblich wie gesamtwirtschaftlich, ausgewogen Bilanz über die tatsächlich erzielten Verbesserungen nach der EG-Öko-Audit-Verordnung ziehen. Die Beurteilung soll dabei nicht auf Basis der tatsächlichen Kennzahlenausprägungen vollzogen werden, sondern relativ zur Höhe der Ausgangsbasis in Prozent. Um die in unterschiedlichen Zeiträumen analysierten Entwicklungen von Standorten untereinander vergleichbar zu machen, werden dazu die durchschnittlichen prozentualen Verbesserungen ermittelt. Dabei bleibt unbetrachtet, ob die eingetretenen Entwicklungen nur einmalig in dem beobachteten Zeitraum realisiert werden konnten oder ob (weitere) kontinuierliche Erhöhungen des Zielniveaus möglich sind[93].

Von einem einzelbetrieblichen Ranking der absoluten oder relativen Verbesserungen in Prozent wird abgeraten. Denn grundlegende strukturelle Veränderungen einzelner Standortfaktoren über die Zeit (bspw. das Produktionsmix oder die Fertigungstiefe) können auf Basis dieses Ansatzes nicht berücksichtigt werden. Bei einer ausreichend großen Anzahl einbezogener Standorte wird jedoch davon ausgegangen, dass einerseits auf Standortebene keine fundamental anderen Trends eine Rolle spielen wie in der Gesamtbranche. Zum anderen können sich Ausreißer nach oben und unten bei einer Betrachtung des Durchschnitts der beteiligten Unternehmen entsprechend nivellieren.

Die Frage wird dabei unabhängig vom bisher erreichten Leistungsniveau der einzelnen Betriebe untersucht. Eine Untersuchung, inwieweit umfassende Verbesserungen bereits in der Vergangenheit bereits realisiert wurden und demnach deutliche Verbesserungen in der Zukunft noch oder nicht mehr machbar sind ist nicht möglich. Die Ergebnisse lassen somit nur Aussagen bezogen auf die Anfangsperiode der Beteiligung am EG-Öko-Audit-System zu.

[93] Umfassendere Aussagen könnten nur längere Zeitreihenanalysen liefern, für die zum jetzigen Zeitpunkt jedoch die Datengrundlagen fehlen.

7 Ergebnisse der empirischen Untersuchung

7.1 Grundlagen der Erhebung

Bis Ende Mai 1998 waren 1.578 Teilnehmer am europäischen Gemeinschaftssystem zum Öko-Audit in das Standortregister der EU eingetragen. Davon entfielen 202 Eintragungen auf Unternehmensstandorte, die nach der NACE Klassifizierung ganz oder teilweise auf die Untersektion „DG 24: Herstellung von chemischen Produkten" - also der Chemieindustrie - zugeordnet werden können[94]. Diese wurden als Grundgesamtheit für die empirische Untersuchung ausgewählt. Die Aufteilung der 202 Standorte auf einzelne Mitgliedsländer der Europäischen Union kann der Tabelle 46 entnommen werden.

Land	A	B	D	DK	E	F	FIN	IRL	L	NL	S	GB	Summe
Chemiestandorte	9	2	157	1	3	1	2	2	1	4	6	14	202

Tab. 46: Aufteilung der öko-auditierten Chemiestandorte nach Ländern (Quelle: EMAS Helpdesk 1998)

Im Zeitraum von Juli 1998 bis Januar 1999 wurden alle 202 Chemiestandorte kontaktiert, mit der Bitte um Zusendung der Originalumwelterklärung der Erstvalidierung und ggf. aller weiteren, in der Zwischenzeit erstellten vereinfachten oder Folge-Umwelterklärungen. Die Erhebung erfolgte für alle deutschen und österreichischen Standorte in deutscher Sprache, für alle anderen Standorte in englischer Sprache (vgl. Anhang 20).

Im Anschreiben wurde das Ziel und der Hintergrund der Studie erklärt und ein Ansprechpartner für telefonische Rückfragen benannt. Zur Unterstützung der Erhebung wurde eine Kurzcheckliste beigelegt, in der die angeschriebenen Unternehmen die beigelegten Umwelterklärungen ankreuzen konnten und nach verschiedenen Rahmendaten befragt wurden. Folgende Punkte wurden dabei abgefragt:

- Datum der Erstvalidierung
- Erstellung von vereinfachten Umwelterklärungen
- wirtschaftliche Eckdaten (Umsatz in Währung, Produktionsmenge in Tonnen, Anzahl der Mitarbeiter)
- Branchenzugehörigkeit nach NACE-Code

[94] Zwei registrierte Chemiestandorte in Norwegen wurden nicht berücksichtigt, um eine einheitliche Datenbasis in Bezug auf nur für die Europäische Union vorliegende Angaben zu gewährleisten.

Die Kurzcheckliste diente zum einen zur Strukturierung der nachgefragten Materialien, zum anderen sollten durch die Erhebung der wirtschaftlichen Eckdaten eine Abschätzung der Beteiligung der Chemiebranche am EG-Öko-Audit innerhalb der Branche geschaffen werden. Durch die Erhebung des bzw. der NACE-Codes des eingetragenen Standortes sollte die schwerpunktmäßige Zugehörigkeit zur Chemiebranche und eine eventuelle Differenzierung der Ergebnisse nach Unterbranchen (DG24.1 – 24.7) ermöglicht werden.

Für die Auswertung der Kurzcheckliste wurde den Unternehmen insoweit Anonymität zugesichert, dass nur eine namenlose Darstellung von Einzeldaten erfolgt bzw. aggregierte Daten veröffentlicht werden. Als Anreiz zur Beteiligung an der Fragebogenerhebung wurde eine (kostenlose) Zusammenfassung der Ergebnisse der Studie in deutscher, englischer oder französischer Sprache angeboten. Für die Erleichterung der Abwicklung der Erhebung wurde ein rückadressierter Versandaufkleber beigelegt.

7.1.1 Einbeziehung in die Untersuchung

Im Juli 1998 wurden erstmals alle 202 europäischen Standorte mit Branchenzugehörigkeit innerhalb des NACE 24 angeschrieben, mit der Bitte um Zusendung der Umwelterklärungen und Rücksendung der Kurzcheckliste. Alle Standorte, von denen binnen acht Wochen keine Nachricht einging, wurden Anfang September in einem Erinnerungsschreiben nochmals angeschrieben, mit Fristsetzung zur Zusendung der Unterlagen bis 30. September 1998. Bis Mitte Oktober resultierte aus der schriftlichen Erhebung eine Rücklaufquote der Umwelterklärungen von 84 % (170 Standorte). Bis auf sechs Standorte wurde von allen antwortenden Unternehmen auch die angefragte Kurzcheckliste zurückgesendet (Rücklaufquote 81 %).

Alle bis dato fehlenden Umwelterklärungen wurden im Zeitraum von Oktober 1998 bis Januar 1999 auf Basis von am Institut für Management und Umwelt sowie anderen Forschungsstellen vorliegenden Unterlagen ergänzt bzw. telefonisch nachgefordert. Darin beinhaltet war auch die Nachfrage bei allen Standorten, die nach dem Zeitpunkten der Erstvalidierung mittlerweile vereinfachte Umwelterklärungen erstellt haben sollten. Bis auf drei Unternehmen[95] konnten dadurch von allen 202 relevanten Standorten eine auswertbare Fassung der Originalumwelterklärung der Erstvalidierung erhoben werden (98,5 %)[96].

---

[95] Aqua Terra Bioprodukt GmbH, Erlensee (D); Dreluso Pharmazeutika Dr. Elten und Sohn GmbH, Hessisch Olendorf (D), EKC Technology Ltd., East Kilbride (GB)

[96] Bezüglich der Erstellung und Veröffentlichung der vereinfachten Umwelterklärungen ergab sich ein deutlich differenzierteres Bild (vgl. Kapitel 7.2.3.2).

7.1.2 Branchenzugehörigkeit und Unterbranchen

Auf Basis der von der zur Verfügung stehenden Daten aus der Einstufung der Standorte wurde ermittelt, dass von den 202 ausgewählten Standorten 195 schwerpunktmäßig im Bereich der Herstellung von chemischen Erzeugnissen tätig sind. 7 Unternehmen haben nach eigenen Angaben den Schwerpunkt ihrer Produktionstätigkeiten außerhalb der Chemieindustrie[97]. Von den 195 Standorten mit Chemieschwerpunkt konnte folgende Verteilung der Zugehörigkeit zur spezifischen Unterbranchen ermittelt werden (vgl. Abb. 46).

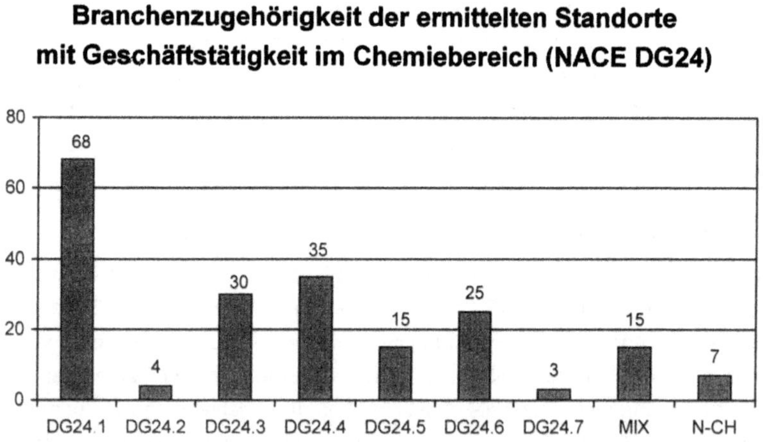

Abb. 46: Branchenverteilung der Standorte nach Chemieaktivität (eigene Erhebung, vgl. Anhang 21)

Als Abgrenzungskriterium zur Zugehörigkeit zu einem Unterbereich des NACE DG24 wurde spezifiziert, dass jeweils mehr als zwei Drittel des Umsatzes oder der Produktionstonnage auf einen einzelnen Unterbereich (DG24.1 – 24-7) des NACE-Code DG24 fällt.

Abbildung 46 verdeutlicht, dass die Herstellung von chemischen Grundstoffen (DG24.1) mit 68 von 195 Standorten der Branchenverteilung dominierend ist (35 %), gefolgt von der Herstellung pharmazeutischer Erzeugnisse (DG24.4 = 35 Standorte), der Herstellung von Anstrichmitteln, Farben und Kitten (DG24.3 = 30 Standorte) und der Herstellung sonstiger chemischer Erzeugnisse (DG24.6 = 25 Standorte). Den

[97] 3M Deutschland GmbH, Kamen; Aluminium Rheinfelden GmbH, Rheinfelden; Gamma Service Produktbestrahlung, Radeberg; Keramchemie GmbH, Siershahn; Paul Hartmann AG, Niedernhausen; Pfleiderer AG Duropal Werk Eberhard Wrede GmbH & Co. KG, Arnsberg; Ekokem Oy Ab, Riihimäki

Sparten Herstellung von Seifen-, Wasch-, Reinigungs- und Körperpflegemitteln, der Herstellung von Chemiefasern und der Herstellung von Schädlingsbekämpfungs- und Pflanzenschutzmitteln kommt mit insgesamt 15, 4 und 3 Standorten eine geringe Bedeutung in der Branchenverteilung zu. Insgesamt 15 Standorte sind in zwei oder mehr der sieben Sparten des NACE DG24 tätig, ohne dass eine einzelne Sparte nach o.a. Abgrenzungskriterium dominiert (MIX). Die sieben nicht schwerpunktmäßig in der Chemieproduktion tätigen Standorte sind mit „N-CH" gekennzeichnet.

Im Vergleich der Standortaufteilung der 180 schwerpunktmäßig abgegrenzten Chemiestandorte mit EG-Öko-Audit-Verordnung zur Gesamtproduktionsstruktur der chemischen Industrie in Europa (nach Umsatz) ergibt ein weitgehend homogenes Abbild der Grundgesamtheit (vgl. Tab. 47). Geringe Abweichungen vom Durchschnitt können bezüglich der überproportionalen Beteiligung von Unternehmen aus dem Bereich „Anstrichmittel, Druckfarben und Kitte (DG24.3)" und der etwas unterdurchschnittlichen Vertretung von Standorten der Sparte „Seifen-, Wasch-, Reinigungs- und Körperpflegemittel (DG24.5)" festgestellt werden.

	DG24.1	DG24.2	DG24.3	DG24.4	DG24.5	DG24.6	DG24.7
EG-Öko-Audit	38 %	2 %	17 %	19 %	8 %	14 %	2 %
EU-Gesamt	37 %	3 %	10 %	23 %	12 %	12 %	3 %
Abweichung	1%	1 %	7 %	4 %	4 %	2 %	1 %

Tab. 47: Aufteilung der auditierten Standorte im Vergleich zur Branche (eigene Erhebung, vgl. Anhang 21)

7.1.3 Abgrenzung der Grundgesamtheit

In die empirische Untersuchung einbezogen wurden zunächst alle 195 Standorte, deren Produktionsschwerpunkt in der Herstellung chemischer Erzeugnisse liegt. Mangels objektiver Untersuchungsgrundlagen wurden ferner diejenigen Chemiestandorte ausgegrenzt, die innerhalb von sechs Monaten nach Kontaktaufnahme kein Originalexemplar bzw. keine lesbare Kopie der ersten validierten Umwelterklärung vorlegen konnten. Ein weiterer Standort wurde nicht berücksichtigt, um eine Doppelauswertung zu vermeiden: es handelt sich dabei um einem Poolstandort von mehreren Chemieunternehmen, an dem zusätzlich zur Eintragung aller Einzelgesellschaften laut Auskunft des Standortleitung parallel ein Sammeleintrag für den gesamten Standortverbund vorgenommen wurde[98]. Somit ergibt sich eine Grundgesamtheit erhobener Standorte mit Chemieschwerpunkt von 191. In insgesamt neun

[98] Hoechst AG Werk Gendorf, Burghausen

Fällen haben sich verschiedene registrierte Gesellschaften an Poolstandorten nach gemeinsamer externer Begutachtung entschlossen, ihre Ergebnisse in einer gemeinsamen Umwelterklärung zu veröffentlichen (entsprechend 25 Standorteintragungen). Für die nachfolgende empirische Auswertung wurden diejenigen eingetragen Standorte als ein Poolstandort zusammengefasst, die nicht die nachfolgenden Kriterien erfüllten:

- Veröffentlichung eigenständiger Umweltdaten
- Veröffentlichung eigenständiger wirtschaftlicher Rahmendaten
- Veröffentlichung eigenständiger Umweltziele

Damit reduziert sich die Grundgesamtheit der untersuchten Standorte auf 175, für die in Summe 191 Standorteintragungen vorliegen.

7.2 Grunddaten der untersuchten Standorte

7.2.1 Zeitpunkt der Erstvalidierung

Nach Zeitpunkt der Erstvalidierung ergibt sich folgende Verteilung der Standorte (vgl. Abb. 47). Von den insgesamt 175 Standorten wurden die in 1998 begutachteten Standorte (fünf) nicht miteinbezogen. Dies wird darin begründet, dass anzunehmen ist, dass bis Ende Mai 1998 (Erhebungsbasis nach EG-Standortregister) nur teilweise die erfolgten Validierungen über die zuständigen Behörden auf Länderebene bereits zusammengestellt bzw. nach Brüssel weitergeleitet wurden.

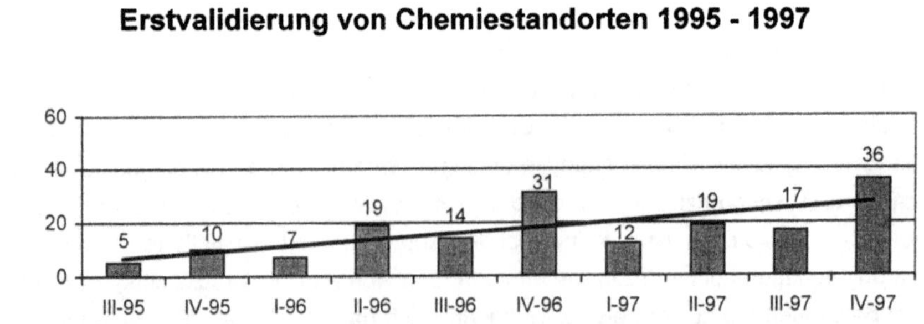

Abb. 47: Erstbeteiligung an der EG-Öko-Audit-Verordnung in der europäischen Chemiebranche (eigene Erhebung, vgl. Anhang 21)

Aus Abbildung 2 wird ersichtlich, dass zwischen 1995 und 1997 eine deutliche Zunahme der Erstvalidierungen von Chemiestandorten zu beobachten war. Waren es im 2. Halbjahr 1995 im Schnitt nur 7,5 Standorte europaweit, die im Durchschnitt pro Quartal neu in den Registern der zuständigen Behörden eingetragen wurden, so steigt diese Zahl auf 18 pro Quartal in 1996 und auf 21 pro Quartal in 1997. Besonders auffällig ist jeweils die hohe Zahl der Validierungen im letzten Kalenderquartal (31 in 1996 und 36 in 1997).

Von den 175 Umwelterklärungen sind 133 von deutschen Unternehmen (75 %). Die restlichen 14 Mitgliedsländer der EU kommen zusammen nur auf 40 Umwelterklärungen bzw. Standorteintragungen. Nach Prozent teilen sich diese auf auf England mit 7 %, Österreich mit 5 %, Schweden mit 3 %, die Niederlande, Belgien, Irland und Spanien mit jeweils 2 % sowie Dänemark, Frankreich, Finnland und Luxemburg mit jeweils 1 %.

7.2.2 Wirtschaftliche Bedeutung

Auf Basis der teilnehmenden Standorte aus dem Bereich der Chemie und der zugrundeliegenden Rahmendaten ist es möglich, anhand der Parameter Umsatz, Jahresproduktion und Beschäftigte eine Abschätzung der Bedeutung im Vergleich zur Gesamt-Chemieindustrie in der EU sowie einzelnen Mitgliedsstaaten zu ziehen[99]. Da nicht für alle drei Parameter durchgängig Daten vorliegen, wurden zum Teil fehlende Daten über vorhandene Angaben bezogen auf die Grundgesamtheit hochgerechnet (z. B. auf einer pro Mitarbeiter-Basis). Da die wirtschaftlichen Rahmendaten je nach Datenlage der antwortenden Standorte und Zeitpunkt der Beteiligung am Gemeinschaftssystem sich auf unterschiedliche Basisjahre beziehen, wurde als Bezugsgröße für die Gesamtchemieindustrie der Durchschnitt aus den Jahren 1996 bis 1997 herangezogen (vgl. Anhang 22)[100]. Aufgrund der im europäischen Vergleich signifikant höheren Beteiligung deutscher Standorte wurde neben den Angaben für den gesamten EU-Raum zusätzlich die Werte für Deutschland sowie für die EU ohne Deutschland (EU-14) einbezogen.

7.2.2.1 Beurteilung nach Beschäftigten

Zu insgesamt 171 der 175 untersuchten Standorte lagen verwertbare Angaben zur Anzahl der Beschäftigten vor. In Summe stehen sie für 108.000 Mitarbeitern die in EG-Öko-Audit registrierten Standorten der chemischen Industrie Europas tätig sind (vgl. Tab. 48)[101]. Davon sind mit 94.300 Beschäftigten ca. 87 % in Deutschland tätig, während auf die restlichen 14 EU-Länder weniger als 13 % entfallen. Dies spiegelt

[99] Die Daten lagen in unterschiedlicher Genauigkeit vor. Um dabei möglichen Rundungsfehlerquellen vorzubeugen, wurde zwar mit den Originaldaten gearbeitet, die Ergebnisse aber jeweils nach Maßgabe der Basisdaten gerundet.

[100] Entsprechend den Mittelwerten der zur Verfügung stehenden Jahreswerte der Standorte zu Mitarbeitern, Umsatz und Produktionsmenge

[101] Eine Hochrechnung der vier fehlenden Standorte wurde nicht vorgenommen, da es sich nach Einschätzung der Betriebsbeschreibung in den Umwelterklärungen um Kleinst- bis Mittelbetriebe handelt, die die Gesamtanzahl der Beschäftigten nur unwesentlich erhöhen dürfte.

sich auch deutlich in der Bedeutung der EMAS-Standorte bezogen auf die Gesamtbeschäftigung wieder.

Land/Jahr	**EU**	**D**	**EU-14**
Durchschnitt 1996/97	1712,7	518	1194
Beschäftigte (n=171)	108	94	14
Anteil EMAS in %	~ 6 %	~ 18 %	~ 1 %

Tab. 48: Beschäftigungsanteil der EMAS-Standorte in der EU (eigene Erhebung, vgl. Anhang 24)

Ergibt sich für die EU insgesamt noch ein durchschnittlicher Anteil der EMAS-Standorte an der Gesamtbeschäftigung in der Branche von ca. 6 %, so fällt er bei gesonderter Betrachtung ohne Deutschland (EU-14) mit ca. 1 % marginal aus. In Deutschland liegt der Anteil hingegen mit ca. 18 % deutlich über dem EU Durchschnitt.

Über die Struktur der Standorte mit EG-Öko-Audit-Registrierung gibt Tabelle 49 Auskunft. Nach Anzahl der Mitarbeitern beurteilt können 31 der 171 untersuchten Standorte als Kleinbetriebe (< 50 Mitarbeiter) betrachtet werden. Drei dieser Betriebe fallen mit 4, 7 und 9 Beschäftigten sogar in die Definitionskriterien von Kleinstbetrieben (< 10 Mitarbeiter)[102]. Der Schwerpunkt der EG-Öko-Audit-Standorte in der Chemieindustrie liegt bei Standorten mit mittleren und großen Betriebsgrößen von über 50 Beschäftigten. Gut ein Drittel der Standorte (35 %) hat zwischen 50 und 250 Mitarbeiter und knapp jeder Fünfte Standort (18 %) zwischen 250 und 500 Mitarbeiter. Etwa 30 % der Standorte fallen nach Anzahl der Mitarbeiteranzahl alleine in die Definitionskriterien von Großunternehmen (> 500 Beschäftigte). Die drei größten Standorte beschäftigen alleine 11.000, 8.700 und 8.400 Mitarbeiter. Die fünf größten Standorte stehen für 36 % der Gesamtbeschäftigten.

Standortgröße nach Mitarbeitern	**< 10**	**< 50**	**< 250**	**< 500**	**≥ 500**
EMAS Anzahl (n= 171)	3	28	59	31	50
EMAS in %	2 %	16 %	35 %	18 %	29 %

Tab. 49: Unternehmensstruktur der EMAS-Standorte nach Mitarbeitern (eigene Erhebung, vgl. Anhang 24)

Die durchschnittliche Mitarbeiteranzahl pro Standort lag bei 621 Beschäftigten.

[102] Nach den Kriterien der Europäischen Union Unternehmen mit weniger als 10 Mitarbeitern (vgl. EEA, 1998, S. 9).

7.2.2.2 Beurteilung nach Umsatz

Insgesamt 94 Standorte haben in ihren Umwelterklärungen bzw. der Erhebung zu den wirtschaftlichen Rahmendaten Angaben zum Umsatz auf Standortebene gemacht. Daraus lässt sich ein Umsatzvolumen von 17.750 Mio. ECU [103] ermitteln (vgl. Tab. 50). Der durchschnittlich Umsatz pro Mitarbeiter liegt bei 300.000 ECU[104].

Umsatz in Mio. ECU	**EU**	**D**	**EU-14**
Durchschnitt 1996/97	370.000	93.900	276.100
EMAS-Standorte (n = 94)	16.036	11.258	4.778
Hochrechnung (n = 173)	~ 29.000	~ 20.000	~ 8.000
Anteil EMAS in %	~ 8 %	~ 22 %	~ 3 %

Tab. 50: Umsatzanteil der EMAS-Standorte in der EU (eigene Erhebung, vgl. Anhang 24)

Um eine Abschätzung des Umsatzes für die Gesamtheit der untersuchten Standorte vornehmen zu können, wurde der Grundumsatz der Gruppe der 94 auf einer pro-Beschäftigten-Basis auf alle 171 Standorte über vorhandene Angaben zur Mitarbeiteranzahl hochgerechnet[105]. Daraus folgt ein geschätzter Gesamtumsatz der EG-Öko-Audit-Standorte in der europäischen Chemieindustrie von ca. 29.000 Mio. ECU. Er liegt damit etwas höher als der weltweite Umsatz des größten europäischen Chemieunternehmens, der BASF AG (28.360 Mio. ECU) bezogen auf das Jahr 1997 (vgl. Anhang 2). Daraus kann ein durchschnittlicher Umsatzanteil der EG-Öko-Audit-Standorte in der Europäischen Union von knapp 8 % ermittelt werden. Dieser differenziert sich nach Ländergruppen auf 22 % für Deutschland und knapp 3 % für die restlichen EU-Staaten.

7.2.2.3 Beurteilung nach Produktionsmenge

Insgesamt 138 Umwelterklärungen bzw. Standortfragebögen waren Angaben zur Gesamtmenge der Produktion in Tonnen zu entnehmen. Daraus ergibt sich eine Gesamtproduktionstonnage von ca. 42 Millionen Tonnen, wovon 43 % auf Deutschland entfallen und 57 % auf die restlichen EU-Staaten (vgl. Tab. 51). Dies lässt im Vergleich der zugrunde liegenden Beschäftigtenzahlen auf eine stärkere Konzen-

[103] Die zugrunde gelegten Referenzkurse der nationalen Währungen in ECU auf Jahresbasis sind in Anhang 23 abgebildet.

[104] Der durchschnittliche Umsatz pro Mitarbeiter variiert je nach NACE-Bereich zwischen 165.000 ECU (DG 24.4 Pharmazeutische Erzeugnisse, n = 10) bis zu 420.000 ECU (NACE 24.1 chemische Grund-stoffe, n = 36) (vgl. Anhang 24).

[105] Die 94 Standorte mit Umsatzangaben stehen für folgende Abdeckung der Grundgesamtheit von n = 171 auf Mitarbeiterbasis: 60.057 oder 56 % (EU), 51.450 oder 54 % (D), 8.607 = 62 % (EU-14)

tration von Standorten der massenstromintensiven Grundstoffchemie außerhalb Deutschlands schließen. Hochgerechnet auf einer pro Mitarbeiterbasis ergibt sich ein geschätztes Produktionsvolumen aller EG-Öko-Audit-Standorte in der chemischen Industrie von ca. 50 Mio. Tonnen.

Produktionstonnage in Mio. t	**EU**	**D**	**EU-14**
EMAS-Standorte (n = 138[106])	42,3	18,3	24,0
Hochrechnung (n = 171)	~ 52	~ 22	~ 30

Tab. 51: Produktionsanteil der EMAS-Standorte in der EU (eigene Erhebung, vgl. Anhang 24)

7.2.3 Zugänglichkeit der Umwelterklärungen

Ein grundlegendes Untersuchungskriterium für die Operationalisierung der Methodik zur Bewertung der kontinuierlichen Verbesserung nach der EG-Öko-Audit-Verordnung bzw. der Umweltleistung in der chemischen Industrie ist die Zugänglichkeit der Umwelterklärungen der EG-Öko-Audit-Standorte. Während durch die schriftliche Erhebung zusammen mit telefonischen Nachfragen 98,5 % der angefragten Originalumwelterklärungen zugänglich waren (bezogen auf alle 202 angeschriebenen Unternehmen), ergibt sich ein deutlich differenzierteres Bild für die Zeitdauer bis zur Zusendung und vor allem für die Veröffentlichung der vereinfachten Umwelterklärungen. Auch bezüglich der dauerhaften Beteiligung der Unternehmen an der EG-Öko-Audit-Verordnung deuten sich Vorbehalte an.

7.2.3.1 Zugänglichkeit und Art der Originalumwelterklärungen

Die Rücklaufquote der ersten schriftlichen Erhebung betrug Ende August 62 %. Das heißt, 76 Standorte bzw. 38 % der angeschriebenen Unternehmen hatten binnen zwei Monaten keine Umwelterklärung versandt. 43 davon kamen binnen sechs Wochen der erneuten Bitte in einem Erinnerungsschreiben nach. Die restlichen 33 Originalumwelterklärungen mussten durch zusätzliche Telefonnachfragen und -recherchen erhoben. Dazu kommt, dass verschiedene Unternehmen deutlich länger als die von der EG-Kommission im Revisionsvorschlag zur EG-Öko-Audit-Verordnung vorgesehenen Dreimonatsfrist bis zur Veröffentlichung / Vorlage bei der zuständigen Stelle beanspruchen (vgl. EG-Kommission 1998, S. 9f.). Die Zeitspanne

[106] Die 140 Standorte mit Angaben zur Produktion in t stehen für folgende Abdeckung der Grundgesamtheit von n = 173 auf Mitarbeiterbasis: 90.557 oder 84,1 % (EU), 79.833 oder 85,2 % (D), 11.724 = 76,3 % (EU-14)

zwischen Validierung der Umwelterklärung und Veröffentlichung lag bei bis zu 13 Monaten[107] [108].

In insgesamt neun Fällen wurden für Poolstandorte gemeinsame Umwelterklärungen erstellt, für die mehrere Standorteintragungen beteiligter Gesellschaften vorgenommen wurden. Die Anzahl der Standorteintragungen pro gemeinsamer Umwelterklärung lag dabei zwischen 2 und 5. Die Auswertung der Daten aus externer Sicht wird dabei dadurch erschwert, dass zum Teil nur aggregierte Daten für alle gemeinsam am Standort tätigen Gesellschaften veröffentlicht wurden[109]. Allerdings kann es für die Öffentlichkeit auch verwirrend bzw. unnötig komplex sein, wenn nach außen als zusammengehörig betrachtete Gesellschaften bzw. Chemiestandorte unterschiedliche Umwelterklärungen vorlegen würden.

7.2.3.2 Veröffentlichung vereinfachter Umwelterklärungen

Für die kontinuierliche Bewertung der Umweltleistung sind die jährlich zu erstellenden vereinfachten Umwelterklärungen von besonderer Bedeutung. Von den in der Untersuchung berücksichtigten 175 Standorten hatten 142 ihre erste Umwelterklärung bis Ende Oktober 1997 validiert. Sofern sie nicht vom Umweltgutachter davon befreit wurden, sollte daher - unter Berücksichtigung einer Dreimonatsfrist zur Veröffentlichung – von jedem untersuchten Standort mindestens eine vereinfachte Umwelterklärung bis spätestens Ende Januar 1999 vorgelegt worden sein. Unter Abzug der befreiten Unternehmen (22) und derjenigen Standorte, zu denen keine Angaben vorlagen (5), verbleiben somit 115, die jährlich ihre wichtigsten Umweltdaten und Veränderungen vereinfacht zusammenfassen sollten (vgl. Abb. 3).

[107] Firmengruppe Schönenberger, Magstatt. Die Validierung des Standortes erfolgte am 16. Dezember 1997, während die Fertigstellung des Drucks der Umwelterklärung nach Auskunft des Umweltbeauf-tragten der Firma erst Ende Januar 1999 vollzogen war. In anderen Fällen wurde beispielsweise ein Standort im März 1997 validiert, die Herausgabe der Umwelterklärung erfolgte im Oktober 1998 bzw. die Validierung erfolgte im August 1997, die Umwelterklärung wurde aber erst im Oktober 1998 herausgegeben.

[108] Die Ursachen hierfür lagen nach telefonischen Auskünften in mangelnden personellen Ressourcen, technischen Problemen (z. B. bei Layout und Druck) sowie anderen Prioritäten durch interne Umstruk-turierungen bzw. Firmenübernahmen-, verkäufe oder -fusionen.

[109] Akros Chemicals GmbH, Akzo Nobel Chemicals und Akzo-PQ Silica GmbH für den Standort Düren, BayerAG und Bayser Faser GmbH für den Standort Dormagen; Werk 1 und 2 der Herberts GmbH für den Standort Stade; HMR Höchst Marion Roussel für die Standorte Frankfurt (2), Bad Soden und Hattersheim; Werk 1, 2 und 3 der Hüls AG für den Standort Herne; Hüls AG, Bayer Buna GmbH, Katalysatorenwerke Hüls GmbH, PolymerLatex GmbH & Co. KG und Styrenix Kunststoffe GmbH & Co. KG für den Standort Marl, die Merkle/ratiopharm GmbH für die Standorte Ulm, Blaubeuren und Weiler sowie die Solvay Alkali GmbH und die Solvay Interox GmbH für den Standort Bernburg.

Davon haben 75 Standorte (65 %) jährlich vereinfachte Umwelterklärungen erstellt[110] und diese ohne zeitlichen Verzug vorlegen können.

Ungefähr jeder fünfte Standort (22) erstellt keine vereinfachte Umwelterklärung[111]. Die Gründe hierfür werden - nach telefonischer Auskunft – unter anderem darin gesehen, dass dafür keine Kapazitäten vorhanden sind, kein Bedarf gesehen wird oder die Anforderung bisher nicht bekannt war. Etwa jeder sechste Standort (18 Unternehmen bzw. 16 %) kommt nur ungenügend jährlichen Veröffentlichungsforderungen nach. Dabei werden in 6 % der Fälle (7 Standorte) zwar jährlich interne Umweltberichte erstellt bzw. die wichtigsten Zahlenangaben fortgeschrieben, jedoch werden diese der interessierten Öffentlichkeit nicht vor Erstellung der nächsten vollständigen Umwelterklärung zugänglich gemacht[112].

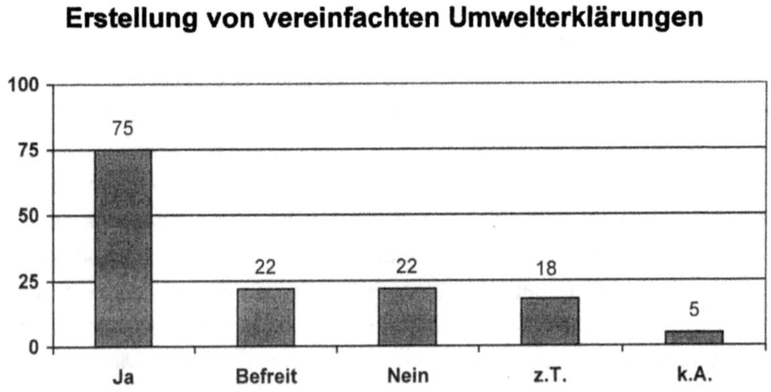

Abb. 48: Erstellung von vereinfachten Umwelterklärungen (eigene Erhebung, vgl. Anhang 24)

Weitere 11 der untersuchten Standorte (10 %) waren mit der Erstellung der vereinfachten Umwelterklärung mehr als drei Monate im Verzug (4 Fälle) oder haben im Validierungszyklus eine vereinfachte Umwelterklärung ausfallen lassen (7 Fälle).

---

110 Insgesamt fünf Standorte beziehen sich dabei auf die Fortschreibung ihrer Umweltdaten im Jahresbericht der Muttergesellschaft ohne weitere Kommentierungen zu EMAS-relevanten Aspekten.

111 Dies erscheint um so gravierender, als in mehr als jedem vierten Fall in der vom Umweltgutachter validierten Originalumwelterklärung die Veröffentlichung einer vereinfachten Umwelterklärung bzw. die jährliche Fortschreibung der wichtigsten Daten festgeschrieben wurde.

112 Davon gaben zwei Standorte an, dass die vereinfachte Umwelterklärung für interessierte Personen-kreise im Werk ausliegen würde, sowie dass einzelne Daten gezielt nachgefragt werden könnten. In keinem der Fälle war aber eine vereinfachte Umwelterklärung extern zugänglich.

Dabei sind nach Angaben der Unternehmen zwischen den Standorten, die vom Umweltgutachter von der Erstellung vereinfachter Unternehmen befreit wurden, und den Nichterstellern keine signifikanten Unterschiede in der Betriebsstruktur (z. B. nach Größe der Beschäftigten) festzustellen (vgl. Tab. 52).

Betriebsgröße in Mitarbeiter	**Min.**	**Ø**	**Max.**	**> 250 MA**
Befreite Standorte (n = 22)	4	227	1.000	8
Nichtersteller (n = 22)	10	220	1.600	3

Tab. 52: Vergleich der Betriebsstruktur nach MA bezüglich der Erstellung von vereinfachten Umwelterklärungen (eigene Erhebung, vgl. Anhang 24)

Zur Betriebsstruktur der Standorte, die keine vereinfachte Umwelterklärung erstellen („Nichtersteller") und derjenigen, die vom Umweltgutachter befreit wurden, lassen sich über die Anzahl der Beschäftigten keine signifikanten Unterschiede feststellen. Beide Gruppen liegen bezüglich der durchschnittlichen Mitarbeiterzahl (220 bzw. 227) ähnlich deutlich unter dem Mittel aller EG-Öko-Audit-Standorte (625). Auffällig ist dabei, dass jeweils sehr große Standorte von Gutachtern befreit wurden bzw. trotz Nichtbefreiung auf die Erstellung verzichten (vgl. Maximalwerte). Insgesamt 8 von 22 der befreiten Standorte und 3 von 22 der Nichtersteller können in die Gruppe der Mittel- bis Großbetriebe eingestuft werden (> 250 Mitarbeiter).

7.2.3.3. Fortsetzung der Beteiligung und Veröffentlichung der zweiten Umwelterklärung

Von den 15 Standorten, die bis Ende 1995 validiert wurden, konnten zu dreizehn Standorten Angaben über die Fortsetzung der Beteiligung und die weitere Veröffentlichung validierter Umwelterklärungen erhoben werden. Davon hat knapp die Hälfte bereits eine oder mehrere validierte Folgeumwelterklärungen vorgelegt (6 Standorte). Jeder vierte der Standorte ist im Vergleich zu den in den Originalumwelterklärungen genannten Zeitpunkten im Verzug. Weitere 3 Standorte haben sich bereits gegen die weitere Beteiligung am EG-Gemeinschaftssystem zum Öko-Audit ausgesprochen bzw. werden sich deregistrieren lassen[113]. Die genannten Beweggründe lagen in der weltweiten Bedeutung und Akzeptanz der ISO 14001, die parallel zur EG-Öko-Audit-Verordnung umgesetzt wurde sowie im mangelnden Kundeninteresse am EG-Öko-Audit-System.

[113] Die frühere Hoechst Trevira GmbH, Offenbach; die Unichema Chemie GmbH in Emmerich und die Union Chemieerzeugnisse GmbH in Berlin

7.2.3.4 Verfügbare Basisdaten

Die Daten aus der Originalumwelterklärung werden als Basis für die Evaluierung der kontinuierlichen Verbesserung herangezogen. In den meisten Fällen liegen dabei die Daten des Jahres vor der Validierung zugrunde. Dies erscheint deswegen gerechtfertigt, da bereits während der Vorbereitung auf die Validierung betriebliche Schwachstellen entdeckt und behoben werden können. Für 3 der 175 ausgewerteten Umwelterklärungen konnte nicht ermittelt werden, auf welches Basisjahr sich die enthaltenen Daten beziehen. Die genaue Aufteilung ist in Tabelle 53 dargestellt.

Basisdaten	**k. A.**	**1994**	**1995**	**1996**	**1997**
Anzahl gesamt	3	17	65	86	4
Anzahl Deutschland	3	13	53	64	1
Anzahl EU-14	0	4	12	22	3

Tab. 53: Basisjahr für Daten aus der ersten Umwelterklärung (eigene Erhebung, vgl. Anhang 21)

Dabei ist jedoch zu berücksichtigen, dass sich umfassende Investitionen in prozess- oder produkttechnische Verbesserungsmaßnahmen z.T. erst mit größeren Timelags umsetzen lassen. Das heißt, das Basisjahr für die Messung der kontinuierlichen Verbesserung bleibt erhalten, für die praktische Erfolgsmessung ist jedoch die Messung über längere Zeiträume von besonderer Bedeutung. Auf Basis der vorliegenden OUE und der vereinfachten Umwelterklärungen bzw. Folgeumwelterklärungen ergibt sich dabei folgende Situation: Für insgesamt 98 Standorte kann die Verbesserung über ein Jahr beurteilt werden, für 47 Standorte über zwei Jahre und für elf Standorte über drei Jahre (vgl. Tab. 54). Für insgesamt 77 Standorte waren keine den Basiszahlen der OUE folgenden Jahresdaten verfügbar.

Vergleichsjahre in Bezug auf Basisdaten	**0**	**1**	**2**	**3**
Anzahl Standorte	77	98	47	11
Anzahl Deutschland	60	73	41	8
Anzahl EU-14	17	25	6	3

Tab. 54: Vergleichsjahre in Bezug auf die Originalumwelterklärung (eigene Erhebung, vgl. Anhang 24)

Davon lagen aus Deutschland von 8 Standorten Vergleichszahlen über drei Jahre vor (Rest Europa 3), von 41 Standorten über zwei Jahre (Rest Europa 6) und von 73 Standorten über ein Jahr (Resteuropa 25). Nur die Original-Umwelterkärung lag von 60 deutschen Standorten und 17 Standorten aus „Rest-Europa" vor. Der Anteil deutscher Standorte bei den einzelnen Kategorien des Ein-, Zwei- oder Drei-Jahresvergleichs liegt damit bei zwischen 72 % und 87 %.

Für den aggregierten Vergleich von Jahreszahlen ergibt sich folgende Datenlage: Die Messung der Verbesserung zwischen 1994 und 1995 ist auf Basis von 14 Standorten möglich, von 1995 auf 1996 sind es 56 und von 1996 auf 1997 84 (vgl. Tab. 55). Für zwei Standorte lagen bereits Zahlenvergleiche von 1997 auf 1998 vor.

Standortdaten im Jahresvergleich	**94-95**	**95-96**	**96-97**	**97-98**
Anzahl Standorte	14	56	84	2
Anzahl Deutschland	11	44	62	2
Anzahl EU-14	3	12	22	0

Tab. 55: Anzahl der Standortdaten im Jahresvergleich (eigene Erhebung, vgl. Anhang 24)

Jeweils zu etwa drei Viertel aller Fälle liegen Angaben zu der Zahlenentwicklung 1994-95, 1995-96 und 1996-97 von deutschen Unternehmensstandorten vor. Die Bedeutung der restlichen EU-Mitgliedsstaaten (EU-14) ist mit insgesamt ca. 25 % für Standorte in elf Ländern als untergeordnet einzustufen.

7.2.4 Zusammenfassung

Gemessen an der Anzahl der Mitarbeiter oder dem Produktionsumsatz haben sich bis einschließlich 1998 zwischen 6 und 8 % der europäischen Chemieindustrie am EG-Öko-Audit-System beteiligt. Dabei ergibt sich eine deutliche Differenzierung zwischen der Situation in Deutschland und den restlichen Mitgliedsstaaten der EU. In Deutschland beläuft sich der Anteil öko-auditierter Chemiebetriebe gemessen an der Anzahl der Mitarbeiter auf 18 % und nach am Umsatzanteil auf 22 %. Bereinigt man die europäischen Zahlen um die hohen Beteiligungsquoten in Deutschland, so sinkt der Anteil der öko-auditierten Standorte auf ca. 1 %. Bemerkenswert ist dabei die breite Beteiligung von Standorten unterschiedlichster Unternehmensgrößen. Etwa jeder fünfte beteiligte Standort beschäftigt weniger als 50 Mitarbeiter. Über die Hälfte der Standorte verfügt mit Beschäftigtenzahlen von 50 bis 500 Mitarbeiter über eine mittelständische Struktur. Die verbleibenden 20 % können als Großunternehmen eingestuft werden.

Kritisch zu beurteilen ist die generelle Zugänglichkeit der Umwelterklärungen für die Öffentlichkeit. Vor allem was die regelmäßige Bereitstellung von Informationen in den vereinfachten Umwelterklärungen betrifft, ergeben sich Defizite in der Informationsbereitstellung für interessierte Kreise. Nur gut die Hälfte der Standorte legt im Jahresrhythmus fortgeschriebene Leistungsdaten in vereinfachten Umwelterklärungen vor. Ungefähr jeder sechste Standort ist nach eigenen Angaben davon befreit. In etwa jeder dritte Standort kommt der Verpflichtung nicht oder nur unter Einschränkungen nach. Für die Öffentlichkeit entfällt somit in jedem zweiten Fall die Möglichkeit der jährlichen Verfolgung der Umweltleistung anhand von vereinfachten Umwelterklärungen.

7.3 Darlegung der Umweltleistung in Umwelterklärungen

Nachfolgend wird der Einsatz von Umweltkennzahlen und -zielen auf Basis der in den Umwelterklärungen enthaltenen Angaben untersucht. Die Strukturierung der einzelnen Untersuchungsbereiche erfolgt nach den Bereichen und Leistungsparametern des modularen Berichterstattungskonzepts für die chemische Industrie.

Vor dem Hintergrund der geringen Verfügbarkeit von Basisdaten für europäische Standorte außerhalb Deutschlands wird die nachfolgende Analyse auf Umwelterklärungen deutscher Standorte eingeschränkt. Um eine repräsentative Vergleichsgruppe zu den Ergebnissen für Deutschland abzugrenzen, müssten sonst alle restlichen europäischen Standorte – undifferenziert nach geographischer Lage, Stand der Umweltgesetzgebung oder der Bedeutung des Umweltschutzes in der Volkswirtschaft – zusammen betrachtet werden. Dies wird als nicht sinnvoll eingeschätzt. Eine gesamteuropäische Betrachtung inklusive Deutschland würde ebenso die Ergebnisse verzerren.

7.3.1 Stand der Darlegung von Umweltzielen

7.3.1.1 Grundlagen der Analyse

a) Quantifizierte Umweltziele

In den 133 untersuchten Umwelterklärungen deutscher Standorte wurden insgesamt 1270 Umweltziele ermittelt. Nach den methodischen Vorgaben aus Kapitel 6.2.2.1 wurden nur die für den Außenstehenden konkreten Ziele ausgewertet, d.h. die quantifizierte Vorgaben enthalten und sich auf einen vorgegebenen Umsetzungshorizont beziehen bzw. nachprüfbare Maßnahmen zur Zielumsetzung enthalten. Sie sind in Anhang 25 dargestellt. Nicht standortbezogene Umweltziele wurden nicht einbezogen[114]. In acht Fällen waren die Angaben aus der Umwelterklärung nicht auswertbar, in der Regel weil die Ziele eines Poolstandortes nicht auf die einzelnen Standorteintragungen herunterzubrechen waren.

[114] Beispielsweise die konzernbezogene Vorgabe des Unternehmens 3M, bis zum Jahr 2000 die Senkung des Abfallanteils in der Produktion um 50 % und Einsparung des spezifischen Energiever-brauchs um 35 % zu erreichen (Basis = 1990).

Insgesamt 94 der verbleibenden 125 Standorte hatten in der Originalumwelterklärung oder in Folgeumwelterklärungen mindestens ein quantifiziertes Umweltziel veröffentlicht (75 %). 29 Standorte hatten keine quantifizierten Umweltziele veröffentlicht (23 %). Drei Standorte hatten keine Ziele veröffentlicht, sondern nur einzelne Maßnahmen oder mögliche Projekte angegeben.

Es wurden 305 konkrete Ziele mit quantitativen Vorgaben ermittelt. Bezogen auf die Grundgesamtheit von 1270 Umweltzielen ergibt sich ein Quantifizierungsanteil von knapp einem Viertel (24 %). Der Großteil der quantifizierten Umweltziele war dabei in validierten Originalumwelterklärungen enthalten. Nur ein Anteil von weniger als 9 % der Umweltziele wurde in vereinfachten Umwelterklärungen oder Folge-Umwelterklärungen veröffentlicht. Die Auswertung der Analyse der konkreten Ziele ist in Anhang 26 zusammengefasst.

b) Bereiche

Umweltziele aus dem Bereich Abfall haben mit ca. 23 % (vgl. Abb. 4) den größten Anteil unter allen quantifizierten Vorgaben. Weitere Bereiche, in denen häufig quantifizierte Umweltziele veröffentlicht wurden, beinhalten Abluft, Abwasser, Energie und Wasser mit jeweils 14 - 16 % Anteil. Ca. 6 % aller quantifizierten Umweltziele beziehen sich auf den Materialverbrauch, ca. 4 % auf Transportfragen. Die Bereiche Gesundheit und Sicherheit haben mit keinem bzw. zwei von 305 untersuchten Zielen eine untergeordnete Bedeutung.

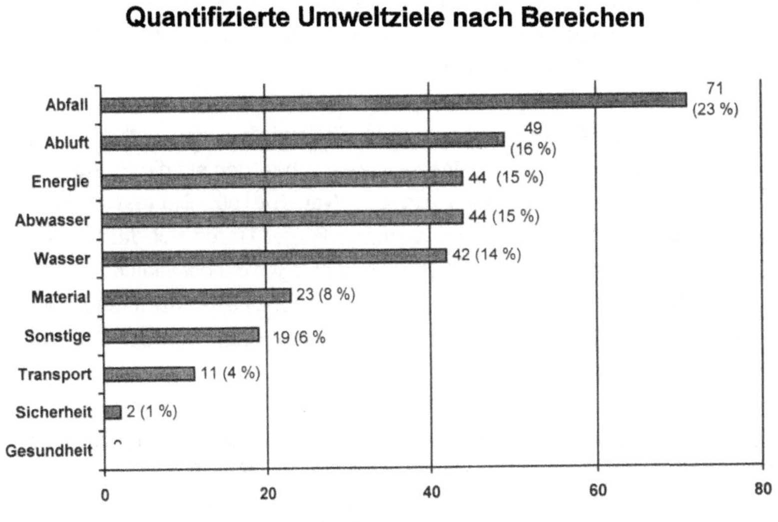

Abb. 49: Quantifizierte Umweltziele nach Bereichen (n = 305): (eigene Erhebung, vgl. Anhang 26)

Unter dem Bereich 'Sonstige' spielen quantifizierte Produkteziele mit insgesamt sechs von 19 Nennungen die wichtigste Rolle. Weiterhin wurden in jeweils vier Fällen Ziele in den Bereichen Lärmschutz, Standortbegrünung und Umweltmanagement (z.B. Lieferantenbewertungen) quantifiziert.

c) Absolute und relative Zielformulierungen

Ferner wurden die Ziele auf ihre Art der Quantifizierung hin untersucht. Das Ergebnis ist in Abbildung 50 dargestellt.

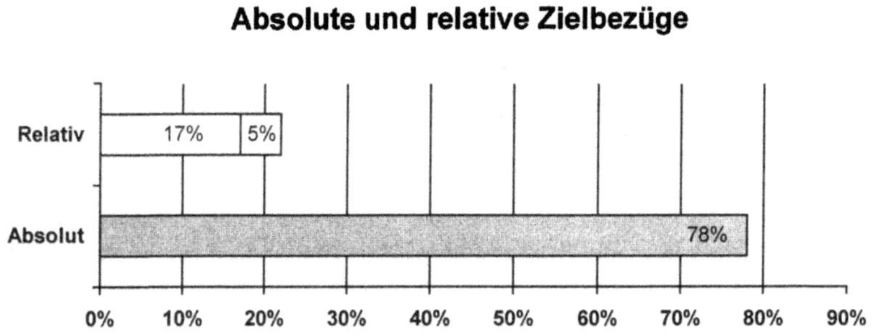

Abb. 50: Absolute und relative Zielbezüge im Vergleich (eigene Erhebung, vgl. Anhang 26)

78 % der Ziele sind absolut formuliert. Knapp ein Viertel der Ziele hat einen relativen Zielbezug. Davon sind 17 % leistungsbezogen in Bezug auf eine bestimmte Basisgröße formuliert, i.d.R. die realisierte Produktion. 5 % der Zielvorgaben sind leistungsneutral als Quote festgelegt. Indexierte oder gewichtete Zielbezüge (vgl. Kap. 4.3.1.3) wurden nicht verwendet.

Von den insgesamt 52 leistungsbezogenen Zielformulierungen enthielten 20 Ziele allgemeine Relativierungen des Zielbezugs wie „ ... bezogen auf die Produktion" oder „ ... Senkung des *spezifischen* Verbrauchs ..." (vgl. Tab. 56). Die restlichen 32 Ziele enthielten konkrete Bezugseinheiten. Darunter ist der Bezug auf den Produktionsoutput in Kilogramm oder Tonnen mit 19 Spezifizierungen der dominante Faktor (60 %). In jedem fünften Fall bezieht sich die Relativierung auf einen Konzentrationswert. Der Anteil für 'Sonstige' (z.B. pro Mitarbeiter, pro Quadratmeter Bürofläche) beläuft sich ebenso auf knapp 20 %.

Leistungsbezogenen Zielvorgaben (n=51)	**Allgemein**	**pro kg Output**	**Konzentration (z.B. mg/l)**	**Sonstige**
Art	21	19	6	6

Tab. 56: Art der leistungsbezogenen Zielvorgaben (eigene Erhebungen, vgl. Anhang 26)

14 Ziele enthielten Bezüge auf eine leistungsneutrale Quote. Im häufigsten Fall bezog sich diese auf den Verwertungsanteil bei Abfällen (7). Die restlichen Fälle beziehen sich auf verschiedene andere Quoten, beispielsweise den Anteil umweltfreundlicher Produkte am Gesamtoutput, den Anteil des Recyclingpapiereinsatzes in der Verwaltung oder den Anteil von Einweggebinden bei der Anlieferung von Rohstoffen.

d) Zielhorizont

Von den 305 ermittelten Zielvorgaben wurden 296 hinsichtlich des festgelegten Zielerreichungstermins untersucht (vgl. Abb. 51). Der am häufigsten formulierte Zielhorizont beträgt zwei Jahre (33 %). In 24 % der Fälle sollen die Ziele binnen eines Jahres umgesetzt werden. 27 % aller Ziele haben einen Ereichungshorizont von drei Jahren. Sechs von sieben Umweltzielen sollen somit innerhalb der maximalen Revalidierungszeit von drei Jahren erreicht werden. Nur jede siebte Zielvorgabe ist somit mittel- bis langfristig formuliert. Der durchschnittliche Zielhorizont aller quantifizierten Umweltziele liegt bei 2,4 Jahren.

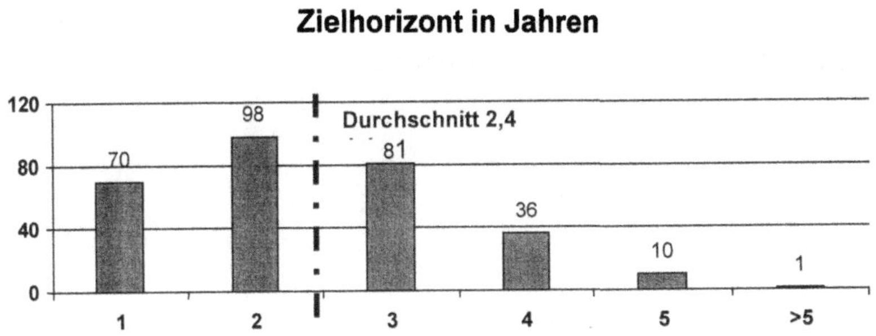

Abb. 51: Zielhorizont in Jahren (eigene Erhebungen, vgl. Anhang 26)

7.3.1.2 Analyse nach Leistungsparametern

Nachfolgend werden die ermittelten Zielvorgaben in Bezug auf die für die Quantifizierung verwendeten Leistungsparameter analysiert. Die Untersuchung orientiert sich dabei an den acht Bereichen der Umweltleistungsbewertung für die chemische Industrie. Es erfolgt ein Abgleich zwischen den formulierten Zielvorgaben und den vorgeschlagenen 24 Untersuchungsparametern für die Umweltleistungsbewertung.

Die Einstufung der Übereinstimmung erfolgt nach den drei Kategorien 'vollkommene', 'teilweise' und 'keine' Übereinstimmung. Als 'teilweise Übereinstimmung' wurden Zielformulierungen eingestuft, die

- die gleiche Zielrichtung verfolgten wie der nach dem modularen Berichtskonzept vorgeschlagene Untersuchungsparameter, jedoch in unterschiedlichen, nicht konvertierbaren Einheiten;
- anstelle der jährlichen Auswirkungen für den gesamten Standort nur Angaben für einzelne Anlagen oder Stichproben zu bestimmten Zeitpunkten enthielten (z.B. Abwasserkonzentrationen in mg/l statt Jahresfrachten in Tonnen);
- einzelne Fraktionen oder Verbrauchsquellen für die Zielquantifizierung einbeziehen, nicht aber den gesamten Umfang des Untersuchungsparameters abdecken (z.B. nur energiebedingte CO_2-Emissionen statt der gesamten Emissionen oder nur der Stromverbrauch anstelle des Gesamtenergieverbrauchs).

Die Ergebnisse für die 133 untersuchten Standorte sind in Anhang 26 enthalten.

a) Materialverbrauch

Insgesamt wurden 23 Zielsetzungen zum Materialverbrauch analysiert (vgl. Tab. 57). Etwa ein Viertel davon nimmt Bezug auf den Leistungsparameter # 1 ('Rohstoffausbeute'). Alle anderen Quantifizierungen beziehen sich auf einzelne Stoffströme ('Andere'). Keine der untersuchten Zielgrößen nimmt Bezug auf den Anteil nachwachsender Ressourcen (Leistungsparameter # 2).

No.	Leistungsparameter	n	Ganz	Zum Teil	Nicht
# 1	Rohstoffverbrauch	6	100 %	0 %	
# 2	Anteil nachwachsend	0	-	-	
	Andere	17			100 %

Tab. 57: Übereinstimmung der Materialziele mit den Leistungsparametern (eigene Erhebung)

Von den 17 verbleibenden Zielsetzungen im Materialbereich beziehen sich neun auf einzelne Hilfsstoffe (v.a. Lösemittel), vier auf den Verpackungsmitteleinsatz und je zwei auf Optimierungen im Bereich Gefahrstoffe bzw. Büromaterial.

Energieverbrauch

Untersucht man die formulierten Energieziele auf die Übereinstimmung mit den vorgeschlagenen Leistungsparameter, ergibt sich folgendes Bild (vgl. Tab. 58):

No.	Leistungsparameter	n	Ganz	Zum Teil	Nicht
# 3	Energieverbrauch	42	24 %	73 %	
# 4	Regenerative Energieträger	0	-	-	
	Andere	2			100 %

Tab. 58: Übereinstimmung der Energieziele mit den Leistungsparametern (eigene Erhebung)

Von den 44 quantifizierten Energiezielen beziehen sich 42 auf den Leistungsparameter # 3 'Energieverbrauch'. Davon entsprechen 24 % der Zielvorgaben ganz der Zielrichtung des modularen Berichtskonzepts. 76 % der Ziele entsprechen dieser zum Teil. Der Grund hierfür lag darin, dass sich ein erheblicher Teil der Ziele nur auf einen oder mehrere Energieträger bzw. auf einzelne Prozesse bezog, nicht aber auf den Gesamtverbrauch am Standort. Bezüglich des Leistungsparameters # 4 'Regenerative Energieträger' entspricht keines der untersuchten Energieziele ganz oder teilweise den ausgewählten Untersuchungsparametern für die chemische Industrie. Die verbleibenden 2 Ziele beziehen sich auf die Reduzierung des Blindstromanteils ('Andere').

Wasserverbrauch

Von den 42 Zielen aus dem Bereich Wasser wird der vorgeschlagene Leistungsparameter # 5 'Wasserverbrauch' von gut einem Viertel der quantifizierten Wasserziele direkt aufgegriffen (vgl. Tab. 59). Alle anderen Vorgaben beziehen sich zumindest teilweise auf die Kenngröße. Dies ist der Fall, wenn sich die Quantifizierung nur auf einen einzelnen Prozess oder nur auf eine einzelne Wasserarten bezieht, nicht jedoch auf den Gesamtverbrauch am Standort.

No.	Leistungsparameter	n	Ganz	Zum Teil	Nicht
# 5	Wasserverbrauch	42	26 %	74 %	
	Andere	0			

Tab. 59: Übereinstimmung der Wasserziele mit den Leistungsparametern (eigene Erhebung)

Abluftemissionen

Von den 49 Zielsetzungen zur Abluftsituation bezogen sich 31 ganz oder teilweise auf einen der vorgeschlagenen Untersuchungsparameter für die chemische Industrie (vgl. Tab. 60). Die häufigsten Zielsetzungen betrafen dabei Reduzierungen der VOC-, NOx- und CO_2-Emissionen.

No.	Leistungsparameter	n	Ganz	Zum Teil	Nicht
# 6	VOC	15	80 %	20 %	
# 7	SO_2	0	-	-	
# 8	NOx	8	29 %	71 %	
# 9	CO_2	8	100 %	0 %	
# 10	Weitere Treibhausgase	0	0 %	0 %	
	Andere	22			100 %

Tab. 60: Übereinstimmung der Abluftziele mit den Leistungsparametern (eigene Erhebung) (inkl. vier Mehrfachbezügen von Zielen auf verschiedene Parameter)

Für die Emission von CO_2 wurde in allen acht Fällen eine vollkommene Übereinstimmung mit dem vorgeschlagenen Untersuchungsparameter festgestellt. Dabei war aus keiner Zielsetzung ersichtlich, dass andere Treibhausgase auch reduziert werden sollten (Weitere Treibhausgase: 0 %). Zu den SO_2-Emissionen wurden keine Ziele veröffentlicht. Für die NOx-Emissionen (acht Zielsetzungen) lag der Anteil der vollkommenen Übereinstimmung bei 29 %, der Rest stand für eine teilweise Übereinstimmung. Der wesentliche Grund hierfür lag darin, dass sich die Reduzierungen nur auf einen Prozess bezogen. Mit 15 Zielsetzungen und 80 % ganzer bzw. 20 % teilweiser Übereinstimmung lag bei den VOC-Emissionen ein sehr deutlicher Bezug zu den vorgeschlagenen Untersuchungsparametern vor. Die anderen Zielsetzungen bezogen sich in vier Fällen auf die allgemeine Abluftsituation, in elf Fällen auf Staubemissionen sowie in weiteren 13 Fällen auf einzelne Abluftströme, die nicht weiter spezifiziert werden können.

Abwasseremissionen

Tabelle 61 fasst die Übereinstimmung der 46 untersuchten Abwasserziele mit den vorgeschlagenen Untersuchungsparametern zur Umweltleistungsbewertung zusammen.

No.	Leistungsparameter	n	Ganz	zum Teil	Nicht
# 11	CSB	12	83 %	17 %	
# 12	Stickstoff	7	57 %	43 %	
# 13	Phosphor	3	33 %	67 %	
# 14	Schwermetalle	3	0 %	100 %	
# 15	AOX	3	100 %	0 %	
	Andere	18			100 %

Tab. 61: Übereinstimmung der Abwasserziele mit den Leistungsparametern (eigene Erhebung) (inkl. zwei Mehrfachbezügen von Zielen auf verschiedene Parameter)

Die häufigsten Nennungen ergaben sich für Reduzierungen der CSB- und der Stickstoffemissionen. Der Anteil der ganzen Übereinstimmung lag bei 83 % bzw. 57 %. Die anderen vorgeschlagenen Untersuchungsparameter wurden nur in je drei Fällen in quantifizierten Umweltzielen aufgegriffen. Die Unterschiede in der ganzen oder nur teilweisen Übereinstimmung von Zielquantifizierungen mit den jeweiligen Leistungsparametern stammen aus dem Prozessbezug verschiedener Abwasserziele. Bei den Schwermetallen liegt der Grund in der nur teilweisen Abdeckung darin, dass diese nur auf eine Auswahl, nicht aber auf alle der vorgegebenen Schwermetalle im Abwasser ausgerichtet waren. Von den verbleibenden 18 Zielquantifizierungen im Abwasserbereich bezog sich der Großteil auf die Abwassermenge insgesamt (13). In den fünf verbleibenden Fällen waren andere Schadstofffrachten den Zielvorgaben zu Grunde gelegt.

Abfallaufkommen

Bei den 71 untersuchten Abfallzielen ist insgesamt eine hohe Übereinstimmung mit den vorgeschlagenen Leistungsparametern für die chemische Industrie festzustellen (vgl. Tab 62). Alle Quantifizierungen beziehen sich ganz oder teilweise auf die drei vorgeschlagenen Untersuchungsparameter aus dem modularen Berichtsansatz. Dabei beläuft sich die volle Kompatibilität beim Anteil gefährlicher Abfälle auf über 80 %. Beim Verwertungsanteil und dem Gesamtabfallaufkommen liegt sie bei rund 40 %. Die restlichen Zielquantifizierungen decken sich zumindest teilweise mit den entsprechenden Leistungsparametern im Abfallbereich (Verringerungen einzelner Fraktionen bzw. Prozessabfälle).

No.	Leistungsparameter	n	Ganz	zum Teil	Nicht
# 16	Gesamtabfallaufkommen	35	44 %	56 %	
# 17	davon gefährlich	6	83 %	17 %	
# 18	davon Verwertung	30	38 %	42 %	
	Andere	0			

Tab. 62: Übereinstimmung der Abfallziele mit den Leistungsparametern (eigene Erhebung)

Transportaufkommen

Von den 11 quantifizierten Transportzielen zielten drei auf Reduzierungen der Verkehrsflüsse und drei auf die Anteile einzelner Verkehrsträger. Aufgrund der geringen Anzahl von quantifizierten Transportzielen und der hohen Diversität der einzelnen Vorgaben wurde keine weitere Aufgliederung nach Bereichen vorgenommen.

Weitere Bereiche

Im Bereich der Arbeitssicherheit wurden zwei quantifizierte Zielvorgaben formuliert. Beide bezogen sich auf das Halten bzw. die Verringerung der Arbeitsunfallzahlen pro Mitarbeiter auf bzw. unter einem bestimmten Niveau. Zum Bereich Gesundheit war kein quantifiziertes Ziel veröffentlicht worden. Die 19 weiteren Zielvorgaben, die unter dem Bereich 'Sonstige' zusammengefasst wurden, sind bereits bei der Analyse der untersuchten Bereiche diskutiert worden (vgl. Kap. 7.3.1.1b).

7.3.1.3 Zusammenfassender Abgleich

Die Überprüfung der veröffentlichten Zielvorgaben mit den Untersuchungsparametern aus dem modularen Berichterstattungskonzept ergibt in 35 % der Fälle eine vollkommene und in 37 % der Fälle eine teilweise Übereinstimmung (vgl. Abb. 52). Daraus folgt, dass die vorgeschlagenen Untersuchungsparameter einem Großteil der von den Unternehmen entwickelten Leistungskriterien für die kontinuierliche Verbesserung entsprechen. Die verbleibenden 28 % der Quantifizierungen, denen kein Äquivalent aus dem modularen Berichterstattungskonzept gegenübersteht, können als standortspezifische Kennzahlen angesehen werden, für die keine vollkommene Vereinheitlichung für die gesamte Branche möglich ist.

Übereinstimmung der untersuchten Zielvorgaben mit den Untersuchungsparametern zur Leistungsbewertung

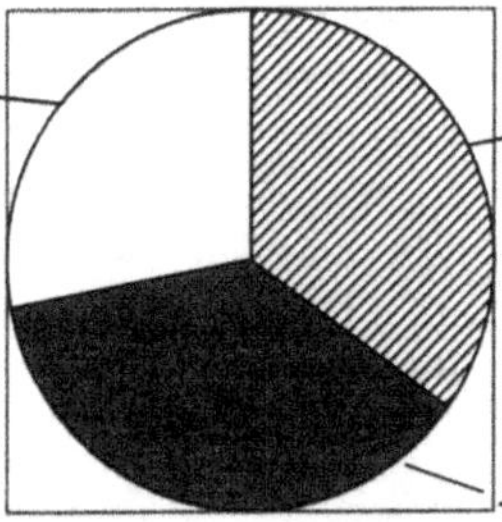

Abb. 52: Übereinstimmung der Zielquantifizierungen mit den Untersuchungsparametern zur Leistungsbewertung (eigene Erhebung)

Der relativ hohe Anteil von 37 % teilweiser Übereinstimmung lässt jedoch auf notwendige Verfeinerungen bei der Definition bzw. den Veröffentlichungspraktiken der einzelnen Untersuchungsparameter schließen.

Die am häufigsten aufgegriffenen Zielquantifizierungen beziehen sich auf die Untersuchungsparameter

- Energieverbrauch (42)
- Wasserverbrauch (42)
- Abfallaufkommen (35)
- Abfallverwertung (30)
- VOC-Emissionen (15)
- CSB-Emissionen (12)

Alle anderen Untersuchungsparameter sind mit einem Quantifizierungsanteil für deutlich kleiner als 10 % der Standorte von nachgeordneter Bedeutung.

7.3.2 Stand der Darlegung von Leistungsdaten

Um den Stand der Messung und Veröffentlichung geeigneter Parameter für die Beschreibung der kontinuierlichen Verbesserung zu erheben, wurden die vorliegenden 133 Originalumwelterklärungen aus der Chemieindustrie auf die

Bereiche der Leistungsmessung,
Art der eingesetzten Leistungsdaten (absolut oder relativ)
Bezugsgrößen für die Leistungsmessung

untersucht. Die Ergebnisse sind in Anhang 27 zusammengefasst. Nach der Analyse sollen Schlussfolgerungen zur branchenspezifischen Relevanz verschiedener Bereiche für die Umweltleistungsbewertung gezogen werden. Weiterhin solle eine Einschätzung ermöglicht werden, inwieweit die Vorgaben der EG-Öko-Audit-Verordnung in der Praxis umgesetzt werden können. Abschließend wird auf Basis der in den Umwelterklärungen enthaltenen Daten die praktische Relevanz der 24 vorgeschlagenen Untersuchungsparameter für die Umweltleistungsbewertung analysiert.

7.3.2.1 Bereiche der Leistungsmessung

Aus der Analyse der Bereiche der Leistungsmessung ergibt sich die in Abbildung 53 dargestellte Situation.

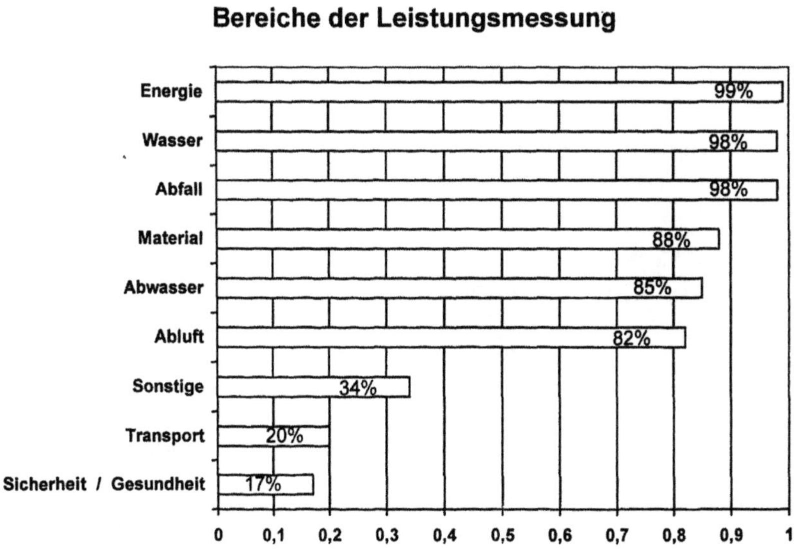

Abb. 53: Bereiche der Leistungsmessung in Umwelterklärungen der Chemieindustrie (eigene Erhebung)

Die von den Unternehmen am häufigsten in ihren Umwelterklärungen mit Leistungsdaten hinterlegten Bereiche folgen der Veröffentlichungspflicht für zusammenfassende Zahlenangaben nach der EG-Öko-Audit-Verordnung. Weitere Bereiche wie beispielsweise die von den nationalen Chemieverbänden oder CEFIC im Rahmen von Responsible Care angesprochenen Themen Sicherheit / Gesundheit oder Transport bleiben im Vergleich dazu deutlich zurück.

Allerdings kann die Umsetzung der Anforderungen an Umwelterklärungen in der Praxis nicht durchgängig bestätigt werden. Während für die Bereiche Energie, Wasser und Abfall nahezu jede Umwelterklärung mindestens eine relevante Vergleichszahl enthält, fällt der Anteil von Zahlenangaben bei den anderen Bereichen deutlich ab: nur 88 % der Umwelterklärungen enthalten mindestens eine Zahlenangabe aus dem Bereich Materialverbrauch. Für den Bereich der Abwasserkennzahlen liegt der Anteil bei 85 %. Für Abluftdaten sinkt der Wert auf 82 %. Knapp jeder fünfte Standort stellt damit keine Zahlenangaben zur Abluftsituation zur Verfügung. Aufgeschlüsselt nach Standorten ergibt sich daraus, dass nur weniger als zwei Drittel aller Umwelterklärungen pro Pflichtbereich mindestens eine zusammenfassende Zahlenangabe veröffentlichen (vgl. Abb. 54).

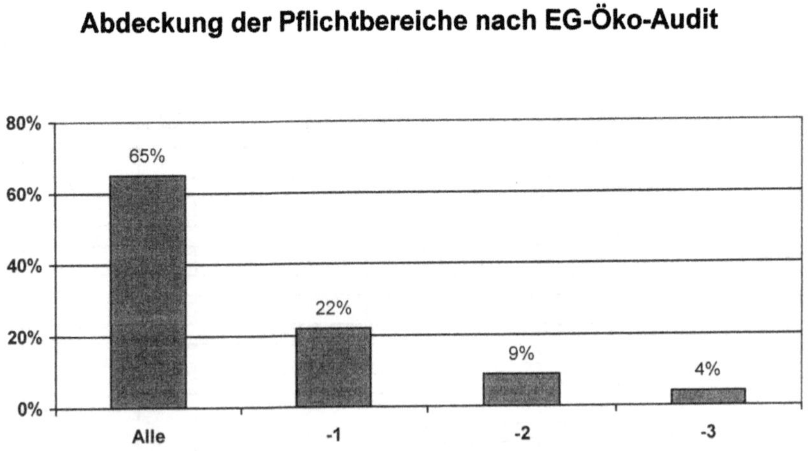

Abb. 54: Abdeckung der Pflichtbereiche nach dem EG-Öko-Audit (eigene Erhebung)

Demgegenüber enthält jede fünfte Umwelterklärung (22 %) nur Angaben zu fünf der sechs Pflichtbereiche nach dem EG-Öko-Audit. In neun Prozent der Fälle sind nur Zahlenangaben zu vier der sechs Bereiche enthalten, in vier Prozent sogar nur zur Hälfte der geforderten Bereiche.

Die branchenspezifisch von den Chemieverbänden aufgegriffenen Zusatzbereiche nach dem Responsible Care Ansatz (Transport, Sicherheit und Gesundheit) werden in weniger als einem Fünftel der Umwelterklärungen mit Zahlenangaben hinterlegt (vgl. Abb. 53). Weitere Bereiche, die in der Untersuchung unter dem Punkt 'Sonstige' aufgegriffen wurden, sind in Tabelle 63 dargestellt:

Bereich	**Anzahl Standorte**	**Prozent**
Kosten des Umweltschutzes	19	14 %
Produkte	13	10 %
Boden / Flächennutzung	9	7 %
Lärm	8	6 %
Weitere	≤ 4	≤ 3

Tab. 63: Zusatzbereiche der Leistungsmessung in Umwelterklärungen (eigene Erhebung)

Der am häufigsten genannte Aspekt unter den sonstigen Bereichen betrifft die Kosten des Umweltschutzes. Darunter wurden in erster Linie die von den Statistischen Bundesämtern geforderten Zahlenangaben zu den Investitionen und den Betriebskosten des Umweltschutzes veröffentlicht. Da diese jedoch rein End-of-the-Pipe orientiert sind und wesentliche Fortschritte im Rahmen des EG-Öko-Audit durch organisatorische oder prozessintegrierte Umweltschutzmaßnahmen gerade erzielt werden, wurden diese Kennzahlen für die weitere Analyse als nicht aussagefähig betrachtet. Alle anderen sonstigen Themen (Produkte, Flächennutzung, Lärm, Schulungen) beziehen sich mit einem Anteil von 10 % oder weniger auf Bereiche, für die keine detaillierten Auswertungen sinnvoll sind. Im Umkehrschluss können damit die acht Bereiche für die Umweltleistungsbewertung in der Chemiebranche als die in der Praxis am häufigsten benutzten bestätigt werden.

7.3.2.2 Absolute und relative Leistungsparameter

Unter allen untersuchten Bereichen mit Leistungsdaten dominieren die absoluten Kennzahlen (vgl. Tabelle 64). Sie werden in 94,6 % der Umwelterklärungen zur Darlegung der Umweltleistung eingesetzt. Relative Kennzahlen werden deutlich seltener verwendet. So werden leistungsbezogene Kennzahlen (z.B. Energieverbrauch pro kg oder Arbeitsunfälle pro Mitarbeiter) nur in jedem vierten Fall verwendet. Für leistungsneutrale Quoten (z.B. Verwertungsanteil am Gesamtabfall, Anteil nachwachsender Rohstoffe) liegt die Verwendungsquote nur bei 9 Prozent.

	Absolut	**Leistungsbezogen**	**Quote**
Kennzahlenart	94,6 %	25,3	9,1

Tab. 64: Arten von Umweltkennzahlen in Umwelterklärungen der chemischen Industrie (eigene Erhebung)

Eine ausgewogene Bewertung der Umweltleistung, wie es nur bei der gleichzeitigen Betrachtung von absoluten und relativen Kennzahlen möglich ist, ist dadurch in vielen Fällen nicht machbar. Untersucht man beispielsweise die Häufigkeit der parallelen Verwendung absoluter und relativer Kennzahlen auf Standortebene, so ergibt sich folgendes Bild:

- 43,6 % der Standorte haben zu den einzelnen Bereichen der Umweltleistungsbewertung nur absolute Kennzahlen veröffentlicht.
- Nur 31,6 % der Standorte veröffentlichen zu mindestens drei der acht Bereiche zur Umweltleistungsbewertung absolute und relative Kennzahlen. Hebt man die Schwelle auf mindestens fünf der acht Bereiche an, so sinkt der Anteil auf 9,0 % der untersuchten Standorte.

7.3.2.3 Ausgewählte Bezugsgrößen

Zur Verwendung von relativen Kennzahlen sollte weiterhin untersucht werden, welche verschiedenen Bezugsgrößen zur leistungsbezogenen Relativierung herangezogen werden (vgl. Abb. 55). Die leistungsneutralen Quoten wurden deswegen aus dieser Analyse ausgeklammert.

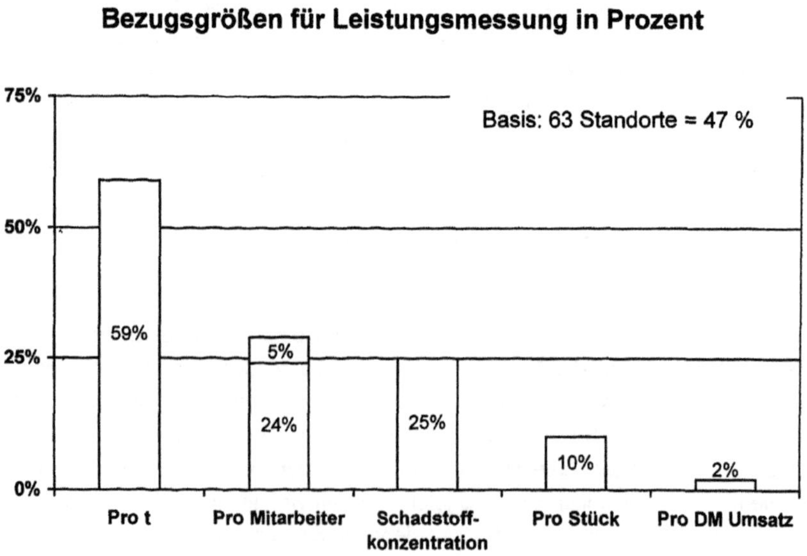

Abb. 55: Bezugsgrößen für die Leistungsmessung in Prozent (eigene Erhebung)

Insgesamt wurden bei knapp der Hälfte der untersuchten Standorte leistungsbezogene Kennzahlen formuliert (63 von 133). Die mit Abstand dominierende Relativierung ist dabei der Bezug auf die produzierte Menge in Tonnen (59 %). In der Bedeutung folgt darauf der Bezug auf die Mitarbeiteranzahl (29 %). Dabei muss allerdings berücksichtigt werden, dass sich davon 24 % alleine auf die Arbeitsunfallzahlen beziehen[115]. Die verbleibenden 5 % werden bei relativen Kennzahlen für den Ressourcenverbrauch oder Emissionen verwendet. In jedem vierten Fall werden auch Schadstoffkonzentrationen als relative Kennzahlen veröffentlicht (beispielsweise die Menge einer bestimmten Emission in mg pro Kubikmeter Abwasser oder Abluft). Alle weiteren Relativierungen wie 'pro Stück' oder 'pro DM Umsatz' sind mit 10 % bzw. 2 % der Standorte von untergeordneter Bedeutung.

7.3.2.4 Relevanz der vorgeschlagenen Untersuchungsparameter

Die Analyse der veröffentlichten Umweltziele und Leistungsdaten hat ergeben, dass hinsichtlich der Art und der Bereiche der veröffentlichten Leistungsparameter eine große Spannbreite bezüglich der Veröffentlichung von Umweltleistungsdaten besteht.

Vor diesem Hintergrund soll nun untersucht werden, inwieweit der begrenzte Satz an Untersuchungsparametern aus dem modularen Berichterstattungskonzept angewendet wird. Dazu soll pro Leistungsparameter untersucht werden, inwieweit diesbezüglich bereits die notwendigen Daten ganz oder teilweise in den Umwelterklärungen enthalten sind. Die Ergebnisse sind in Anhang 28 zusammengefasst.

Als teilweise Übereinstimmung wurde gewertet, wenn die angegebenen Kennzahlen

- die gleiche Zielrichtung verfolgten wie der nach dem modularen Berichtskonzept vorgeschlagene Untersuchungsparameter, jedoch in unterschiedlicher Definition (z.B. die Abwasserbelastung mit organischen Frachten als CSB-Wert oder als TOC-Wert).

- anstelle der jährlichen Auswirkungen für den gesamten Standort nur Angaben für einzelne Anlagen oder Stichproben zu einzelnen Zeitpunkten (z.B. Abwasserkonzentrationen in mg/l statt als Jahresfracht in Tonnen) enthielten;

- nur einzelne Fraktionen oder Verbrauchsquellen in die Kennzahlenermittlung einbeziehen, nicht aber der gesamte Umfang des Untersuchungsparameters abgedeckt wird (z.B. nur energiebedingte CO_2-Emissionen statt der gesamten Emissionen).

[115] Die von den Firmen und den Berufsgenossenschaften dazu verwendete Standardkennzahl ist die 1000 Mann-Quote, d.h. die Anzahl meldepflichtiger Arbeitsunfälle pro 1000 Beschäftigte.

Als ganze Übereinstimmung wurde gewertet, wenn die Zahlenangaben zwar aufgrund veröffentlichungs- oder umrechnungstechnischer Schwierigkeiten die Bestimmung der Kennzahlenentwicklung nicht direkt erlaubten (z.B. wegen fehlender Datenbeschriftungen in Diagrammen, nicht aggregierbaren Zahlen, fehlender Fortschreibung der Daten in vereinfachten Umwelterklärungen), die grundlegenden Angaben jedoch von den Standorten veröffentlicht wurden.

Ausgangsbasis für die Untersuchung der Übereinstimmung sind die in Kapitel 5.5.3.2. abgestimmten Kennzahlen des modularen Berichtskonzepts für die chemische Industrie, inklusive der von CEFIC hinterlegten Definitionen und Erhebungsrichtlinien (vgl. Kap. 5.2.4). Auf eine Untersuchung der vorgeschlagenen Bezugsgrößen wird an dieser Stelle verzichtet, da bereits in Kapitel 7.2.2 eine Auswertung der wirtschaftlichen Rahmendaten auf europäischer Ebene durchgeführt wurde.

a) Ressourcenverbrauch

Im Bereich Ressourcenverbrauch sind die Kennzahlen 'absoluter Energie- und Wasserverbrauch' mit deutlichem Abstand die anerkanntesten Untersuchungsparameter in den Umwelterklärungen (95 % bzw. 83 %). Bei den Energiekennzahlen sind nahezu alle Fälle der teilweisen Übereinstimmung mit der Angabe von Verbräuchen in nicht vergleichbaren Einheiten begründet (z.B. Dampf- oder Fernwärmeverbrauch in Tonnen, extern bezogene Druckluft in m^3). Insgesamt 44 % der Standorte veröffentlichen den Rohstoffverbrauch in Tonnen.

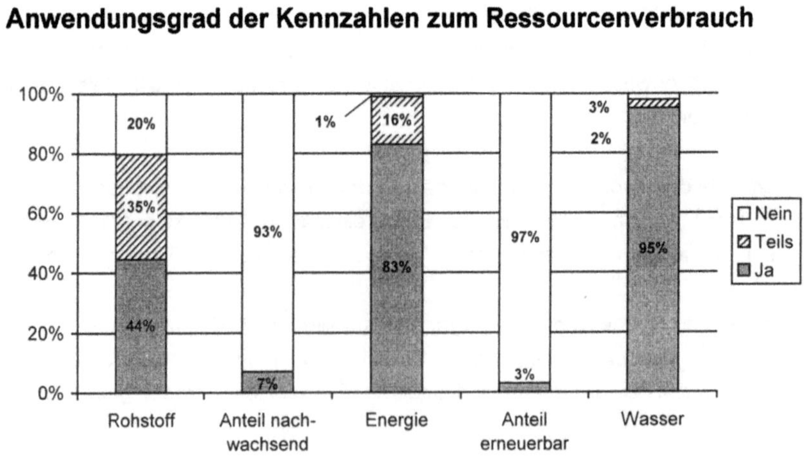

Abb. 56: Anwendungsgrad der Kennzahlen zum Ressourcenverbrauch (eigene Erhebung)

Weitere 35 % der Standorte veröffentlichen Angaben zu einzelnen Rohstoffen, ohne jedoch eine Gesamtsumme anzugeben. In 20 % der untersuchten Umwelterklärungen sind keine Zahlenangaben zum Rohstoffverbrauch enthalten, obwohl diese explizit von der EG-Öko-Audit-Verordnung nach Art. 5(3)c eingefordert werden. Betrachtet man die Zahlenangaben zum Einsatz nachwachsender Ressourcen, so sieht die Bilanz sehr ernüchternd aus: Nur 9 der 133 untersuchten Standorte (7 %) weisen den Einsatz nachwachsender Rohstoffe im Vergleich zur Gesamtmenge eingesetzter Rohstoffe aus. Nur vier der 133 Standorte veröffentlichen Zahlen zum Einsatz regenerativer Energiequellen. Die in der Nachhaltigkeitsdebatte wesentliche Diskussion des Einsatzes nachwachsender Ressourcen (vgl. Kap. 5.4.1.1) wird damit in den Umwelterklärungen nur untergeordnet thematisiert.

Auf Basis der hohen Akzeptanzquoten werden die Untersuchungsparameter 'Energieverbrauch' und 'Wasserverbrauch' für die Umweltleistungsbewertung im Bereich Ressourcenverbrauch ausgewählt. Von einer Bewertung der Entwicklung des Rohstoffverbrauchs wird aus zwei Gründen abgesehen: Einerseits sind die Datenerfassungsgrundlagen noch nicht gut genug abgegrenzt (vgl. den hohen Anteil an teilweiser Übereinstimmung). Andererseits wird die Kennzahl mehr als allgemeine Informationsgröße zum Materialverbrauch eingesetzt und weniger als konkrete Steuerungsgröße für ökologische Entlastungen. Für die Bewertung der Umweltleistung müssten einzelne Stoffe oder spezifische Eigenschaften wie Gefährdungspotentiale, Toxizitäten oder die biologische Abbaubarkeit näher untersucht werden. Dies ist jedoch auf aggregierter Ebene nicht möglich (vgl. Kap. 5.5.3.2 und 7.3.1.2).

b) Abluftemissionen

In ca. 40 – 50 % der Umwelterklärungen sind Kennzahlen zu den Parametern leichtflüchtige Kohlenwasserstoffe (VOC), Schwefeldioxid (SO_2), Stickoxide (NOx) und Kohlendioxid (CO_2) enthalten. Die Kennzahlen können als gut eingeführt betrachtet werden, da kaum Fälle von teilweiser Übereinstimmung auftraten. Allerdings sind in ca. 50 % der Fälle entweder keine der Zahlenangaben in den Betrieben bekannt, nicht zutreffend oder nicht veröffentlicht. Bezüglich der anderen Treibhausgase haben die Standorte nur in wenigen Fällen ganz oder teilweise von dem Untersuchungsparameter vorgeschlagene Sachverhalte angesprochen (5 %). Für die verbleibenden 95 % der Fälle sind (abgesehen von CO_2-Emissionen) keine weiteren Treibhausgase angegeben.

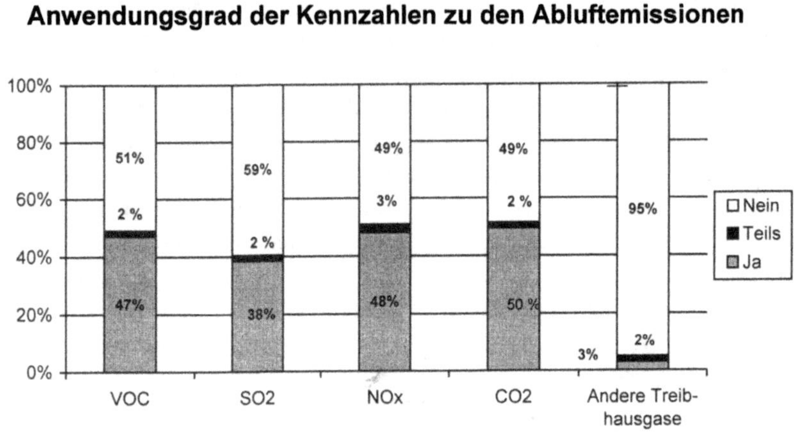

Abb. 57: Anwendungsgrad der Kennzahlen zu den Abluftemissionen (eigene Erhebung)

Für die branchenbezogene Umweltleistungsbewertung werden nach Häufigkeit der Nennung die VOC-, SO_2-, NOx- und CO_2-Emissionen herangezogen.

c) Abwasseremissionen

Mit zwischen 62 % und 86 % überwiegen bei den Abwasseremissionen die Anteile der Standorte, die keine der ausgewählten Untersuchungsparameter veröffentlichen.

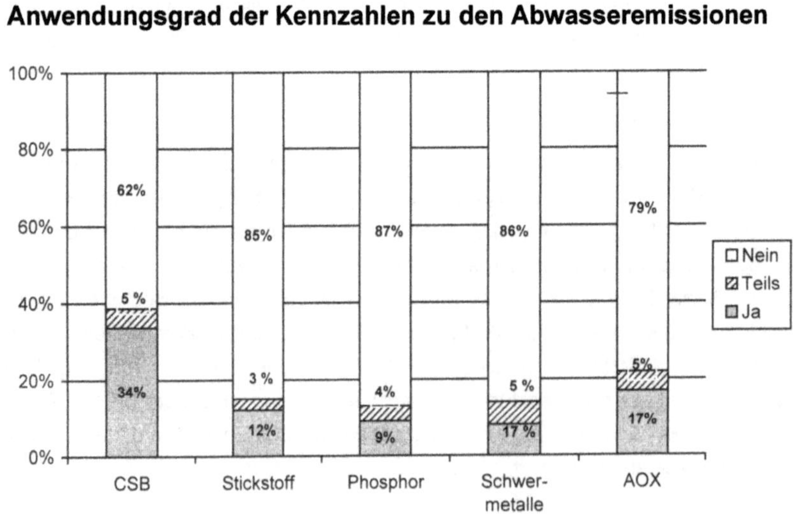

Abb. 58: Anwendungsgrad der Kennzahlen zu den Abwasseremissionen (eigene Erhebung)

In jeweils drei bis sechs Prozent der Fälle wurde eine teilweise Übereinstimmung festgestellt. Größtenteils handelte es sich dabei um Standortangaben, die sich nicht auf die Jahresfracht in Tonnen, sondern auf stichpunktartig erhobene Schadstoffkonzentrationen im Abwasser bezogen. Um belastbare Leistungsdaten zu erhalten, müssten diese über die gesamte Abwassermenge auf Jahresbasis hochgerechnet werden. Um auch die Abwassersituation in der Umweltleistungsbewertung miteinbeziehen zu können, wurde mit den CSB-Emissionen die relativ am häufigsten angegebene Abwasserkennzahl ausgewählt (34 %).

6 % bzw. 8 % der Standorte veröffentlichen teilweise oder ganz die von CEFIC festgelegten Schwermetallemissionen. In Bezug auf die vom Verband ausgesprochene Empfehlung der Angabe der enthaltenen Schwermetallfrachten ergibt sich die in Tabelle 65 dargestellte Situation.

Schwermetalle	**As**	**Cd**	**Cr**	**Cu**	**Hg**	**Ni**	**Pb**	**Zn**
in %	1 %	4 %	4 %	7 %	5 %	8 %	3 %	5 %

Tab. 65: Ganze/teilweise Übereinstimmung in Bezug auf zu veröffentlichende Schwermetallemissionen (eigene Erhebung)

Für keine der angegebenen Schwermetallfrachten übersteigt der Anteil der Standorte mit relevanten Zahlenangaben 10 %.

d) Abfallaufkommen

Mit 77 % Übereinstimmung stellt das Gesamtabfallaufkommen den am breitflächigsten angewendeten Untersuchungsparameter zur Bewertung der Abfallsituation. Darauf folgt mit 59 % der Verwertungsanteil am Gesamtaufkommen. Für die branchenbezogene Leistungsbewertung werden diese beiden Kennzahlen herangezogen. Der Anteil gefährlicher Abfälle liegt mit 34 % der Standorte bereits deutlich zurück. Auffällig ist bei allen drei Kennzahlen der jeweils hohe Anteil an teilweiser Übereinstimmung (15 – 20 %). Im größten Teil der Fälle ist dies darauf zurückzuführen, dass zwar umfassende Angaben zur Ermittlung der drei Kennzahlen vorlagen, jedoch auf Grund nicht aggregier- bzw. umrechenbarer Erfassungseinheiten nicht zu einer Gesamtzahl für den Standort zusammengefasst werden konnten.

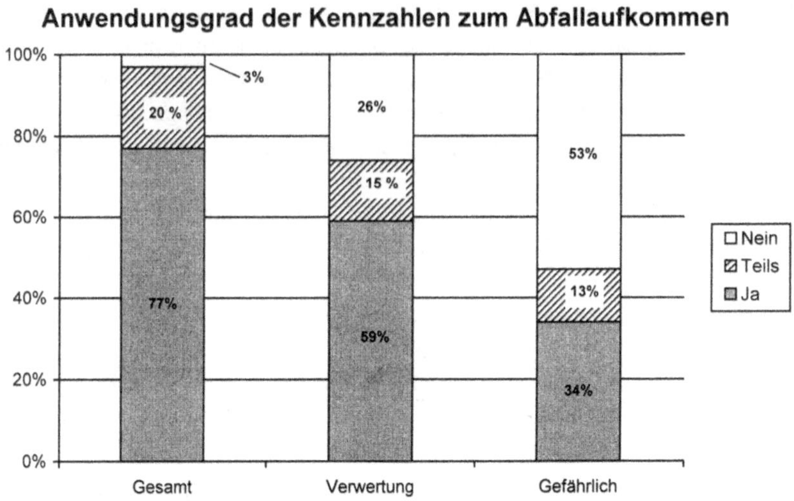

Abb. 59: Anwendungsgrad der Kennzahlen zum Abfallaufkommen (eigene Erhebung)

g) Transport

Keiner der untersuchten Standorte veröffentlichte Zahlen zu Unfällen bei der Distribution von am Standort hergestellten Produkten.

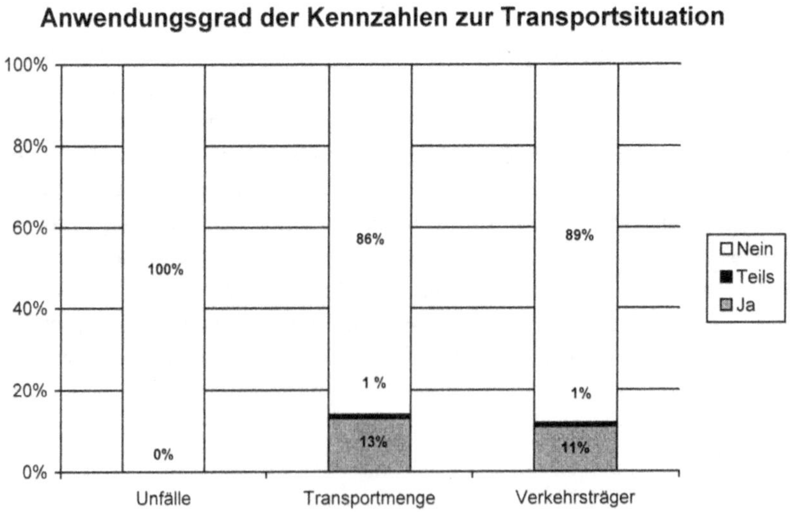

Abb. 60: Anwendungsgrad der Kennzahlen zur Transportsituation (eigene Erhebung)

Zur Transportmenge und den Anteilen der Verkehrsträger machten zwischen 11 % und 13 % der Standorte Angaben. Auf dieser Basis wurde keiner der vorgeschlagenen Untersuchungsparameter für die Umweltleistungsbewertung ausgewählt.

Sicherheit und Gesundheit

Keiner der untersuchten Standorte thematisierte die von CEFIC übernommenen Untersuchungsparameter 'Berufskrankheiten' und 'tödliche Unfälle'. Um dennoch auf eine Kennzahl zur Leistungsbeurteilung im Bereich Sicherheit und Gesundheit zurückgreifen zu können, wurde die Anzahl der Arbeitsunfälle pro Mitarbeiter ausgewählt. Sie wurde zwar nur in 17 % der untersuchten Umwelterklärungen veröffentlicht, stellt aber aufgrund der langjährigen und gesetzlich geregelten Erhebung dieser Zahlen durch die Unternehmen und die Berufsgenossenschaften eine aussagefähige Beurteilungsgrundlage dar.

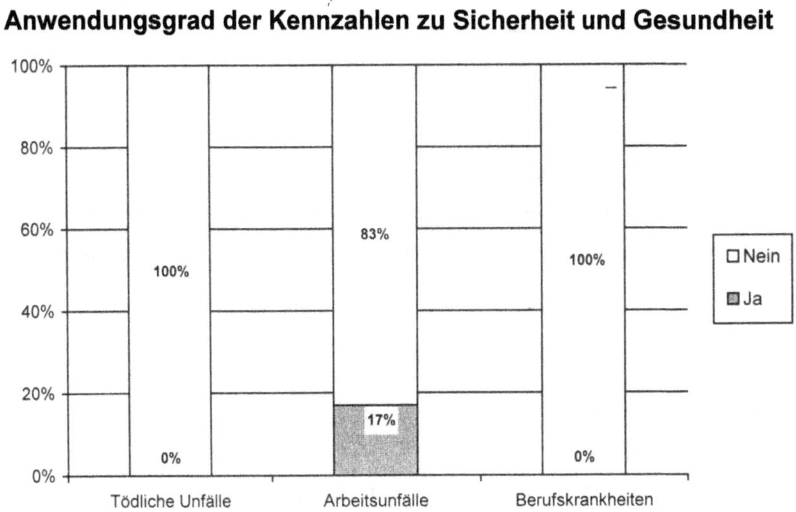

Abb. 61: Anwendungsgrad der Kennzahlen zu Sicherheit und Gesundheit (eigene Erhebung)

7.3.2.5 Beurteilung nach Akzeptanzgrad

Die Parameter Energie-, Wasser- und Rohstoffverbrauch, Abfallaufkommen und -verwertungsanteil sowie die VOC-, CO_2-, NOx-Emissionen können mit einem Übereinstimmungsgrad von größer als 50 % der untersuchten Standorte als allgemein relevante und angewendete Kennzahlen festgehalten werden. Die Kennzahlen zum Transportaufkommen, den Verkehrsträgerquoten, den Arbeitsunfällen, den Anteilen erneuerbarer Energien bzw. nachwachsender Rohstoffe sowie die Stickstoff-, Phosphor-, Schwermetall-, AOX-Emissionen im Abwasser sowie die Emissionen von anderen Treibhausgasen als CO_2 in die Luft sind mit einem Übereinstimmungsgrad von kleiner als 25 % entweder nur für einen Teil der Chemiestandorte relevant oder noch nicht ausreichend als relevanter Parameter in der Branche eingeführt. Die Parameter Transportunfälle, Berufskrankheiten und tödliche Unfälle finden auf Basis der untersuchten Umwelterklärung keine Anwendung in der standortbezogenen Umweltkommunikation.

Ergebnisse nach Unternehmensgröße

Um mögliche Unterschiede des Anwendungsgrads der Untersuchungsparameter in Abhängigkeit von der Unternehmensgröße herauszufinden, wurde für Klein-, Mittel- und Großunternehmen eine ABC-Klassifizierung durchgeführt. Dazu wurde jeweils der Anteil der vollkommenen Übereinstimmungen ermittelt und nach folgendem Raster bewertet:

- **„A"** = > 50 % Anwendung
- **„B"** = 26 – 50 % Anwendung
- **„C"** = 10 – 25 % Anwendung
- **„-"** = < 10 % Anwendung

Aus Tabelle 66 ist ersichtlich, dass eine Differenzierung des Anwendungsstands der Untersuchungsparameter nach Unternehmensgröße möglich ist.

Für den Großteil der Unternehmen zutreffend und praktiziert werden die Kennzahlen:

- Energieverbrauch
- Wasserverbrauch
- Gesamtabfallaufkommen
- Anteil verwerteter Abfälle
- Rohstoffverbrauch
- CO_2-Emissionen

Sie beziehen sich auf die Summenparameter zu den Ressourcenverbräuchen, die häufigsten Abfallkennzahlen sowie den CO_2-Verbrauch. Die Basisinformationen zum Ressourceneinsatz können relativ einfach aus Verbrauchsabrechnungen zusammengefasst werden. Sie sind auch für mittelständische Unternehmen relevant und aussagefähig. Die Daten zum Abfallaufkommen sind durch gesetzliche Auflagen für Abfallwirtschaftskonzepte und notwendige Entsorgungsdokumentationen relevant und teilweise direkt zu übernehmen. Zumindest die energiebedingten CO_2-Emissionen können durch einfache Umrechnungen aus dem Energieverbrauch ermittelt werden.

No.	Anwendungsgrad	0-50 MA	51–500 MA	> 500 MA
# 3	Energieverbrauch	A	A	A
# 5	Wasserverbrauch	A	A	A
# 16	Gesamtabfallaufkommen	B	A	A
# 18	Anteil verwertete Abfälle	B	A	A
# 1	Rohstoffverbrauch	B	B	B
# 9	CO_2	C	A	A
# 8	Nox	C	B	A
# 7	SO_2	C	B	A
# 6	VOC	C	B	A
# 11	CSB	-	B	A
# 17	Anteil gefährliche Abfälle	C	B	B
# 22	Arbeitsunfälle	-	C	B
# 12	Stickstoff	-	-	B
# 15	AOX	-	-	B
# 20	Verkehrsaufkommen Distribution	-	-	B
# 21	Anteile Verkehrsträger	-	-	B
# 13	Phosphor	-	-	C
# 14	Schwermetalle	-	-	C
# 2	Anteil nachwachsende Rohstoffe	C	-	-
# 4	Anteil regenerativ Energieträger	-	-	-
# 10	Weitere Treibhausgase	-	-	-
# 19	Transportzwischenfälle bei der Distribution	-	-	-
# 23	Tödliche Unfälle	-	-	-
# 24	Berufskrankheiten	-	-	-

Tab. 66: Anwendungsgrad der Untersuchungsparameter in Abhängigkeit von der Unternehmensgröße (eigene Darstellung)

Für viele Unternehmen relevant aber vornehmlich von mittleren und großen Unternehmen praktiziert werden die Kennzahlen:

- NOx-Emissionen
- SO_2-Emissionen
- VOC-Emissionen
- CSB-Emissionen
- Anteil gefährlicher Abfälle
- Arbeitsunfälle

Die Ermittlung der Emissionen in die Luft (NOx, SO_2, VOC) sowie die Messung der Abwasserbelastungen mit organischen Stoffen (CSB-Emissionen) erfordert aufwendigere Erhebungsverfahren, die nicht von allen Standorten durchgeführt werden können. Die Erhebung der Anzahl der Arbeitsunfälle pro Mitarbeiter ("1000 Mann Quote") ist erst für mittelgroße Unternehmen statistisch aussagekräftig.

Vornehmlich für Großunternehmen relevante und praktizierte Kennzahlen sind:

- Stickstoff-Emissionen
- AOX-Emissionen
- Phosphor-Emissionen
- Schwermetall-Emissionen
- Verkehrsaufkommen
- Anteile Verkehrsträger

Die Erhebung der Abwasserbelastungen erfordert aufwendigere messtechnische Maßnahmen. Die Ermittlung ist nicht für alle Standorte sinnvoll, da nicht alle Unternehmen Produktionsabwässer mit relevanten Belastungen erzeugen. Bei größeren, umweltintensiveren Produktionsstätten ist die Messung der Daten jedoch i.d.R. durch behördliche Auflagen gefordert. Auch die Erhebung von Daten zur Transportsituation ist vor allem für große Produktionsstätten sinnvoll, da von ihnen auf lokaler/regionaler Ebene relevante Verkehrsbelastungen ausgehen.

Die restlichen Untersuchungsparameter werden entweder nur untergeordnet von einzelnen Unternehmen veröffentlicht bzw. finden gar keine Anwendung in den untersuchten Umwelterklärungen. Sie lassen sich in nochmals in zwei Kategorien unterteilen: die Kennzahlen 'Anteile nachwachsender Rohstoffe', 'Anteile erneuerbarer Energieträger' und 'andere Treibhausgase' können für alle Standortgrößen relevant sein, ggf. liegen aber keine derart ausgestalteten Erfassungssysteme für die Bildung der Kennzahlen im Betrieb vor. Sie könnten in den Betrieben als Steuerungsgrößen verwendet werden, finden aber noch keinen Einzug in die Umweltberichterstattung. Ihr Einsatz muss ggf. von den Verbänden oder interessierten Stakeholdergruppen verstärkt eingefordert werden.

Davon unterscheiden sich die Parameter wie 'Berufskrankheiten', 'Anzahl tödlicher Unfälle' und 'Transportunfälle'. Sie stellen Risikogrößen dar, die sich nicht wie Verbrauchs- oder Emissionskennzahlen auf kontinuierlich anfallende Sachverhalte beziehen. Ihre quantifizierte Erfassung auf einzelbetrieblicher Ebene ist zu hinterfragen, da es sich um keine Steuerungsgröße handelt, mit der in den Betrieben „geplant" werden kann. Vielmehr handelt es sich um Einzeldaten, die erst auf Branchenebene durch die Aggregation individueller Schadensfälle aller Unternehmen zu einer aussagefähigen Informationsgröße werden.

b) Ergebnisse nach Unterbranchen

Um mögliche Unterschiede nach Unterbranche herauszufinden, wurden die Ergebnisse weiterhin nach Zugehörigkeit innerhalb der NACE-Wirtschaftsklassifizierung für Chemieunternehmen analysiert. Dazu wurden aus den 133 untersuchten Standorte die drei am häufigsten vertretenen Unterbranchen ausgewählt. Es handelt sich um (in Klammer jeweils Anzahl der Standorte):

- NACE 24.1 „Herstellung chemischer Grundstoffe" (42 Standorte)
- NACE 24.3 „Herstellung von Druckfarben, Anstrichmitteln und Kitten" (24 Standorte)
- NACE 24.4 „Herstellung pharmazeutischer Erzeugnisse" (25 Standorte)

Dabei wurden keine durchgängigen Differenzierungen nach Unterbranche festgestellt. Für verschiedene Gruppen von Parametern kann jedoch auf einzelne Besonderheiten hingewiesen werden (vgl. Anhang 28):

- Während die Kennzahlen 'Transportaufkommen', 'Verkehrsträger', 'Schwermetallemissionen' und 'Arbeitsunfälle' nahezu ausschließlich von Unternehmen der Grundstoffhersteller verwendet werden, werden diese in den Referenzgruppen 'Farben-/Lackhersteller' sowie 'Pharmaindustrie' nur in Einzelfällen eingesetzt.
- Die Abwasserparameter 'CSB', 'Stickstoff', 'Phosphor' und 'AOX' haben in der Farb- und Lackbranche nur in Einzelfällen Bedeutung, während sie wiederum bei den Grundstoffherstellern überdurchschnittlich oft dargelegt werden.
- Bei der Angabe des Rohstoffverbrauchs und des Anteils nachwachsender Rohstoffe liegen die Farb- und Lackhersteller deutlich über dem Durchschnitt, während die Anwendung bei Standorten der Grundstoffchemie und der Pharmabranche weit unter dem Durchschnitt liegt.

Weitere Analysen auch nach anderen Unterbranchen können nur nach Vorliegen einer größeren Grundgesamtheit auswertbarer Umwelterklärungen untersucht werden.

7.3.3 Vorschlag eines modifizierten Kennzahlenrasters

Aus den vorgeschlagenen Untersuchungsparametern lassen sich fünf generelle Kategorien von Kennzahlen für die chemische Industrie zusammenfassen (vgl. Abb. 62):

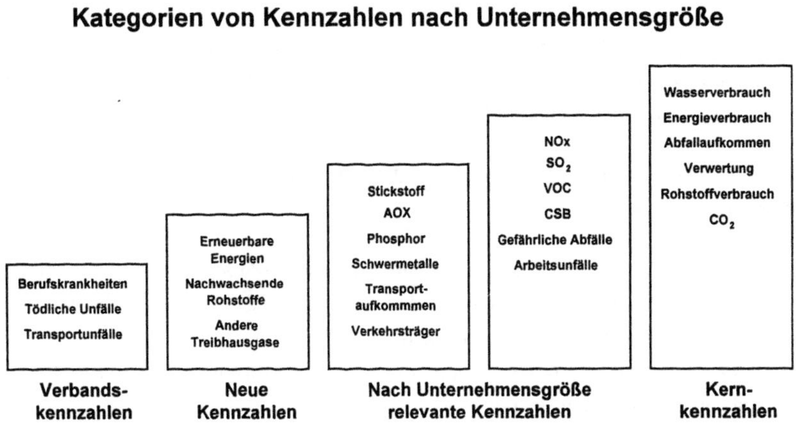

Abb. 62: Kategorien von Kennzahlen nach Unternehmensgröße (eigene Darstellung)

7.3.4 Zusammenfassung

Insgesamt fünf Bereiche liegen bei der Häufigkeit der Veröffentlichung quantifizierter Umweltziele und der Darlegung von Umweltdaten an der Spitze: Energie, Wasser, Abfall, Abluft und Abwasser. Die genannten Bereiche sind identisch mit den für Umwelterklärungen verpflichtenden Zahlenangaben nach Art. 5(3)c. Eine Zwischenstellung nimmt der Bereich Materialverbrauch ein. Zwar sind die nach Art. 5(3)c dazu geforderten zusammenfassenden Zahlenangaben im Großteil der Umwelterklärungen enthalten, allerdings spiegeln sich diese nicht entsprechend in den gesetzten Umweltzielen der Standorte wieder. Die nach dem Responsible Care Programm der chemischen Industrie über die Anforderungen des Art. 5(3)c hinausgehenden Bereiche 'Transport' sowie 'Sicherheit und Gesundheit' spielen in Umwelterklärungen nur untergeordnet eine Rolle.

Nach Art der verwendeten Zielquantifizierungen wie auch der dargelegten Umweltkennzahlen werden in drei Viertel der Fälle absolute Leistungsmaßstäbe eingesetzt (78 % der Zielquantifizierungen, 74 % der Umweltkennzahlen). In etwa einem Viertel der Quantifizierungen wird die Umweltleistung relativ beschrieben. Davon belaufen sich knapp 17 - 19 % der Fälle auf leistungsbezogene Kennzahlen und 5 - 7 % der Fälle auf leistungsneutrale Quoten. Sowohl bei den relativen Umweltzielen als auch bei den Umweltkennzahlen ist die häufigste Bezugsgröße der Produktionsoutput in Kilogramm bzw. Tonnen. Bei Kennzahlen zur Arbeitssicherheit spielt auch der Bezug zur Anzahl der beschäftigten Mitarbeiter eine Rolle.

Die Qualität der in den Umwelterklärungen dargelegten Umweltleistungsangaben aus Sicht der Öffentlichkeit ist als kritisch einzustufen. Eine effektive externe Erfolgskontrolle ist nur sehr eingeschränkt möglich. Es wurde festgestellt, dass

- etwa jeder dritte Standort keine quantifizierten Umweltziele veröffentlicht;
- nur ca. ein Viertel aller Ziele anhand konkreter Quantifizierungs- und Umsetzungsvorgaben für Außenstehende nachvollziehbar.

Aus der Analyse der veröffentlichten Umweltkennzahlen ergaben sich folgende Problemstellungen:

- Nur 65 % der Standorte decken in ihren Umwelterklärungen alle sechs von der EG-Öko-Audit-Verordnung geforderten Pflichtbereiche mit mindestens einer zusammenfassenden Zahlenangabe ab.
- In 22 % der Fälle fehlen Zahlenangaben zu einem Pflichtbereich und in 9 % der Fälle zu zwei Pflichtbereichen.

Eine umfassende Darlegung der Leistungsdaten anhand absoluter und relativer Kennzahlen wird nur für einen geringen Teil der Umweltkennzahlen vollzogen:

- In weniger als einem Drittel der Fälle werden zu mindestens drei der acht Untersuchungsbereiche gleichzeitig absolute und relative Umweltkennzahlen dargelegt.
- Fordert man einen Anteil der gleichzeitig dargelegten absoluten und relativen Leistungsparameter in mindestens fünf der acht Bereiche, so sinkt der Anteil auf 9 %.

Schließlich stellt sich die Frage, inwieweit die vorgeschlagenen Untersuchungsparameter für die Umweltleistungsbewertung mit den bisher in Umwelterklärungen dargelegten Umweltzielen und –leistungsdaten in Einklang zu bringen sind. Dabei deuten die Ergebnisse der Umweltzielanalyse auf eine hohe Relevanz der Gesamtheit der vorgeschlagenen Untersuchungsparameter hin. Ungefähr 75 % der quantifizierten Umweltziele sind ganz oder teilweise mit dem vorgeschlagenen Kennzahlensatz aus dem modularen Berichterstattungskonzept in Deckung zu bringen. Nur bei den Materialzielen wird deutlich mehr als die Hälfte der quantifizierten Ziele nicht von einem der 24 Untersuchungsparameter abgedeckt.

Aus der Analyse der Umweltdaten ergibt sich ein differenziertes Abbild der Relevanz der Untersuchungsparameter. Dabei ist auffällig, dass die Unterschiede in der Anwendung der vorgeschlagenen Untersuchungsparameter gerade durch die Größe des Standortes erklärt werden. Differenzen in der Zugehörigkeit zu verschiedenen Unterbranchen innerhalb der Chemieindustrie spielen dagegen eine geringere Rolle.

7.4. Bewertung der Umweltleistung

Für die branchenbezogene Bewertung wurden diejenigen Standorte herangezogen, für die auf Basis von Zeitreihenvergleichen ein- oder mehrjährige Trends in der Datenentwicklung ermittelt werden konnten. Die Grundgesamtheit der auswertbaren Standorte beschränkte sich damit auf die 73 Standorte, für die fortgeschriebene Daten aus vereinfachten bzw. Folge-Umwelterklärungen vorlagen.

Um zu analysieren, inwieweit diese Wachstumseffekte auch zu Steigerungen der direkten Umweltbelastungen auf Standortebene führen, sollten neben den relativen Kennzahlen zur Umweltleistungsbewertung auch die Entwicklungen der absoluten Umweltdaten untersucht werden. Die Untersuchung der absoluten Leistungsparameter zielt somit auf die Beurteilung der *Umwelteffektivität* auf Standortebene ab. Die relativen Kennzahlen spiegeln andererseits die *Umwelteffizienz* wieder. Dazu war es notwendig, dass für alle auszuwertenden Standorte auch die Entwicklung der betrieblichen Leistungserstellung verfügbar war. Als Bezugsgröße wurde dafür die Produktionsmenge in physikalischen Mengeneinheiten ausgewählt[116]. Dies war für 50 der 73 Standorte mit Vergleichsdaten möglich.

Nach der Beurteilung der untersuchten Leistungsparameter aus Kapitel 7.3.2.4 werden folgende Kennzahlen zur branchenbezogenen Bewertung der Umweltleistung herangezogen (vgl. Tab. 67):

Ausgewählte Untersuchungsparameter	**Anzahl Standorte**	**Anteil in %**
Produktionsvolumen	50	100 %
Energieverbrauch	40	80 %
Wasserverbrauch	46	92 %
Abfallaufkommen	39	78 %
Verwertungsquote	30	60 %
CSB-Emissionen	15	30 %
VOC-Emissionen	25	50 %
SO_2-Emissionen	21	42 %
NOx-Emissionen	24	48 %
CO_2-Emissionen	27	54 %
Arbeitsunfälle	15	30 %

Tab. 67: Ausgewählte Untersuchungsparameter für die Umweltleistungsbewertung (eigene Erhebung)

Die Abdeckungsrate der Standorte liegt bei zwischen 30 % und 92 %. Im Durchschnitt aller Parameter beläuft sie sich auf 50,4 %.

Um eine ausreichende Anzahl an Vergleichsdaten pro Leistungsparameter zu erhalten und eine hohe Validität der Basisdaten zu gewährleisten, wurden nach Bedarf Umrechnungen und Modifizierungen an der Datenbasis vorgenommen. Nähere Angaben dazu sind in Anhang 29 dargelegt.

Um die Veränderungen zwischen den einzelnen Standorten vergleichbar zu machen, wurden auf Basis der absoluten und relativen Kennzahlen die jährlichen prozentualen Verbesserungen im Vergleich zum Ausgangsjahr ermittelt. Für die Ermittlung der jährlichen Wachstums- bzw. Reduzierungsraten wurde der Mittelwert über die

---

[116] in vier Fällen wurden anstelle von kg, Tonnen oder m^3 Abschätzungen über den Produktionsoutput in Stück, in DM Umsatz bewertet bzw. durch allgemeine Beschreibungen des Produktionswachstums einbezogen.

Anzahl der Vergleichsjahre gebildet. Für die korrekte Abbildung von Wachstumseffekten („Zinseszinseffekte") wurde dazu das geometrische Mittel herangezogen (vgl. Woll 1992, S. 257).

Unterjährige Schwankungen zwischen dem Ausgangs- und Vergleichsjahr werden nicht einbezogen. Dabei bleibt unberücksichtigt, ob die beobachteten Veränderungsraten über einen Zeitraum von zwei, drei oder maximal vier Jahren beobachtet wurden (vgl. Kap. 7.2.3.4). Die Ergebnisse sind in Anhang 30 zusammengefasst.

Die Bewertung erfolgt dann im sowohl im einzelbetrieblichen Vergleich über die Zeit als auch im Vergleich mit geeigneten überbetrieblichen Leistungskriterien. Für den einzelbetrieblichen Vergleich werden – getrennt für absolute und relative Kennzahlen – jeweils die Lageparameter

- Durchschnitt der Veränderungen über alle Standorte sowie
- Anzahl der Verbesserungen bzw. Verschlechterungen der Kennzahlen im Vergleich zum Ausgangsjahr[117]

ermittelt. Getrennt davon werden in einer überbetrieblichen Analyse die aus der Analyse der Umweltkennzahlen und –leistungskriterien für die chemische Industrie heraus gearbeiteten Benchmarks den jeweiligen Veränderungen der Kennzahlen gegenübergestellt.

7.4.1 Auswahl geeigneter Leistungskriterien für den Vergleich

7.4.1.1 Durchschnittliche Branchenentwicklung nach VCI

Als erste branchenbezogene Vergleichsbasis zur Bewertung der einzelbetrieblichen Veränderungsraten können die durchschnittlichen jährlichen Veränderungen für die gesamte chemische Industrie herangezogen werden. Grundlage hierfür sind die vom Verband der chemischen Industrie veröffentlichten Leistungsdaten aus den Responsible Care Jahresberichten. Entsprechend der Häufigkeit der vorhandenen Standortdaten im Jahresvergleich (vgl. Kap. 7.2.3.4) wurden die Vergleichsdaten der Jahre 1995 bis 1997 als Bewertungsbasis festgehalten.

Die Basisdaten des VCI stehen für 76 - 78 % der Beschäftigten in der deutschen Chemieindustrie (vgl. VCI 1998, S. 3). Jeweils mehr als 700 der ca. 1.600 deutschen

[117] Um Verzerrungen durch geringfügige Schwankungen um den Nullwert zu vermeiden, wurde ein Toleranzwert von +- 1,5 % herangezogen, innerhalb dessen die Veränderung noch als unverändert eingestuft wurde.

Chemiestandorte haben sich an der zugrunde liegenden Umfrage beteiligt. Die Umweltkennzahlen sind in den Responsible Care Berichten jeweils als absolute Daten veröffentlicht. Zur Bildung relativer Branchenkennzahlen fehlt die Entwicklung der absoluten Produktionszahlen. Um dennoch Vergleiche auf Basis relativer Kennzahlen ziehen zu können, wurde der Produktionsindex der chemischen Industrie herangezogen (vgl. Tab. 68). Das durchschnittliche Produktionswachstum zwischen 1995 und 1997 beziffert sich dabei auf 5,3 % pro Jahr.

Produktionsindex	**1995**	**1996**	**1997**	**Ø pro Jahr**
Index: 1995 = 100	100	104,9	110,9	5,3 %

Tab. 68: Produktionsindex 1995 – 1997 der deutschen chemischen Industrie (Quelle: VCI 1999, S. 22)

Für sechs der zehn ausgewählten Beurteilungsparameter sind unmittelbar Vergleichswerte der Branche insgesamt vorhanden (Energieverbrauch, Wasserverbrauch, VOC-Emissionen, SO_2-Emissionen, NOx-Emissionen und Arbeitsunfälle/Tausend-Mann-Quote). Bei zwei Parametern kann die durchschnittliche Branchenentwicklung nur mit Einschränkungen zur Leistungsbeurteilung herangezogen werden:

- Die Angaben zu den CSB-Emissionen beziehen sich nur auf Direkteinleiter. Daher muss angenommen werden, dass sich die durchschnittliche Verringerung der direkt eingeleiteten Emissionen ähnlich wie die der Indirekteinleitungen entwickelt.

- Bei den CO_2-Emissionen beziehen sich die Zahlenangaben nur auf die energiebedingten Emissionen. Da prozessbedingte CO_2-Emissionen zwar einen bedeutenden Teil der Gesamtemissionen ausmachen, jedoch nur an einem geringen Anteil aller Chemiestandorte freigesetzt werden, wird die Entwicklung der energiebedingten CO_2-Emissionen dennoch als Vergleichsmaß für die Gesamtentwicklung aller Standorte herangezogen.

Für das Gesamtabfallaufkommen und den Anteil an verwerteten Abfällen liegen keine äquivalenten Vergleichsdaten des VCI vor[118]. Die durchschnittlichen Entwicklungen der acht ausgewählten Vergleichsparameter ist in Tabelle 69 dargestellt.

[118] Die Heranziehung der Zahlen zum Abfallaufkommen zur Beseitigung als Beurteilungsgröße für das Gesamtabfallaufkommen ist nicht sinnvoll, da durch Erhöhungen des Verwertungsanteils Reduzierungen bei den Abfällen zur Beseitigung nicht durch die gestiegenen Abfallmengen zur Verwertung kompensiert werden.

Vergleichsparameter	**1995**	**1996**	**1997**	**+/- pro Jahr absolut**	**relativ**
Energie in Mio. SKE	25,8	25,4	26,4	2,8 %	-2,5 %
Wasser in Mio. m^3	3260	3310	3520	-4,9 %	-10,2 %
CSB in Tonnen	67	50	52	-11,2 %	-16,3 %
NOx in Tonnen	39655	37435	39638	-0,0 %	-5,3 %
VOC in Tonnen	25939	19079	19579	-12,3 %	-17,6 %
SO_2 in Tonnen	65360	39052	27249	-29,2 %	-34,5 %
CO_2 in Mio. Tonnen	48,6	47,4	48,5	2,4 %	- 2,9 %
1000-Mann-Quote	27,6	23,5	22,2	n.a.	-10,3 %

Tab. 69: Jährliche Veränderungen ausgewählter VCI-Vergleichsparameter (VCI 1998, S. 6ff.)

Durchschnittliche Bewertung nach HUI

Das Hamburger Umweltinstitut hat zur Selbsteinschätzung der von den Unternehmen erzielten Verbesserungen bei der Reduzierung des Energieverbrauchs, der Emissionen in die Luft und des Abfallaufkommens gestaffelte Leistungskriterien festgelegt, die auf die vorliegende Untersuchung übertragen werden können (vgl. Kap. 5.3.2.1). Zugrunde gelegt wird eine mittlere Bewertung[119] über einen Zeitraum von drei Jahren. Die daraus ableitbaren jährlichen Verbesserungsziele sind in Tabelle 70 zusammengefasst. Sie beziehen sich ausschließlich auf relative Kennzahlen im Verhältnis zum produzierten Output.

Relative Vergleichsparameter (pro t Output)	**über 3 Jahre**	**pro Jahr**
Energieverbrauch	- 13 %	- 4,5%
Abfallaufkommen	- 15 %	- 5,3 %
Luftemissionen (NOx, SO_2, VOC[120])	- 15 %	- 5,3 %

Tab. 70: Jährliche Veränderungen ausgewählter Vergleichsparameter nach HUI (mittlere Bewertung)

7.4.1.3 Ziele des Umweltbarometer des BMU

In den Vorgaben des Umweltbarometers des BMU sind verschiedene langfristige Leistungskriterien enthalten, die für die vorliegende Untersuchung relevant sind (vgl. Kap. 5.4.1.2). Sie sind getrennt nach absoluten und relativen Vorgaben in Tabelle 71 zusammengefasst.

---

[119] Entsprechend 3 Punkten auf einer Skala von 1 bis 5 (vgl. Kap. 5.3.2.1)

[120] Übertragen auf die hier untersuchten Parameter NOx, VOC und SO_2. Von einer Einbeziehung der CO_2-Emissionen wurde abgesehen, da es sich nicht um einen Luftschadstoff i.e.S. handelt.

Vergleichsparameter	absolut	Relativ
Energieverbrauch	-	-2,3 %
Luftemissionen (NOx, SO_2, VOC)	-5,8 %	-
CO_2-Emissionen	-1,9 %	-

Tab. 71: Jährliche Veränderungen ausgewählter Vergleichsparameter: BMU-Umweltbarometer

7.4.1.4 Ziele nach BUND/MISEREOR: Zukunftsfähiges Deutschland

Auch in der BUND/Misereor-Studie sind Vorgaben zu den Zielen eines zukunftsfähigen Deutschlands enthalten, die als Kriterien für die Bewertung der ausgewählten Leistungsparameter herangezogen werden können (vgl. Kap. 5.4.1.2). Sie sind – wiederum getrennt nach absoluten und relativen Vorgaben – in Tabelle 72 zusammengefasst. Bei angegebenen Spannen mit Minimal- und Maximalwerten wurde der Durchschnitt als Vergleichskriterium übernommen.

Vergleichsparameter	absolut	Relativ
Energieverbrauch	- 1,8 %	- 4 %
VOC- und NOx-Emissionen	- 10,2 %	-
SO_2-Emissionen	-9,3 %	-
CO_2-Emissionen	-2,1 %	-

Tab. 72: Jährliche Veränderungen ausgewählter Vergleichsparameter: Zukunftsfähiges Deutschland

7.4.2 Beurteilung der Kennzahlenentwicklung

Nachfolgend wird die Entwicklung der Produktion und die der ausgewählten Untersuchungsparameter dargelegt. Pro Parameter wird für die selbe Vergleichsgruppe von Standorten jeweils die absolute und relative Entwicklung diskutiert. Die vergleichende Bewertung erfolgt in Bezug auf die Ausgangsbasis der Erstbeteiligung am Öko-Audit sowie den oben ausgewählten branchenbezogenen und öffentlichen Vergleichsmaßstäben. Die zugrunde liegenden Daten wurden standortspezifisch ermittelt und sind in Anhang 30 zusammengestellt.

7.4.2.1 Produktionsniveau

Die durchschnittliche jährliche Veränderung des Produktionsvolumens der 50 untersuchten Standorte lag bei +9,5 % (vgl. Abb. 63). Ca. zwei Drittel davon verzeichneten ein deutliches Wachstum von über 1,5 % pro Jahr. Bei 22 % der Standorte war eine Reduzierung um mehr als 1,5 % zu beobachten. Sieben Standorte mit Wachstumsraten zwischen -1,5 % und +1,5 % wurden als unverändert eingestuft. Im Vergleich dazu lag das jährliche Wachstum der chemischen Industrie in Deutschland bei +5,3 %. Im Durchschnitt weisen die EG-Öko-Audit-Standorte damit ein deutlich höheres Wachstum auf als der Branchendurchschnitt.

Jährliche Entwicklung des Produktionsvolumens in Prozent

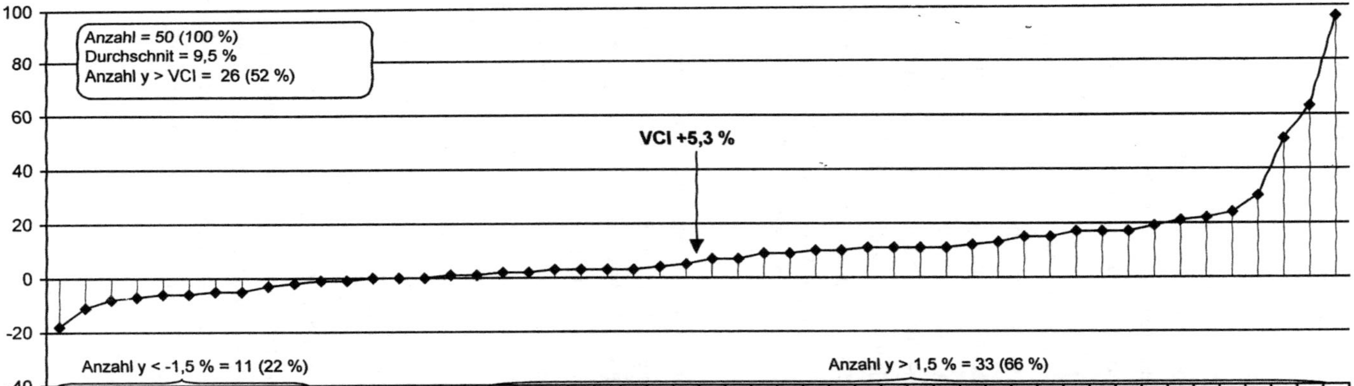

	1	2	3	4	5	6	7	8	9	10	11	12	13	14	15	16	17	18	19	20	21	22	23	24	25
in %	-18	-11	-8	-7	-6	-6	-5	-5	-3	-2	-1	-1	0	0	0	1	1	2	2	3	3	3	3	4	5

	26	27	28	29	30	31	32	33	34	35	36	37	38	39	40	41	42	43	44	45	46	47	48	49	50
in %	7	7	9	9	10	10	11	11	11	11	12	13	15	15	17	17	17	19	21	22	24	30	51	63	96

Abb. 63: Entwicklung des Produktionsvolumens in Prozent (eigene Erhebung)

7.4.2.2. Energieverbrauch

Von insgesamt 80 % der untersuchten Standorte lagen auswertbare Veränderungen zur Entwicklung des absoluten und relativen Energieverbrauchs vor. Davon haben 14 Standorte (35 %) den absoluten Energieverbrauch um mehr als 1,5 % reduziert (vgl. Abb. 64). Bei 16 Standorten (40 %) wurde ein steigender Energieverbrauch beobachtet. Die restlichen Standorte mit eine Schwankungsbreite von -1,5 % bis 1,5 % wurden als unverändert eingestuft. Die Spannungsbreite aller Daten belief sich auf zwischen -23 % und +26 %. Zum Vergleich mit überbetrieblichen Parametern können zwei Leistungskriterien herangezogen werden. Im Vergleich zum Durchschnitt der Chemieindustrie (+1,5 %) hat der größere Teil der untersuchten Standorte bessere Werte erzielt (27 Standorte oder 68 %). Immerhin 14 Standorte (35 %) erreichen oder übertreffen auch die Zielvorgabe von BUND/Misereor für ein 'Zukunftsfähiges Deutschland' (-1,8 %). Um eine Einschätzung der Umweltleistung im Verhältnis zu der Entwicklung des Produktionsvolumens durchführen zu können, werden nachfolgend die Veränderungen des relativen Energieverbrauchs untersucht (vgl. Abb. 65).

Bei 28 Standorten wurden Verringerungen des relativen Energieverbrauchs von über 1,5 % pro Jahr beobachtet. Damit konnten zwei von drei untersuchten Standorten ihre Energieeffizienz erhöhen. 28 % der Standorte verzeichneten einen Anstieg des relativen Energieverbrauchs von über 1,5 %. Ein Standort wurde als unverändert eingestuft. Die durchschnittliche Veränderung des relativen Energieverbrauchs lag bei -8,1 %. Demgegenüber lag der Durchschnitt der Chemiebranche nach VCI bei nur -2,5 %. Sechs von zehn Standorten haben sich damit stärker verbessert als der Durchschnitt der Branche. Zur Beurteilung der erreichten Leistungen können weiterhin drei externe Benchmarks herangezogen werden: das Umweltbarometer des BMU hält Verbesserungen der Energieeffizienz um 2,3 % pro Jahr für notwendig. Die respektiven Zielvorgaben nach BUND/Misereor bzw. HUI belaufen sich auf Reduzierungsquoten von 4 % bzw. 5,3 % pro Jahr. Mehr als die Hälfte der Standorte entspricht dabei in den ersten Jahren der Beteiligung am EG-Öko-Audit den anspruchsvollsten Leistungskriterien nach HUI und BUND/Misereor (52 % bzw. 54 %). 63 % der Standorte erreichen oder überbieten die vom BMU im Umweltbarometer festgelegte Zielgröße zur jährlichen Steigerung der Energieeffizienz.

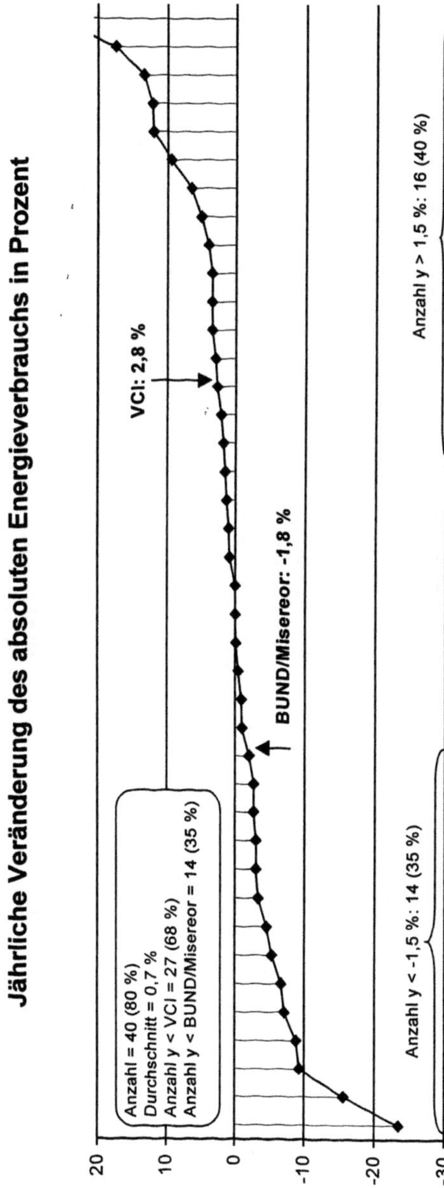

	1	2	3	4	5	6	7	8	9	10	11	12	13	14	15	16	17	18	19	20
in %	-23	-16	-9	-9	-7	-7	-5	-5	-3	-3	-3	-3	-3	-2	-1	-1	0	0	0	0

	21	22	23	24	25	26	27	28	29	30	31	32	33	34	35	36	37	38	39	40
in %	1	1	1	1	2	2	3	3	3	3	3	4	5	6	9	12	12	13	17	26

Abb. 64: Entwicklung des absoluten Energieverbrauchs in Prozent (eigene Erhebung)

Jährliche Veränderung des relativen Energieverbrauchs in Prozent

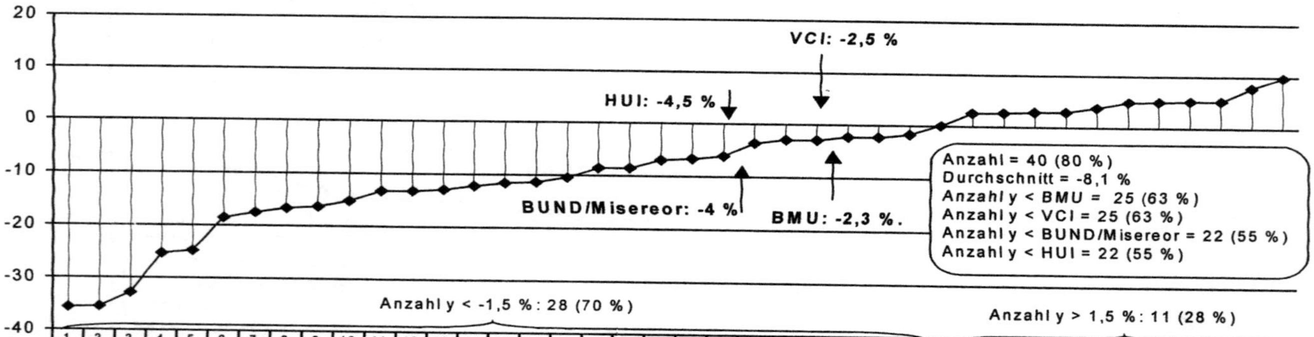

	1	2	3	4	5	6	7	8	9	10	11	12	13	14	15	16	17	18	19	20
in %	-36	-35	-33	-25	-25	-19	-18	-17	-16	-15	-13	-13	-13	-12	-12	-11	-10	-9	-9	-7

	21	22	23	24	25	26	27	28	29	30	31	32	33	34	35	36	37	38	39	40
in %	-7	-6	-4	-3	-3	-2	-2	-2	0	3	3	3	3	4	5	5	5	5	8	10

Abb. 65: Entwicklung des relativen Energieverbrauchs in Prozent (eigene Erhebung)

7.4.2.3 Wasserverbrauch

Zur Entwicklung des Wasserverbrauchs konnten von 46 Standorten absolute und relative Vergleichswerte ausgewertet werden. Dies entspricht einer Standortabdeckung von 92 % (vgl. Abb. 66). Davon wiesen vier Standorte mit einer Veränderung von zwischen -1, 5 % und +1,5 % einen nahezu unveränderten Wasserverbrauch auf. Von den restlichen Standorte zeigten 32 Standorte (58 %) eine bessere und 19 Standorte (35 %) eine schlechtere Entwicklung gegenüber dem Toleranzintervall von +/- 1,5 % auf. Der Durchschnitt aller Standorte lag bei -1,5 %. Die maximale Spannweite betrug -96 % bis +133 %. Im Vergleich dazu lag die durchschnittliche Veränderung in der Chemieindustrie insgesamt bei –4,0 % pro Jahr. Nur 19 Standorte aus der Grundgesamtheit der untersuchten Standorte zeigten diesbezüglich eine bessere Entwicklung auf (35 %). Nahezu jeder zweite von drei Standorten zeigt im Vergleich zur Gesamtbranche eine unterdurchschnittliche Performance.

Betrachtet man im Vergleich dazu die Entwicklung des relativen Wasserverbrauchs (vgl. Abb. 67), so verringert sich die Anzahl der Standorte mit steigendem Wasserverbrauch von 18 (absolut) auf 13 (relativ). Mehr als jeder vierte untersuchte Standort weist damit im Jahresvergleich eine verschlechterte Wassereffizienz auf. Weitere sechs wurden innerhalb der Toleranzgrenze von -1,5% bis +1,5 % als im Vergleich unverändert eingestuft. Die restlichen 27 Standorte zeigten eine sinkende Tendenz auf (59 %). Bei jedem vierten Standort war demgegenüber eine steigende Tendenz zu beobachten (12 Standorte). Die Spanne der relativen Veränderungen belief sich auf -96 % bis +43 %. Im Durchschnitt aller untersuchten Standorte wurde eine Veränderung von -8,9 % beobachtet. Demgegenüber betrug die durchschnittliche Einsparung des relativen Wasserverbrauchs für die gesamte Chemieindustrie -10,2 %. 18 der 46 Standorte konnten diesen Benchmark übertreffen. Etwa 60 % der untersuchten Standorte wiesen damit im Vergleich zum Branchendurchschnitt eine schlechtere Leistungsentwicklung auf.

Jährliche Veränderung des absoluten Wasserverbrauchs in Prozent pro Jahr

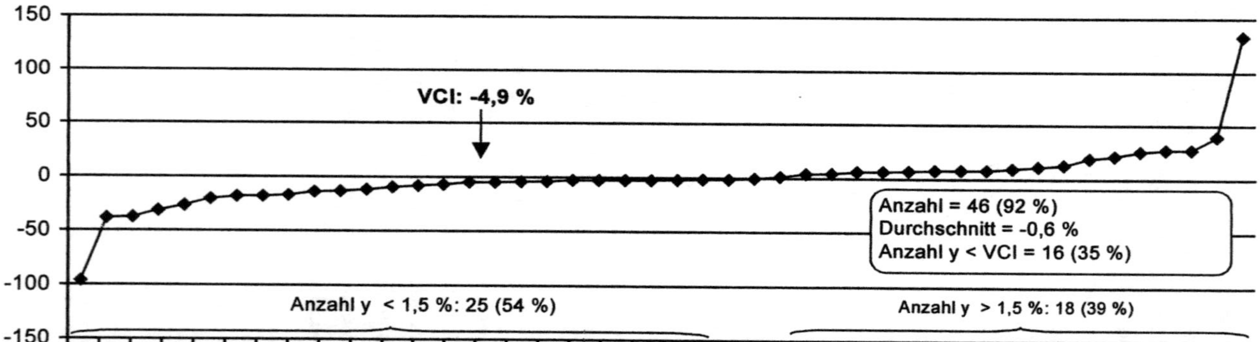

	1	2	3	5	6	7	8	9	11	12	13	14	16	17	18	19	20	22	23	24	25	26	28	29	30	31	32	34	35	36	37	39	40	41	42	43	45	46
in %	-96	-39	-38	-27	-21	-19	-18	-17	-14	-12	-10	-8	-5	-5	-4	-4	-3	-3	-3	-2	-2	-1	1	4	4	6	6	8	8	8	10	13	19	21	26	27	40	133

Abb. 66: Entwicklung des absoluten Wasserverbrauchs in Prozent (eigene Erhebung)

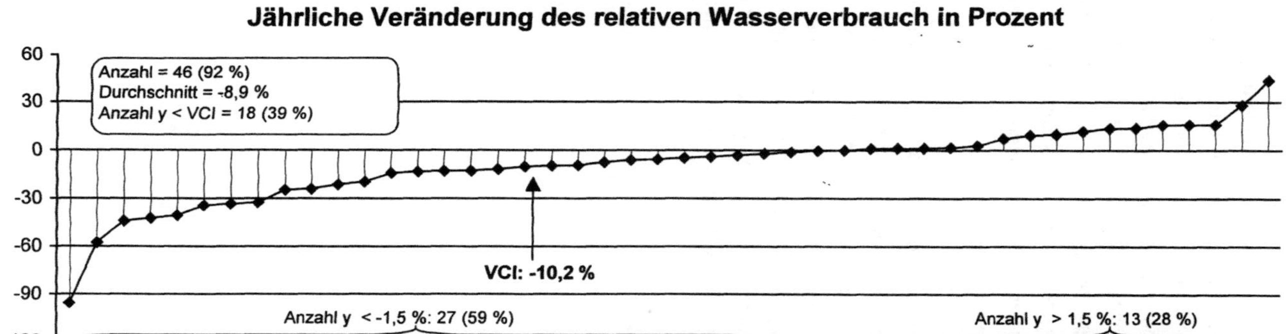

	1	2	3	4	5	6	7	8	9	10	11	12	13	14	15	16	17	18	19	20	21	22	23
in %	-96	-58	-44	-43	-41	-35	-34	-33	-25	-24	-22	-20	-14	-13	-13	-13	-12	-10	-10	-9	-7	-6	-6

	24	25	26	27	28	29	30	31	32	33	34	35	36	37	38	39	40	41	42	43	44	45	46
in %	-5	-4	-3	-2	-1	0	0	1	1	1	2	3	7	9	10	12	14	14	16	16	16	28	43

Abb. 67: Entwicklung des relativen Wasserverbrauchs in Prozent (eigene Erhebung)

7.4.2.3. Abfallaufkommen

Bei insgesamt 39 Standorten konnten die Veränderungen des absoluten und relativen Abfallaufkommens im Zeitreihenvergleich ermittelt werden (vgl. Abb. 68). Dies entspricht einer Standortabdeckung von 78 %. Nur 44 % der Standorte (22) verzeichneten dabei ein sinkendes Gesamtabfallaufkommen. Bei etwa der Hälfte aller Standorte war das absolute Abfallaufkommen im Beobachtungszeitraum ansteigend. Die Spannungsbreite der analysierten Veränderungsraten reichte von -69 % bis +120 %. Der Durchschnitt aller Standorte war mit -0,2 % nahezu unverändert. Vergleichsdaten der Branche oder andere externe Benchmarks konnten nicht zur Bewertung herangezogen werden.

Im Vergleich dazu zeigt sich bei der Entwicklung des relativen Abfallaufkommens eine deutlichere Verbesserung. Insgesamt 25 Standorte (64 %) konnten ihre Abfalleffizienz im Jahresvergleich um mehr als 1,5 % steigern (vgl. Abb. 69). Bei genau einem Drittel der Standorte war demgegenüber ein steigendes Abfallaufkommen pro Produkteinheit zu beobachten. Die Spannungsbreite der jährlichen Veränderungsraten lag zwischen -62 % und +40 %. Der Durchschnitt über alle Standorte belief sich auf -8,5 %. Vergleichswerte der Branche gesamt oder externe Ziele lagen nicht vor.

Jährliche Veränderung des absoluten Abfallaufkommens in Prozent

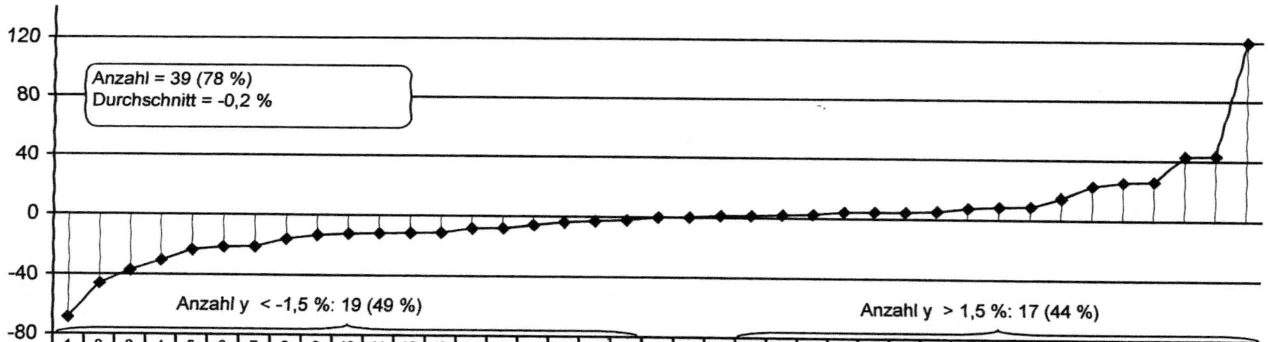

	1	2	3	4	5	6	7	8	9	10	11	12	13	14	15	16	17	18	19	20
in %	-69	-46	-37	-30	-23	-21	-21	-16	-13	-12	-12	-11	-11	-8	-8	-6	-4	-3	-2	0

	21	22	23	24	25	26	27	28	29	30	31	32	33	34	35	36	37	38	39
in %	0	1	2	2	3	4	5	5	5	8	9	9	15	23	25	26	43	43	120

Abb. 68: Entwicklung des absoluten Abfallaufkommens in Prozent (eigene Erhebung)

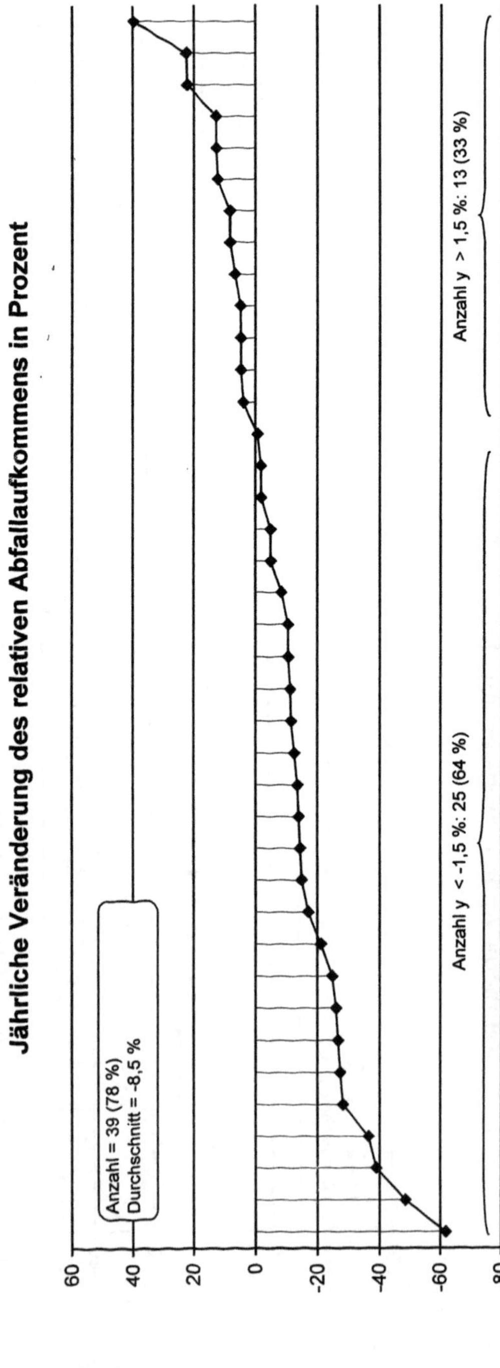

	1	2	3	4	5	6	7	8	9	10	11	12	13	14	15	16	17	18	19	20
in %	-62	-49	-39	-36	-28	-27	-27	-26	-25	-21	-17	-15	-15	-14	-14	-13	-12	-11	-11	-11

	21	22	23	24	25	26	27	28	29	30	31	32	33	34	35	36	37	38	39
in %	-8	-5	-5	-2	-2	-1	4	5	5	5	7	8	8	12	13	13	22	22	40

Abb. 69: Entwicklung des relativen Abfallaufkommens in Prozent (eigene Erhebung)

7.4.2.4 Verwertungsanteil

Für 30 der 50 Standorte (67 %) konnten Veränderungen des Verwertungsanteils an den Gesamtabfällen ermittelt werden (vgl. Abb. 70). Die Zahl der Standorte mit steigender bzw. fallender Tendenz hielt sich dabei nahezu die Waage. Im Durchschnitt ging der Verwertungsanteils um 0,9 % zurück. (= rückläufiger Verwertungsanteil). Dafür gibt es zwei Erklärungsansätze: Einerseits kann es bedeuten, dass im Jahresvergleich weniger Abfall der Verwertung zugeführt wird bzw. dafür geeignet ist. Andererseits kann ein Grund auch darin liegen, dass insbesondere Abfälle zur Verwertung besonders stark vermieden werden, und somit im Vergleich zu den herkömmlichen Abfällen zur Beseitigung eine relativ geringere Gewichtung haben. Vergleichsdaten des VCI oder externe Benchmarks konnten wie bereits beim Gesamtabfallaufkommen nicht zur Auswertung herangezogen werden.

Jährliche Veränderung des Verwertungsanteils in Prozent

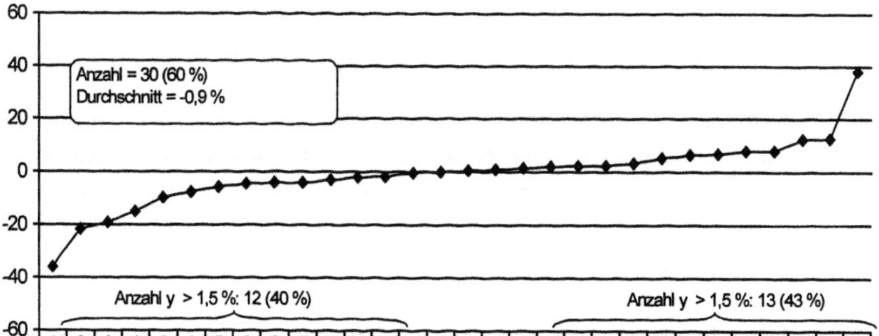

	1	2	3	4	5	6	7	8	9	10	11	12	13	14	15	16	17	18	19	20	21	22	23	24	25	26	27	28	29	30
in %	-36	-22	-19	-15	-10	-8	-6	-5	-4	-4	-3	-2	-2	0	0	0	1	1	2	2	2	3	5	6	7	8	8	12	13	38

Abb. 70: Entwicklung des Verwertungsanteils am Gesamtabfallaufkommen in Prozent (eigene Erhebung)

7.4.2.5 Emissionen Leichtflüchtige Kohlenwasserstoffe (VOC) in die Luft

Für genau die Hälfte der untersuchten Standorte konnten die absoluten und relativen Veränderungen der VOC-Emissionen ermittelt werden. Bei den absolut emittierten Mengen wiesen 19 (76 %) eine sinkende und 5 (20 %) eine steigende Tendenz auf. Die Schwankungsbreite der beobachteten Veränderungen lag zwischen -71 % und +50 %. Die durchschnittliche Entwicklung aller Standorte belief sich auf -10 %. Demgegenüber lag der Durchschnitt der Chemieindustrie in Deutschland (VCI) bei -12,3 %. 11 der 25 Standorte mit Angaben zu den absoluten VOC-Emissionen lagen damit in der Höhe der Verbesserungen über dem Branchendurchschnitt (44 %).

Jährliche Veränderung der absoluten VOC-Emissionen in Prozent

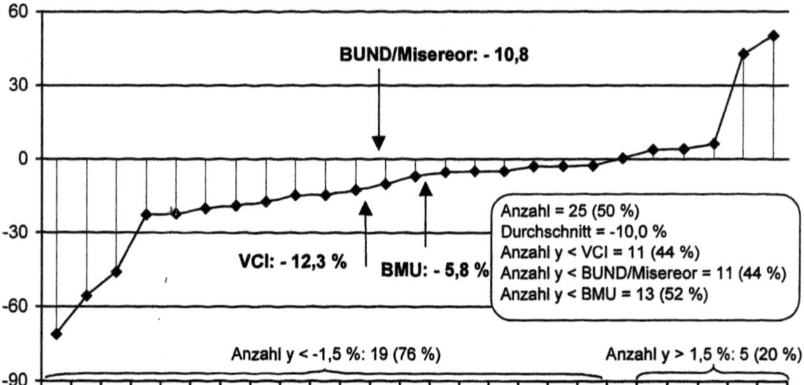

	1	2	3	4	5	6	7	8	9	10	11	12	13	14	15	16	17	18	19	20	21	22	23	24	25
in %	-71	-56	-46	-23	-22	-20	-19	-17	-15	-15	-13	-10	-7	-5	-5	-5	-3	-3	-3	0	4	4	6	43	50

Abb. 71: Entwicklung der absoluten VOC-Emissionen in Prozent (eigene Erhebung)

Im Vergleich zu den Zielvorgaben des BMU-Umweltbarometer (-5,8 %) und von BUND/Misereor (-10,8 %) entwickelten sich 13 bzw. 11 Standorte sich besser als die jeweiligen Vergleichskriterien. 48 % bzw. 56 % der Standorte konnten die Nachhaltigkeitsziele nicht erreichen, obwohl die durchschnittliche Branchenentwicklung z.T. deutlich darüber liegt.

Jährliche Veränderung der relativen VOC-Emissionen in Prozent

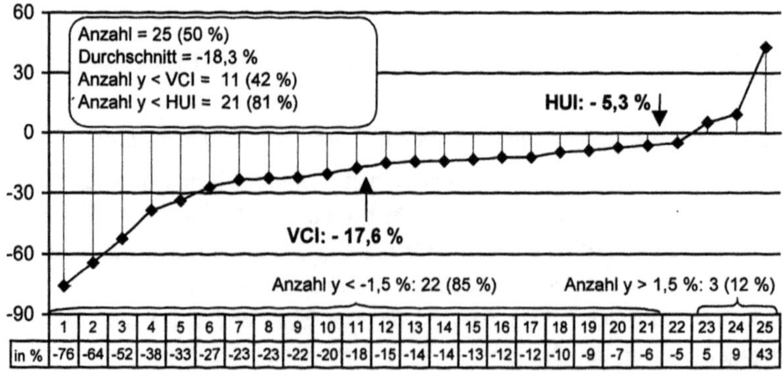

	1	2	3	4	5	6	7	8	9	10	11	12	13	14	15	16	17	18	19	20	21	22	23	24	25
in %	-76	-64	-52	-38	-33	-27	-23	-23	-22	-20	-18	-15	-14	-14	-13	-12	-12	-10	-9	-7	-6	-5	5	9	43

Abb. 72: Entwicklung der relativen VOC-Emissionen in Prozent (eigene Erhebung)

Bei der Entwicklung der relativen VOC-Emissionen (vgl. Abb. 72) zeigte die überwiegende Mehrheit (22 Standorte = 85 %) eine deutlich sinkende Tendenz auf. Bei nur drei Standorten war ein Anstieg der relativen VOC-Emissionen um mehr als 1,5 % zu beobachten. Die Spannweite der Veränderungen lag zwischen -76 % und +43 %. Im Durchschnitt aller Standorte lag die Reduzierung bei -18,3 % pro Jahr. Sie war damit um 0,7 Prozentpunkte stärker als die durchschnittliche Entwicklung der relativen VOC-Emissionen für die Branche insgesamt (VCI). Nur 11 der beobachteten Standorte mit EG-Öko-Audit lagen besser als der Branchendurchschnitt (42 %). Ein anderes Bild ergibt sich, wenn man die ausgewählten Vergleichswerte nach HUI (-5,3 %) als Benchmark heranzieht: Über 80 % der Standorte übertreffen mit ihren erzielten Verbesserungen dieses Leistungskriterium.

7.4.2.6. Schwefeldixoidemissionen in die Luft

Für gut 40 % der 50 Standorte waren Vergleichsdaten zur absoluten und relativen Entwicklung SO_2-Emissionen auswertbar. Davon waren auf absoluter Basis die beobachteten Verringerungen (12 Standorte) im Vergleich zu den Steigerungen (13 Standorte) in etwa gleich häufig vertreten (vgl. Abb. 73). Die Schwankungsbreite der absoluten Veränderungen ging dabei von -81 % bis +83 %. Im Durchschnitt aller Standorte beliefen sie sich auf -8,0 %. Dies liegt deutlich niedriger als der Branchendurchschnitt des VCI mit -29,2 %.

Jährliche Veränderungen der absoluten SO_2-Emissionen in Prozent

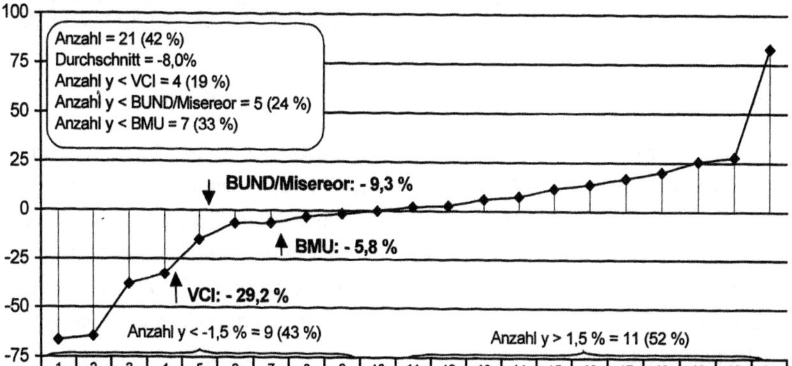

	1	2	3	4	5	6	7	8	9	10	11	12	13	14	15	16	17	18	19	20	21
in %	-66	-65	-38	-33	-15	-6	-6	-3	-2	0	2	3	6	8	12	14	17	20	26	28	83

Abb. 73: Entwicklung der absoluten SO_2-Emissionen in Prozent (eigene Erhebung)

Nur vier der insgesamt 21 untersuchten Standorte mit EG-Öko-Audit können für sich höhere Verbesserungen reklamieren. Im Vergleich zu den beiden externen

Benchmarks, den Nachhaltigkeitszielen nach BMU (-5,8 %) und BUND/Misereor (-9,3 %) sieht die Bilanz nur wenig besser aus. Mit fünf bzw. sieben Standorten liegt nur ein Viertel bzw. ein Drittel % der analysierten Standorte über den eingeforderten Vergleichswerten.

Bei der Entwicklung der relativen SO_2-Emissionen überwog die Anzahl der Standorte mit deutlichen Verbesserungen (16) die der Standorte mit Verschlechterungen (6) im Verhältnis sieben zu drei (vgl. Abb. 74). Die größte beobachtete Reduzierung lag bei -71 %, der höchste Anstieg bei +20 %.

Jährliche Veränderungen der relativen SO_2-Emissionen in Prozent

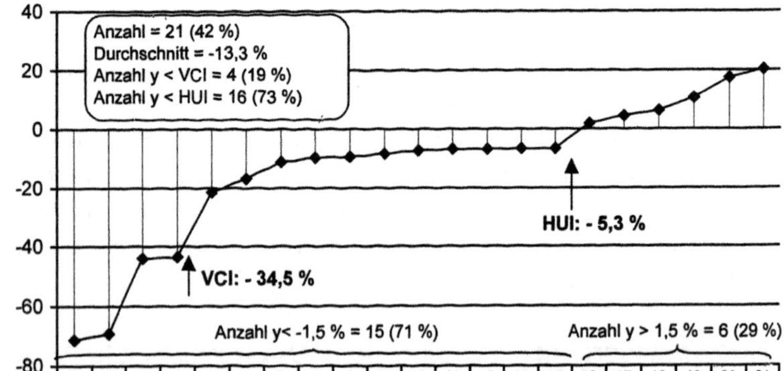

	1	2	3	4	5	6	7	8	9	10	11	12	13	14	15	16	17	18	19	20	21
Reihe1	-71	-69	-44	-44	-21	-17	-11	-10	-9	-8	-7	-7	-7	-7	-7	2	4	6	11	17	20

Abb. 74: Entwicklung der relativen SO_2-Emissionen in Prozent (eigene Erhebung)

Im Mittel lag die jährliche Veränderung über alle Standorte bei -13,3 %. Auch damit lagen die untersuchten EG-Öko-Audit-Standorte deutlich unter dem Durchschnitt der Branchenentwicklung nach VCI (-34,5 %). Besonders auffällig ist dies, wenn man die Zahl der Standorte betrachtet, die besser als der VCI-Vergleichsmaßstab liegen: Weniger als jeder fünfte der 22 ausgewerteten Standorte (19 %) übertreffen den Branchendurchschnitt aller Chemiefirmen in Deutschland. Im Vergleich zu dem nach HUI ausgewählten Vergleichsmaßstab fällt die Bilanz günstiger aus: In etwa drei von vier EG-Öko-Audit-Standorten wurden über den zugrunde gelegten Zeitraum jährliche Verbesserungen von mehr als 5,3 % erzielt.

7.4.2.7 Stickoxidemissionen in die Luft

Von knapp der Hälfte der untersuchten Standorte (24) lagen auswertbare Vergleichsdaten zu den absoluten und relativen NOx-Emissionen vor. Die Entwicklung der absoluten Veränderungsraten ist in Abbildung 75 dargestellt.

Jährliche Veränderungen der absoluten NOx-Emissionen in Prozent

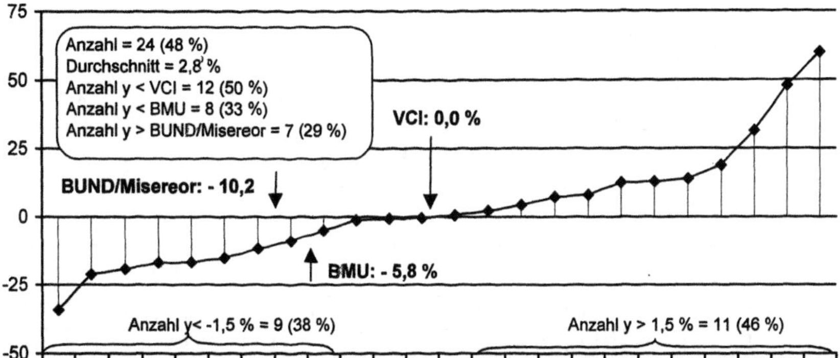

	1	2	3	4	5	6	7	8	9	10	11	12	13	14	15	16	17	18	19	20	21	22	23	24
in %	-34	-21	-19	-17	-17	-15	-12	-9	-5	-1	-1	0	1	2	4	7	8	12	13	14	19	31	48	60

Abb. 75: Entwicklung der absoluten NOx-Emissionen in Prozent (eigene Erhebung)

Nur gut ein Drittel der Standorte zeigte eine deutliche Verbesserung gegenüber dem Ausgangsjahr auf (9 Standorte). Bei 11 Standorten (46 %) stiegen die absoluten NOx-Emissionen im Jahresvergleich an. Die beobachteten Schwankungen der Minimal- und Maximalwerte lagen zwischen -34 % und +60 %. Der Durchschnitt aller Standortveränderungen belief sich auf 2,4 %. Die Gesamtbranche lag zwischen 1995 und 1997 mit unveränderten absoluten NOx-Emissionen deutlich niedriger. Als weitere externe Benchmarks zur Leistungsbeurteilung können die Zielwerte von BUND/Misereor (-10,2 %) bzw. des BMU-Umweltbarometer (-5,8 %) herangezogen werden. Der Anteil der Standorte, die diese anspruchsvolleren Nachhaltigkeitsziele übertreffen konnten lag bei etwa einem Drittel (29 % für BUND/Misereor bzw. 33 % für BMU).

Die Entwicklung der relativen NOx-Emissionen ist im Vergleich dazu in Abbildung 76 dargestellt. Davon war an 17 Standorten eine deutliche Reduzierung der relativen Emissionen zu beobachten (= 71 %). An 17 % der einbezogenen Standorte waren die Emissionen pro Produktionseinheit im Jahresvergleich ansteigend. Die beobachteten Maximal- und Minimalwerte waren -45 % und +33 %. Über alle Standorte gemittelt lag die durchschnittliche jährliche Veränderung bei -8,3 %. Das Mittel der jährlichen relativen Veränderungen für die Gesamtbranche lag bei -5,3 %. Dies entspricht ebenso dem aus dem HUI-Benchmarking extrahierten externen Vergleichswert. Gut die Hälfte der ausgewerteten Chemiestandorte mit EG-Öko-Audit (54 %) konnte diese Benchmarks übertreffen.

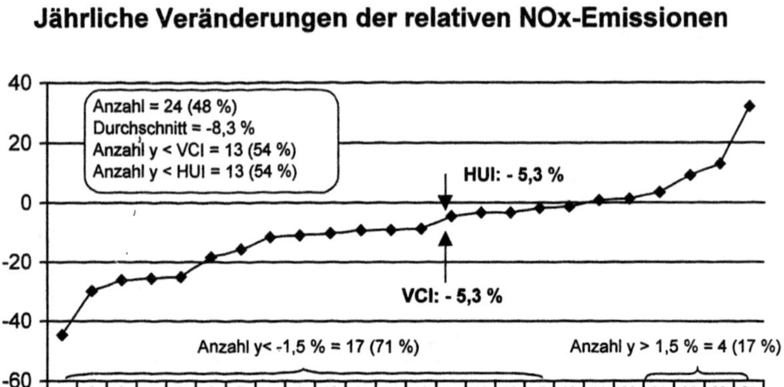

	1	2	3	4	5	6	7	8	9	10	11	12	13	14	15	16	17	18	19	20	21	22	23	24
in %	-45	-30	-26	-25	-25	-18	-16	-12	-11	-10	-9	-9	-9	-5	-3	-3	-2	-1	1	1	3	9	13	32

Abb. 76: Entwicklung der relativen NOx-Emissionen in Prozent (eigene Erhebung)

7.4.2.8. Emissionen von Kohlendioxid in die Luft

Insgesamt 27 Standorte enthielten für einen Zeitreihenvergleich auswertbare Angaben zu den absoluten und relativen CO_2-Emissionen. Dies entspricht einer Standortabdeckung von 54 %. Im Vergleich der absoluten Veränderungsraten (vgl. Abb. 77) konnten nur drei von zehn analysierten Standorten ihre absoluten CO_2-Emissionen im Jahresvergleich um mehr als 1,5 % reduzieren. Bei doppelt so vielen Standorten war ein Anstieg von über 1,5 % zu beobachten. Der Durchschnitt aller Standortveränderungen lag bei 3,1 %. Im Vergleich dazu betrug das jährliche Wachstum der absoluten CO_2-Emissionen[94] für die gesamten Chemiebranche 2,4 %. Von den untersuchten Standorten mit EG-Öko-Audit lagen somit knapp die Hälfte besser als der Branchendurchschnitt. Die anspruchsvolleren Nachhaltigkeitsziele nach BMU (-1,9 %) bzw. BUND/Misereor (-2,1 %) wurden nur von 22 % bzw. 30 % der Chemiestandorte mit EG-Öko-Audit erreicht.

[94] Basierend auf der Entwicklung der energiebedingten CO_2-Emissionen

Jährliche Veränderungen der absoluten CO_2-Emissionen in Prozent

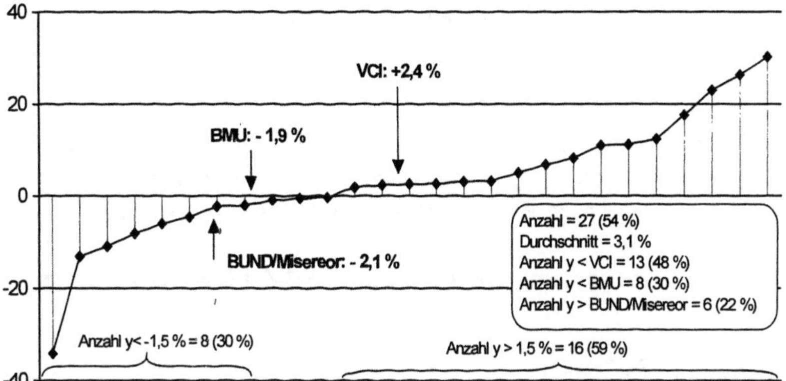

	1	2	3	4	5	6	7	8	9	10	11	12	13	14	15	16	17	18	19	20	21	22	23	24	25	26	27
in %	-34	-13	-11	-8	-6	-5	-2	-2	-1	-1	0	2	2	3	3	3	3	5	7	8	11	11	12	18	23	26	30

Abb. 77: Entwicklung der absoluten CO_2-Emissionen in Prozent (eigene Erhebung)

Bei den relativen CO_2-Emissionen war eine deutlich sinkende Tendenz zu beobachten (vgl. Abb. 78). 17 Standorte (63 %) verringerten ihre relativen CO_2-Emissionen um mehr als 1,5 %. Bei 30 % der Standorte stiegen die CO_2-Emissionen pro Produkteinheit im Jahresvergleich an. Die maximalen Schwankungen beliefen sich auf –45 % bis +33%.

Jährliche Veränderungen der relativen CO_2-Emissionen in Prozent

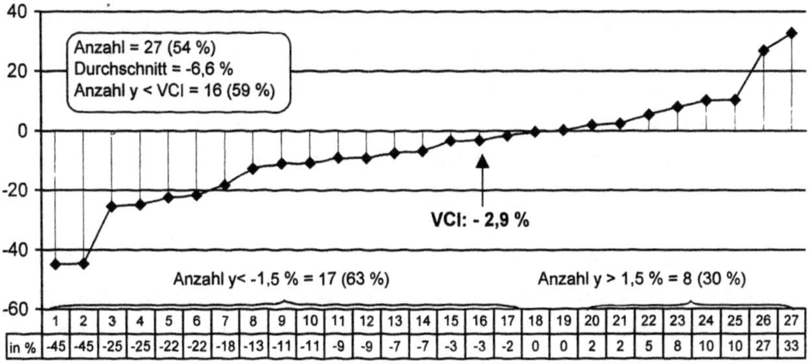

	1	2	3	4	5	6	7	8	9	10	11	12	13	14	15	16	17	18	19	20	21	22	23	24	25	26	27
in %	-45	-45	-25	-25	-22	-22	-18	-13	-11	-11	-9	-9	-7	-7	-3	-3	-2	0	0	2	2	5	8	10	10	27	33

Abb. 78: Entwicklung der relativen CO_2-Emissionen in Prozent (eigene Erhebung)

Das Mittel der untersuchten jährlichen Veränderungen war -6,6 %. Es liegt damit über dem durchschnittlichen Rückgang in der Chemiebranche (-5,3 %). Bezogen auf die Anzahl der Standorte waren in mehr als der Hälfte der beobachteten Fälle (59 %) über dem Branchenbenchmark liegende Reduzierungen zu verzeichnen.

7.4.2.9. CSB-Emissionen in Gewässer

15 der untersuchten Standorte enthielten Zahlenangaben, aus denen Vergleichswerte über die Entwicklung der absoluten und relativen CSB-Emissionen zu entnehmen waren. Dies entspricht einer Standortabdeckung von 30 % (vgl. Abb. 79).

Jährliche Veränderung der absoluten CSB-Emissionen in Prozent

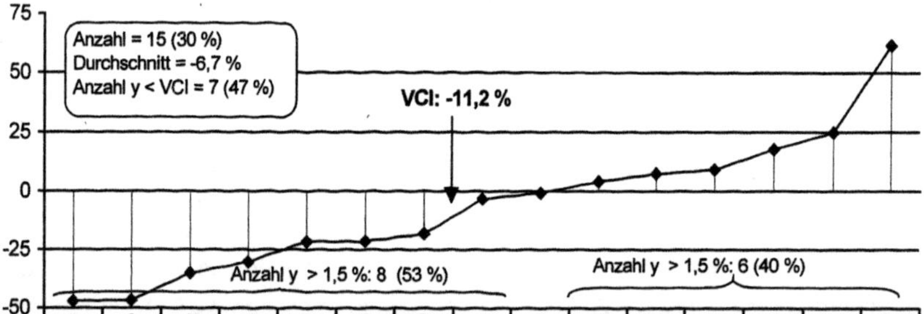

	1	2	3	4	5	6	7	8	9	10	11	12	13	14	15
in %	-47	-47	-35	-30	-22	-22	-18	-3	-1	4	7	9	18	25	62

Abb. 79: Entwicklung der absoluten CSB-Emissionen in Prozent (eigene Erhebung)

Bei der absoluten Emissionsentwicklung überwogen die Standorte mit reduzierten CSB-Emissionen die mit gestiegenen Emissionen im Verhältnis acht zu sechs. Die Spanne der ermittelten Veränderungsraten lag zwischen -47 % und +62 %. Der Durchschnitt alle Standorte betrug -6,7 %. Dem gegenüber haben sich die Gesamt-CSB-Emissionen nach VCI um -11,2 % reduziert[95]. Knapp die Hälfte der EG-Öko-Audit-Standorte (sieben von 15) kann über den Branchendurchschnitt hinausgehende Reduzierungen vorweisen.

Bei den relativen CSB-Emissionen konnten neun von 15 Standorten (60 %) deutlich rückläufige Umweltbelastungen pro Produktionseinheit erzielen (vgl. Abb. 80). Die Schwankungsbreite der einzelnen Veränderungsraten ging von -50 % bis +38 %.

[95] Dabei ist zu beachten, dass in den VCI-Zahlen nur Direkteinleiter enthalten sind, während sich die beobachteten Veränderungsraten der untersuchten Standorte Direkt- und Indirekteinleiter umfassen.

Betrachtet man den Durchschnitt über alle Standorte, so ergibt sich mit -12,3 % ein deutlicher Rückgang der relativen CSB-Emissionen. Im Vergleich zum Branchendurchschnitt (-16,3 %) fällt dieser dennoch geringer aus. Wiederum knapp die Hälfte der untersuchten Standorte (sieben von 15) hatte gemessen an der Gesamtentwicklung der Branche überdurchschnittliche Verbesserungen aufzuweisen.

Jährliche Veränderung der relativen CSB-Emissionen in Prozent

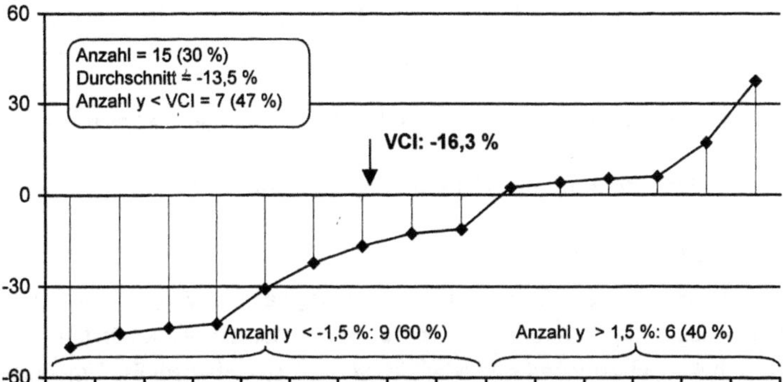

	1	2	3	4	5	6	7	8	9	10	11	12	13	14	15
in %	-50	-45	-44	-42	-31	-22	-17	-13	-11	2	4	5	6	17	38

Abb. 80: Entwicklung der relativen CSB-Emissionen in Prozent (eigene Erhebung)

7.4.2.10 Arbeitsunfallzahlen

Von 15 der 50 Standorte konnten Arbeitsunfallzahlen pro Mitarbeiter im Vergleich ausgewertet werden (vgl. Abb. 81)[96]. Die Standortabdeckung lag damit bei 30 %. Zwei Drittel der ausgewerteten Standorte konnten dabei ihre Unfallzahlen pro Mitarbeiter im Jahresvergleich deutlich verbessern. Nur bei zwei Standorten trat eine Verschlechterung der Arbeitsunfallsituation auf. Bei drei Standorten lagen die Arbeitsunfallzahlen im Jahresvergleich auf unverändertem Niveau. Die Schwankungsbreite der relativen Rückgänge bzw. Anstiege lag zwischen -61 % und + 88 %. Im Durchschnitt aller Standorte waren Veränderungen von -7,9 % pro Jahr zu verzeichnen. Auf Verbandsebene gingen die Arbeitsunfallzahlen pro Mitarbeiter im Mittel um 10,3 % zurück. Nur 40 % der EG-Öko-Audit-Standorte konnten sich bezogen auf diesen Branchenbenchmark noch stärker verbessern.

---

[96] Ein Standort wurde ausgeklammert, da bei einem Anstieg von einem auf drei Unfälle pro Jahr bei geringer Mitarbeiterzahl eine unverhältnismäßige Verzerrung der Gesamtergebnisse nicht zu vermeiden gewesen wäre.

Jährliche Veränderungen der Arbeitsunfallzahlen pro Mitarbeiter

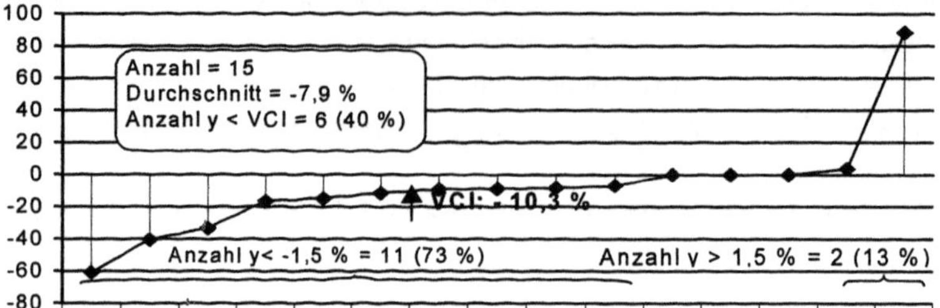

	1	2	3	4	5	6	7	8	9	10	11	12	13	14	15
in %	-61	-40	-33	-16	-15	-11	-9	-9	-8	-7	0	0	0	4	88

Abb. 81: Entwicklung der Arbeitsunfallzahlen pro Mitarbeiter in Prozent (eigene Erhebung)

7.4.3 Beurteilung der kontinuierlichen Verbesserung

7.4.3.1 Umwelteffektivität

Die Umwelteffektivität der EG-Öko-Audit-Verordnung kann im Vergleich der Anteile von Standorten abgeschätzt werden, die sich in Bezug auf die ausgewählten Parameter verbessert haben, unverändert sind oder sich verschlechtert haben. Die Ergebnisse sind für alle acht ausgewählten absoluten Parameter in Abb. 82 zusammengefasst.

Standortanteile nach absoluten Veränderungsraten in Prozent

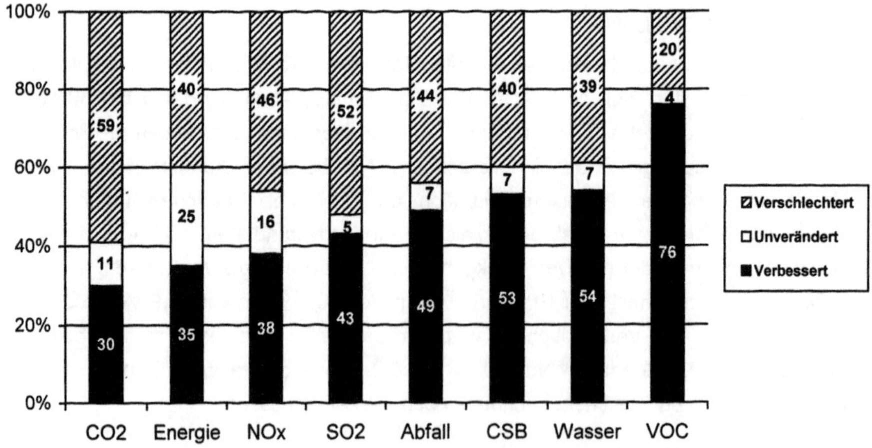

Abb. 82: Standortanteile nach absoluten Veränderungsraten in Prozent

Daraus wird ersichtlich, dass nur bei vier Parametern der Anteil der Standorte mit Verbesserungen die der mit Verschlechterungen überwiegt (Abfall, CSB, Wasser, VOC). Am ausgeprägtesten ist das Verhältnis der verbesserten Standorte im Vergleich zu denen mit Verschlechterungen bei den VOC-Emissionen (76 % zu 20 %). Am schlechtesten ist es bei den CO_2-Emissionen. Die Anteil der Standorte mit erhöhten CO_2-Emissionen übersteigt den mit sinkenden Emissionen im Verhältnis eins zu zwei. Auch bei den Parametern Energieverbrauch, NOx-Emissionen und SO_2-Emissionen ist der Standortanteil mit respektiven Verbesserungen kleiner als der mit Verschlechterungen.

Diese Zusammenfassung entspricht auch in etwa der Rangreihung nach der Höhe der durchschnittlichen absoluten Veränderungen in Prozent (vgl. Tab. 73).

CO_2	NOx	Energie	Wasser	Abfall	CSB	SO_2	VOC
3,1 %	2,8 %	0,7 %	-0,6 %	-1,5 %	-6,7 %	-8,0 %	-10,0 %

Tab. 73: Durchschnittliche absolute Veränderung pro Jahr nach Parameter

Daraus wird ersichtlich, dass zwei der acht Parameter (CO_2, NOx) mit einem Anstieg von 3,1 % bzw. 2,8 % pro Jahr absolut zu steigenden Umweltbelastungen beitragen. Die Parameter Energie (+0,7 %), Wasser (-0,6 %) und Abfall (-1,5 %) werden innerhalb der gewählten Toleranzgrenzen als unverändert eingestuft. Nur bei drei der acht Parameter waren im Jahresvergleich deutlich überdurchschnittliche Verbesserungen zu verzeichnen: Die absoluten Umweltbelastungen durch VOC-, SO_2- und CSB-Emissionen konnten im Vergleich zwischen 6,7% und 10,0 % pro Jahr reduziert werden.

Legt man als Kriterium für die Gesamtbeurteilung der Parameter fest, dass für eine deutliche Verbesserung bzw. Verschlechterung die durchschnittliche Veränderung höher als +-1,5 % liegt und die Anzahl der Verbesserungen bzw. Verschlechterungen über 50 % beträgt, so lassen sich folgende Aussagen festhalten:

- Deutliche Verbesserungen wurden bei den Parametern VOC-Emissionen und CSB-Emissionen erzielt.
- Deutliche Verschlechterungen waren bei der Entwicklung der absoluten CO_2-Emissionen zu beobachten.

Bei allen anderen Parametern ergibt sich nach den festgelegten Kriterien keine eindeutige Aussage zur Verbesserung bzw. Verschlechterung auf Basis der absoluten Umweltbelastungen.

7.4.3.2 Umwelteffizienz

Für die Beurteilung der Umwelteffizienz der nach der EG-Öko-Audit-Verordnung registrierten Chemiestandorte werden in Analogie zur Beurteilung der Umwelteffektivität – die Anteile der Standorte mit deutlichen Verbesserungen denjenigen mit deutlichen Verschlechterungen gegenübergestellt. Abbildung 83 fasst die Ergebnisse für die zehn relativen Leistungskennzahlen zusammen.

Bei der Verwertungsquote ist das Verhältnis von Verschlechterungen zur Verbesserungen ausgewogen (43 % zu 40 %). Bei allen anderen Kennzahlen überwiegt der Anteil an relativen Verbesserungen deutlich den Anteil an Verschlechterungen. Die Spitze bildet der Anteil der Standorte mit Verbesserungen der relativen VOC-Emissionen (85 %). Die Anteile aller anderen Kennzahlen liegen zwischen 59 % und 71 %.

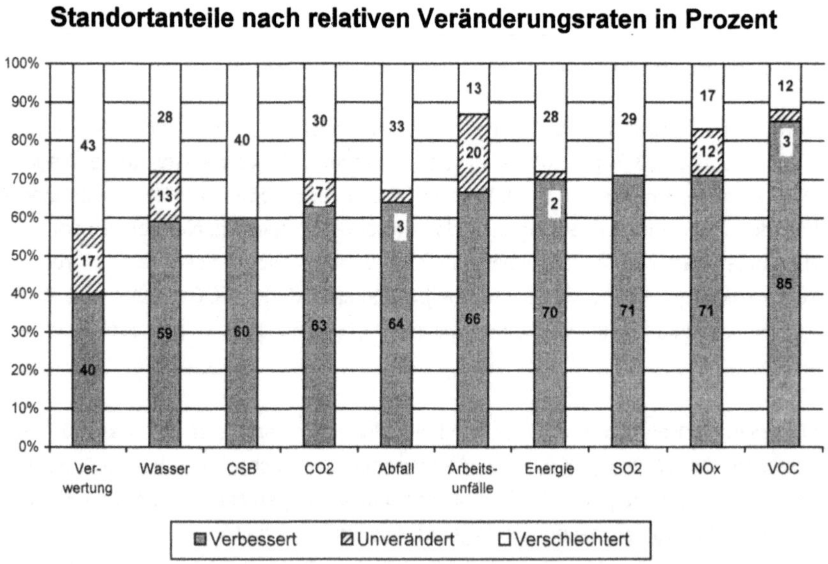

Abb. 83: Standortanteile nach relativen Veränderungsraten in Prozent

Die großen Linien der Rangreihung nach Standortanteilen spiegeln sich auch in der Auswertung nach den durchschnittlichen Veränderungsquoten pro Jahr wieder (vgl. Tab. 74). Nur bei der Veränderung der Verwertungsquote war eine im Rahmen von +- 1,5 % unveränderte Tendenz festzustellen. Im Mittelfeld der Verbesserungen mit Effizienzsteigerungen von zwischen 7 % und 9 % liegen die Kennzahlen zu den Arbeitsunfällen, dem Wasser- und Energieverbrauch, dem Abfallaufkommen sowie den NOx-Emissionen. Deutlich darüber liegende Verbesserungen waren mit im Durchschnitt gut 13 % bei den SO_2- und CSB-Emissionen sowie mit gut 18 % bei den VOC-Emissionen zu beobachten.

Verwert.	CO_2	Unfall	Energie	NOx	Abfall	Wasser	SO_2	CSB	VOC
-0,9 %	-6,6 %	-7,9 %	-8,1 %	-8,3 %	-8,5 %	-8,9 %	-13,3 %	-13,5 %	-18,3 %

Tab. 74: Durchschnittliche relative Veränderung pro Jahr nach Parameter

Nach dem bei der Beurteilung der Umwelteffektivität festgelegtem Kriterienraster (>50 % Verbesserungsanteil, >1,5 % durchschnittliche Verbesserung) kann folgende zusammenfassende Beurteilung der Umweltbelastungen pro produzierte Einheit (Umwelteffizienz) gegeben werden:

- Bei keinem der untersuchten Parameter kann eine deutliche Verschlechterung über die Gesamtheit der untersuchten Standorte festgestellt werden.
- Bei allen Kennzahlen – mit Ausnahme der Verwertungsquote – sind im Durchschnitt deutliche Effizienzsteigerungen festzustellen, die auch von einem hohen Anteil der untersuchten Standorte „getragen" werden (Standortanteil mit Verbesserungen 59 % - 85 %).

7.4.3.3. Vergleich mit dem Branchendurchschnitt

Inwieweit sich die von öko-auditierten Standorten erzielten Verbesserungen von der Gesamttendenz in der Chemieindustrie abheben, kann in einem zusammenfassenden Vergleich mit dem Branchendurchschnitt ausgewertet werden. Um Wachstumseffekte innerhalb der Branche und Auswirkungen von Produktionsverlagerungen zwischen Standorten auszuschließen, soll der Vergleich nur anhand der relativen Veränderungen durchgeführt werden. Er bezieht sich somit leistungsbezogen auf einen Vergleich der Umwelteffizienz zwischen den Chemiestandorten mit EG-Öko-Audit und der Gesamtbranche, ohne auf die Effektivität der Belastungsreduzierungen einzugehen.

Abbildung 84 macht deutlich, dass sich die Gesamtheit der untersuchten EG-Öko-Audit-Standorte im Durchschnitt nicht bei allen Parametern stärker verbessert hat als der Gesamttrend der Branche. Bei den SO_2-Emissionen liegt der Durchschnitt der EG-Öko-Audit-Standorte um mehr als 20 % hinter dem Branchentrend, bei den CSB-Emissionen sind es immerhin noch drei Prozentpunkte. Inwieweit der Grund dafür in bedeutenden Reduzierungen bei (einzelnen) Großemittenten innerhalb des VCI liegt, kann dabei nicht untersucht werden.

Durchschnittliche Verbesserungen ausgewählter relativer Leistungsparameter im Vergleich

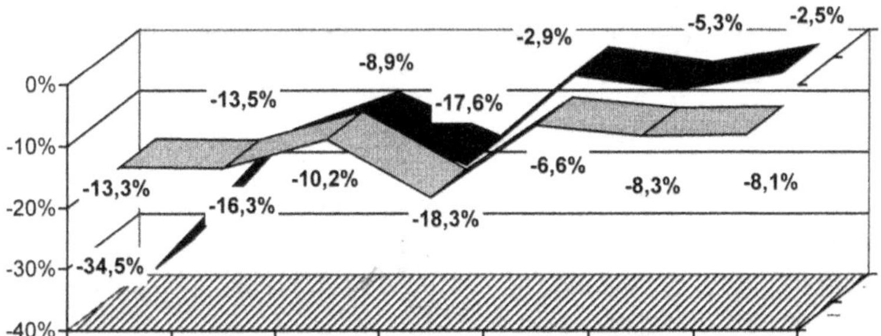

	SO2	CSB	Wasser	VOC	CO2	NOx	Energie
EG-Öko-Audit	-13,3%	-13,5%	-8,9%	-18,3%	-6,6%	-8,3%	-8,1%
VCI	-34,5%	-16,3%	-10,2%	-17,6%	-2,9%	-5,3%	-2,5%

EG-Öko-Audit ■ VCI

Abb. 84: Durchschnittliche Veränderungen der EG-Öko-Audit-Standorte im Vergleich zur VCI-Branchenentwicklung

Bei den Wasserverbräuchen und den VOC-Emissionen liegen die Durchschnittswerte der Chemiestandorte mit EG-Öko-Audit und der Gesamtentwicklung innerhalb des VCI um weniger als 1,5 % auseinander. Sie werden damit als vergleichsweise unverändert eingestuft. Dem gegenüber konnten die EG-Öko-Audit-Standorte der Chemieindustrie bei den CO_2- und NOx-Emissionen sowie beim Energieverbrauch um 3 bis 6 Prozentpunkte höhere Verbesserungen erzielen.

Inwieweit diese Durchschnittsentwicklungen von der Breite der Standorte mitgetragen werden, zeigt die Gegenüberstellung der Standortanteil, die über bzw. unter dem Branchentrend liegen (vgl. Tab. 75).

Parameter	Energie	CO_2	NOx	CSB	VOC	Unfall	Wasser	SO_2
Besser in %	63 %	59 %	54 %	47 %	42 %	40 %	39 %	19 %
Schlechter in %	37 %	41 %	46 %	53 %	58 %	60 %	61 %	81 %

Tab. 75: Standortanteile nach relativen Veränderungen im Vergleich zum Branchendurchschnitt

Es wird deutlich, dass bei den Parametern Energieverbrauch und CO_2-Emissionen der Anteil der EG-Öko-Audit-Standorte mit im Vergleich zur Branche überdurchschnittlichen Verbesserungsraten deutlich über der Hälfte liegt. Bei den NOx- und

CSB-Emissionen halten sich die Anteile von Standorten mit Verbesserungen und Verschlechterungen im Rahmen von +- 5% um die 50 %-Grenze die Waage. Demgegenüber liegt bei den vier Parametern VOC-Emissionen, Arbeitsunfälle, Wasserverbrauch und SO_2-Emissionen der Anteil von Standorten mit über dem Branchendurchschnitt liegenden Verbesserungen bei deutlich unter 50 %. Im Falle der auf Branchenebene stark rückläufigen SO_2-Emissionen sinkt der Anteil von EG-Öko-Audit-Standorten mit größeren Reduzierungen sogar auf unter 20 %.

Für eine zusammenfassende Beurteilung sollen diejenigen Parameter herausgefiltert werden, deren Standortanteil deutlich über bzw. unter der 50 %-Grenze liegt und im Durchschnitt mindestens 1,5-Punkte höher bzw. niedriger als der Branchentrend nach VCI liegt. Auf dieser Basis kann festgestellt werden, dass

- bei den relativen SO_2-Emissionen die kontinuierliche Verbesserung der EG-Öko-Audit-Standorte deutlich hinter der Branchenentwicklung zurückliegt.
- bei den Energieverbräuchen und den CO_2-Emissionen die Verbesserungen deutlich über der Gesamtentwicklung in der Chemieindustrie liegen.
- den Parametern VOC-, NOx- und CSB-Emissionen, beim Wasserverbrauch und bei den Arbeitsunfällen keine eindeutige Differenzierung zwischen dem Branchentrend und dem Großteil der EG-Öko-Audit-Standorte festzustellen ist.

7.4.3.4 Vergleich mit Nachhaltigkeitsbenchmarks

a) BMU-Umweltbarometer

Aus dem BMU-Umweltbarometer können fünf Zielvorgaben für die Bewertung der analysierten Leistungsparameter in der Chemieindustrie übernommen werden. Davon ist der Energieverbrauch als relatives Einsparziel in Bezug auf die erzielte Produktion formuliert. Die vier Ziele zur Reduzierung der Emissionen in die Luft enthalten alle absolute Leistungskriterien (vgl. Tab. 76).

Nachhaltigkeitsziele nach BMU-Umweltbarometer	**Vorgabe**	**Ø VCI**	**Ø EG-Öko-Audit**	**Anteil EG-Öko-Audit**
Relativer Energieverbrauch	-2,3 %	-2,5 %	-8,1 %	63 %
Absolute VOC-Emissionen	-5,8 %	-12,3 %	-10,0 %	52 %
Absolute SO_2-Emissionen	-5,8 %	-29,2 %	-8,0 %	33 %
Absolute NOx-Emissionen	-5,8 %	0,0 %	+2, 8 %	33 %
Absolute CO_2-Emissionen	-1,9 %	+2,4 %	3,1 %	30 %

Tab. 76: Vergleich der Entwicklungen mit den Nachhaltigkeitszielen nach BMU

Für die Beurteilung gegenüber gestellt sind jeweils der Branchendurchschnitt nach VCI, der Durchschnitt der analysierten Chemiestandorte mit EG-Öko-Audit sowie der Anteil der EG-Öko-Audit-Standorte, die im betrachteten Zeitraum die Zielvorgabe erreichten bzw. übererfüllten.

Im Vergleich der Vorgaben des BMU-Umweltbarometers mit den durchschnittlichen Verbesserungen der Gesamtbranche ist festzustellen, dass die Chemieindustrie im Zeitraum von 1995 bis 1997 drei der fünf Nachhaltigkeitsziele nach BMU erfüllt bzw. übertrifft (Energieverbrauch, VOC- und SO_2-Emissionen). Die beiden Leistungskriterien zu den NOx- und CO_2-Emissionen wurden dem gegenüber nicht erreicht. Diese Aussage wird weitestgehend auch durch die Analyse des Durchschnitts der EG-Öko-Audit bestätigt. Analysiert man die Zielerreichung nach dem Anteil der Standorte, die die jeweiligen Vorgaben erreichen oder übertreffen, so fällt auf dass für alle Parameter mehr als 30 % der Standorte die BMU-Zielvorgaben im beobachteten Zeitraum umgesetzt hat. Für die absoluten VOC-Emissionen steigt der Anteil sogar auf jeden zweiten Standort. „Nachhaltigkeitsspitzenreiter" sind die EG-Öko-Audit-Standorte aus der Chemiebranche beim relativen Energieverbrauch: Für knapp zwei Drittel der Unternehmen wurden die Vorgaben des BMU umgesetzt bzw. übertroffen.

b) BUND/Misereor 'Zukunftsfähiges Deutschland'

Tabelle 77 vergleicht die Zielvorgaben von BUND/Misereor für ein zukunftsfähiges Deutschland mit den jeweiligen Leistungsfortschritten der Gesamtbranche und den untersuchten Chemiestandorten mit EG-Öko-Audit.

Ziele von BUND/Misereor für ein 'Zukunftsfähiges Deutschland'	**Vorgabe**	**Ø VCI**	**Ø EG-Öko-Audit**	**Anteil EG-Öko-Audit**
Absoluter Energieverbrauch	-1,8 %	2,8 %	3,1 %	35 %
Relativer Energieverbrauch	-4,0 %	-2,5 %	-8,1 %	55 %
Absolute VOC-Emissionen	-10,2 %	-12,3 %	-10,0 %	44 %
Absolute SO_2-Emissionen	-9,3 %	-29,2 %	-8,0 %	24 %
Absolute NOx-Emissionen	-10,2 %	0,0 %	+2, 8 %	29 %
Absolute CO_2-Emissionen	-2,1 %	-2,4 %	3,1 %	22 %

Tab. 77: Vergleich der Entwicklungen mit den Nachhaltigkeitszielen nach BUND/Misereor

Die durchgängig anspruchsvoller als im BMU-Umweltbarometer formulierten Nachhaltigkeitsziele werden im Branchendurchschnitt nur bei drei Leistungskriterien eingelöst (VOC-, SO_2- und CO_2-Emissionen). Das absolute und relative Ziel zum

Energieverbrauch sowie die Reduzierungsvorgabe zu den NOx-Emissionen werden von der Gesamtbranche nicht erreicht. Die durchschnittliche Entwicklung der Chemiestandorte mit EG-Öko-Audit unterscheidet sich in zwei Punkten von der Gesamtbranche: Während das relative Energieeinsparziel deutlich übertroffen wird, liegen die im Schnitt erzielten Verringerungen der absoluten SO_2-Emissionen unter dem geforderten Nachhaltigkeitsniveau nach BUND/Misereor.

Auch beim Anteil der EG-Öko-Audit-Standorte, die die BUND/Misereor-Leistungskriterien erfüllen, liegen die Prozentzahlen hinter den respektiven Zahlen für das BMU-Umweltbarometer zurück. Der Anteil der Standorte liegt – je nach Parameter – zwischen 22 % und maximal 55 %.

7.4.4 Zusammenfassung

Bei den absoluten Umweltbelastungen ergab sich bei der Mehrheit der untersuchten Standorte mit Ausnahme der VOC- und CSB-Emissionen keine eindeutige Verbesserung. Auf Standortebene darf damit die Umwelteffektivität für den Durchschnitt der am EG-Öko-Audit beteiligten Unternehmen in Frage gestellt werden. Ein wesentlicher Hintergrund dafür liegt im produktionswirtschaftlichen Erfolg der beteiligten Unternehmen. Im Durchschnitt stieg die realisierte Produktion um knapp 10 % pro Jahr. Der Anteil von Standorten mit deutlichem Produktionsanstieg überwiegt dabei den mit einem Rückgang des Outputs im Verhältnis 3:1. Bezogen auf die betriebliche Leistungserstellung kann bei der überwiegenden Mehrheit der untersuchten Standorte eine klare Steigerung der Umwelteffizienz festgestellt werden. Bei neun von zehn untersuchten Parametern hat ein Großteil der Standorte bei den einzelnen Umweltbelastungen deutliche Verbesserungen erzielt: Pro Jahr wurden Einsparungen von 7 bis maximal 18 % erzielt. Auf einzelbetrieblicher Ebene kann die kontinuierliche Verbesserung für die Standorte der chemischen Industrie wie folgt zusammengefasst werden: Während die absoluten Umweltbelastungen mit geringen Ausnahmen stagnieren, gelingt es bei im Durchschnitt steigenden Produktionsmengen die relativen Belastungen pro Produkteinheit deutlich zurückzuführen.

Die Bedeutung der erzielten Effizienzsteigerungen der öko-auditierten Standorte relativiert sich allerdings, wenn man die erreichten Fortschritte mit denen der Gesamtbranche vergleicht. Nur bei den Parametern CO_2-Emissionen und Energieverbrauch schneidet die Mehrheit der Öko-Audit-Standorte in der Chemieindustrie besser ab als der Branchendurchschnitt. Bei den SO_2-Emissionen liegen die auditierten Standorte dagegen deutlich schlechter. Bei den anderen Parametern – zu denen Vergleichswerte für deutsche Chemieindustrie vorlagen – ergaben sich keine deutlichen Unterschiede zwischen der Gesamtentwicklung und dem Trend der untersuchten Standorte mit EG-Öko-Audit. Eine überdurchschnittliche Leistungsverbesserung der EG-Öko-Audit-Standorte gegenüber der Gesamtentwicklung kann damit nicht belegt werden.

Gleichwohl sind sowohl für die Branche insgesamt wie auch für den Durchschnitt der öko-audititierten Chemiestandorte relevante Verbesserungen erzielt worden. Die Qualität der Fortschritte wird greifbar, wenn sie konkreten Leistungskriterien gegenüber gestellt wird. Durch die dazu herangezogenen Nachhaltigkeitsziele wurde belegt, dass die Branche an sich – weitgehend unabhängig davon, ob es sich um öko-auditierte Unternehmen oder nicht handelt – bei der Hälfte oder mehr der formulierten Leistungskriterien im Durchschnitt auf Nachhaltigkeitskurs ist. Auf Standortebene ist dies – je nach Parameter und Höhe des Leistungskriteriums – für zwischen 20 % und 60 % der öko-auditierten Standorte der Fall.

8 ZUSAMMENFASSUNG UND EMPFEHLUNGEN

8.1 Zusammenfassung der Ergebnisse

Umweltmanagementsysteme sind in der chemischen Industrie weit verbreitet. Mit den branchenspezifischen Ansätze des Responsible Care Programms gehen sie oft weit über den reinen Umweltbereich hinaus und beziehen auch Sicherheits- und Gesundheitsaspekte mit ein. Weitere aktuelle Trends des Umweltmanagements in der chemischen Industrie sind die Integration des Qualitätswesens sowie die Betrachtung von Umweltkosten- und Shareholder Value Optimierungen durch proaktiven Umweltschutz.

In den Jahren 1995 – 1998 hat eine große Zahl von Unternehmen damit begonnen, Umweltmanagementsysteme nach der EG-Öko-Audit-Verordnung aufzubauen und diese extern verifizieren zu lassen. Ein deutlicher Branchenschwerpunkt des EG-Gemeinschaftssystems liegt in der Chemieindustrie. Mit Abstand die meisten Registrierungen liegen aus Deutschland vor. Dabei fällt jedoch auf, dass die Kosten-Nutzen-Bilanz der Chemiebetriebe im Vergleich zum Durchschnitt aller Unternehmen in vielen Fällen ungünstiger ausfällt. Insbesondere geringere Nutzeneffekte und nicht erfüllte Erwartungen an die Kommunikation mit Umwelterklärungen führen im Branchenvergleich zu einer deutlich niedrigeren Ergebnisbeurteilung.

Ziel der EG-Öko-Audit-Verordnung ist die kontinuierliche Verbesserung der Umweltauswirkungen. Nachdem in der EG-Verordnung selbst keine konkreten Angaben zu deren Beurteilung enthalten sind, wurde in der vorliegenden Arbeit eine Herangehensweise entwickelt, die auch von externer Seite durchgeführt werden kann. Dazu wurden branchenspezifisch verschiedene Anforderungen an die Messung und Kommunikation der Umweltleistung ausgewertet und als konzeptueller Vorschlag in ein modulares Berichterstattungskonzept übertragen. Die darin berücksichtigten Bereiche und Leistungsparameter waren gleichzeitig die Grundlage der empirischen Untersuchung.

Die empirische Untersuchung wurde auf deutsche Chemiestandorte begrenzt, da für die Einbeziehung weiterer EU-Mitgliedsstaaten die statistische Datengrundlage zu knapp war. In Deutschland beteiligten sich in den ersten drei Jahren 157 Standorte mit Chemieaktivität am EG-Öko-Audit-System. Bereinigt um Unternehmen, deren Geschäftstätigkeit schwerpunktmäßig außerhalb der Herstellung chemischer Produkte (nach NACE DG 24.1-7) liegt, ergibt sich ein Beteiligungsanteil am EG-Öko-Audit von ca. 20 % (siehe Kap. 7.1/7.2).

Aus der Untersuchung der acht Bereiche und der 24 Leistungsparameter des modularen Berichterstattungskonzepts ergaben sich folgende Ergebnisse: die wichtigsten Bereiche in denen Umweltkennzahlen und konkrete Zielvorgaben formuliert werden sind Energie, Wasser, Abfall, Abluft, Abwasser. Zum Bereich Material/Rohstoffe werden zwar häufig Daten veröffentlicht, allerdings spielen sie bei den Zielsetzungen ein deutlich geringere Rolle. Die über das Responsible Care Programm branchenspezifisch einbezogenen Bereiche Transport, Sicherheit und Gesundheit spielen bei der Darlegung und Beurteilung der kontinuierlichen Verbesserung nach dem EG-Öko-Audit nur eine untergeordnete Rolle (siehe Kap. 7.3.1).

Auch bei den veröffentlichten Kennzahlen ergeben sich deutliche Unterschiede bei der Anwendung in der Praxis. Die am häufigsten zur Zielquantifizierung und zur Leistungsmessung verwendeten Kennzahlen sind der Energie- und Wasserverbrauch, das Abfallaufkommen und die Abfallverwertung sowie die VOC- und CSB-Emissionen. Andere Kennzahlen wurden deutlich weniger oder gar nicht zur Darlegung der Umweltleistung bzw. zur Zielquantifizierung verwendet. Innerhalb der Chemiebranche hatte insbesondere die Standortgröße relevante Auswirkungen auf die in den Umwelterklärungen veröffentlichten Kennzahlen. Nur zu einem deutlich geringeren Teil waren Differenzierungen nach den einzelnen Unterbranchen des NACE DG 24 zu beobachten (siehe Kap. 7.3.2).

Um den allgemeinen Anforderungen der EG-Öko-Audit-Verordnung sowie den beobachteten individuellen Bedürfnissen der Chemieverbände und der einzelnen Standorte zu entsprechen, wurde das vorgeschlagene Berichtskonzept für Umwelterklärungen modifiziert (siehe Kap. 7.3.3). Dazu wird methodisch unterschieden zwischen:

- allgemein anerkannten und praktizierten Kernkennzahlen für alle Unternehmen;
- nach Unternehmensgröße (und ggf. Unterbranche) relevanten und praktizierten Kennzahlen;
- neu einzuführenden Kennzahlen, die bisher nur in geringem Ausmaß von den Unternehmen erhoben und veröffentlicht wurden;
- Verbandskennzahlen, die erst durch die Aggregation betrieblicher Einzeldaten zu einer aussagefähigen Steuerungs- oder Informationsgröße werden.

Für die Praxis der Umweltleistungsbewertung aus externer Sicht ergaben sich mehrere Schwierigkeiten, die eine externe Kontrolle der kontinuierlichen Verbesserung deutlich erschweren:

- nur bei ca. der Hälfte der Standorte kann auf Basis regelmäßig vorgelegter, vereinfachter Umwelterklärungen eine zeitnahe Beurteilung der Leistungskennzahlen erfolgen;
- nur ein Viertel aller veröffentlichten Umweltziele sind mit quantifizierten Leistungsvorgaben und einem konkreten Umsetzungshorizont hinterlegt;
- nur ein geringer Teil der Standorte veröffentlicht absolute und relative Umweltleistungskennzahlen gleichzeitig;
- nur zwei Drittel der untersuchten Standorte veröffentlichten in ihren Originalumwelterklärungen Daten zu allen sechs Pflichtbereichen nach Art. 5(3)c der EG-Öko-Audit-Verordnung;
- nur für einen Teil der ausgewählten Untersuchungsparameter sind in einer ausreichend großen Anzahl von Umwelterklärungen Daten veröffentlicht;
- nur für drei Viertel der Standorte sind auswertbare Zahlen zur Produktionsleistung in den Umwelterklärungen enthalten, aus denen relative Umweltkennzahlen abgeleitet werden können.

Nach Häufigkeit und Abdeckung der unterschiedlichen Bereiche wurden insgesamt zehn der 24 Untersuchungsparameter für die branchenbezogene Bewertung der Umweltleistung ausgewählt. Die Anzahl der einbezogenen Umwelterklärungen mit im Zeitreihenvergleich auswertbaren absoluten und relativen Kennzahlen reduziert sich aus Gründen der Verfügbarkeit von Vergleichsdaten über mehrere Jahre auf 50 Standorte. Die Quote der mit den verfügbaren Leistungsdaten abgedeckten Standorte lag nach Untersuchungsparameter bei zwischen 30 % und 92 % (vgl. Kap. 7.4.3).

Die Analyse der jährlichen Veränderungen lässt für die Mehrheit der untersuchten Standorte verschiedene Schlussfolgerungen zu:

- mit wenigen Ausnahmen liefern die untersuchten Parameter keine Indizien für eine branchenweite Steigerung der Umwelteffektivität auf Standortebene (siehe Kapitel 7.4.3.1);
- bei nahezu allen Untersuchungsparametern ist branchenweit eine deutliche Steigerung der Umwelteffizienz festzustellen (siehe Kap. 7.4.3.2);
- im Vergleich zur durchschnittlichen Branchenentwicklung der deutschen Chemieindustrie gibt es keine klare Tendenz, die auf eine deutliche Vorreiterrolle

der öko-auditierten Standorte im Vergleich zur Gesamtbranche deutet (siehe Kap. 7.4.3.3);

- sowohl bei Branchenentwicklung als auch bei den durchschnittlichen Verbesserungen der EG-Öko-Audit-Standorte wurde auf Basis der Verbesserungen bei verschiedenen Leistungskriterien (z.B. VOC-Emissionen) im untersuchten Zeitraum bereits das Nachhaltigkeitsniveau nach den BMU- bzw. BUND/Misereor-Kriterien erreicht (siehe Kap. 7.4.3.4). Bei den anderen Kriterien (z.B. NOx-Emissionen) genügen die erzielten Verbesserungen noch nicht dem Nachhaltigkeitsanspruch.

Dabei muss beachtet werden, dass die Aussagen z.T. nur auf Basis einer begrenzten Zahl von untersuchten Standorten getroffen wurden (zwischen 15 und 46) sowie erst Daten über relativ kurze Zeiträume von zwischen einem und drei Jahren zugrunde gelegt waren.

8.2 Empfehlungen

Aufbauend auf die Grundlagen der Umweltleistungsbewertung in der chemischen Industrie und die Ergebnisse der empirischen Untersuchung werden nachfolgend Empfehlungen an die Akteure aus der Umweltpolitik, den Verbänden und den Unternehmen ausgesprochen.

Vor dem Hintergrund der Revision der EG-Öko-Audit-Verordnung werden verschiedene Empfehlungen an die *EU-Umweltpolitik* ausgesprochen:

- Es sollte auf eine Verpflichtung aller Unternehmen zur jährlichen Fortschreibung der zusammenfassenden Zahlenangaben geachtet werden. Dies ist nicht nur die Voraussetzung für eine adäquate Verfolgung durch die interessierte Öffentlichkeit, sondern bietet auch dem Unternehmen bessere Steuerungsmöglichkeiten für das interne Controlling als eine Erhebung im dreijährigen Rhythmus.

- Ein unbürokratischer Weg um sicherzustellen, dass vereinfachte Umwelterklärungen erstellt und der Öffentlichkeit zugänglich gemacht werden ist die verpflichtende Hinterlegung bei den Registrierungstellen. Bei nicht rechtzeitiger Abgabe (beispielsweise jeweils drei Monate nach dem Jahrestag der letzten Validierung) käme eine 'automatische' Suspendierung der Registrierung in Frage. Im Gegenzug könnte dafür auf die zum derzeitigen Stand vorgesehene jährliche und dadurch kostenintensive Revalidierung verzichtet werden.

- Die vollständige Freigabe der zusammenfassenden Zahlenangaben nach Art. 5(3)c für die Umwelterklärungen sollte intensiv überdacht werden. Zwar ist die in der Revision der EG-Öko-Audit-Verordnung geplante Koppelung der signifikanten Umweltauswirkungen mit Verbesserungszielen und quantitativen Zahlenangaben zum Beleg der kontinuierlichen Verbesserung firmenspezifisch eine deutliche Verbesserung zur umfassenden Darlegung der Umweltleistung. Aus umweltpolitischer Sicht wird damit jedoch die Möglichkeit vergeben, einen begrenzten Kernsatz von allgemein anerkannten Umweltkennzahlen durchgängig auf Unternehmensebene zu implementieren. Um die Vergleichbarkeit der Daten sicherzustellen, sollten für einen solchen Kernsatz branchenübergreifend auch verbindliche Erfassungseinheiten und Datenerfassungsgrundlagen vorgegeben werden.

- In Ergänzung zu einem begrenzten Satz möglicher Kernkennzahlen für alle Branchen sollte eine Verpflichtung zur Angabe der Produktionsentwicklung in Kilogramm oder Tonnen enthalten sein. Falls dies aus wettbewerbsrechtlich nicht möglich ist (oder aussagefähigere Bezugsgrößen für relative Kennzahlen vom Standort verwendet werden) soll eine Angabe als einheitsloser Index erfolgen.

- In Abstimmung mit den europäischen und nationalen Branchenverbänden sollten Guidelines zur Erfassung, Fortschreibung und Darlegung der Umweltdaten entwickelt und gefördert werden. Dazu gehört die Bedeutung der Abbildung von Kennzahlen in vergleichbaren, aggregierbaren Einheiten, die deutliche Beschriftung von in Diagrammen und Grafiken angegebenen Entwicklungstrends sowie die Kontinuität der Datenerfassungsmethodik und der Systemgrenzen.

- Auf EU-Ebene sollten die Berichterstattungspflichten nach der EG-Öko-Audit-Verordnung mit denen des geplanten EPER abgestimmt werden.

Für die am EG-Öko-Audit beteiligten *Unternehmen* werden folgende Empfehlungen ausgesprochen:

- unabhängig von den Vorgaben auf EU-Ebene sollten auf jährlicher Basis die standortspezifisch relevanten Daten fortgeschrieben und der interessierten Öffentlichkeit – in vereinfachten Umwelterklärungen – zur Verfügung gestellt werden. Die EG-Öko-Audit-Verordnung lebt von der Transparenz für die Öffentlichkeit.

- Bei der Auswahl der in den Umwelterklärungen veröffentlichten Leistungsdaten sollen soweit wie möglich Kernkennzahlen der Branchenverbände übernommen werden. Die Auslassung nicht relevanter Leistungsparameter muss für die Öffentlichkeit verständlich erklärt werden. Darüber hinaus sollten Angaben über zugrunde gelegte Datenerfassungsgrundsätze offen gelegt sowie ggf. im Jahresvergleich geänderte Datengrundlagen rückwirkend angepasst und erläutert werden. Nur so kann ein vertrauensbildender Verständigungsprozess zwischen den Unternehmen und der interessierten Öffentlichkeit aufrecht erhalten werden.

Schließlich werden den *Verbänden* der chemischen Industrie folgende Empfehlungen ausgesprochen:

- die von CEFIC erarbeiteten Kernkennzahlen für das HSE-Reporting in der chemischen Industrie sollten für die Anwendung auf Umwelterklärungen überarbeitet werden. Dies betrifft insbesondere die Aufnahme des Wasser- und Rohstoffverbrauchs als Kernparameter für die Umweltleistungsbewertung, sowie die Prüfung der Ergänzung um die anderen neu vorgeschlagenen Kennzahlen im Bereich Transport sowie erneuerbare Ressourcen.

- Weiterhin sollte eine Differenzierung der vorgeschlagenen Kernkennzahlen nach Betriebsgröße und ggf. Branchenzugehörigkeit überprüft werden. Dabei sollte im Sinne des modifizierten Berichtskonzepts die unterschiedliche Relevanz verschiedener Kennzahlen als Steuerungsgröße für KMU's bzw. als aggregierte Informationsgröße auf Verbandsebene berücksichtigt werden.

8.3 Weiterer Forschungsbedarf

Die vorliegenden Ergebnisse beruhen auf der Analyse einer begrenzten Anzahl von Standorten aus den ersten Jahren der Beteiligung am EG-Öko-Audit. Für eine vertiefende Analyse sollten vergleichbare Untersuchungen anhand einer größeren Anzahl von Standorten und über einen längeren Zeitraum durchgeführt werden. An verschiedenen weiteren Stellen besteht ergänzender Forschungsbedarf:

- Inwieweit hängt die nicht überdurchschnittliche Leistungsverbesserung der EG-Öko-Audit registrierten Standorte mit einem ggf. hohen Leistungsniveau bei der Erstvalidierung zusammen? Welche Verbesserungen wurden von den auditierten (Pionier-)Unternehmen bereits vor der Beteiligung am EG-Gemeinschaftssystem erzielt? Über längere Zeitreihenanalysen von Kennzahlen hinaus könnte hier auch mit qualitativen Fragebogenerhebungen und Fallstudien daran angesetzt werden.

- Welchen Einfluss haben markante Verbesserungen von Großunternehmen auf die Entwicklung des Branchendurchschnitts auf Verbandsebene? Dazu muss analysiert werden, welchen Einfluss die größten Chemieunternehmen auf die Gesamtentwicklung haben. Zum Beispiel könnten aus der Gesamtheit der Chemiebranche strukturell vergleichbare Standorte mit und ohne EG-Öko-Audit ausgewählt und in ihren Entwicklungstrends gegenübergestellt werden.

- Welchen Einfluss haben Produktionssteigerungen und ggf. Produktionszusammenlegungen auf die Steigerung der Umwelteffizienz der Unternehmen? Die durch Produktionswachstum stagnierende Umwelteffektivität betriebswirtschaftlich erfolgreicher Standorte könnte dadurch ausgeglichen werden, dass weniger Ressourcen schonende bzw. weniger wettbewerbsfähige Standorte nach Produktionsverlagerungen geschlossen oder in der Produktionsleistung eingeschränkt werden.

Weiterhin sollte die Umweltleistungsbewertung öko-auditierter Unternehmen aus anderen Branchen untersucht werden, um auf Standort- und Branchenebene eine bessere Beurteilungsbasis für die erreichten Fortschritte in der chemischen Industrie zu haben.

9 RESÜMEE UND AUSBLICK

Die chemische Industrie steht wie kaum eine andere Branche seit Jahren im Zentrum der industriellen Umweltdiskussion. Nach Phasen der abwartenden bzw. reaktiven Haltung hat die Branche, verursacht durch strengere Gesetze aber auch als Reaktion auf die kritische Betrachtung der allgemeinen Öffentlichkeit, einen Einstellungswandel gegenüber dem Umweltschutz vollzogen. Ein Beispiel hierfür sind die weltweit von den nationalen Chemieverbänden initiierten Responsible Care Programme. Umweltmanagementsysteme spielen dabei eine zentrale Rolle. Im Vergleich zu anderen Branchen liegt die chemische Industrie – beispielsweise gemessen an der hohen Beteiligung an der EG-Öko-Audit-Verordnung in Deutschland – in der Spitzengruppe der Industrie. Die paneuropäische Umfrage von CEFIC belegt jedoch eindrücklich, dass in der Öffentlichkeit der gewünschte Wahrnehmungswandel über die erzielten Verbesserungen noch nicht erreicht wurde. Die chemische Industrie wird auch zu Beginn des 21. Jahrhunderts als einer der Hauptverursacher von industriellen Umweltproblemen eingeschätzt und in ihrer gesellschaftlichen Nutzenhaftigkeit in Frage gestellt.

Ein Grund hierfür liegt in der mangelnden Verbreitung und Akzeptanz geeigneter Leistungsparameter, die der Öffentlichkeit glaubhaft die Fortschritte in der betrieblichen Umweltleistung vermitteln. Zwar haben diesbezüglich die Chemieverbände verschiedene Ansätze zur Vereinheitlichung initiiert, allerdings wird beispielsweise in den Umwelterklärungen noch immer eine große Zahl unterschiedlicher und nicht vergleichbarer Umweltkennzahlen gefunden. Die von CEFIC im Jahre 1998 dazu formulierten HSE-Reporting Guidelines sollen zwar mit Hilfe eines Satzes von Kernparametern Abhilfe schaffen, allerdings erscheint die Auswahl der Parameter stark auf ein Verbandsreporting und ungleich schwächer auf die Bedürfnisse kleinerer und mittlerer Unternehmen zugeschnitten.

Gleichzeitig sind Vertreter von gesellschaftlichen Anspruchsgruppen – beispielsweise Global Reporting Initiative – und der Gesetzgeber (z.B. der EPER-Ansatz der EU-Kommission sowie die Umweltberichterstattungsgesetze in Dänemark und den Niederlanden) dabei, neue Standards und Ansätze für die Umweltberichterstattung auszuarbeiten. Dabei ist unbestritten, dass es eine Verständigung geben muss über eine Auswahl an geeigneten Kennzahlen und Bezugsgrößen die eine verbesserte Transparenz und Vergleichbarkeit der Leistungsdaten ermöglichen. Sie ist Voraussetzung für eine langfristige Glaubwürdigkeit der Umweltberichterstattung und damit sowohl im Sinne der Leser wie auch der Ersteller von Umweltberichten. Derzeit werden Umweltdaten und –ziele werden in den Umwelterklärungen nach Auswahl,

Art und Darstellung so unterschiedlich veröffentlicht, dass eine effektive Kontrolle durch die Öffentlichkeit nur in Einzelfällen möglich ist.

Die Diskussion der standardisierten Berichterstattung scheint damit sowohl aus Sicht der Unternehmen/Verbände wie auch der Politik an einem Wendepunkt zu stehen. Einerseits besteht der Bedarf, möglichst individuell (und standortbezogen) auf die relevanten Leistungskennzahlen von Unternehmen einzugehen. Dafür spricht von seiten der Europäischen Union der Revisionsvorschlag der EG-Öko-Audit-Verordnung, in dem die stärkere Rückberichterstattung in Bezug auf gesetzte Ziele gefordert wird und der die Aufhebung der in Art. 5(3)c benannten Pflichtberichterstattungszahlen enthält. Dies ist prinzipiell auch im Sinne der Unternehmen, die ihre spezifischen Schwerpunkte möglichst knapp und deutlich darstellen wollen, ohne auf für sie nicht relevante Zahlenangaben eingehen zu müssen.

Andererseits schlägt die EG-Kommission mit dem EPER eine sehr umfassende und stringente Art der Datenabfrage und -veröffentlichung vor, die versucht über alle Branchen – ob zutreffend und relevant oder nicht – vergleichbare Mindestdaten zu erheben. In eine vergleichbare Richtung wirken die europäischen Chemieverbände, die mit jährlichen Datenerhebungen über ihre Unternehmen versuchen, ein Gesamtbild der Leistungsentwicklung ihrer Branche zu erstellen. Die Studie hat dazu aufgezeigt, dass die vom europäischen Chemieverband festgelegten Kernkennzahlen bisher nur zum Teil für Standorte aller Größen geeignet bzw. zutreffend waren.

Ein möglicher Lösungsansatz liegt in der mediengerechten Differenzierung der Umweltkommunikation. Dabei könnte die Umwelterklärung als zusammenfassendes Kommunikationsinstrument neben den relevanten standortspezifischen Kennzahlen eine begrenzte Auswahl von allgemeinen Leistungsparametern enthalten. Diese sollten nach Verbandsempfehlung gestaltet und ggf. nach Firmengröße und Branchenzugehörigkeit differenziert werden. Der breite Satz an möglichen Leistungsparametern – sei es für die Responsible Care Verbandsberichterstattung oder die kommende Pflichtberichterstattung nach dem EPER – könnte in detaillierter Form über das Internet kommuniziert werden. Für letzteres wäre es dann Aufgabe der Politik und/oder der Verbände, eine geeignete Kommunikationsplattform zu schaffen in der vergleichbare Daten auch überbetrieblich ausgewertet werden können.

Die (gedruckten) Umwelterklärungen könnten dann, wie von den Unternehmen gewünscht, mit ausreichend Freiraum als Informations- und Marketinginstrument für bestimmte Zielgruppen zugeschnitten werden. Die umfassende Datenbasis für die Aggregation und den validen Vergleich von Leistungsparametern innerhalb einer Branche könnte auf Basis einer für interessierte Fachanwender zugänglichen Internetlösung realisiert werden. Das Ergebnis wäre eine sowohl auf einzel- wie auch auf überbetrieblicher Ebene optimierte Datengrundlage zur Bewertung der kontinuierlichen Verbesserung.

Ob daraus eine bessere Beurteilung der Leistungsfortschritte für öko-auditierte Unternehmen ableitbar sein wird müssen zukünftige Untersuchungen zeigen. Die bisherigen Ergebnisse sprechen für auf Standortebene und im Branchenvergleich begrenzte Optimierungspotentiale durch die EG-Öko-Audit-Verordnung. Im günstigsten Fall kann argumentiert werden, dass die am EG-Öko-Audit beteiligten Vorreiter-Unternehmen bereits mit der Teilnahme am Gemeinschaftssystem einen so guten Umsetzungsstand im Umweltschutz erreicht haben, dass sie in den fortfolgenden Zyklen nur durchschnittliche Verbesserungen erzielen. Der Anreiz für weitere Beteiligungen müsste dann bei denjenigen Betrieben geschaffen werden, die noch kein optimales Umweltmanagement implementiert haben und dadurch noch die größten Verbesserungspotentiale vorhalten. Sollten weitere Studien jedoch darauf hinweisen, dass die „Wirkungslosigkeit" im Vergleich zum Branchendurchschnitt nicht strukturell bedingt ist, müssten sowohl die geforderten Umsetzungsanforderungen zum EG-Öko-Audit wie auch mögliche Erleichterungen für auditierte Betriebe intensiv überdacht werden.

Über die gesamte Wirtschaft betrachtet wird das volle Potential an Verbesserungsmöglichkeiten für die Unternehmen erst ausschöpfbar, wenn die Unternehmen anhand fundierter Vergleiche den eigenen Standpunkt besser einschätzen können. Ohne eine einheitliche Rechnungslegung für die wichtigsten Kernkennzahlen ist dies jedoch nicht machbar. Verbindliche und vertiefte Abstimmungen von gesellschaftlich anerkannten Leistungsparametern zwischen Branchenvereinigungen und ihren Anspruchsgruppen stellen dazu ein zukunftsweisendes Konzept dar. Darauf aufbauend könnten beispielsweise Benchmarking-Round-Tables ansetzen, in denen strukturell vergleichbare Unternehmen überbetriebliche Erfolgsfaktoren und noch bestehende Schwachstellen erkennen und daraus nachhaltige Lernprozesse ableiten. Solange die Voraussetzungen dafür nicht geschaffen werden, bleibt für die beteiligten Unternehmen, die interessierten Anspruchsgruppen und involvierten Regierungsorganisationen die unbefriedigende Situation, dass mit großem Aufwand erzeugte Daten nicht im Sinne einer nachhaltigen Wirtschaftsweise eingesetzt werden können.

LITERATURVERZEICHNIS

Adams, R. / Houldin, M. / Slomp, S. (1999): Towards a Generally Accepted Framework for Environmental Reporting, in: Sustainable Measures – Evaluation and Reporting of Environmental and Social Performance, Bennet M. / James, P. (Hg.), S. 314 – 329, Sheffield

AEA Technology (1996): The Index of Corporate Environmental Engagement – A survey of FTSE 100 companies, Business in the Environment (Hg.), London

Amecke, H. (1987): Chemiewirtschaft im Überblick – Produkte, Märkte, Strukturen; Weinheim, New York

Ankele, K. / Fichter, K. / Heuvels, K. / Rehbinder, E. / Schebek, L. (1998): Fachwissenschaftliche Untersuchung der Wirksamkeit der EG-Öko-Audit-Verordnung, in: Umweltwirtschaftsforum 4/98, 6. Jg., S. 38 – 45, Heidelberg

Ankele, K. / Meyerhoff, J. (1997): Ökonomisch-ökologische Bewertung – Verfahren zur Bewertung und ihre Grundannahmen, in: Ökologisch Wirtschaften, 3–4/1997, 2. Jg., S. 8 – 10, München

Armbruster, C. (1998): Problems of Market Transparency, in: International Workshop: Green Investment – Market Transparency and Consumer Information, 7 Oktober 1998, Zusammenfassung der Ergebnisse, S. 27 – 31, Ecologic (Hg.), Berlin

Armbruster, C. (2000): Entwicklung ökologieorientierter Fonds - Eine Untersuchung im deutschsprachigen Raum und in Großbritannien, Josef Eul Verlag, Lohmar, Köln

Atteslander, P. (1984): Methoden der empirischen Sozialforschung, Berlin, New York

Bartl, C. (1998): Integrierte Managementsysteme, empirische Diplomarbeit an der Fakultät für Wirtschafts- und Sozialwissenschaften der Universität Augsburg (unveröffentlicht), Augsburg

Bartolomeo, M. / Ranghieri, F. (1998): Öko-Benchmarking in Italien, in: Kottmann, H. / Clausen, J. (Hg.) Ökologisches Benchmarking von Unternehmen, IÖW-Schriftenreihe 133/98, S. 1 – 16, Berlin

Bayerische Staatsregierung (1995a): Umweltpakt Bayern, Miteinander die Umwelt schützen, Bayerische Staatskanzlei (Hg.), 26 S., München

Bayerische Staatsregierung (1995b): Umweltpakt Bayern, Miteinander die Umwelt schützen, Bayerische Staatskanzlei (Hg.), Anlage, 41 S., München

Behrens, B. (1999): Europäische Konzerne - Deutsche auf dem Vormarsch, in: Wirtschaftswoche heute, S. 1 – 6, online im Internet: http://www.wiwo.de/cgi-bin/wwo5.exe, (Rubrik Thema des Tages, Text-Id: 42982), Stand 12.8.99

Belke, M. (1998): Vier Jahre EMAS in Österreich, in: Umweltschutz 2/99, ohne Jg., S. 33, Wien

Bennet, M. / James, P. (1999): Key Themes in Environmental, Social and Sustainability Performance Evaluation and Reporting, in: Sustainable Measures – Evaluation and Reporting of Environmental and Social Performance, Bennet M. / James, P. (Hg.), S. 29 – 74, Sheffield

Bergmann, U. (1998): The use of environmental performance indicators – A comparative study of two sectors and three countries, Imperial College of Science, Technology and Medicine, Centre for Environmental Technology, London

BMU (1992) Bundesumweltministerium (Hg.): Umweltpolitik, Agenda 21, Konferenz der Vereinten Nationen für Umwelt und Entwicklung im Juni 1992 in Rio de Janeiro, Dokumente, Bundesministerium für Umwelt, Naturschutz und Reaktorsicherheit, Bonn

BMU (1998) Bundesumweltministerium (Hg.): Nachhaltige Entwicklung in Deutschland, Entwurf eines umweltpolitischen Schwerpunktprogramms, Bonn

BMU / UBA (1995) Bundesumweltministerium / Umweltbundesamt (Hg.): Handbuch Umweltcontrolling, Bonn, Berlin

BMU / UBA (1996) Bundesumweltministerium / Umweltbundesamt (Hg.): Handbuch Umweltkostenrechnung, Bonn, Berlin

BMU / UBA (1997) Bundesumweltministerium / Umweltbundesamt (Hg.): Leitfaden Betriebliche Umweltkennzahlen, Bonn, Berlin

BMU / VCI (1996) Bundesumweltministerium / Verband der chemischen Industrie (Hg.): Gemeinsamer Abschlussbericht zum Dialog des BMU und des VCI zu Umweltzielen am Beispiel VOC, Bonn, Frankfurt

Bogaschewsky, R. / Pföhler, M. / Ludwig, A. (1998) Notwendigkeit von Umweltdatenerfassungsgrundsätzen, in: Umweltwirtschaftsforum 1/98, 6. Jg., S. 78 – 80, Heidelberg

Böning, J. (1994) Methoden der betrieblichen Ökobilanzierung, Metropolis Verlag, Marburg

Brede, C. (1996) Zur Frage der Einrichtung von Umweltmanagementsystemen, IHK für München und Oberbayern (Hg.), München

BStMLU (1998) Bayerisches Staatsministerium für Landesentwicklung und Umweltfragen (Hg.): Umweltpakt Bayern - Erfolgreiche Partnerschaft: Gut für die Umwelt, gut für die Wirtschaft, Information März 1998, München

BUND/Misereor (1996): Zukunftsfähiges Deutschland, Basel, Boston, Berlin

CEFIC (1993) European Chemical Industry Council (Hg.): CEFIC Guidelines on Environmental Reporting in the European Chemical Industry, Brüssel

CEFIC (1996) European Chemical Industry Council (Hg.): Safety, Health, Environment and Quality (SHEQ) Management Systems and Management Systems Standards, Position Paper 06/1996, Brüssel

CEFIC (1997a) European Chemical Industry Council (Hg.): Annual Responsible Care Report 1996, Brüssel

CEFIC (1997b) European Chemical Industry Council (Hg.): Environmental Agreements: Experience gathered from the European Chemical Industry, http://www.cefic.be, Brüssel

CEFIC (1997c) European Chemical Industry Council (Hg.): Voluntary Energy Efficiency Programme VEEP 2005, Update - November 1997, Brüssel

CEFIC (1997d) European Chemical Industry Council (Hg.): The relationship of Responsible Care with EMAS and ISO 14001, Brüssel

CEFIC (1998a) European Chemical Industry Council (Hg.): Facts & Figures, The European chemical industry in a world-wide perspective 1998, Brüssel

CEFIC (1998b) European Chemical Industry Council (Hg.): Annual Responsible Care Report 1997, Brüssel

CEFIC (1998c) European Chemical Industry Council (Hg.): Pan European Survey (PES 98), Executive Summary, Brüssel

CEFIC (1998d) European Chemical Industry Council (Hg.): Responsible Care Health, Safety and Environmental reporting guidelines, November 1998, Brüssel

Chambers Dictionary (1993): The Chambers Dictionnary, Harrap Publishers, Edinburgh

Chanson, R. (1993): Eco-Rating: Beurteilung von Chancen und Risiken aus ökologischer Sicht, in DARA 522, S.108

CIA (1993) Chemical Industries Association (Hg.): The UK indicators of performance 1990 – 1992, London

CIA (1998) Chemical Industries Association (Hg.): The UK indicators of performance, 1997, London

CICE (1994) The Canadian Institute of Chartered Accountants (Hg.): Reporting on Environmental Performance, Toronto

CIFF (1998) Chemical Industry Federation of Finland (Hg.): Environment, Health and Safety Progress Report 1997, Responsible Care Vastuu Huomisesta, Helsinki

Clausen, J. (1998a): Sinnhaftes Benchmarking oder Faszination leicht zugänglicher Zahlenwerte – Zur Ermittlung von Vergleichszahlen in Umweltberichten und Umwelterklärungen, in: Ökologisches Benchmarking von Unternehmen, S. 52 – 64, Kottmann, H. / Clausen, J. (Hg.), IÖW-Schriftenreihe Nr. 133/98, Berlin

Clausen, J. (1998b): Monitoring von Umweltleistung und Umweltmanagementsystemen – Eine Panelbefragung von Unternehmen, IÖW-Diskussionspapier Nr. 43/98, Berlin

Clausen, J. / Fichter, K. (1996): Die Qualität von Umweltberichten: Ranking 1995, Bewertung und Vergleich von 97 Umweltberichten und Umwelterklärungen deutscher Unternehmen, Berlin

Clausen, J. / Fichter, K. (1996): Umweltberichte – Umwelterklärung, Praxis glaubwürdiger Kommunikation von Unternehmen, München

Cohen, M. A. / Scott, A. F. / Naimon, J. (1995): Environmental and Financial Performance: Are they related?, Revised Draft, Vanderbilt University (Hg.), online im Internet: http://www.vanderbilt.edu/VCEMS/papers/irrc.html, Stand 20.8.1999

Dahlberg, B. / Syrrist, P. / Stoll, C. (1995): Using environmental impact assessment and public participation for setting emission levels, in: UNEP (Hg.) (1995), Industry and the Environment, S. 35 – 38, Paris

Daschner, F. et. al. (1996): Möglichkeiten und Grenzen des Umweltschutzaudits für Krankenhäuser, Abschlussbericht, Freiburg

Dilly, P. (1998): Das EG-Öko-Audit ist auf einem guten Weg, in: Umwelt/Kommunale ökologische Briefe 07/98, 3. Jg., S. 16, Berlin

DIN 33922 (1997): Umweltberichte für die Öffentlichkeit, Februar 1997, Berlin

Ditz, D. / Ranganathan, J. (1997): Measuring up, Toward a common framework for tracking corporate environmental performance, World Resources Institute, Washington

Doktoranden-Netzwerk Öko-Audit e.V. (1997a): Antrag zur Erarbeitung einer Norm für Umwelterklärungen – Normungsantrag gemäß DIN 820 Teil 4 Ziffer 2.1ff.), Doktoranden-Netzwerk-Öko-Audit (Hg.), Halle

Doktoranden-Netzwerk Öko-Audit e.V. (1997b): Norm für Umwelterklärungen – Normvorschlag der Arbeitsgruppe Umwelterklärungen, Doktoranden-Netzwerk-Öko-Audit (Hg.), Halle

Doktoranden-Netzwerk Öko-Audit e.V. (1997c): Norm für Umwelterklärungen – Erläuterungen zum Normvorschlag, Doktoranden-Netzwerk-Öko-Audit (Hg.), Halle

Dyllick, Th. / Belz, F. / Schneidewind, U. (1997): Ökologie und Wettbewerbsfähigkeit, München/Zürich

Dyllick, Th. / Kolibius, M. (1998): Ökologisches Benchmarking – verdeutlicht anhand einer explorativen Untersuchung im internationalen Lebensmittelhandel, in: Ökologisches Benchmarking von Unternehmen, S. 38 – 51, Kottmann, H. / Clausen, J. (Hg.), IÖW-Schriftenreihe 133/98, Berlin

Dyllick, Th. / Schneidewind, U. (1995): Ökologische Benchmarks – Erfolgsindikatoren für das Umweltmanagement von Unternehmen, IWÖ-Diskussionsbeitrag Nr. 26, St. Gallen

Dyllik, Th. (1989): Management der Umweltbeziehungen: öffentliche Auseinandersetzungen als Herausforderung, Wiesbaden

Dyllik, Th. (1995): Die EU-Verordnung zum Umweltmanagement und zur Umweltbetriebsprüfung (EMAS-Verordnung) im Vergleich mit der geplanten ISO-Norm 14001, in: Zeitschrift für Umweltpolitik und Umweltrecht (ZfU), Heft 3, S. 299 – 339

EC-Eco-Audit-Regulation (1993): Council Regulation 1836/93/EEC of 29 June 1993 allowing voluntary participation by companies in the industrial sector in a Community eco-management and audit scheme, Official Journal, L 168, Vol. 36, 10 Juli 1993, Brüssel

EG-Kommission (1993): Für eine dauerhafte und umweltgerechte Entwicklung, Ein Programm der Europäischen Gemeinschaft für Umweltpolitik und Maßnahmen im Hinblick auf eine dauerhafte Entwicklung, Brüssel, Luxemburg, 1993

EG-Kommission (1997a): Article 19 Committee Meeting 6./7. November 1997, Foliensatz von Jon Faragher, Stockholm

EG-Kommission (1997b): EMAS 2, unveröffentlicher Arbeitsentwurf der EG-Kommission zur Vorbereitung eines Treffen des Artikel 19 Ausschusses, Brüssel

EG-Kommission (1998): Vorschlag für eine Verordnung (EG) des Rates über die freiwillige Beteiligung von Organisationen an einem Gemeinschaftssystem für das Umweltmanagement und die Umweltbetriebsprüfung, Komm(1998) 622 endg., Dokument 98/0303 (SYN), 30.10.98, Amt für amtliche Veröffentlichungen der Europäischen Gemeinschaften, Amtsblatt Nr. 400/7 vom 22.12.1998, Luxemburg

EG-Kommission (1999): Draft proposal concerning implementation of a Pollutant Emission Register to Art. 15 of the IPPC Directive, Brüssel

EG-Kommission (2000): The implementation of a European Pollutant Emission Register according to Art. 15 of the Council Directive 96/61/EC, Final Draft as accepted by the Member States on 25 January 2000, Brüssel

EG-Minsterrat Umwelt (1999): Voluntary Participation by Organisations in a Communitary Eco-Management and Audit System (Review of the EMAS Regulation), 2615. Environment Council, 11. März 1999 (unveröffentlicht), Brüssel

EG-Öko-Audit-Verordnung (1993): Verordnung des Rates 1836/93/EWG vom 29. Juni 1993 über die freiwillige Beteiligung gewerblicher Unternehmen an einem Gemeinschaftssystem für das Umweltmanagement und die Umweltbetriebsprüfung, Amtsblatt der EG Nr. L 168/1-18, 10. Juli 1993, Brüssel

EGT (1993) European Green Table (Hg.): Environmental Performance Indicators in Industry, Report 3: Draft Handbook, Oslo

Eipper Ch., Hitzler, L. (1998): Bewertung betrieblicher Umweltauswirkungen im UMS, in: UVP-Report 4/98, 12. Jg., S. 197 – 200, Hamm

EMAS Helpdesk (1998): EMAS-Helpdesk, online im Internet (Stand 31. Dez. 1998) http://www.emas.lu

ENDS (1996): BP Chemicals environment report, ENDS Report 259, o.S. , London

ENDS (1998a): Investors want more environmental reporting, ENDS Report 284, S. 11 – 12, London

ENDS (1998b): Commission keeps cards close to its chest for chemicals policy review, ENDS Report 286, S. 40 – 41, London

ENDS (1998c): Chemical industry progresses, but ducks Minster's challange, ENDS Report 281, S. 7 – 8, London

ENDS (1998d): Bid to expand EMAS may weaken reporting rules, ENDS Report 281, S. 48 – 49, London

ENDS (1998e): Commission publishes proposals for EMAS revision, ENDS Report 286, S. 42 – 43, London

Environics International (1998): International Environmental Monitor – International Report 1998, Environics Ltd. (Hg.), Toronto

EPA (1999) Environmental Protection Agency (Hg.): Toxics Release Inventory, URL: http://www.epa.gov/opptintr/tri , Stand 26.6.1999

European Environment Agency (1995): Europe's Environment – The Dobris Assessment, Kopenhagen

European Environment Agency (1997): Environmental Agreements – Environmental Effectiveness, in: Environmental Issues Series No. 3, Vol. 1, Kopenhagen

European Environment Agency (1998): European Environment Agency (Hg.): Environmental management tools for SMEs – A handbook, Environmental Issues Series No. 10, Kopenhagen

Eurostat (1997): Basic Economic Indicators of the European Union, Service of official publications of the European Community (Hg.), 33rd edition, Luxemburg

Eurostat (1998): Eurostatistics, Data for short-term economic analysis, Monthly, Series 1B, Vol. II/1998, Service of official publications of the European Community (Hg.), Luxemburg

Faber, M. / Jöst, F. / Müller-Fürstenberger, G. (1994): Umweltschutz und Effizienz in der chemischen Industrie – Eine Untersuchung mit 33 Fallstudien, Diskussionspapier Nr. 217, Alfred Weber Institut der Universität Heidelberg, Heidelberg

FEDERCHIMICA (1998) Federazione Nazionale dell'Industria Chimica (Hg.): 4° Rapporto Ambientale / Responsible Care 1989 - 1997, Milano

FEIQUE (1998) Federacion empresarial de la industria quimica espanola (Hg.): Compromisso de Progresso de la Industria Química Española, Seguridad, Salud y Medio Ambiente, Realizaciones 1997, Madrid

Fichter, K. (1995): Öko-Audit - Mit Ökocontrolling zum zertifizierungsfähigen Umweltmanagementsystem, München

Fichter, K. (1998): Umweltkommunikation und Wettbewerbsfähigkeit: Wettbewerbstheorien im Lichte empirischer Ergebnisse zur Umweltberichterstattung von Unternehmen, Marburg

Fichter, K. / Grünwald, M. (1995): Öko-Rating, Ansätze zur ökologischen Unternehmensbewertung, IÖW-Diskussionspapier 32/95, Berlin

Fichter, K. / Loew, T. / Seidel, E. (1997): Betriebliche Umweltkostenrechnung, Methoden und praxisgerechte Weiterentwicklung, Berlin, Heidelberg, New York

Fischer H. / Wucherer, C. / Burschel, C. / Wagner, B. (1997): Umweltkostenmanagement von Unternehmen, Hanser, München

Fischer, D. / Kühling, B. / Pfriem, R. / Schwarzer, Ch. (1993): Kommunikation zwischen Unternehmen und Gesellschaft – Voraussetzungen angemessener Umweltberichterstattung von Unternehmen, Carl-von-Ossietzky-Universität Oldenburg, Lehrstuhl für Industriebetriebslehre (Hg.),Oldenburg

Fischer, H. / Blasius, R. (1995): Umweltkostenrechnung, in: Handbuch Umweltcontrolling, S. 439 – 460, BMU / UBA (Hg.), Bonn, Berlin

Franke, J. F. / Wätzold, F. (1995): The Chemical Industry and the Eco-Management and Audit Scheme, Technische Universität Berlin, Berlin

Frantisak, F. (1998): Sustainable Development – Environmental Performance and Shareholder Value, Investors' Survey, Noranda Inc. (Hg.), Toronto

Freeman, R. E. (1983): Strategic Management: A Stakeholder Approach, in: Advances in Strategic Management, Vol. 1, S. 31 – 60

Freimann, J. (1996): Betriebliche Umweltpolitik: Praxis – Theorie – Instrumente, UTB für die Wissenschaft / Verlag Paul Haupt, Bern, Stuttgart, Wien

Freimann, J. (1998): EMAS – Was wissen wir wirklich über seine Umsetzung in der Unternehmenspraxis?, in: Umweltwirtschaftsforum 4/98, 6. Jg., S. 73 – 79, Heidelberg

Gallas, A. (1998): Mehr Umweltschutz durch Öko-Audit und Deregulierung? in: Leitretter, S. / Schneider, W. (Hg.), Was bringt's dem Umweltschutz – Eine kritische Auseinandersetzung zur Revision der EG-Öko-Audit-Verordnung (EMAS), Manuskripte 248, Hans-Böckler-Stiftung (Eigenverlag), S. 13 – 24, Düsseldorf

GEMI (1996) Global Environmental Management Initiative (Hg.): Environmental Reporting and Third Party Statements, Washington D.C.

Generalsekretariat des Rats (1999): Proposal for a Council Regulation allowing voluntary participation by organisations in a Community eco-management and audit scheme, Working document ENV/99/69, 4. Mai 1999, Brüssel

Goldmann, B. / Schellens, J. (1995): Betriebliche Umweltkennzahlen und ökologisches Benchmarking, Schriftenreihe Wirtschaft und Umwelt, Köln

Goldmann, B. / Weber, F. (1995): Betriebliche Umweltkennzahlen, BJU Umweltberater, Deutscher Wirtschaftsdienst, Köln

GRI (1999) Global Reporting Initiative: Sustainability Reporting Guidelines, Exposure Draft for Public Comment and Pilot Testing, March 1999, CERES (Hg.), Boston

Guhle, W. (1998): Umweltschutz oder Public Relations? in: Leitretter, S. / Schneider, W. (Hg.), Was bringt's dem Umweltschutz – Eine kritische Auseinandersetzung zur Revision der EG-Öko-Audit-Verordnung (EMAS), Manuskripte 248, Hans-Böckler-Stiftung (Eigenverlag), S. 37 – 43, Düsseldorf

Günther, K. (1998): Betriebliches Umweltmanagement setzt sich durch – Ergebnisse der UNI/ASU-Umweltmanagementbefragung 1997, in: Umweltwirtschaftsforum 1/98, 6. Jg, S. 16 – 20, Heidelberg

Günther, K. / Kottmann, H. (1998): ASU-Öko-Benchmarking: Umweltpreis fördert Vergleich von Umweltmanagementsystemen, in: Ökologisches Benchmarking von Unternehmen, S. 83 – 94, Kottmann, H. / Clausen, J. (Hg.), IÖW-Schriftenreihe Nr. 133/98, Berlin

Haßler, R. (1994): Ökologische Unternehmensbewertung als neues Informationsinstrument, Schriftenreihe 2, ökom (Hg.), München

Henkel (1998): Umwelt, Sicherheit, Gesundheit – Daten und Fakten für 1998, Düsseldorf

Henseling, K. O. (1999): Stoffstrommanagement aus gesamtwirtschaftlicher Perspektive – Umwelthandlungsziele als Orientierungspunkte, in: Stoffstrommanagement – Herausforderung für eine nachhaltige Entwicklung, Tagungsband der 4. Internationalen Sommerakademie St. Marienthal, S. 49 – 60, Brickwedde, F. (Hg.), Deutsche Bundesstiftung Umwelt, Hannover

Hillary, R. (1994): The Eco-Management and Audit Scheme, A practical guide, Technical Communications Ltd., Letchworth

Hopfenbeck, W. (1989): Allgemeine Betriebs- und Managementlehre, Landsberg am Lech

Hoppkinson, P. / Whitaker, M. (1999): The Relationship between Company Environmental Reports and their Environmental Performance, in: Sustainable Measures – Evaluation and Reporting of Environmental and Social Performance, Bennet M. / James, P.(Hg.), S. 392 - 411, Sheffield

Höppner, N. / Sietz, M. / Seuring, St. / Czaja, F. (1998): Öko-Audit-Verordnung – Ergebnisse einer Befragung validierter Unternehmen, Umweltwirtschaftsforum 2/98, 6. Jg., S. 73 – 76, Heidelberg

House, R. (1999): Battle of the Benchmarks, Rival systems for evaluating corporate environmental performance are jostling for supremacy in a budding industry, in: Tomorrow (Hg.), Vol. IX., No. 4, S. 12 – 13, July/August 1999, Stockholm

Hroch, N. / Schaltegger, St. (2000): Macht EMAS einen Unterschied – Kommunikation aktueller Umweltthemen durch deutsche Unternehmen, in: Ökologisch Wirtschaften, 1/2000, S. 5 – 6, München

HUI (1994) Hamburger Umwelt Institut (Hg.): Top 50 Study, Steps To Environmental Sustainability, A Questionnaire For The Chemical Industry, Hamburg

HUI (1996) Hamburger Umwelt Institut (Hg.): Top 50 Study, Hamburg

ICC (1989) International Chamber of Commerce (Hg.): Umweltschutz Audits, Köln

ICCA (1996) International Council of Chemical Associations (Hg.): Responsible Care Status Report, Brüssel

ICCA (1999) International Council of Chemical Associations (Hg.): Responsible Care Status Report 1998, Brüssel

IFOK (1997) Institut für Organisationskommunikation (Hg.): Bausteine für ein zukunftsfähiges Deutschland, Diskursprojekt im Auftrag von VCI und IG Chemie-Papier-Keramik, Gabler, Wiesbaden

IMUG (1997) Institut für Markt, Umwelt & Gesellschaft (Hg.): Der Unternehmenstester – Kosmetik, Körperpflege und Waschmittel, Ein Ratgeber für den verantwortlichen Einkauf, Reinbeck bei Hamburg

International Institute for Sustainable Development (1993) Coming Clean: Corporate Environmental Reporting – Opening up for Sustainable Development, London

Irwin, H. et. al. (1995): A benchmark for reporting on chemical facilities, World Wildlife Fund (Hg.), Washington D.C.

ISO (1997): The ISO 14000 Environment, ISO Environmental Management System Standards, March 1997, International Organization for Standardization (Hg.), Genf

ISO 14001 (1996): Umweltmanagementsysteme, Spezifikation mit Anleitung zur Anwendung (ISO 14001:1996), Deutsche Fassung EN ISO 14001, Deutsches Institut für Normung (DIN) e.V. (Hg.), Berlin

ISO 14031 (1999): Umweltmanagement – Umweltleistungsbewertung, Leitlinien (ISO 14031:1999), Deutsche Fassung EN ISO 14031 : 1999, Deutsches Institut für Normung (DIN) e.V. (Hg.), Berlin

ISO CD 14031 (1996): Environmental Management - Environmental Performance Evaluation, Committee Draft des ISO TC 207 SC 4, International Organization for Standardization (Hg.), Dezember 1996, Genf

ISO World (2000): The number of ISO 14000/EMAS certification in the world, online im Internet: www.ecology.or.jp/isoworld/english/english.htm, Stand 16.1.2000

James, P. (1994): Business environmental performance measurement, Business Strategy and the Environment, Long Range Publishing, London

James, P. / Bennett, M. (1994): Environment-related Performance Measurement in Business - From Emissions to Profit and Sustainability, Ashridge Management College (Hg.), Berkhamsted, Großbritannien

James, P. / Bennett, M. (1995): Environment-related Performance Measurement in Business, in: UNEP Industry and Environment Magazine April – September 1995, UNEP (Hg.), Paris

Jänicke, M. / Kunig, P. / Stitzel, M. (1999): Umweltpolitik – Politik, Recht und Management des Umweltschutzes in Staat und Unternehmen, Bonn

Janzen, I. / Müller, M. (1998): Umwelterklärungen: Vergleichbarkeit statt Vielfältigkeit, in: Umweltwirtschaftsforum 4/98, 6. Jg., S. 70 – 72, Heidelberg

Jasch, A. (1995): Die ISO 14001 Norm und ihre Bedeutung für die EG-Öko-Audit-Verordnung, in: Die EG-Öko-Audit-Verordnung, Fichter, K. (Hg.), S. 41 – 52, München

Jasch, Ch. / Rauberger, R. (1998a): Umweltmanagement und Umweltbetriebsprüfung für Finanzdienstleister, Ein Leitfaden für die Umsetzung der EMAS-Verordnung im Kreditgewerbe, Ministerium für Umwelt, Jugend und Familie (Hg,), Wien

Jasch, Ch. / Rauberger, R. (1998b): Messung der Umweltleistung mit betrieblichen Umweltkennzahlen (Environmental Performance Evaluation), Leitfaden, Ministerium für Umwelt, Jugend und Familie (Hg.), Wien

Jourdan, L. (1995): Environmental Management in the Chemical Industry, in: Ullmann's encyclopedia of industrial chemistry, Volume B 7, Environmental protection and industrial safety I, S. 360 – 381, Weinheim

Keidel, T. (1997): Ökologische Risiken im Kreditgeschäft – Systematische Prüfungs- und Bewertungsverfahren, Wiesbaden

Kleivane, T. (1996): Environmental Performance Evaluation, in: Ökologisches Wirtschaften, Nr. 2 /1996, S. 16, München

Kline, C. (1976): Maximising the profits in chemicals, in: Chemtech 6/2, S. 110 – 117

Kölbel, H. / Schulze, J. (1970): Der Absatz in der chemischen Industrie, Springer Verlag, Berlin, Heidelberg, New York

Kostka, S. / Hassan, A. (1997): Umweltmanagementsysteme in der chemischen Industrie – Wege zum produktionsintegrierten Umweltschutz, Springer Verlag, Berlin, Heidelberg, New York

Kottmann, H. (1999): Ökologisches Benchmarking – ein Phantom?, in: Ökologisches Wirtschaften 1/99, o. Jg., S. 8, München

Kraemer, R. A. (1995): Zielsetzung der EG-Öko-Audit-Verordnung und ihr Umfeld in der Europäischen Umweltpolitik, in: Fichter, K. (Hg.), Die EG-Öko-Audit-Verordnung, Mit Öko-Controlling zum zertifizierten Umweltmanagementsystem, S. 19 – 31, Hanser Verlag, München, Wien

Kunert (1996): Ergebnisse Modellprojekt "Umweltkostenmanagement", in: Ökobericht der Kunert AG 1994/95, Kunert AG (Hg.), Immenstadt (Allg.)

Lamprecht, J. (1992): Biologische Forschung – Von der Planung bis zur Publikation, Pareys Studientexte 73, Paul Parey Verlag, Berlin, Hamburg

Lange, Ch. / von Ahsen, A. / Daldrup, H. (1999): Berichtsinhalte und Adressatenorientierung von Umwelterklärungen gemäß EMAS-VO, in: Umweltwirtschaftsforum 1/99, 7. Jg, S. 74 – 78, Heidelberg

Lash, J. (1997): Foreword, in: Measuring Up, Towards a Common Framework for Tracking Corporate Environmental Performance, in: Ditz, D. / Ranganathan, J (Hg.), S. 7 – 8, Washington D.C.

Letmathe, P. (1998): Zweihundert Umwelterklärungen auf dem Prüfstand, UTECH 98, FGU-Fachseminar, Tagungsband, S. 59 – 74, Februar 1998, Berlin

LfU (1999) Landesanstalt für Umweltschutz Baden-Württemberg (Hg.): Arbeitsmaterialien zur Einführung von Umweltkennzahlensystemen, Karlsruhe

Loew, T. / Fichter, K. (1999): Umweltberichterstattung in Deutschland und Europa, Institut für ökologische Wirtschaftsforschung (Hg.), IÖW-Schriftenreihe 138/99, Berlin

Loew, T. / Kottmann, H. / Clausen, J. (1997): Entwicklungsstand von Umweltkennzahlen und Umweltkennzahlensystemen in Theorie und Praxis, Diskussionspapier des IÖW 40/97, Institut für ökologische Wirtschaftsforschung (Hg.), Berlin

Merkel, A. (1996): Politik für eine nachhaltige, umweltgerechte Entwicklung – Herausforderungen für Finanzdienstleister, Umwelt und Finanzdienstleistungen, Fachtagung 4./5. Juli 1996 des Bundesministeriums für Umwelt, Naturschutz und Reaktorsicherheit, Vortragsmanuskript, Königswinter

Ministery of Environment and Energy / Danish Environmental Protection Agency (1995): Act. No. 403 of June 14, 1995 Amending the Environmental Protection Act (Green Accounts), Kopenhagen

Müller, M. / Nissen, U. / Pape, J. (1999): Normung von Umwelterklärungen – Notwendigkeit und Lösungsmöglichkeiten, in: Umweltmanagementsysteme zwischen Anspruch und Wirklichkeit – Eine interdisziplinäre Auseinandersetzung mit der EG-Öko-Audit-Verordnung und der DIN EN ISO 14001, Doktoranden-Netzwerk Öko-Audit e.V. (Hg.), S. 161 – 178, Berlin, Heidelberg

Müller, U. (1999): Flussbilanzen, in: Fach-Datenbank Umweltmanagement, E. 6152 – 6402, Ausgabe 06/1999, UB-Media, Wolfen

Müller-Wenk, R. (1978): Die ökologische Buchhaltung, Frankfurt

NACE-Wirtschaftsklassifizierung (1990): Amtsblatt der Europäischen Gemeinschaften Nr. L 293 vom 24.Oktober 1990, S. 1 – 15, Brüssel/Luxemburg

OECD (1993) Organisation für wirtschaftliche Zusammenarbeit und Entwicklung (Hg.): OECD Environmental Performance Reviews – Germany, Paris

OECD (1995) Organisation für wirtschaftliche Zusammenarbeit und Entwicklung (Hg.): Environmental Indicators - A preliminary set, Paris

Pallas, B. (1999): Chemische Reinigung: Das 3. Ranking des Hamburger Umwelt Instituts der 50 größten Chemie- und Pharmaunternehmen, in: manager-magazin 9/99, 29. Jahrgang, S. 128 – 143, Hamburg

Peglau, R. (1995): Stand der Umsetzung der EG-Öko-Audit-Verordnung im Juni 1995, Umweltbundesamt / Fachgebiet „Wirtschaftswissenschaftliche Umweltfragen“, Berlin

Peglau, R. (1997): Corporate Environmental Reports (June 1997) Umweltbundesamt / Fachgebiet „Wirtschaftswissenschaftliche Umweltfragen“, Berlin

PERI (1993) Public Environmental Reporting Initiative (Hg.): PERI-Guidelines, Washington D.C.

Petschow, U. (1996): Kein Pakt zur Nachhaltigkeit – Die Umweltvereinbarung zwischen dem Freistaat Bayern und Unternehmen, in: Ökologisch Wirtschaften, 1/1996, 1. Jg., S. 4, München

Pfriem, R. (1986): Ökologische Unternehmenspolitik, Frankfurt

Projektgruppe Ökologische Wirtschaft (1987): Produktlinienanalyse – Bedürfnisse, Produkte und ihre Folgen, Köln

Ranganathan, J. (1999): Signs of Sustainability – Measuring Environmental and Social Performance, in: Sustainable Measures – Evaluation and Reporting of Environmental and Social Performance, Bennet, M. / James, P. (Hg.), S. 475 – 495, Sheffield

Rauberger, R. (1995): Ableitung von Umweltzielen und Aufstellung eines Umweltprogramms, in: Fichter, K. (Hg.) (1995), Öko-Audit - Mit Ökocontrolling zum zertifizierungsfähigen Umweltmanagementsystem, S. 133 – 150, München.

Rauberger, R. (1996a): Benchmarking mit Umweltkennzahlen bei Banken. In: Ökologisches Wirtschaften, Nr. 2 /1996, S. 17 – 19, München

Rauberger, R. (1996b): Measuring and communicating environmental performance, in: Industry and the Environment, Ulhoi, J.P / Madsen, H. (Hg.), S. 53 – 66, Kopenhagen

Rauberger, R. (1998a): Benchmarking mit Umweltkennzahlen bei Banken, in: Ökologisches Benchmarking von Unternehmen, S. 17 – 37, Kottmann, H. / Clausen, J. (Hg.), IÖW-Schriftenreihe Nr. 133/98, Berlin

Rauberger, R. (1998b) Im Reich der Zahlen, in: Müllmagazin 4/98, 11. Jg., S. 21 – 25, Berlin

Rauberger, R. (1999): Environmental Reporting: The VfU-Case of Benchmarking with Environmental Indicators in the Financial Sector, in: Continuity, Credibility and Comparability, International Institute for Industrial Environmental Economics at Lund University (Hg.), IIIEE Communications 1999:3, Proceedings of an EEA/IIIEE/UNEP expert seminar, Eze/Frankreich, 13 – 16. Juni 1998, Lund

Rauberger, R. / Wagner, B. (1997a): Dokumentation zum Stand der internationalen Normung von „Betrieblichen Umweltkennzahlen", Umweltbundesamt (Hg.), UBA-Texte 57/97, Berlin

Rauberger, R. / Wagner, B. (1997b): Sachstandsanalyse „Betriebliche Umweltkennzahlen“, Umweltbundesamt (Hg.), UBA-Texte 56/97, Berlin

Rauberger, R. / Wagner, B. (1999): Ecobalance Analysis as a Managerial Tool at Kunert AG, in: Sustainable Measures – Evaluation and Reporting of Environmental and Social Performance, Bennet M. / James, P. (Hg.), S. 170 – 184, Sheffield

Rauberger, R. / Wagner-Youngman, G. (1998): Integriertes Management bei der SKW Trostberg AG, in: Umweltwirtschaftsforum 2/98, 6. Jg, S. 54 – 58, Heidelberg

Rauberger. R. / Enzler, S. (1996): Umweltmanagement im Dienstleistungsbereich – Quo vadis: EG-Öko-Audit-Verordnung oder ISO 14001?, in: Öko-Audit auch für Dienstleister, Grothe-Senf, A. / Rubelt, J. / Schomaker, K. / Skrabs, S. (Hg.), S. 37 – 48, Berlin

Rice, F. (1993): Who scores best on the Environment, Fortune, S. 104 – 111, 26. Juli 1993

Rickardsson, P. M. (1999): Statutory Environmental Reporting in Denmark – Status and Challenges, in: Sustainable Measures – Evaluation and Reporting of Environmental and Social Performance, Bennet M. / James, P. (Hg.), S. 345 – 352, Sheffield

Rose, J. (1995): Volunteer or be forced – European chemical companies might skirt adverse public opinion and sticky-fingered legislators, in: Tomorrow No. 3, Vol. V, July – September 1995, S. 10 – 13, Stockholm

SAM (1998) Sustainable Asset Management (Hg.): Sustainability-Rating, Zürich

SAM/Dow Jones (1999) Sustainable Asset Management / Dow Jones (Hg.): Dow Jones SAM Sustainability Index, http://www.sustainability-index.com, Stand 11.8.1999

Saumweber, M. (1998): Umweltmanagement in kleinen und mittleren Unternehmen der chemischen Industrie, in: Betriebliches Umweltmanagement – Konsequenzen für den Umweltschutz und Standortwettbewerb“, Ministerium für Wirtschaft und Mittelstand, Technologie und Verkehr des Landes Nordrhein-Westfalen (Hg.), S. 51 – 57, Dokumentation der Ergebnisse der gewerblichen Modellprojekte in Nordrhein-Westfalen und der Veranstaltung am 30.9.1998 im Congress Center Düsseldorf, Düsseldorf

SBVg (1997) Schweizerische Bankiervereinigung (Hg.): Anforderungen von Banken and die Umweltberichterstattung, Arbeitsgruppe „Banken und Umwelt", Entwurf, Zürich

SBVg (1998) Schweizerische Bankiervereinigung (Hg.): Anforderungen von Banken an die Umweltberichterstattung – Zur Integration unternehmensbezogener Umweltinformationen in die Finanzanalyse und das Anlagegeschäft, Erläuterungen und Definitionen der Kennzahlen, Arbeitsgruppe „Banken und Umwelt", Zürich

Schneider, W. (1998): EMAS II – Öko-Audit light? in: WSI Mitteilungen 8/1998, 51. Jg., S. 562 – 564, Düsseldorf

Schneidewind, U. (1996): Ökologische Benchmarks – Katalysatoren für ein ökologisches Lernen in Unternehmen und Branchen, in: Umweltwirtschaftsforum 3/96, 3. Jg., S. 36 – 42, Heidelberg

Schulz, K. / Schulz, W. (1994): Öko-Management, dtv, München

Schumacher, I. (1996): Anspruchsgruppen und ihre Anforderungen an Umweltberichte – Fallanalysen bei den Firmen Ciba-Geigy und Henkel, Schriftenreihe des IÖW 103/96, Institut für ökologische Wirtschaftsforschung, Berlin

Schwedt, B. (1998): Evaluierung von Umweltmanagementsystemen, in: Umweltwirtschaftsforum 1/98, 6. Jg, S. 12 – 14, Heidelberg

Schworm, K. (1967): Chemische Industrie, Vahlen Verlag, München

Seidel, E. / Goldmann, B. (1995): Umweltkennzahlen zur Unterstützung betrieblicher Entscheidungen, in: Handbuch Umweltcontrolling, S. 539 – 559, BMU/UBA (Hg.), Bonn, Berlin

Seidel, E. / Weber, F. M. (1998): Die EMAS-Praxis in Deutschland, in: Umweltwirtschaftsforum 1/98, 6. Jg, S. 22 – 27, Heidelberg

Sheldon, R. A. (1993): The role of catalysis in waste minimization, in: Precision Process Technology, Weijnen, M. / Drinkenburg, A. (Hg.), S. 125 – 138

Siegwart, H. (1990): Kennzahlen für die Unternehmensführung. Management Praxis, Bern, Stuttgart

Skillus, A. / Wennberg, U. (1998): Continuity, Credibility and Comparability, Key challanges for corporate environmental performance measurement and communication, The International Institute for Industrial Environmental Economics at Lund University (Hg.), Lund, Schweden

Solenthaler, E. (1997): Neuer Versuch zum Aufspüren von Trüffeln – Schweizer Rück gehört zu den Initianten – Umweltmanagement als Anlagekriterium – Fonds in Gründungsphase, Finanz und Wirtschaft vom 17. Mai 1997, Nr. 38, Zürich

Spencer-Cooke, A. / Elkington, J. (1996): Making a statement, Tomorrow No. 3, Vol. VI, July – August 1996, S. 52 – 57, Stockholm

Staatsblad van het Koninkrijk der Nederlanden (1997): Act extending the Environmental Management Act to provide for environmental reporting in the Netherlands, 10.4.1997, Nr. 170, Jahrgang 1997, s'Gravenhaage

Staatsblad van het Koninkrijk der Nederlanden (1998): Environmental Reporting Decree, 17.11.1998, Nr. 655, Jahrgang 1997, s'Gravenhaage

Staehle, W. (1969): Kennzahlen und Kennzahlensysteme als Mittel der Organisation und Führung von Unternehmen, Wiesbaden

Stahlmann, V. (1996): Öko-Effizienz und Öko-Effektivität – Lässt sich der Umweltfortschritt eines Unternehmens messen?, in: Umweltwirtschaftsforum 4/96, 4. Jg, S. 70 – 76, Heidelberg

Standard & Poors (1998): Standard & Poor's Structured Finance Ratings, Real Estate Finance, Environmental Criteria, Standard & Poors (Hg.) New York

StBA (1976) Statistisches Bundesamt (Hg.): Umweltschutz, Reihe 1.2., Abfallbeseitigung im Produzierenden Gewerbe und in anderen Bereichen 1975, Verlag W. Kohlhammer, Stuttgart, Mainz

Steinfeldt, M. (1998): Umweltkennzahlen zur Bewertung der Umweltleistung von Druckereien, in: Ökologisches Benchmarking von Unternehmen, S. 65 – 72, Kottmann, H. / Clausen, J. (Hg.), in: IÖW-Schriftenreihe Nr. 133/98, Berlin

Steinfeldt, M. / Kottmann, H. (1998): Benchmarking als Instrument für die Umweltprüfung dargestellt am Beispiel Berliner Vollkornbäckereien, in: Ökologisches Benchmarking von Unternehmen, S. 73 – 82, Kottmann, H. / Clausen, J. (Hg.), IÖW-Schriftenreihe Nr. 133/98, Berlin

Stevens, R. (1997): The Environment and Shareholder Value, Taller ISO/IRAM, Instituto Argentino der Normalización (Hg.), Kongressunterlagen vom 10. November 1997, Buenos Aires

Storebrand / Scudder (1996): Storebrand Scudder Environmental Value Fund, Storebrand ASA / Scudder, Stevens & Clark Limited (Hg.), Oslo, London

Storebrand / Scudder (1999): Storebrand Scudder Environmental Value Fund, Monthly Update, Oslo, London

Strobel, M. / Wagner, B. / Gnam, J. (1999): Flusskostenrechnung, Firmengruppe Merckle/ratiopharm, in: Betriebliche Umweltinformationssysteme in der Praxis, Tagungsband zum Management-Symposium Produktion und Umwelt, Information – Integration – Innovation am 28. Juni 1999, S. 135 – 160, Fraunhofer Institut für Arbeitswirtschaft und Organisation (Hg.), Stuttgart

Strobel, M. (1992): Ein ökologieorientiertes Kennzahlensystem, in: IÖW (Hg.), Umweltkennzahlen für Unternehmen, S. 21 – 37, Berlin

Strobel, M. (1995): Aufbau eines Umweltmanagementsystems: Organisatorische Verankerung und Dokumentation, In: Fichter, K. (Hg.) (1995), Öko-Audit - Mit Ökocontrolling zum zertifizierungsfähigen Umweltmanagementsystem, S. 119 – 133, München

Tanner, C. (1997): Das Unsichtbare sichtbar machen – Die Bewertung von Umweltgütern aus psychologischer Sicht, in: Ökologisch Wirtschaften, 3-4/1997, 2. Jg., S. 14 – 16, München

Thimme, P. (1999): Der Wettbewerb zwischen EG-Öko-Audit-Verordnung und DIN ISO 14001, in: Doktoranden-Netzwerk Öko-Audit e.V. (Hg.), S. 265 – 285, Berlin, Heidelberg, New York

UBA (1995) Umweltbundesamt (Hg.): Umweltdaten Deutschland 1995, Berlin

UBA (1997) Umweltbundesamt (Hg.): Nachhaltiges Deutschland, Wege zu einer dauerhaft umweltgerechten Entwicklung, Berlin

UBA (1998a) Umweltbundesamt (Hg.): Umweltmanagement in der Praxis, Teilergebnisse eines Forschungsvorhabens (Teile I bis III), UBA-Texte 29/98, Berlin

UBA (1998b) Umweltbundesamt (Hg.): Umweltmanagement in der Praxis, Teilergebnisse eines Forschungsvorhabens (Teile V bis VI), UBA-Texte 52/98, Berlin

UBA (1999) Umweltbundesamt (Hg.): Betrieblicher Umweltschutz mit System, EG-Umweltaudit in Deutschland, Erfahrungsbericht 1995 – 1998, Berlin

UGA (1997) Umweltgutachterausschuss (Hg.): Ergebnisse der UGA-Unternehmensbefragung, Bonn

UIF (1998) Union des Industries Chimiques (Hg.): L'Engagement de Progress de l'Industrie Chimique Française, Rapport 1998, Paris

UNEP (1994) United Nations Environmental Programme: Company Environmental Reporting. A Measure of Progress of Business and Industry Towards Sustainable Development, Technical Report No. 24, Paris

UNEP (1996) United Nations Environmental Programme: Engaging Stakeholders: The Benchmark Survey - 2nd international progress report on company environmental reporting, Paris

UNI / ASU (1997) Unternehmerinstitut e.V./Arbeitsgemeinschaft Selbständiger Unternehmer (Hg.): Öko-Audit in der mittelständischen Praxis – Evaluierung und Ansätze für eine Effizienzsteigerung von Umweltmanagementsystemen in der Praxis, UNI/ASU-Umweltmanagementbefragung 1997, Eigenverlag, Bonn

Van der Molen, F. (1999): Van der Moolen Internet Services (Hg.), Actual list of Dutch Environmental Reports as listed in the "National Register Environmental Reports", URL: http://www.enviroreporting.com/mjv_register.htm, Stand 5.8.1999

VBU (1999) Verband der Betriebsbeauftragten für Umweltschutz (e.V.): Neun von zehn bleiben dem Audit treu, in: Umweltmagazin 3/1999, 28. Jg, S. 23, Würzburg

VCI (1989) Verband der Chemischen Industrie e.V. (Hg.): Umweltbericht 1988/89, Frankfurt

VCI (1993) Verband der Chemischen Industrie e.V. (Hg.): Leitfaden zur Umweltberichterstattung, Frankfurt

VCI (1995) Verband der Chemischen Industrie e.V. (Hg.): Leitfaden „Verantwortliches Handeln", Frankfurt

VCI (1996) Verband der Chemischen Industrie e.V. (Hg.): Verantwortliches Handeln, Daten zu Sicherheit, Gesundheit, Umweltschutz, Bericht 1996, Frankfurt

VCI (1997a) Verband der Chemischen Industrie e.V. (Hg.) Verantwortliches Handeln, Daten zu Sicherheit, Gesundheit, Umweltschutz, Bericht 1997, Frankfurt

VCI (1997b) Verband der Chemischen Industrie e.V. (Hg.): Chemiewirtschaft in Zahlen, Ausgabe 1997, Frankfurt

VCI (1997c) Verband der Chemischen Industrie e.V. (Hg.): VCI-Fragebogen zum VCI-Jahresbericht Responsible Care / Verantwortliches Handeln (Berichtszeitraum 1996), Frankfurt

VCI (1998a) Verband der Chemischen Industrie e.V. (Hg.) : VCI-Jahresbericht Responsible Care / Verantwortliches Handeln (Berichtszeitraum 1997), Frankfurt

VCI (1998b) Verband der Chemischen Industrie e.V. (Hg.): Chemiewirtschaft in Zahlen, Ausgabe 1998, Frankfurt

VCI (1999a) Verband der Chemischen Industrie e.V. (Hg.): Chemiewirtschaft in Zahlen, Ausgabe 1999, Frankfurt

VCI (1999b) Verband der Chemischen Industrie e.V. (Hg.): Anzeigen – Chemische Industrie / Informationen zur Chemie, online im Internet, URL: http://www.vci.de/abfrage/anzeige.asp, Stand 3.8.1999

VCI / Herder (1996) Verband der chemischen Industrie / Herder Verlag (Hg.): Umwelt und Chemie von A-Z, Frankfurt, Freiburg

VfU (1996) Verein für Umweltmanagement in Banken, Sparkassen und Versicherungen (Hg.): Umweltberichterstattung von Finanzdienstleistern - Ein Leitfaden zu Inhalten, Aufbau und Kennzahlen von Umweltberichten für Banken und Sparkassen, Bad Honnef

VfU (1997) Verein für Umweltmanagement in Banken, Sparkassen und Versicherungen (Hg.): Bilanzierungsrichtlinien und –grundsätze für betriebliche Umweltbilanzen von Finanzdienstleistern mit Standardkontenrahmen, Bonn

VNCI (1988) Vereniging van de Nederlandse Chemische Industrie (Hg.): Responible Care-rapport 1997, Leidschendam

Wagner, B. (1992): Vom Öko-Audit zur betrieblichen Ökobilanz, in: Umweltberichterstattung von Unternehmen, Schriftenreihe 57/92 des Institut für ökologische Wirtschaftsforschung (Hg.), S. 3 – 31, Berlin

Wagner, B. (1994): Betriebswirtschaftliche Aspekte des Umweltmanagements in Unternehmen, in: LfU (Hg.), Projekt Angewandte Ökologie (PAÖ), Karlsruhe

Wagner, B. (1995): Systembeispiel für die Einrichtung eines Umweltcontrolling, in: Handbuch Umweltcontrolling, Bundesumweltministerium / Umweltbundesamt (Hg.), S. 597 – 615, Bonn, Berlin

Wagner, B. (1999): Aufbruch im Bereich des Umweltmanagements, in: Fach-Datenbank Umweltmanagement, Eintrag (E.) 306 – 323, Ausgabe 06/1999, UB-Media, Wolfen

Wagner, B. / Günther, E. (1993): Ökologieorientierung des Controlling, in: Die Betriebswirtschaftslehre, Nr. 2/93, 53. Jahrgang, Köln, S. 143 – 166

Wagner, B. / Rauberger, R. (1996): Stand und Entwicklung der Umweltberichterstattung von Unternehmen in Deutschland, Abschlussbericht ENVIROREORT, gefördert von der ständigen Kommission für Forschung und wissenschaftlichen Nachwuchs der Universität Augsburg, Augsburg

Waldrop, Th. (1995): Getting clean in the process – Processes are changing in the chemical industry - faster than public perception of the industry, in: Tomorrow No. 3, Vol. V, July – September 1995, S. 16 – 17, Stockholm

Wells, R. / Calkins, P. / Balikov, H. (1994): Measuring environmental performance, in IEEE-Magazine, S. 53 – 57, London

White, A. (1999): The Standardization Imperative, Foliensatz im Internet: www.cis.yale.edu/iem/network/rlpack, Folie 1 – 26, Tellus Institute (Hg.), Boston

White, A. / Zinkl, D. (1999): Standardization: The Next Chapter in Environmental Accounting and Performance Measurement, in: Sustainable Measures – Evaluation and Reporting of Environmental and Social Performance, Bennet, M. / James, P.(Hg.), S. 117 – 131, Sheffield

White, M. (1995): Investors Response to the Exxon Valdez Oil Spill, Southern Finance Association Meeting (Hg.), Sarasota, Florida

WICE (1994) World Industry Council for the Environment (Hg.): Environmental Reporting. A Manager's Guide, Paris

Wöhe, G. (1986): Einführung in die Betriebswirtschaftslehre, 16. Auflage, München

Woll, A. (1992): Wirtschaftslexikon, 6. Auflage, R. Oldenburg Verlag, München

Wucherer, C. / Kreeb, M. / Rauberger, R. (1997): Umweltkostenmanagement bei der Kunert AG, in: Umweltkostenmanagement von Unternehmen, Fischer H. / Wucherer, C. / Burschel, C. / Wagner, B. (Hg.), S. 59 – 127, Hanser, München

ANHANG

Anhang 1: NACE DG24 Chemische Industrie

24.1 Herstellung von chemischen Grundstoffen

24.11 Herstellung von Industriegasen
24.12 Herstellung von Farbstoffen und Pigmenten
24.13 Herstellung von sonstigen anorganischen Grundstoffen und Chemikalien
24.14 Herstellung von sonstigen organischen Grundstoffen und Chemikalien
24.15 Herstellung von Düngemitteln und Stickstoffverbindungen
24.16 Herstellung von Kunststoff in Primärformen
24.17 Herstellung von synthetischem Kautschuk in Primärformen

24.2 Herstellung von Schädlingsbekämpfungs- und Pflanzenschutzmitteln

24.20 Herstellung von Schädlingsbekämpfungs- und Pflanzenschutzmitteln

24.3 Herstellung von Anstrichmitteln, Druckfarben und Kitten

24.30 Herstellung von Anstrichmitteln, Druckfarben und Kitten

24.4 Herstellung von pharmazeutischen Erzeugnissen

24.41 Herstellung von pharmazeutischen Grundstoffen
24.42 Herstellung von pharmazeutischen Spezialitäten und sonstigen pharmazeutischen Erzeugnissen

24.5 Herstellung von Seifen-, Wasch-, Reinigungs- und Körperpflegemitteln

24.51 Herstellung von Seifen-, Wasch-, Reinigungs- und Poliermitteln
24.52 Herstellung von Duft- und Körperpflegemitteln

24.6 Herstellung von sonstigen chemischen Erzeugnissen

24.61 Herstellung von pyrotechnischen Erzeugnissen
24.62 Herstellung von Leimen und Gelatine
24.63 Herstellung von etherischen Ölen
24.64 Herstellung von fotochemischen Erzeugnissen
24.65 Herstellung von unbespielten Ton-, Bild- und Datenträgern
24.66 Herstellung von chemischen Erzeugnissen a.n.g.

24.7 Herstellung von Chemiefasern

24.70 Herstellung von Chemiefasern

Quelle (NACE-Wirtschaftsklassifizierung, 1990)

Anhang 2: Die 30 größten Chemieunternehmen weltweit [1] (1997): Umsatz in Mio ECU

No.	Unternehmen	Umsatz 1996	Umsatz 1997	+/-
1	***BASF***	***25.529***	***28360***	***13,4 %***
2	***Bayer***	***25.442***	***27966***	***9,9%***
3	***Hoechst***	***26.655***	***26489***	***-0,6%***
4	Du Pont	18.625	21237	14,0%
5	Merck	15.620	20838	33,4%
6	Novartis	23.101	18957	-17,9%
7	Dow	15.796	17648	11,7%
8	***ICI***	***12.928***	***15961***	***23,5%***
9	***Rhône-Poulenc***	***13.213***	***13587***	***2,8%***
10	Mitsubishi Chem	12.540	12630	0,7%
11	***Shell***	***11.033***	***12553***	***13,8%***
12	Roche	10.176	11410	12,1%
13	***Akzo Nobel***	***10.483***	***10869***	***3,7%***
14	Exxon	9.004	10751	19,4%
15	***Elf Atochem***	***8.283***	***8760***	***5,8%***
16	***Solvay***	***7.169***	***7666***	***6,9%***
17	***Zeneca***	***6.590***	***7494***	***13,7%***
18	Sumitomo Chem	7.323	7434	1,5%
19	Monsanto	7.375	6624	-10,2%
20	***Henkel***	***4.788***	***6212***	***29,7%***
21	***Norsk Hydro***	***5.230***	***5986***	***14,5%***
22	***Hüls***	***5.519***	***5953***	***7,9%***
23	General Electric	5.110	5881	15,1%
24	Showa Denko	k.A.	5812	-
25	***Air Liquide***	***5.294***	***5797***	***9,5%***
26	Union Carbide	4.810	5732	19,2%
27	***BOC***	***4.940***	***5719***	***15,8%***
38	SABIC	4.375	5647	29,1%
29	***DSM***	***4.795***	***5606***	***16,9%***
30	Amoco	4.488	5238	16,7%

Quelle: CEFIC (1998a, S. 21)

[1] In ***kursiv*** hervorgehobene Unternehmen sind in der Europäischen Union ansässig

Anhang 3: Grundgedanken der Initiative Verantwortliches Handeln

1. Die chemische Industrie betrachtet Sicherheit sowie Schutz von Mensch und Umwelt als Anliegen von fundamentaler Bedeutung. Deshalb sind von der Unternehmensführung umweltpolitische Leitlinien zu formulieren und regelmäßig auf neue Anforderungen zu überprüfen sowie Verfahren zur wirksamen Umsetzung dieser Vorgaben in der Praxis zu schaffen.

2. Die chemische Industrie stärkt bei allen Mitarbeitern das persönliche Verantwortungsbewusstsein für die Umwelt und schärft deren Blick für mögliche Umweltbelastungen durch ihre Produkte und den Betrieb der Anlagen.

3. Die chemische Industrie nimmt Fragen und Bedenken der Öffentlichkeit gegenüber ihren Produkten und Unternehmensaktivitäten ernst und geht konstruktiv darauf ein.

4. Die chemische Industrie vermindert zum Schutz ihrer Mitarbeiter, Nachbarn, Kunden und Verbraucher sowie der Umwelt kontinuierlich die Gefahren und Risiken bei Herstellung, Lagerung, Transport, Vertrieb, Anwendung, Verwertung und Entsorgung ihrer Produkte. Sie berücksichtigt bereits bei der Entwicklung neuer Produkte und Produktionsverfahren Gesundheits-, Sicherheits- und Umweltaspekte.

5. Die chemische Industrie informiert ihre Kunden in geeigneter Weise über den sicheren Transport, die Lagerung, die sichere Anwendung, Verwertung und Entsorgung ihrer Produkte.

6. Die chemische Industrie arbeitet ständig an der Erweiterung des Wissens über mögliche Auswirkungen von Produkten, Produktionsverfahren und Abfällen auf Mensch und Umwelt.

7. Die chemische Industrie wird ungeachtet der wirtschaftlichen Interessen die Vermarktung von Produkten einschränken oder deren Produktion einstellen, falls nach den Ergebnissen einer Risikobewertung die Vorsorge zum Schutz vor Gefahren für die Gesundheit und Umwelt dies erfordert. Sie wird die Öffentlichkeit darüber umfassend informieren.

8. Die chemische Industrie leitet bei betriebsbedingten Gesundheits- oder Umweltgefahren die erforderlichen Maßnahmen ein, arbeitet in enger Abstimmung mit den Behörden und informiert die Öffentlichkeit unverzüglich.

9. Die chemische Industrie bringt ihr Wissen und ihre Erfahrungen aktiv in die Erarbeitung praxisnaher und wirkungsvoller Gesetze, Verordnungen und Standards ein, um den Schutz von Mensch und Umwelt zu gewährleisten.

10. Die chemische Industrie fördert die Grundsätze und die Umsetzung der Initiative Verantwortliches Handeln. Dazu dient insbesondere ein offener Austausch von Erkenntnissen und Erfahrungen mit betroffenen und interessierten Kreisen.

Quelle: VCI (1995)

Anhang 4: Zu berücksichtigende Gesichtspunkte nach Anhang 1C

1. Beurteilung, Kontrolle und Verringerung der Auswirkungen der betreffenden Tätigkeit auf die verschiedenen Umweltbereiche;

2. Energiemanagement, Energieeinsparungen und Auswahl von Energiequellen;

3. Bewirtschaftung, Einsparung, Auswahl und Transport von Rohstoffen; Wasserbewirtschaftung und -einsparung;

4. Vermeidung, Recycling, Wiederverwendung, Transport und Endlagerung von Abfällen;

5. Bewertung, Kontrolle und Verringerung der Lärmbelästigung innerhalb und außerhalb des Standorts;

6. Auswahl neuer und Änderung bei bestehenden Produktionsverfahren;

7. Produktplanung (Design, Verpackung, Transport, Verwendung und Endlagerung);

8. Betrieblicher Umweltschutz und Praktiken bei Auftragnehmern, Unterauftragnehmern und Lieferanten;

9. Verhütung und Begrenzung umweltschädigender Unfälle;

10. Besondere Verfahren bei umweltschädigenden Unfällen;

11. Information und Ausbildung des Personals in bezug auf ökologische Fragestellungen;

11. Externe Information über ökologische Fragestellungen.

Quelle: EG-Öko-Audit-Verordnung (1993)

Anhang 5: Ausgewählte Fragen der UBA-Erhebung: Umweltaudit in Deutschland

1 Unternehmensdaten

1.1 Anzahl der Mitarbeiter

Antwortmöglichkeit [1-99] [100-49] [>499]

1.2 Branche nach NACE-Code

[offene Antwortmöglichkeit]

2 Teilnahmemotive: Was waren die Gründe für Ihre Teilnahme?

Antwortmöglichkeit [1 = unwichtig bis 3 = wichtig]

- ☐ Erhöhte Anforderungen von Kunden und anderen externen Anspruchsgruppen
- ☐ Imagegewinn
- ☐ Verbesserung der Betriebsorganisation
- ☐ Motivation der Mitarbeiter
- ☐ Kontinuierliche Verbesserung des betrieblichen Umweltschutzes über das gesetzlich geforderte Mindestmaß hinaus
- ☐ Verringerung unternehmensspezifischer Umweltwirkungen
- ☐ Erkennen von Schwachstellen und Potentialen im Energie- und Ressourceneinsatz
- ☐ Kosteneinsparungen
- ☐ Erhöhung der Rechtssicherheit
- ☐ Entdeckung von ökologischen Produkt- und Verfahrensinnovationen

3 Nutzen-Kosten-Verhältnis: Hat sich der Aufwand gelohnt

3.1 Geschätzter finanzieller Aufwand:

[offene Antwortmöglichkeiten]

3.2 Welche Nutzeneffekte konnten Sie durch die Einführung des EG-Umweltaudits-Systems erzielen?

Antwortmöglichkeit [1 = trifft voll zu bis 5 = trifft nicht zu]

- ☐ Imageverbesserungen
- ☐ Erhöhte Rechtssicherheit
- ☐ Ressourcenschonung
- ☐ Verbesserte Organisation und Dokumentation
- ☐ Anlagensicherheit
- ☐ Verbesserte Behördenkooperation
- ☐ Nutzung öffentlicher Fördergelder
- ☐ Optimierung von Prozessabläufen
- ☐ Mitarbeitermotivation
- ☐ Vorbildwirkung bei Lieferanten
- ☐ Günstigere Kredite/Versicherungen
- ☐ Wettbewerbsvorteile/Standortsicherung
- ☐ Kosteneinsparungen in den Bereichen:

Antwortmöglichkeiten für Kosteneinsparungen:

Abfall; Wasser/Abwasser; Energie; Recycling; Beschaffung; Lagerhaltung; Transport; Produktion; Verpackung

3.3 Wie schätzen Sie das Nutzen-Kosten-Verhältnis der Teilnahme am EG-Umweltaudit-System ein?

Antwortmöglichkeiten [positiv] [negativ] [ausgeglichen] [noch nicht abschätzbar]

9 EG-Umweltaudit und/oder ISO 14001?

9.1 Wird sich Ihr Unternehmen weiterhin am EG-Umweltaudit-System beteiligen?

Antwortmöglichkeiten

[ja, bereits in Vorbereitung] [ja, mit großer Wahrscheinlichkeit]
[eventuell; interne Abstimmung noch nicht abgeschlossen] [nein]

4 Ihre Umwelterklärung: Ressonanz und Darstellung

Welche Adressaten hätten Sie gerne mit Ihrer Umwelterklärung erreicht, und wie beurteilen Sie deren tatsächlich erfolgtes Interesse?

Antwortmöglichkeiten [nicht vorhanden = 1; groß = 3]

- ☐ Kunden
- ☐ Mitarbeiter
- ☐ Lieferanten
- ☐ Anwohner
- ☐ Industrielle Abnehmer
- ☐ Behörden
- ☐ Medien
- ☐ Banken/Versicherungen
- ☐ Wissenschaftliche Institutionen
- ☐ Allgemeine Öffentlichkeit
- ☐ Unternehmensberater
- ☐ Studenten

8 EG-Umweltaudit-System: Was sollte verbessert werden?

Antwortmöglichkeiten [stimme voll zu = 1; stimme nicht zu = 5]

- ☐ Verbesserung der Struktur und Übersichtlichkeit der Verordnung
- ☐ Regelmäßige Informationen über staatliche Umweltschutzziele und Prioritäten als Orientierungshilfe
- ☐ Konkrete Handlungsanweisungen und Standards zur Bewertung der Umweltverträglichkeit
- ☐ Bevorzugung bei öffentlichen Aufträgen ("Bonus-System")
- ☐ Konstruktivere Haltung und verbesserte Anerkennung durch die Behörden; Nutzung von Ermessensspielräumen
- ☐ Administrative Entlastung durch Reduzierung von gesetzlichen Meß- und Berichtspflichten
- ☐ Verknüpfung der Validierung mit materiellen Anforderungen
- ☐ Entwicklung von allgemein anerkannten Prinzipien für die Erstellung von Umwelterklärungen
- ☐ Ansprechende Gestaltung der Teilnahmeerklärung
- ☐ Stärkere Aufklärung der Öffentlichkeit hinsichtlich der Bedeutung und Relevanz des EG-Umweltaudit-Systems

Anhang 6: Grundsätze für Umweltkennzahlensysteme nach BMU/UBA

1 Vergleichbarkeit:
Die Kennzahlen müssen einen Vergleich ermöglichen und Veränderungen der Umweltleistung widerspiegeln.

2 Zielorientierung:
Die aufgestellten Kennzahlen müssen so gewählt sein, daß sie auf Verbesserungsziele hinwirken, die vom Unternehmen beeinflussbar sind.

3 Ausgewogenheit:
Die Kennzahlen müssen die Umweltleistung möglichst aussagekräftig wiedergeben und sowohl Problembereiche als auch Umweltchancen ausgewogen darstellen.

4 Kontinuität:
Um vergleichende Aussagen zu ermöglichen, müssen die Kennzahlen nach den gleichen Erfassungskriterien aufgestellt werden, sich auf vergleichbare Zeiträume beziehen und in vergleichbaren Maßeinheiten gemessen werden.

5 Aktualität:
Die Kennzahlen müssen häufig genung ermittelt werden (z.B. monatlich, vierteljährlich, jährlich), um rechtzeitig Einfluss auf Zielgrößen nehmen zu können und keine veralteten Informationen zu liefern.

6 Verständlichkeit:
Die dargestellten Kennzahlen müssen für den Anwender klar und verständlich sein und seinen Informationsbedürfnissen entsprechen. Das System soll deshalb übersichtlich sein und sich auf die wichtigsten Daten konzentrieren.

Quelle: BMU / UBA (1997)

Anhang 7: Fünf-Stufen Modell der Umweltberichterstattung nach UNEP (1996)

Entwicklungsstufen der Umweltberichterstattung nach UNEP (1996)

Stufe 3	Stufe 4.1	Stufe 4.2	Stufe 4.3	Stufe 5
Beschreibende Umweltberichterstattung Jahresbericht zum Umweltmanagement; Mehr Text als Zahlen	Quantitative Umweltberichterstattung Vollständige Daten über Umweltauswirkungen; Konkrete Umweltziele zu Umweltpolitik & Audit; Unternehmens & Standort-Berichte und Daten	Qualitative Umweltberichterstattung Vollständige Berichterstattung über signifikante Umweltauswirkungen und Verbesserungsziele; Link von Geschäftsaktivitäten, Umweltauswirkungen und öffentlichen Umweltthemen. Umweltkostendaten	Vergleichbare Umweltberichterstattung Externe Verifzierung der Daten; Berichterstattung auf Basis anerkannter Reporting-Standards Einsatz und Diskussion von Branchenkennzahlen und Benchmarking Detaillierte finanzielle Informationen Zusätzlich auf Diskette und online verfügbar	Nachhaltigkeitsberichterstattung Ziel: Keine Überlastung der Tragfähigkeit Verbindung zwischen ökologischen, ökonomischen und sozialen Aspekten der Geschäftstätigkeit Unterstützung durch Nachhaltigkeitsindikatoren und Vollkostenrechnung Bewertung der Umweltleistung unter aktiver Einbeziehung externer Anspruchsgruppen
Einfacher Kommunikationsprozeß mit Anspruchsgruppen (z.B. Antwortkarten, Ansprechpartner...)		Aktiver Kommunikationsprozeß mit mehreren Anspruchsgruppen (z.B. lokale Umweltgespräche, Umweltzielworkshops, Gesprächsforen, ...)		

Anhang 8: EPER-Liste der berichtspflichtigen Schadstoffe mit Mindestwerten

Pollutants / Substances	Identification	Air	Water	Threshold air in kg/yr	Threshold water in kg/yr
1. Enviroamental Themes	**(13)**	**(11)**	**(2)**		
CH_4		x		100 000	
CO		x		500 000	
CO_2		x		100 000 000	
HFCs		x		100	
N_2O		x		10 000	
NH_3		x		10 000	
NMVOC		x		100 000	
NO_x	as NO_2	x		100 000	
PFCs		x		100	
SF_6		x		50	
SO_x	as SO_2	x		150 000	
Total - Nitrogen	as N		x		50 000
Total - Phosphorus	as P		x		5 000
2. Metals and compounds	**(8)**	**(8)**	**(8)**		
As and compounds	total, as As	x	x	20	5
Cd and compounds	total, as Cd	x	x	10	5
Cr and compounds	total, as Cr	x	x	100	50
Cu and compounds	total, as Cu	x	x	100	50
Hg and compounds	total, as Hg	x	x	10	1
Ni and compounds	total, as Ni	x	x	50	20
Pb and compounds	total, as Pb	x	x	200	20
Zn and compounds	total, as Zn	x	x	200	100
3. Chlorinated organic substances	**(15)**	**(12)**	**(7)**		
Dichloroethane-1,2 (DCE)		x	x	1 000	10
Dichloromethane (DCM)		x	x	1 000	10
Chloro-alkanes (C10-13)			x		1
Hexachlorobenzene (HCB)		x	x	10	1
Hexachlorobutadiene (HCBD)			x		1
Hexachlorocyclohexane(HCH)		x	x	10	1
Halogenated organic compounds	as AOX		x		1 000
PCDD+PCDF (dioxins+furans)	as Teq	x		0.001	
Pentachlorophenol (PCP)		x		10	
Tetrachloroethylene (PER)		x		2 000	
Tetrachloromethane (TCM)		x		100	
Trichlorobenzenes (TCB)		x		10	
Trichloroethane-1,1,1 (TCE)		x		100	
Trichloroethylene (TRI)		x		2 000	
Trichloromethane		x		500	
4. Other organic compounds	**(7)**	**(2)**	**(6)**		
Benzene		x		1 000	
Benzene, toluene, ethylbenzene, xylenes	as BTEX		x		200
Brominated diphenylether			x		1
Organotin – compounds	as total Sn		x		50
Polycyclic Aromatic Hydrocarbons		x	x	50	5
Phenols	as total C		x		20
Total organic carbon (TOC)	as total C or COD/3		x		50 000
5. Other compounds	**(7)**	**(4)**	**(3)**		
Chlorides	as total Cl		x		2 000 000
Chlorine and inorganic compounds	as HCl	x		10 000	
Cyanides	as total CN		x		50
Fluorides	as total F		x		2 000
Fluorine and inorganic compounds	as HF	x		5 000	
HCN		x		200	
PM10		x		50 000	
Number of pollutants	**50**	**37**	**26**		

Anhang 9: Entwurf des EPER-Berichterstattungsformats

<table>
<tr><td colspan="2">Identification of the facility</td><td colspan="2"></td></tr>
<tr><td colspan="2">Name of parent company
Name of the facility
Address / City of the facility
ZIP Code / Country
Co-ordinates of the location
NACE-code (4 digits)
Main economic activity
Production volume (optional)
Regulatory bodies (optional)
Number of installations (optional)
Number of operating hours in year (optional)
Number of employees (optional)</td><td colspan="2"></td></tr>
<tr><td colspan="2">All Annex I Activities/Processes (according to Annex A3)</td><td colspan="2">Activity codes (NOSE-P, ≥ 5digits, according to Annex A3)</td></tr>
<tr><td colspan="2">Activity 1 (main Annex I activity)
”
Activity N</td><td colspan="2">Code 1 (main NOSE-P code)
”
Code N</td></tr>
<tr><td colspan="2">Emission data to AIR for the facility for each pollutant exceeding threshold value (according to Annex A1)</td><td colspan="2">Releases to air</td></tr>
<tr><td>Pollutant 1
”
Pollutant N</td><td>M: measured
C : calculated
E : estimated</td><td colspan="2">in kg/year</td></tr>
<tr><td colspan="2">Emission data to WATER (direct or indirect) for the facility for each pollutant exceeding threshold value (according to Annex A1)</td><td>Direct release to surface water</td><td>Indirect release by transfer (via sewer) to an off-site waste water treatment plant</td></tr>
<tr><td>Pollutant 1
”
Pollutant N</td><td>M: measured
C : calculated
E : estimated</td><td>in kg/year</td><td>in kg/year</td></tr>
<tr><td colspan="2">Date of submission to the Commission</td><td colspan="2"></td></tr>
<tr><td colspan="2">Contact person in member state
Telephone number
Fax number
E-mail address</td><td colspan="2"></td></tr>
</table>

Anhang 10: EPER-Berichtspflichtige Aktivitäten nach NOSE-P-Klassifizierung

IPPC	Annex I Activities *(Source Categories)*	NOSE-P	NOSE-P Processes *(allocation in NOSE-P Groups)*	SNAP 2
1.	**Energy industries**			
1.1	Combustion installations > 50 MW	101.01	Combustion processes > 300 MW *(Whole group)*	01-0301
		101.02	Combustion processes >50 and <300 MW *(Whole group)*	01-0301
		101.04	Combustion in gas turbines *(Whole group)*	01-0301
		101.05	Combustion in stationary engines *(Whole group)*	01-0301
1.2	Mineral oil and gas refineries	105.08	Petroleum product processing *(Manufacture of fuels)*	0401
1.3	Coke ovens	104.08	Coke oven furnaces *(Manufacture of coke, petroleum products and nuclear fuel)*	0104
1.4	Coal gasification and liquefaction plants	104.08	Other solid fuel transformation *(Manufacture of coke, petroleum products and nuclear fuel)*	0104
2.	**Production and processing of metals**			
2.1/2.2/ 2.3/2.4/ 2.5/2.6	Metal industry and metal ore roasting or sintering installations; installations for the production of ferrous and non-ferrous metals	104.12	Primary and secondary metal production or sinter plants *(Metal industry involving fuel combustion)*	0303
		105.12	Characteristic processes in the manufacture of metals and metal product *(Metal industry)*	0403
		105.01	Surface treatment of metals and plastics *(General purpose manufacturing processes)*	
3.	**Mineral Industry**			
3.1/3.3/ 3.4/3.5	Installations for the production of cement klinker (>500t/d), lime (>50t/d), glass (>20t/d), mineral substances (>20t/d) or ceramic products (>75t/d)	104.11	Manufacture of plaster, asphalt, concrete, cement , glass, fibres, bricks, tiles or ceramic products *(Mineral product industry involving fuel combustion)*	0303
3.2	Installations for the production of asbestos or asbestos-based products	105.11	Manufacture of asbestos and asbestos-based products *(Mineral products industry)*	0406
4.	**Chemical industry and chemical installations for the production of:**			
4.1	Basic organic chemicals	105.09	Manufacture of organic chemicals *(Chemical industry)*	0405
		107.03	Manufacture of solvent based organic products *(Solvent use)*	0603
4.2/4.3	Basic inorganic chemicals or fertilisers	105.09	Manufacture of inorganic chemicals or NPK fertilisers *(Chemical industry)*	0404
4.4/4.6	Biocides and explosives	105.09	Manufacture of pesticides or explosives *(Chemical industry)*	0405
4.5	Pharmaceutical products	107.03	Manufacture of pharmaceutical products *(Solvent use)*	0603
5.	**Waste management**			
5.1/5.2	Installations for the disposal or recovery of hazardous waste (>10t/d) or municipal waste (>3t/h)	109.03	Incineration of hazardous or municipal waste *(Waste incineration and pyrolysis)*	0902
		109.06	Landfills *(Solid waste disposal on land)*	0904
		109.07	Physico-chemical and biological treatment of waste *(Other waste management)*	0910
		105.14	Regeneration/recovery of waste materials *(Recycling industry)*	0910
5.3/5.4	Installations for the disposal of non-hazardous waste (>50t/d) and landfills (>10t/d)	109.06	Landfills *(Solid waste disposal on land)*	0904
		109.07	Physico-chemical and biological treatment of waste *(Other waste management)*	0910
6.	**Other Annex I activities**			
6.1	Industrial plants for pulp from timber or other fibrous materials and paper or board production (>20t/d)	105.07	Manufacture of pulp, paper and paper products *(Whole group)*	0406
6.2	Plants for the pre-treatment of fibres or textiles (>10t/d)	105.04	Manufacture of textiles and textile products *(Whole group)*	0406
6.3	Plants for tanning of hides and skins (>12t/d)	105.05	Manufacture of leather and leather products *(Whole group)*	0406
6.4	Slaughterhouses (>50t/d), plants for the production of milk (>200t/d), other animal raw materials (>75t/d) or vegetable raw materials (>300t/d)	105.03	Manufacture of food products and beverages *(Whole group)*	0406
6.5	Installations for the disposal or recycling of animal carcasses and animal waste (>10t/d)	109.03	Incineration of animal carcasses and animal waste *(Waste incineration and pyrolysis)*	0904
		109.06	Landfills *(Solid waste disposal on land)*	0904
		105.14	Recycling of animal carcasses/waste *(Recycling industry)*	0910
6.6	Installations for poultry (>40000), pigs (>2000) or sows (>750)	110.04	Enteric fermentation *(Whole group)*	1004
		110.05	Manure management *(Whole group)*	1005
6.7	Installations for surface treatment or products using organic solvents (>200t/y)	107.01	Paint application *(Solvent use)*	0601
		107.02	Degreasing, dry cleaning and electronics *(Solvent use)*	0602
		107.03	Textile finishing or leather tanning *(Solvent use)*	0603
		107.04	Printing industry *(Solvent use)*	0604
6.8	Installations for the production of carbon or graphite	105.09	Manufacture of carbon or graphite *(Chemical industry)*	0404

Anhang 11: Standard Emissions Table und Abschneidekriterien (Minimum Values) in Tonnen pro Jahr nach CEFIC (1993)

Kernparameter für alle Länder und optionale Paramter[2]	**Kern (K) / optional (O)**	**Anmerkung**	**ab t pro Jahr**
Emissionen in Gewässer			
Schwebstoffe	K		10 t
Chemischer Sauerstoffbedarf	K		10 t
Stickstoff	K	Messmethode angeben	10 t
Phosphor	K		1 t
Lösliche Salze	O		100 t
Akute Toxiziät (z. B. Daphnientest)	O	in 1000 tox-äq. pro Jahr	100 t
Schwermetalle (Hg+Cd+Pb+Cr+As)	K		0,01 t *
Schwermetalle (Zn+Cu+Ni)	O		0,1 t *
AOX oder EOX	O		k.A.
Unternehmens-Prioritätslisten	K		0,01/1 t[3]
Emissionen in die Luft			
Staub	K		10
Schwefeldixoid	K		100
Stickoxide	K	$NO+NO_2$	100
Kohlenmonoxid	O		10
Flüchtige organ. Verbindungen (1)	K	nach Liste 1 (vgl. Anh. 12)	10 t *
Flüchtige organ. Verbindungen (2)		nach Liste 2 (vgl. Anh. 12)	1 t *
Flüchtige anorgan. Verbindungen (1)	K	HNO_3, HCl, NH_3	10 t *
Flüchtige anorgan. Verbindungen (2)		Cl, F, HF, H_2S, HCN	1 t *
Schwermetalle	K	Pb, Hg, Cd, Cr, As, Co, Ni	0,1 t *
Abfall			
Gefährliche Abfälle		nach Länderdefinition	k.A.
- externe Deponierung	K		
- Deponierung am Standort	K		
- andere externe Entsorgung	K		
- andere Entsorgung am Standort	O		
Nicht-gefährliche Abfälle	K		k.A.

* = für jeden einzelnen Parameter

Quelle: CEFIC (1993 S. 13f.)

2 Je nach lokaler Situation

3 0,01 t für persistente, toxische, bioakkumulative Stoffe; 1,0 t für alle anderen Stoffe

Anhang 12: Liste 1 und Liste 2 Chemikalien nach CEFIC (1993)

Liste 1: Environmental Approach

Jedes Unternehmen legt seine eigene Prioritätsliste – angepasst an die Geschäftsaktivitäten – unter den folgenden Chemikalienfamilien fest:

Alkane außer Methan
Alkene
Aromten
Aldehyde
Ketone
Alkohole
Ester
Chlorierte Kohlenwasserstoffe

Als Minimum sollte über alle Stoffe mit signifikantem Ozonbildungspotential berichtet werden, deren jährliche Emission 10 Tonnen überschreitet.

Liste 2: Health Approach

In Ergänzung dazu sollten die in der TA Luft 2-3 aufgeführten kanzerogenen Substanzen in der VOC-Prioritätsliste berücksichtigt werden:

Benzo-a-pyrene
Dibenzoanthracene
2-Naphtylamine
3.3-Dichlorbenzidine
Dimethhlysulfate
Acrylonitrile
Benzene
1.3-Butadien
Epichlorhydrin
1.2-Dibromomethane
1.2-Epoxypropane
Ethylene Oxide
Hyradzine
Vinyl Chloride

Anhang 13: Umweltreporting Standard der SBVg – Kriterien und Definitionen

I. Unternehmensbezogenen Umweltkennzahlen Produktion

Energieverbrauch: Energieknappheit wird langfristig zu einer Verteuerung der Energieträger führen. Energieintensive Branchen werden von einer Energiesteuer überdurchschnittlich betroffen sein. Der grösste Teil des Energiekonsums ist heute entweder klimabelastend (fossile Energieträger) oder aber gesellschaftlich umstritten (Kernenergie). Der Energieverbrauch wird definiert als Gesamtverbrauch an Strom, Erdöl, Erdgas, Kohle, Fernwärme und anderen Brennstoffen (z.B. Abfall) an allen Standorten des Unternehmens (in Energieeinheiten). Für alle Branchen wird ein Einbezug der Verkehrsströme gewünscht.

CO_2-Äquivalente: Die Klimaerwärmung zählt zu den grössten Umweltproblemen der Erde. CO_2-Äquivalente sind eine umfassende Messgrösse für die Bestimmung des Beitrages zum Treibhauseffekt, welcher ein Unternehmen verursacht. Eine allfällige CO_2-Steuer hat negative finanzielle Folgen für Branchen mit grossem CO_2-Ausstoss.
Der Ausstoss der Treibhausgase CO_2, CH_4, N_2O, Halone etc. wird erfasst, mit dem entsprechenden Gewichtungsfaktor GWP (Global warming potential, Treibhauspotential im Verhältnis zu CO_2) multipliziert und aufaddiert (Einheit: Tonnen). Die Gewichtungsfaktoren GWP sind im Anhang 1, die Umrechnungsfaktoren für Brennstoffe und Verkehrsströme im Anhang 2 aufgeführt.

NO_x-Ausstoss: NO_x ist Hauptverursacher für die Ozonbildung in der Troposphäre (Sommersmog). Daneben wird durch den hohen NO_x-Ausstoss ein massiver Stickstoffeintrag, vor allem in Zivilisationsnähe, verursacht. Ozon in bodennahen Luftschichten hemmt das Pflanzenwachstum und hat auch Auswirkungen auf die menschliche Gesundheit. Gesetzliche Vorschriften im Bereich Lufthygiene werden laufend verschärft. Erfasst werden die total emittierten Mengen an NO_x (Einheit: Tonnen).

SO_2-Ausstoss: SO_2 ist Hauptverursacher des Wintersmogs. SO_2 gelangt via Regen auf die Erdoberfläche und bewirkt dort eine Versauerung des Bodens. Das Wachstum von Pflanzen wird gehemmt, Pflanzen werden möglicherweise auch direkt geschädigt. Gesetzliche Vorschriften im Bereich Lufthygiene werden laufend verschärft. Erfasst werden die emittierten Mengen an SO_2 (Einheit: Tonnen).

CFC-11-Äquivalente: Ozonabbau in der Stratosphäre führt zu einer erhöhten Strahlenbelastung auf der Erdoberfläche. CFC-11-Äquivalente sind eine umfassende Messgrösse für die Bestimmung des Ozonabbaus. Bezüglich Emission ozonabbauender Substanzen werden die gesetzlichen Vorschriften laufend verschärft. Heute werden vielerorts rasche Umstellungen auf Ersatzstoffe gefordert. Analog zum Treibhauspotential wird das Ozonabbaupotential wie folgt erfasst: Die Emissionsmengen von FCKW und HFCKW,

Methylbromid sowie übrigen Halonen werden erhoben. Die Mengen werden mit dem entsprechenden Gewichtungsfaktor ODP (Ozone depletion potential) multipliziert und aufsummiert (Einheit: Tonnen). Die Gewichtungsfaktoren ODP sind im Anhang 3 aufgeführt.

VOC-Ausstoss: VOC leisten einen massgeblichen Beitrag zur Ozonbildung in der Troposphäre (Sommersmog). Die Emissionen sämtlicher flüchtigen organischen Verbindungen werden gemäss CEFIC-Guidelines zu einem Gesamtwert aufsummiert (Einheit: Tonnen).

Abfall (Gesamtmenge): Die weltweit steigenden Abfallmengen verursachen Probleme, sowohl bei der Verbrennung durch Emissionen als auch durch Deponierung. Abfall ist auch ein wichtiger Kostenfaktor. Die Entsorgung und Endlagerung von Sonderabfällen ist besonders problematisch. Die Verbrennung ist sehr energieintensiv. Störfälle in Sonderabfall-Deponien lassen sich nicht ausschliessen. Sonderabfall verursacht zudem hohe Kosten. Die Gesamtabfallmenge beinhaltet den Restmüll, die Wertstoffe sowie die Sonderabfälle. Sowohl die Gesamtabfallmenge als auch die Aufschlüsselung nach den obenstehenden Abfallsorten sind einzeln aufzuführen (Einheit: Tonnen).

II. Finanzkennzahlen

Investitionen in Umweltschutzanlagen: End-of-pipe Anlagen (volle Kosten) und integrierte Umweltschutzmassnahmen (Preisdifferenz zu einer Referenzanlage).

Umweltinduzierte Rückstellungen (z.B. Haftung Produktion/Produkte): Rückstellungen (analog IAS etc.) für Ansprüche, die aus umweltorientierten gesetzlichen, vertraglichen oder gesellschaftlich allgemein anerkannten Verpflichtungen resultieren.

Abschreibungen auf Umweltschutzinvestitionen: Abschreibungen auf Investitionen, die der Definition „Investitionen in Umweltschutzanlagen" entsprechen.

Umweltinduzierte Abschreibungen: Abschreibungen, die vorgenommen werden müssen, da Aktiva aufgrund von in Kraft befindlichen, in Kraft tretenden oder antizipierten Gesetzen, Verordnungen oder entsprechenden gesellschaftlichen Ansprüchen, die den Schutz der natürlichen Umwelt zum Ziel haben, an Wert verlieren.

Aufwand für Qualitätssicherung (Umwelt und Sicherheit): Aufwendungen, die im Hinblick auf eine Verbesserung, Sicherung oder Überprüfung der Umweltverträglichkeit und Sicherheit von Produkten oder Prozessen, nicht aber ihrer eigentlichen Weiterentwicklung (F & E) vorgenommen wurden.

Energiekosten: Direkt zurechenbare Kosten für Energieträger (inkl. Treibstoffe).

Entsorgungsaufwand (netto): Aufwandüberschuss, der direkt oder indirekt bei der Beseitigung oder Behandlung von festen, flüssigen oder gasförmigen Rest- und Abfallstoffen anfällt und dem kein oder kein kostendeckender Ertrag gegenübersteht.

Rohstoffkosten: Direkt zurechenbare Kosten für Rohstoffe inklusive Lieferung.

III. Qualitative Umweltkriterien

Strategie/Kommunikation

- Was ist die Umweltpolitik des Unternehmens?
- Welches sind die drei für das Unternehmen voraussichtlich bedeutendsten Umweltaspekte in den nächsten 5 - 10 Jahren?
- Welches sind die bedeutendsten Anspruchsgruppen des Unternehmens bezüglich Umweltaspekten? Wie pflegt das Unternehmen die Kommunikation zu diesen?

Umweltmanagement

- Nach welchen Normen oder Kriterien ist ein Umweltmanagementsystem implementiert (ISO 14001, EMAS, eigenes System)? Wurde dieses System zertifiziert oder bis wann ist eine Zertifizierung geplant? Welche Unternehmensbereiche und Standorte sind innerhalb des zertifizierten Systems?
- Für welche Arten von umweltbedingten Risiken besteht ein besonderes Risk Management?
- Wie wird organisatorisch sichergestellt, dass die Umweltrechtskonformität aufrecht erhalten werden kann?
- Welche qualitativen und quantitativen Ziele hat sich das Unternehmen gesetzt?

Produktion/Prozesse

- Welche Ziele zur kontinuierlichen Verbesserung der Öko-Effizienz von Prozessen hat sich das Unternehmen gesetzt?
- Welche wesentlichen Schritte zur Optimierung wurden bereits getroffen oder sind geplant?
- Welche Anforderungen stellt das Unternehmen an die Umweltstandards seiner Auftragnehmer?

Produkte

- Welche Ziele zur kontinuierlichen Verbesserung der Öko-Effizienz von Produkten hat sich das Unternehmen gesetzt?
- Welche wesentlichen Schritte zur Optimierung wurden bereits getroffen oder sind geplant?

Quelle: SBVg (1998)

Anhang 14: Umwelt-/Responsible-Care Jahresberichte von Chemieverbänden

Land	Verband	Berichte und Erscheinungsjahr
Belgien	Fédération des Industries Chimiques de Belgique	Le Responsible Care dans la pratique, Indicateurs de performances I + II, 1995, 1997
Deutsch-land	Verband der Chemischen Industrie (VCI)	Verantwortliches Handeln/Responsible Care, Daten der Chemischen Industrie zu Sicherheit, Gesund-heit, Umweltschutz, Bericht 1996, 1997, 1998
Finnland	Chemical Industry Federation of Finland (CIFF)	Environment, Health and Safety Progress Report 1997, 1996, Responsible Care Vastuu Huomisesta
Frank-reich	Union des Industries Chimiques (UIC)	L'Engagement de Progress de l'Industrie Chimique Française, 1998
Groß-britannien	Chemical Industry Association (CIA)	UK Indicators of Performance (Responsible Care) 1990 – 92, 1990 - 93, 1990 - 94, 1990 - 95, 1990 - 96, 1990 – 97
Italien	Federazione Nazionale dell'Industria Chimica (FEDERCHIMICA)	1°, 3°, 4° Rapporto Ambientale / Responsible Care 1989/1994, 1996, 1989 – 1997
Nieder-lande	Vereniging van de Nederlandse Chemische Industrie (VNCI)	Responible Care-rapport 1996, 1997
Norwegen	Prosessindustriens Landsforening (PIL)	Miljø, og Samfun, Rapport om Helse, Miljøog Sikkerhet i Prosessindustrien 1998, 1997
Schweden	Kemi Kontoret	The Chemical Industry in Sweden, Progress Report Responsible Care, 1998
Spanien	Federación Empresarial de la Industría Química Española (FEIQUE)	Compromisso de Progresso de la Industría Química Española – Seguridad, Salud y Medio Ambiente, Realizaciones 1993 – 1995, 1997

Quelle: eigene Erhebung

Anhang 15: Andere potentiell schädliche Stoffe (CEFIC-Kernindikator Nr. 14)

1. Acetonitril
2. Acrylonitril
3. Ammoniak
4. Benzol
5. Butadien
6. Kohlenstoffdisulfid
7. Chlor
8. Clorbenzol
9. Chlorverbindungen wie
   - Tetrachlorethan, Tetrachlorethylen
   - Tetrachlormethan, Trichlorethan,
   - Trichlorethylen, Dichlormethan
10. Chlorphenole
11. Kresol
12. Dichlorethan
13. Epichlorhydrin
14. Ethylbenzol
15. Ethylenoxid
16. Formaldehyd
17. FCKWs
18. Chlorwasserstoff
19. Cyanwasserstoff
20. Flourwasserstoff
21. Phenole
22. Propylenoxid
23. Styrol
24. Vinylchlorid
25. Xylol

Quelle: CEFIC (1998d)

Anhang 16: Treibhausgase mit CO_2-Äquivalenzwerten

Treibhausgas	**CO_2-Äquivalent**
Kohlendixoxid	1
Difluormonochlormethan (R22)	1700
Dichlortetrafluorethan (R114)	9300
Frigen (R12)	8500
Difluorethan	140
Hexafluorethan	9200
Methan	21
Distickstoffoxid	310
Pentafluorethan (R125)	2800
Perfluormethan	6500
Tetrafluorethan (R134a)	1300
Trichlormonofluorethan (R11)	4000
Trichlorethan (1,1,1)	110
Trichlortrifluorethan (R113)	5000
Trifluorethan (R143a)	9800
Trifluormethan (R23)	11700

Quelle: CEFIC (1998d)

Anhang 17: Abgrenzung und Klassifizierung fossiler Energieträger[4]

Aggregationszustand	Energieträger
Fest	Kokskohle
	Kesselkohle
	Unterbituminöse Kohle
	Braunkohle
	Torf
	Koks
	Koksofenkohle und Gaskohle
	Briketts ("Patent fuel")
	Braunkohle/Torf-Briketts
	Petrolkoks
Flüssig	Rohöl
	Flüssiggas
	Raffinerierohstoffe
	Dieseltreibstoff
	Fahrbenzin
	Turbinentreibstoff
	Kerosin
	Gasöl/leichtes Heizöl
	Schweres Heizöl
	Naphta
Gasförmig	Erdgas
	Ethan
	Flüssiges Erdölgas (LPG)
	Butan
	Propan
	Koksofengas
	Hochofengas
	Raffineriegas
	Gaswerkgas / Stadtgas

Quelle: CEFIC (1998d)

[4] ohne Treibstoffeinsatz für Kraftfahrzeuge

Anhang 18: Ergebnisse TOP-50 Studie von HUI (1996 und 1999 im Vergleich)

Platz	Unternehmen	Land	Punkte	± Punkte (96)	Platz (96)
1	Henkel	D	398	110	2
2	3M	USA	340	56	3
3	Johnson & Johnson	USA	332	37	1
4	Bristol-Myers Squibb	USA	328	112	9
5	Beiersdorf	D	320	neu	neu
6	Unilever	NL	308	82	8
7	Boehringer-Ingelheim	D	296	neu	neu
8	Schering	D	291	112	17
9	Dow Chemical	USA	291	49	5
10	Procter & Gamble	USA	288	21	4
11	Ciba Spezialiätenchemie	CH	285	neu	neu
12	BP Amoco	GB	283	fusioniert	42/44
13	Bayer	D	278	111	23
14	Dainnippon Ink & Chemicals	J	277	neu	neu
15	Degussa-Hüls	D	261	fusioniert	13/15
16	Elf Atochem	F	261	69	12
17	Pfizer	USA	259	neu	neu
18	BASF	D	258	93	25
19	Sankyo	J	252	neu	neu
20	Baxter	USA	247	16	6
21	Novartis International	CH	238	fusioniert	7/40
22	Bi Lilly	USA	235	36	11
23	Monsanto	USA	227	53	19
24	Hoechst	D	226	65	29
25	Norsk Hydro	NO	221	39	14
26	F. Hoffmann-La Roche	CH	220	76	38
27	Glaxo Welcome	GB	217	36	16
28	Du Pont de Nemours	USA	214	3	10
29	EniChem	I	211	neu	neu
30	Showa Denko	J	209	42	24

Platz	Unternehmen (ff.)	Land	Punkte	± Punkte (96)	± Platz (96)
31	DSM	NL	201	36	26
32	Mitsubishi Chemical	J	192	neu	neu
33	Union Carbide	USA	189	12	18
34	Abbott	USA	186	neu	neu
35	SmithKline Beecham	GB	182	21	30
36	ICI	GB	181	20	31
37	Toray Industries	J	179	8	21
38	Shell Chemicals	NL	178	14	27
39	Solvay	B	176	27	34
40	Warner-Lambert	USA	173	neu	neu
41	Chevron Chemical	USA	166	6	32
42	Eastman Chemical	USA	153	3	33
43	Merck & Co.	USA	153	n.a.	43
44	Clariant	CH	149	neu	neu
45	Akzo Nobel	NL	147	1	36
46	Montedison	I	144	-4	35
47	Colgate Palmolive	USA	141	n.a.	47
48	PPC Industries	USA	137	-8	37
49	BOC Group	GB	137	n.a.	45
50	Mobil	USA	133	-10	39

Quelle: Manager Magazin (05/1996; 09/1999)

Anhang 19: Ergebnisse des Rankings des Umweltengagements nach IMUG

Platz (97)	Unternehmen (Kosmetik, Körperpflege, Waschmittel)	Punkte
1	The Body Shop	77
2	Weleda	75
3	Henkel	74
4	Elida Fabergé	73
5	L'Oréal	72
6	Lever	71
7	Procter & Gamble	70
8	Beiersdorf	68
9	Bübchen	63
10	Wella	63
11	Poliboy	62
12	Florena	60
13	Dr. Scheller	58
14	Ecover	58
15	Haka Kunz	58
16	Logona	55
17	Spinnrad	54
18	Tapir	54
19	Werner & Merz	53
20	Yankee Polish	51
21	Sonett	49
22	Dental-Kosmetik	47
23	Dr. Stewner	47
24	SC Johnson Wax	46
25	Yvers Rocher	44
26	Avon	42
27	Dressin	42
28	Alma Win	41
29	Juvena	41
30	Muehlens	41

Platz (ff.)	Unternehmen (Kosmetik, Körperpflege, Waschmittel)	Punkte
31	Colgate-Palmolive	39
32	Sara Lee	38
33	SmithKline Beecham	34
34	Block Drug	30
35	Parfums Ch. Dior	20
36	Scholl	20
37	Amway	17
38	Paul Hartmann	3
39	SCA Hygiene Papiere	3
40	Benckiser	2
41	Dalli-Werke	2
42	Guhl	2
43	Johnson & Johnson	2
44	Kimberly Clark	2
45	Oral-B	2
46	Shiseido	2
47	Wybert	2
48	Elisbeth Arden	1
49	Estée Lauder	1
50	Reckitt & Colman	0

Quelle: (IMUG 1997, S. 256ff.)

Anhang 20: Anschreiben mit Kurzcheckliste(n) zur Erhebung von Rahmendaten und Umwelterklärungen der Öko-Audit-Standorte

«Firmenname»
«Standort»
Abt. Umweltmanagement
«Strasse, Postfach»
«Adresse»

8. Juli 1998

Evaluation der EMAS-Verordnung in der Chemischen Industrie

Sehr geehrte Damen und Herren,

das Institut für Management und Umwelt, Augsburg, führt im Rahmen der Evaluation der EMAS-Verordnung eine Untersuchung aller teilnehmenden Chemiestandorte in der EU durch. Ziel ist es zu analysieren, wie und in welchen Bereichen in den Umwelterklärungen der Öffentlichkeit, Behörden oder Anwohnern über die derzeitige und angestrebte Umweltleistung Bericht erstattet wird.

Ihr Standort ist mit der Nummer «Register-Nr.» im Standortregister der EU eingetragen und die Geschäftsaktivität umfaßt ganz oder teilweise die Herstellung von chemischen Produkten (NACE-Code DG 24). Bitte senden Sie uns dazu Ihre Original-Umwelterklärung der Erst-validierung (falls nicht mehr vorrätig eine Kopie) sowie ggf. seitdem erschienene vereinfachte Umwelterklärungen. Zur Unterstützung der Studie bitten wir Sie außerdem die beigelegten Kurzcheckliste mit allgemeinen Angaben zum Standort auszufüllen und bis Ende Juli 1998 zurückzusenden. Die Bearbeitungszeit beträgt weniger als 5 Minuten. Die Daten werden vertraulich gehandhabt und nur anoymisiert sowie in aggregierter Form ausgewertet.

Für Rückfragen stehen wir Ihnen selbstverständlich zur Verfügung (Ansprechpartner: Herr Rauberger, Telefon siehe unten). Gerne informieren wir Sie nach Abschluß der Studie auch über die Ergebnisse (☞ Feedback-Bogen auf der Rückseite des Fragebogens).

Vielen Dank im voraus für Ihre Unterstützung.

Mit freundlichen Grüßen,

Rainer Rauberger

Kurzcheckliste Rahmendaten des EMAS-Standortes

1. **Wann wurde der Standort zum ersten Mal unter EMAS validiert (Monat/Jahr) ?**

   ❑ ___/1995 ❑ ___/1996 ❑ ___/1997 ❑ ___/1998

2. **Haben Sie bereits vereinfachte Umwelterklärungen veröffentlicht?**

   ❑ Ja, und zwar für das Jahr/die Jahre: ________________ *(Bitte beilegen)*

   ❑ Nein, geplant für ____ (Monat) ____ (Jahr)

   ❑ Der Standort wurde vom Umweltgutachter von dieser Verpflichtung befreit

3. **Wirtschaftliche Rahmendaten zum Standort**

   ______ Anzahl Beschäftigte *(Bitte Bezugsjahr angeben: 199_)*

   ______ Umsatz in Mio. Landeswährung *(Bitte Bezugsjahr angeben: 199_)*

   ______ Tonnen Jahresproduktion (*Bitte Bezugsjahr angeben: 199_)*

4. **Welche einzelne Geschäftsaktivität charakterisiert den Standort am meisten?**
   (gegliedert nach der Europäischen Wirtschaftsklassifizierung (NACE-Code))

   ❑ Chemische Grundstoffe *(NACE 24.1)*

   ❑ Schädlingsbekämpfungs- und Pflanzenschutzmittel *(NACE 24.2)*

   ❑ Anstrichmittel, Druckfarben, Kitte *(NACE 24.3)*

   ❑ Pharmazeutische Erzeugnisse *(NACE 24.4)*

   ❑ Seifen-, Wasch-, Reinigungs- und Körperpflegemittel *(NACE 24.5)*

   ❑ Sonstige Chemische Erzeugnisse (z.B. Pyrotechnik, Leime, etherische Öle, Fotochemie, Ton-, Bild- oder Datenträger) *(NACE 24.6)*

   ❑ Chemiefasern *(NACE 24.7)*

   ❑ Standortaktivitäten umfassen drei oder mehr der o.a. Kategorien

   ❑ Schwerpunkt der Produktion am Standort liegt außerhalb der Chemie

Die angegebenen Daten werden streng vertraulich gehandhabt und nur in anonymisiert und in aggregierter Form ausgewertet

Feedback-Bogen

1. **Bearbeiter des Fragebogens** (nur für Rückfragen)

   ____________________, Tel. ____________________, Fax. ____________

2. **Bitte informieren Sie mich über die Ergebnisse der Studie:**

   ❑ Zusammenfassung (Deutsch)

   ❑ Summary Information (English)

   ❑ Resumé (Francais)

   ❑ Langfassung (Deutsch)

____________________; ____________________;
Unternehmen Standort

____________________; ____________________;
Straße / Hausnummer bzw. Postfach Postleitzahl, Ort

____________________; ____________________;
Ansprechpartner, Abteilung e-mail Adresse (für elektr. Versand)

3. **Anmerkungen**

«Company_Name»
«Site»
Environmental Management
«Location»
«Address»

July 8th,1998

Evaluation of the EMAS-Regulation in the Chemical Industry

Dear Sir or Madam,

the Institut für Management und Umwelt, Augsburg (D) reviews in the framework of the evalu-ation of the EMAS-regulation all participating sites of the chemical industry in the EU. The aim of the study is to analyse how and in which areas current environmental performance and plan-ned improvements are communicated to the general public, authorities or local communities.

Your site is registered with number «Reg_Nr» in the list of registered sites at the EU and the business activities encompass wholly or partially the manufacture of chemical products (NACE-Code DG 24). Please send us therefore your original environmental statement of the first validation (if out of stock please join a photocopy) as well as in the meantime produced simplified environmental statements. For the support of our study, we also kindly ask you to fill in the brief checklist with general site data and to send it back together until end of July 1998. The response time for the checklist is less than five minutes. Data will be handled with strong confidentiality and will only be evaluated anonymously and in aggregated manner.

In case of any questions please contact Rainer Rauberger under ☎ ++49/(0)821/3490-272. After finishing the study, we will inform you about the results of our work (☞ feedback-sheet overleaf the site questionnaire).

Thank you very much in advance for your cooperation.

Yours sincerely,

Rainer Rauberger

Short Checklist on General Data of the EMAS-Site

1. **When has the site been first validated after EMAS (Month/Year)?**

   ❑ ___/1995 ❑ ___/1996 ❑ ___/1997 ❑ ___/1998

2. **Have you already published simplified environmental statements?**

   ❑ Yes, in: ____________________ *(please join copy/ies)*

   ❑ No, planned for ____ (Month) ____ (Year)

   ❑ The site has been dispensed from cette obligation by the environmental verifier

3. **Economic framework data of the site**

   ______ Number of employees *(Year of reference: 199_)*

   ______ Turnover in local currency *(Year of reference: 199_)*

   ______ Tons of annual production (*Bitte Bezugsjahr angeben: 199_)*

4. **Which single business activity characterises the site the most?**
   (according to the European classification for economic activities (NACE-Code))

   ❑ Chemische Grundstoffe *(NACE 24.1)*

   ❑ Schädlingsbekämpfungs- und Pflanzenschutzmittel *(NACE 24.2)*

   ❑ Anstrichmittel, Druckfarben, Kitte *(NACE 24.3)*

   ❑ Pharmazeutische Erzeugnisse *(NACE 24.4)*

   ❑ Seifen-, Wasch-, Reinigungs- und Körperpflegemittel *(NACE 24.5)*

   ❑ Sonstige Chemische Erzeugnisse (z.B. Pyrotechnik, Leime, etherische Öle, Fotochemie, Ton-, Bild- oder Datenträger) *(NACE 24.6)*

   ❑ Chemiefasern *(NACE 24.7)*

   ❑ Standortaktivitäten umfassen drei oder mehr der o.a. Kategorien

   ❑ Schwerpunkt der Produktion am Standort liegt außerhalb der Chemie

Data will be handled with strong confindentiality
and will only be evaluated anonymosly and in aggregated manner

Feedback-Sheet

1. **Person answering the questionaire** (in case of clarifing questions)

   ____________________, Phone ________________, Fax. ___________

2. **Please inform me about the results of the study:**

   ☐ Zusammenfassung (Deutsch)

   ☐ Summary Information (English)

   ☐ Resumé (Francais)

   ☐ Long Version (German only)

____________________; Company	____________________; Site
____________________; Street, Number, Post Box	____________________; Postal Code, City
____________________; Contact person, Department	____________________; e-mail Address (for electronic despatch)

3. **Further Comment**

____

Anhang 21: Gesamtheit der Standorte mit Chemieaktivität

Nr.	EU-Standort-registriernummer	Unternehmen	Standort	NACE [5]	OK 1.10.	Vali-dierung	Aus-wahl	Gemeins. Valid./UE[6]
1	A-S-0000108	Adler-Werk Lackfabrik Johann Berghofer	Schwaz	24.3	Ja	Dez 97	OK	
2	A-S-0000109	Carl Alois Walde KG	Innsbruck	24.5	Ja	Okt 97	OK	
3	A-S-0000044	Chemo Vertriebsgesellschaft mbH	Mondsee	24.5	-	Dez 96	OK	
4	A-S-0000069	Gruber Reinigungstechnik GmbH	Kematen / Tirol	24.5	Ja	Jul 97	OK	
5	A-S-0000047	Klüber Lubrication Austria GmbH	Salzburg-Kasern	24.6	Ja	Nov 96	OK	
6	A-S-0000066	Leopold Pharma GmbH	Graz	24.4	Ja	Okt 98	OK	
7	A-S-0000090	Messer Austria GmbH	Gumpolds-kirchen	24.1	Ja	Okt 97	OK	
8	A-S-0000092	Sika Plastiment GmbH	Blundenz	24.6	Ja	Nov 97	OK	
9	A-S-0000099	Vianova Resins AG	Werndorf	24.1	Ja	Dez 97	OK	
10	B-VL-S-0000003	Du Pont de Nemours (Belg.) N.V	Mechelen	24.3	Ja	Apr 97	OK	
11	B-RW-S0000001	Klüber Lubrication Bénélux S.A.	Dottignies	24.6	Ja	Jan 97	OK	
12	DE-S-156-00014	3M Deutschland GmbH	Borken	24.4	Ja	Nov 96	OK	
13	DE-S-131-00001	3M Deutschland GmbH	Hamburg	24.6	Ja	Dez 95	OK	
14	DE-S-119-00003	3M Deutschland GmbH	Hilden	24.1	Ja	Apr 96	OK	
15	DE-S-118-00001	3M Deutschland GmbH	Kamen	NC	Ja	Nov 95	Nein	
16	DE-S-140-00011	Adolf Riedl Naturfarben	Schestedt	24.3	-	Apr 97	OK	
17	DE-S-101-00006	Akros Chemicals GmbH & Co. KG	Düren	24.1	Ja	Dez 95	OK	17, 18, 20
18	DE-S-101-00005	Akzo Nobel Chemicals GmbH	Düren	24.5	Ja	Dez 95	OK	17, 18, 20
19	DE-S-142-00010	Akzo Nobel Chemicals GmbH, Carbosulf GmbH, Flexis Additive GmbH & Co. KG, Rhodanid-chemie GmbH	Köln	24.1	Ja	Jul 96	OK	
20	DE-S-101-00007	Akzo-PQ Silica GmbH & Co.	Düren	24.1	Ja	Dez 95	OK	17, 18, 20
21	DE-S-160-00004	Alfred Clouth Lackfabrik	Offenbach	24.3	Ja	Mrz 97	OK	
22	DE-S-108-00023	ALLIGATOR Farbwerke Rolf Mießner GmbH & Co.	Enger	24.3	Ja	Sep 96	OK	
23	DE-S-143-00007	Aluminium Rheinfelden GmbH	Rheinfelden	NC	Ja	Okt 96	Nein	
24	DE-S-132-00004	Aqua Terra Bioprodukt GmbH	Erlensee	24.1	-	?????	Nein[7]	
25	DE-S-111-00018	AURO Pflanzenchemie GmbH	Braunschweig	24.3	Ja	Jun 97	OK	
26	DE-S-157-00007	Ausimont (Deutschland) GmbH	Bitterfeld	24.1	Ja	Dez 96	OK	
27	DE-S-139-00009	B. Braun Melsungen AG	Melsungen	24.4	Ja	Jan 96	OK	
28	DE-S-134-00004	BASF-Schwarzheide GmbH	Schwarzheide	24.1	Ja	Nov 96	OK	
29	DE-S-137-00001	Bayer AG Dormagen	Dormagen	MIX	Ja	Nov 95	OK	29, 31
30	DE-S-156-00031	Bayer Buna GmbH	Marl	24.1	Ja	Nov 97	OK	30, 92, 109, 129, 150

[5] Schwerpunkt der Standortproduktion (> 2/3 des Produktionsumsatzes bzw. der Produktionstonnage), NC = Nicht Chemieschwerpunkt, MIX = kein einzelner Schwerpunkt > 2/3 Standortproduktion

[6] Gemeinsame Validierung bzw. Veröffentlichung der Umwelterklärung in einer Ausgabe

[7] Keine Originalumwelterklärung der Erstvalidierung erhältlich

Nr.	EU-Standort-registriernummer	Unternehmen	Standort	NACE	OK 1.10.	Vali-dierung	Aus-wahl	Gemeins. Valid./UE
31	DE-S-137-00002	Bayer Faser GmbH	Dormagen	MIX	Ja	Nov 95	OK	29, 31
32	DE-S-181-00008	Bergchemie J. C. Bröcking GmbH	Wuppertal	24.6	-	Dez 96	OK	
33	DE-S-107-00027	BOD Berlin Optical Disc GmbH	Berlin	24.1	-	Aug 97	OK	
34	DE-S-153-00009	Boehringer Mannheim GmbH	Mannheim	24.4	Ja	Jul 96	OK	
35	DE-S-155-00023	Boehringer Mannheim GmbH	Penzberg	24.4	Ja	Nov 96	OK	
36	DE-S-170-00009	Bollig & Kemper GmbH & Co. KG Helios Lacke, Werk II	Saarwellingen	24.3	Ja	Mrz 97	OK	
37	DE-S-122-00007	Boomex Produktions- und Handelsgesellschaft mbH	Essen	24.6	-	Nov 97	OK	
38	DE-S-131-00002	Branth-Farben-Fabrik	Hamburg	24.3	Ja	Feb 96	OK	
39	DE-S-143-00010	Byk Gulden Lomberg Chemische Fabrik GmbH	Singen	24.4	Ja	Apr 97	OK	
40	DE-S-120-00004	BYK-Chemie GmbH	Wesel	24.6	Ja	Sep 96	OK	
41	DE-S-108-00024	CB Chemie und Biotechnologie GmbH	Gütersloh	24.5	Ja	Sep 96	OK	
42	DE-S-133-00007	CC Dr. Schutz GmbH	Bad Pyrmont	24.5	Ja	Aug 96	OK	
43	DE-S-155-00048	Celanese GmbH BL-Chlorprodukte	Burgkirchen	24.1	Ja	Dez 97	OK	43, 49, 87, 161
44	DE-S-125-00010	Celanese GmbH	Frankfurt/Main	24.1	Ja	Dez 97	OK	
45	DE-S-152-00002	Chem. Fabrik Budenheim Rudolf A. Oetker, Dt. Hyperphosphatges. GmbH, Agrichema Materialfluß-technik GmbH	Budenheim	24.1	Ja	Okt 96	OK	
46	DE-S-168-00007	CHT R. Beitlich GmbH	Dußlingen	24.6	Ja	Mrz 97	OK	
47	DE-S-115-00001	Ciba Additive GmbH	Lampertheim	24.6	Ja	Nov 95	OK	
48	DE-S-143-00005	CIBA-GEIGY GmbH	Wehr	24.4	Ja	Aug 96	OK	
49	DE-S-155-00049	Clariant GmbH	Burgkirchen	24.1	Ja	Dez 97	OK	43, 49, 87, 161
50	DE-S-122-00001	Cph chemie GmbH	Essen	24.6	Ja	Okt 95	OK	
51	DE-S-185-00005	Chema-Technik Recycling GmbH	Banzkow	24.3	-	Okt 97	OK	
52	DE-S-157-00009	Chem. Werke Piesteritz GmbH	Wittenb erg	24.1	-	Dez 96	OK	
53	DE-S-101-00004	CWS-Lackfabrik Conrad W. Schmidt GmbH & Co. KG	Düren	24.3	Ja	Mai 95	OK	
54	DE-S-132-00003	Degussa AG	Hanau	24.1	Ja	Nov 96	OK	
55	DE-S-144-00003	DENTAL-Kosmetik GmbH	Dresden	24.5	-	Okt 96	OK	
56	DE-S-174-00001	Dow Deutschland Inc.	Stade	24.1	Ja	Mai 96	OK	
57	DE-S-107-00024	Dr. Gerhard Mann Chem.-Pharm. Fabrik GmbH	Berlin	24.4	Ja	Mrz 97	OK	
58	DE-S-119-00010	Dr. H. Schmittmann GmbH	Velbert	24.1	Ja	Aug 97	OK	
59	DE-S-107-00009	Dr. Kade Pharmaz. Fabrik GmbH	Berlin	24.4	Ja	Feb 96	OK	
60	DE-S-143-00014	Dr. Kade Pharmaz. Fabrik GmbH	Konstanz	24.4	-	Dez 97	OK	
61	DE-S-133-00022	Dreluso Pharmazeutika Dr. Elten und Sohn GmbH	Hessisch Oldendorf	24.4	-	k.A.	Nein[8]	

[8] Keine Originalumwelterklärung der Erstvalidierung erhältlich

Nr.	EU-Standort-registriernummer	Unternehmen	Standort	NACE	OK 1.10.	Vali-dierung	Aus-wahl	Gemeins. Valid./UE
62	DE-S-172-00010	Dynamit Nobel GmbH und Eurodyn Sprengmittel GmbH	Burbach	24.6	Ja	Dez 97	OK	
63	DE-S-110-00009	Elf Atochem Deutschland	Bonn	MIX	Ja	Apr 97	OK	
64	DE-S-104-00004	Elf Atochem Deutschland	Günzburg	24.1	Ja	Apr 96	OK	
65	DE-S-169-00006	Emil Frei GmbH & Co Lackfabrik	Bräunlingen	24.3	Ja	Mai 96	OK	
66	DE-S-159-00014	ESPLA GmbH Chem. Fabrik	Espenhain	24.1	Ja	Nov 97	OK	
67	DE-S-148-00002	EUROTEAM GmbH für Bauwerkerhaltung	Altlandsberg	24.1	Ja	Dez 95	OK	
68	DE-S-175-00025	Firmengruppe Schoenenberger	Magstadt	24.5	Ja	Dez 97	OK	
69	DE-S-170-00004	Fresenius Medical Care GmbH	St. Wendel	24.4	Ja	Dez 96	OK	
70	DE-S-156-00011	GAF-Hüls Chemie GmbH	Marl	24.1	Ja	Mrz 96	OK	
71	DE-S-144-00006	Gamma-Service Produktbestrahlung GmbH	Radeberg	NC	Ja	Nov 96	Nein	
72	DE-S-165-00001	Gebrüder Schätte KG	Bad Waldsee	24.4	-	Jul 96	OK	
73	DE-S-175-00009	GSB-WAHL GmbH	Aichwald	24.3	Ja	Mai 96	OK	
74	DE-S-142-00022	HELIOS-Lacke Bollig & Kemper GmbH & Co. KG	Köln	24.3	Ja	Mrz 97	OK	
75	DE-S-137-00012	Henkel Fragrance Center GmbH	Krefeld	MIX	Ja	Okt 97	OK	
76	DE-S-119-00007	Henkel KgaA, Standort Holthausen	Düsseldorf	MIX	Ja	Nov 96	OK	
77	DE-S-153-00021	Henkel Teroson GmbH	Heidelberg	MIX	Ja	Aug 97	OK	
78	DE-S-142-00016	Herberts GmbH	Köln	24.3	-	Dez 96	OK	
79	DE-S-181-00002	Herberts GmbH Wuppertal 1	Wuppertal	24.3	Ja	Mai 96	OK	79, 80
80	DE-S-181-00003	Herberts GmbH Wuppertal 2	Wuppertal	24.3	Ja	Mai 96	OK	79, 80
81	DE-S-163-00003	Herberts Pulverlack GmbH	Essenbach-Altheim	24.3	Ja	Mai 96	OK	
82	DE-S-125-00006	HMR Deutschland GmbH	Frankfurt a. M.	24.4	Ja	Dez 97	OK	82 - 85
83	DE-S-125-00009	HMR Deutschland GmbH	Frankfurt-Griesheim	24.4	Ja	Dez 97	OK	82 - 85
84	DE-S-125-00008	HMR Deutschland GmbH	Hattersheim	24.4	Ja	Dez 97	OK	82 - 85
85	DE-S-125-00007	HMR Deutschland GmbH	Bad Soden	24.4	Ja	Dez 97	OK	82 - 85
86	DE-S-155-00047	Hoechst AG Werk Gendorf Celanese GmbH, Clariant GmbH, Dyneon GmbH, HAW Linings GmbH, Hoechst Schering AgrEvo GmbH	Burgkirchen	24.1	Ja	Dez 97	Nein[9]	
87	DE-S-155-00051	Hoechst Schering AgrEvo GmbH	Burgkirchen	24.2	Ja	Dez 97	OK	43, 49, 87, 161
88	DE-S-139-00001	Hoechst Trevira GmbH & Co. KG	Bad Hersfeld	24.7	Ja	Sep 95	OK	
89	DE-S-160-00005	Hoechst Trevira GmbH & Co. KG	Offenbach	24.7	-	Apr 97	OK	
90	DE-S-151-00005	Hostmann Steinberg GmbH	Celle	24.5	Ja	Dez 96	OK	
91	DE-S-110-00004	HT TROPLAST AG	Troisdorf	MIX	Ja	Nov 96	OK	

[9] Sammeleintragung (doppelt) zusätzlich zu den Einzelgesellschaften (Nr. 43, 49, 87, 161)

Nr.	EU-Standort-registriernummer	Unternehmen	Standort	NACE	OK 1.10.	Vali-dierung	Aus-wahl	Gemeins. Valid./UE
92	DE-S-156-00028	Hüls AG	Marl	24.1	Ja	Nov 97	OK	30, 92, 109, 129, 150
93	DE-S-110-00007	Hüls AG	Lülsdorf	24.1	Ja	Feb 97	OK	
94	DE-S-143-00003	Hüls AG	Rheinfelden	MIX	Ja	Apr 96	OK	
95	DE-S-133-00006	Hüls AG	Steyerberg	24.7	Ja	Mai 96	OK	
96	DE-S-109-00005	Hüls AG	Witten	24.1	Ja	Nov 96	OK	
97	DE-S-109-00006	Hüls AG, Werkgruppe Herne I	Herne	24.1	Ja	Dez 96	OK	97,98,99
98	DE-S-109-00007	Hüls AG, Werkgruppe Herne II	Herne	24.1	Ja	Dez 96	OK	97,98,99
99	DE-S-109-00008	Hüls AG, Werkgruppe Herne III	Herne	24.1	Ja	Dez 96	OK	97,98,99
100	DE-S-163-00004	ICI Polyurethanes Dt. ICI GmbH	Deggendorf	24.1	Ja	Apr 96	OK	
101	DE-S-143-00012	IG Sprühtechnik GmbH	Wehr	24.6	Ja	Nov 97	OK	
102	DE-S-133-00005	ISO-Elektra Elektrochemische Fabrik GmbH	Elze	MIX	Ja	Aug 96	OK	
103	DE-S-156-00016	Josef W. Ostendorf GmbH & Co.	Coesfeld	24.3	Ja	Dez 96	OK	
104	DE-S-121-00002	Kautex Werke Reinold Hagen AG	Leer	24.1	Ja	Sep 96	OK	
105	DE-S-139-00024	Kemper System GmbH & Co. KG	Vellmar	24.3	Ja	Dez 97	OK	
106	DE-S-110-00002	KEPEC Chem. Fabrik GmbH	Siegburg	24.6	-	Jun 96	OK	
107	DE-S-141-00001	Keramchemie GmbH	Siershahn	NC	Ja	Nov 95	Nein	
108	DE-S-157-00003	Kesla Pharma Wolfen GmbH	Bitterfeld	24.4	Ja	Aug 96	OK	
109	DE-S-156-00032	Katalysatorenwerke Hüls GmbH	Marl	24.1	Ja	Nov 97	OK	30, 92, 109, 129, 150
110	DE-S-140-00010	Knoll AG Werk Ütersen	Ütersen	24.4	Ja	Mrz 97	OK	
111	DE-S-155-00030	Litton Kester Solder	Gemlinden	24.6	Ja	Jan 97	OK	
112	DE-S-155-00026	Ludwig Engelhart Inh. Ch. Selmayr	Hallbergmoos	24.1	Ja	Mrz 97	OK	
113	DE-S-156-00024	MC-Bauchemie Müller GmbH & Co.	Bottrop	24.3	Ja	Okt 97	OK	
114	DE-S-177-00003	Merckle GmbH/ratiopharm	Blaubeuren	24.4	Ja	Dez 95	OK	114 - 116
115	DE-S-177-00001	Merckle GmbH/ratiopharm	Ulm	24.4	Ja	Dez 95	OK	114 - 116
116	DE-S-177-00002	Merckle GmbH/ratiopharm	Weiler	24.4	Ja	Dez 95	OK	114 - 116
117	DE-S-155-00044	Michael Huber München GmbH	Kirchheim	24.3	Ja	Aug 97	OK	
118	DE-S-102-00008	Nestlé Deutschland AG Bübchen-Werk E. Hermes, Pharm. Fabrik	Soest	24.5	Ja	Jul 97	OK	
119	DE-S-158-00006	Novartis Pharma GmbH	Nürnberg	24.4	Ja	Apr 96	OK	
120	DE-S-183-00002	Oranienburger Pharmawerk GmbH	Oranienburg	24.4	Ja	Mai 96	OK	
121	DE-S-179-00003	Paul Hartmann AG	Niedern-hausen	NC	-	Dez 96	Nein	
122	DE-S-142-00027	Paul Hartmann AG	Wermelskirchen	24.4	-	Aug 97	OK	
123	DE-S-171-00003	Perga-Chem GmbH	Quedlinburg	24.1	-	Feb 97	OK	
124	DE-S-175-00021	Permatex GmbH	Vaihingen/Enz	24.3	-	Sep 97	OK	
125	DE-S-155-00042	PEROXID-CHEMIE GmbH	Pullach	24.1	Ja	Jul 97	OK	
126	DE-S-102-00013	Pfleiderer AG Duropal-Werk Eberh. Wrede GmbH & Co. KG	Arnsberg	NC	Ja	Sep 97	Nein	
127	DE-S-156-00027	Phenolchemie GmbH & CO. KG	Gladbeck	24.1	Ja	Okt 97	OK	
128	DE-S-158-00005	PIGROL FARBEN GmbH	Ansbach	24.3	-	Feb 96	OK	

Nr.	EU-Standort-registriernummer	Unternehmen	Standort	NACE	OK 1.10.	Vali-dierung	Aus-wahl	Gemeins. Valid./UE
129	DE-S-156-00030	PolymerLatex GmbH & Co. KG	Marl	24.1	Ja	Nov 97	OK	30, 92, 109, 129, 150
130	DE-S-142-00011	POLYTAN Hydrochemie GmbH	Kerpen	24.1	-	Jun 96	OK	
131	DE-S-118-00010	Promacon Dr. Schirm GmbH	Dortmund	24.2	Ja	Dez 96	OK	
132	DE-S-124-00011	Queisser Pharma GmbH & Co.	Flensburg	24.4	Ja	Okt 97	OK	
133	DE-S-159-00003	Remmers Bauchemie GmbH	Bad Düben	24.3	-	Okt 96	OK	
134	DE-S-161-00007	Remmers Bauchemie GmbH	Löningen	24.3	Ja	Sep 97	OK	
135	DE-S-142-00026	Rheinische Olefinwerke GmbH	Wesseling	24.1	-	Aug 97	OK	
136	DE-S-157-00008	Rodleben Pharma GmbH	Rodleben	24.4	-	Dez 96	OK	
137	DE-S-152-00005	Röhm GmbH Chem. Fabrik	Worms	24.1	Ja	Nov 97	OK	
138	DE-S-155-00043	Rudolf GmbH & Co. KG	Geretsried	24.6	-	Aug 97	OK	
139	DE-S-155-00022	Salus-Haus GmbH & Co. KG	Bruckmühl	24.4	Ja	Dez 96	OK	
140	DE-S-162-00002	Schiwa GmbH	Glandorf	24.4	Ja	Nov 96	OK	
141	DE-S-150-00003	Schülke&Mayr GmbH & Co. KG	Norderstedt	24.4	Ja	Mrz 96	OK	
142	DE-S-108-00021	Seifenfabrik Budich GmbH	Hiddenhausen	24.5	-	Aug 96	OK	
143	DE-S-155-00035	SKW Trostberg AG	Münchsmünster	24.1	Ja	Apr 97	OK	
144	DE-S-155-00034	SKW Trostberg AG	Trostberg	MIX	Ja	Apr 97	OK	
145	DE-S-157-00010	Solvay Alkali GmbH	Bernburg	24.1	Ja	Apr 97	OK	145, 146
146	DE-S-157-00011	Solvay Interox GmbH	Bernburg	24.1	Ja	Apr 97	OK	145, 146
147	DE-S-142-00019	SPIES HECKER GMBH	Köln	24.3	Ja	Dez 96	OK	
148	DE-S-155-00046	Steierl-Pharma GmbH	Herrsching	24.4	Ja	Aug 97	OK	
149	DE-S-137-00017	Stockhausen GmbH & Co. KG	Krefeld	24.6	Ja	Dez 97	OK	
150	DE-S-156-00029	Styrenix Kunstoffe GmbH & Co. KG	Marl	24.1	Ja	Nov 97	OK	30, 92, 109, 129, 150
151	DE-S-155-00041	SWISS CAPS SCA GmbH	Bad Aibling	24.4	Ja	Jul 97	OK	
152	DE-S-104-00025	System Kosmetik GmbH	Baar	24.5	-	Sep 97	OK	
153	DE-S-155-00005	Temic Bayern Chemie Airbag GmbH	Aschau	24.6	Ja	Mai 97	OK	
154	DE-S-184-00004	Temic Bayern-Chemie Airbag GmbH	Laage 2	24.6	Ja	Mai 97	OK	
155	DE-S-149-00004	Thor Chemie GmbH	Speyer	24.1	Ja	Jun 96	OK	
156	DE-S-141-00022	UCM URSA Chemie GmbH	Montabaur	24.1	Ja	Jan 97	OK	
157	DE-S-120-00001	Unichema Chemie GmbH	Emmerich	24.1	Ja	Nov 95	OK	
158	DE-S-107-00006	Union Chemie-Erzeugnisse GmbH	Berlin	24.3	Ja	Dez 95	OK	
159	DE-S-156-00017	VESTOLIT GmbH	Marl	24.1	Ja	Dez 96	OK	
160	DE-S-155-00057	Vinnolit Kunststoff GmbH	Burghausen	24.1	Ja	Nov 97	OK	
161	DE-S-155-00017	Vinnolit Kunststoff GmbH	Burgkirchen	24.1	Ja	Dez 97	OK	43, 49, 87, 161
162	DE-S-142-00031	Vinnolit Kunststoff GmbH	Hürth-Knapsack	24.1	Ja	Dez 97	OK	
163	DE-S-142-00030	Vinnolit Kunststoff GmbH	Köln	24.1	Ja	Nov 97	OK	
164	DE-S-135-00003	Weleda AG	Schwäb. Gmünd	MIX	Ja	Apr 97	OK	
165	DE-S-156-00033	Westfalen AG	Hörstel	24.1	Ja	Okt 97	OK	

Nr.	EU-Standort-registriernummer	Unternehmen	Standort	NACE	OK 1.10.	Vali-dierung	Aus-wahl	Gemeins. Valid./UE
166	DE-S-108-00045	Wetzel GmbH & Co. KG	Herford	24.6	Ja	Nov 97	OK	
167	DE-S-133-00024	Wirtschaftsgenossenschaft deutscher Tierärzte e.G	Garbsen	24.2	Ja	Jul 97	OK	
168	DE-S-150-00004	Yankee Polish Lüth GmbH + Co.	Rheinbeck	24.5	-	Jun 96	OK	
169	DK-S-0029	Knud E. Dan ApS	Greve	24.5	-	Dez 96	OK	
170	ES-CAT-S-000003	Klüber Lubrication Ibérica S. en C.	Parets del Valles	24.6	Ja	Jun 97	OK	
171	ES-SB-S-0000002	Petroquimica Española S.A.	San Roque	24.1	Ja	Dez 96	OK	
172	ES-NA-S-0000003	Rohm & Haas España SA	Tudela (Navarra)	24.1	Ja	Nov 97	OK	
173	FIN-S-00002	Ekokem Oy Ab	Riihimäki	NC	Ja	Jan 96	Nein	
174	FIN-S-00001	Tikkurila Oy	Vantaa	24.1	Ja	Jan 96	OK	
175	FR-S-0000011	Etablissements Yves Rocher	Ploermel	24.5	Ja	Mai 97	OK	
176	IR-S-002	Novartis Ringaskiddy Ltd.	Ringaskiddy	24.4	Ja	Okt 96	OK	
177	IR-S-003	Yamanouchi Ireland Co. Ltd.	Damastown	24.4	Ja	Mai 97	OK	
178	LUX-S-0001	DuPont de Nemours (Lux.) SA	Contern	MIX	Ja	Mrz 97	OK	
179	NL-S-0000001	Arco Chemie Nederland, Ltd	Rotterdam	24.1	Ja	Jul 95	OK	
180	NL-S-0000003	VEVEO Coatings b.v.	Waddinxveen	24.3	-	Dez 95	OK	
181	NL-S-0000007	DOW Benelux N.V. - Terneuzen	Hoek	24.1	-	Mai 98	OK	
182	NL-S-0000017	LNP Engineering Plastics BV	Raamsdonksveer	24.1	Ja	Dez 97	OK	
183	S-S-00004	Adekema AB	Borås	24.6	Ja	Mai 96	OK	
184	S-S-00091	EKA Chemicals, Alby plant	Alby	24.1		Mrz 98	OK	
185	S-S-00092	EKA Chemicals, Boras plant	Borås	24.6	Ja	Nov 97	OK	
186	S-S-00003	HP Flügger AB	Bollebygd	24.3	Ja	Jun 96	OK	
187	S-S-00083	Kemira Kemi AB, Kemwater	Helsingborg	24.1	Ja	Dez 97	OK	
188	S-S-00011	Pharmacia & Upjohn AB	Strängnäs	24.4	-	Okt 96	OK	
189	UK-S-0000036	A H Marks & Co Ltd	Bradford	24.2	Ja	Jun 97	OK	
190	UK-S-0000004	Akzo Nobel Chemicals Ltd	Gillingham	24.1	Ja	Aug 95	OK	
191	UK-S-0000034	Autosmart Ltd	Lichfield	24.5	Ja	Apr 97	OK	
192	UK-S-0000044	BP Chemicals Ltd, Baglan Bay	Neath Port Talbot	24.1	Ja	Dez 97	OK	
193	UK-S-0000048	BP Chemicals Ltd	Grangemouth	24.1	Ja	Jan 98	OK	
194	UK-S-0000049	BP Chemicals Ltd, Salt End Site	Hedon	24.1	Ja	Feb 98	OK	
195	UK-S-0000001	Ciba Clayton	Clayton	24.1	Ja	Aug 95	OK	
196	UK-S-0000037	Contract Chemicals Ltd	Knowsley	24.1	Ja	Jun 97	OK	
197	UK-S-0000027	EKC Technology Ltd.	East Kilbride	24.6	Ja	Feb 97	Nein[10]	
198	UK-S-0000020	ICI Polyurethanes	Shepton Mallet	24.6	-	Aug 96	OK	
199	UK-S-0000016	Intercolor Limited	Thurrock	24.3	Ja	Apr 96	OK	
200	UK-S-0000025	Sayvol Chemicals Ltd	Wellingborough	24.6	Ja	Okt 96	OK	
201	UK-S-0000024	Solutia	Newport	24.1	Ja	Dez 96	OK	
202	UK-S-0000013	Tioxide Europe Ltd	Grimsby	24.1	Ja	Mai 96	OK	

[10] Keine lesbare Originalumwelterklärung der Erstvalidierung erhältlich

Anhang 22: Basisdaten Chemieindustrie

Umsatz in Millionen ECU

Land/Jahr	1993	1994	1995	1996	1997
Deutschland	84.195	91.061	96.140	91.703	96.161
Frankreich	55.921	59.880	64.697	66.254	68.965
Grossbritannien	38.577	42.297	41.477	42.963	47.194
Italien	36.572	37.583	38.940	41.862	44.983
Belgien	23.359	26.491	29.757	30.160	32.711
Spanien	20.279	21.747	24.503	25.028	26.388
Niederlande	18.753	21.081	23.967	23.320	25.740
Schweden	5.639	6.437	7.285	7.725	8.203
Irland	5.206	6.551	6.744	9.012	11.973
Österreich	4.261	4.438	4.848	4.112	4.256
Dänemark	3.583	3.996	4.384	4.617	4.890
Finnland	2.685	3.225	3.808	3.881	4.485
Portugal	2.763	2.721	3.355	3.513	na
Griechenland	2.023	2.183	2.694	3.025	na
EU	**303.816**	**329.692**	**352.599**	**357.176**	**382.833**
Schweiz	14.737	17.369	19.105	20.070	20.903
Norwegen	2.973	3.259	3.319	3.416	3.580
West Europa	**321.525**	**350.320**	**375.023**	**380.663**	**407.316**
CEFIC Mitgliedsländer[i]	**333.802**	**365.646**	**393.053**	**399.774**	**430.049**
USA	268.676	280.727	276.796	293.700	345.316
Japan	178.265	186.252	190.088	170.173	178.620

Beschäftigte in Tausend

Land/Jahr	1993	1994	1995	1996	1997
Deutschland	608,7	570,0	535,9	517,5	500,5
Frankreich	249,7	250,1	246,3	242,9	242,1
Grossbritannien	257,9	250,6	255,6	249,7	242,4
Italien	200,0	193,0	191,0	189,7	189,0
Belgien	97,4	94,2	93,1	92,7	93,7
Spanien	124,9	121,8	120,2	120,8	122,5
Niederlande	84,8	81,8	80,4	78,6	79,0
Schweden	31,5	31,9	33,5	35,5	35,5
Irland	15,9	16,5	18,3	19,7	21,0
Österreich	49,9	49,1	48,8	45,0	44,0
Dänemark	52,3	51,7	54,2	54,7	57,1
Finnland	18,2	17,7	18,0	18,0	18,1
Portugal	27,6	26,4	26,4	25,7	na
Griechenland	19,1	19,2	19,2	19,0	na
EU	**1.837,9**	**1.774,0**	**1.740,9**	**1.709,4**	**1.687,9**
Schweiz	70,6	67,3	65,2	63,9	64,1
Norwegen	13,5	13,5	13,7	14,0	14,0
West Europa	**1.921,9**	**1.854,8**	**1.819,7**	**1.787,3**	**1.766,0**
CEFIC Mitgliedsländer[i]	**2.247,5**	**2.179,8**	**2.155,0**	**na**	**na**
USA	1.080,5	1.057,0	1.038,1	1.033,8	1.033,8
Japan	412,9	399,7	392,1	388,6	384,0

Produktion (Index 1993 = 100)

Land/Jahr	**1993**	**1994**	**1995**	**1996**	**1997**
Deutschland	100,0	105,8	105,9	107,6	113,0
Frankreich	100,0	106,7	108,0	111,0	118,0
Grossbritannien	100,0	105,2	107,8	110,1	109,5
Italien	100,0	103,4	106,6	108,8	112,7
Belgien	100,0	99,7	107,4	111,1	123,8
Spanien	100,0	114,2	117,1	117,4	125,4
Niederlande	100,0	110,7	118,7	118,1	126,6
Schweden	100,0	99,0	102,6	110,1	115,9
Irland	100,0	119,6	138,6	164,4	216,8
Österreich	100,0	107,8	116,3	124,7	127,6
Dänemark	100,0	111,9	123,1	127,5	142,2
Finnland	100,0	109,7	112,8	113,5	116,9
Portugal	100,0	101,4	99,5	101,0	103,9
Griechenland	100,0	101,4	112,5	121,0	124,8
EU	**100,0**	**106,3**	**109,0**	**111,5**	**117,0**
Schweiz	100,0	114,6	125,9	140,0	160,2
Norwegen	100,0	103,5	105,2	106,4	109,6
West Europa	**100,0**	**106,6**	**109,6**	**112,4**	**118,3**
CEFIC Mitgliedsländer[i]	**na**	**na**	**na**	**na**	**na**
USA	100,0	103,2	106,0	108,9	113,7
Japan	100,0	104,6	111,4	112,8	116,8

Anhang 23: Währungsumrechnung

Jahresmittelkurse des ECU/EURO[11] in Landeswährungen

Land	Währung	1993	1994	1995	1996	1997	1998[12]
A	ATS	13,62	13,54	13,18	13,43	13,82	13,9
B	BEF	40,47	39,65	38,55	39,3	40,53	40,75
D	DEM	1,93	1,92	1,87	1,91	1,96	1,96
DK	DKK	7,59	7,54	7,32	7,36	7,48	7,53
E	ESP	149,1	158,9	163	160,8	165,9	167,2
F	FRF	6,63	6,58	6,52	6,49	6,61	6,62
GB	GBP	0,78	0,76	0,83	0,81	0,69	0,66
GR	GRD	268,6	288	303	305,5	309,3	329,3
I	ITL	1841	1915	2130	1959	1929	1947
IRL	IEP	0,8	0,79	0,81	0,79	0,75	0,79
LUX	LUF	40,47	39,65	38,55	39,3	40,53	40,75
NL	NLG	2,17	2,16	2,1	2,14	2,21	2,26
NO	NOR	8,3	8,37	8,28	8,2	8,02	8,24
P	PTE	188,4	196,7	196,1	195,8	198,6	202,2
S	SEK	9,12	9,16	9,33	8,51	8,65	8,62
SF	FIM	6,69	6,19	5,71	5,83	5,88	5,99
CH	CHF	1,73	1,62	1,54	1,56	1,65	1,61
JPN	JPY	130,1	121,3	123	138,1	137,1	144,3
USA	USD	1,17	1,19	1,31	1,27	1,13	1,09

Quelle: Eurostat (1998), Eurostat (1997)

[11] ECU = European Currency Unit; ab 1.1.1999 EURO
[12] Durchschnitt der ersten 6 Monate 1998 (Januar mit Juni 1998)

Anhang 24: Untersuchte Umwelterklärungen [ii] [iii]

No.	Land	NACE DG	Zert. Datum	Vorliegende UE [iv] 1	2	3	4	VUE	MA	Jahr	Mio. ECU	Jahr	Prod. Tonnen	Jahr
1	A	24.3	Dez 97	96				k.A.	300	97	48,5	97	11000	97
2	A	24.5	Okt 97	96				k.A.	19	98	1,8	97	765	97
3	A	24.5	Dez 96	95				Nein					3331	97
4	A	24.5	Jul 97	96				Nein	20	98	2,5	97	1000	97
5	A	24.6	Nov 96	95				Frei	50	97	6,7	97	1350	97
6	A	24.4	Okt 98	97				k.A.	264	97	86,3	97	10300	97
7	A	24.6	Nov 97	96	VU1			Ja	60	97	11,5	97	10560	97
8	A	24.1	Dez 97	96				z.T.	239	96			42000	96
9	B	24.3	Apr 97	96				Nein	907	96	449,1	96		
10	B	24.6	Sep 96	95	2UE			Frei	99	97	24,1	97	6730	97
11	D	24.4	Nov 96	95	VU1	VU2	+1	Ja	600	98	147,4	97		
12	D	24.6	Dez 95	95	VU1	2UE		Ja	200	95				
13	D	24.1	Apr 96	95	VU1	VU2		Ja	900	98	168,4	98	32000	98
14	D	24.3	Apr 97	95				Nein					125	96
15	D	24.1	Jul 96	95	VU1	VU2		Ja	160	97	54,6	97	98250	97
16	D	MIX	Dez 95	94	VU1	VU2		z.T.	*750*	*95*			134112	96
17	D	24.3	Mrz 97	96				Frei	280	98				
18	D	24.3	Sep 96	95				z.T.	220	97	53,6	97	27912	97
19	D	24.3	Jun 97	96				Frei	42	98			1063	96
20	D	24.1	Dez 96	96	VU1			Ja	60	98	7,7	97	28000	97
21	D	24.4	Jan 96	95	VU1	VU2		Ja	1000	97	76,5	97	45000	97
22	D	24.1	Nov 96	95	VU1	VU2		Ja	2031	96	446,4	97	406890	97
23	D	MIX	Nov 95	94	VU1	VU2	2UE	Ja	*8706*	*95*			1230000	*95*
24	D	24.6	Dez 96	95				Nein	20	96				
25	D	24.1	Aug 97	96				Nein	70	97				
26	D	24.4	Jul 96	95	VU1	VU2		Ja	5800	98				
27	D	24.4	Dez 96	96	VU1			Ja	2000	97				
28	D	24.3	Mrz 97	96				Ja	59	96			6800	96
29	D	24.6	Nov 97	96				Nein	10	97	4,1	97		
30	D	24.3	Feb 96	k.A.				Nein					600	96
31	D	24.4	Apr 97	96	VU1			Ja	500	95			3271	96
32	D	24.6	Sep 96	95	VU1	VU2		Ja	330	97	153,1	97	25000	97
33	D	24.5	Sep 96	95				z.T.	50	97				
34	D	24.5	Aug 96	95				Frei	16	97	6,6	97	1786	97
35	D	24.1	Dez 97	96				z.T.	250	97	99,0	97	196009	96
36	D	24.1	Dez 97	96				z.T.	1000	97			1151695	96
37	D	24.1	Okt 96	95	VU1			z.T.	650	97	102,0	97	375924	97
38	D	24.6	Mrz 97	96	VU1			Ja	255	97	100,0	97	43934	97
39	D	24.6	Nov 95	94	VU1	VU2	2UE	Ja	1120	97	612,2	97	90600	97
40	D	24.4	Aug 96	95	VU1	VU2		Ja	700	96			3256	95
41	D	24.1	Dez 97	96				k.A.	950	97			359573	96
42	D	24.6	Okt 95	94	VU1	VU2	2UE	Ja	40	98				
43	D	24.3	Okt 97	96				k.A.	9	96			235	97
44	D	24.1	Dez 96	95	VU1			Ja	85	97	10,2	97	15000	97
45	D	24.3	Mai 95	94	VU1	VU2	2UE	Ja	250	97	37,8	97	14684	94

No.	Land	NACE DG	Zert. Datum	Vorliegende UEs 1	2	3	4	VUE	MA	Jahr	Mio. ECU	Jahr	Prod. Tonnen	Jahr
46	D	24.1	Nov 96	95	AUS	VU2		Ja	4400	97			62000	97
47	D	24.5	Okt 96	95				Nein	104	96				
48	D	24.1	Mai 96	95	VU1	VU2		Ja	1600	98			3017193	97
49	D	24.4	Mrz 97	95	VU1			Ja	375	97	76,5	97	990	97
50	D	24.1	Aug 97	96	VU1			Ja	10	97			79	96
51	D	24.4	Feb 96	94				z.T.	100	97			305	97
52	D	24.4	Dez 97	96				z.T.	130	98			50	98
53	D	24.6	Dez 97	96				Frei	400	97	81,6	97		
54	D	MIX	Apr 97	96	VU1			Ja	230	97			11297	97
55	D	24.1	Apr 96	94	VU1	VU2		Ja	200	97	40,8	97	6000	97
56	D	24.3	Mai 96	95				Nein	270	98	51,0	98	14000	98
57	D	24.1	Nov 97	96	2UE			Ja	81	98	15,3	97	13800	97
58	D	24.1	Dez 95	94	VU1	+1	VU2	Ja					1304	97
59	D	24.5	Dez 97	96				k.A.	160	97				
60	D	24.4	Dez 96	95				Frei	1000	98				
61	D	24.1	Mrz 96	95				Frei	174	96	101,0	96		
62	D	24.4	Jul 96	95	VU1			Ja	65	97	5,6	97	100	97
63	D	24.3	Mai 96	95				Nein	15	98	1,8	97	200	97
64	D	24.3	Mrz 97	96	VU1			Ja	180	98	61,2	97	8546	97
65	D	MIX	Okt 97	97	VU1			Ja	57	98	76,5	97	7000	97
66	D	MIX	Mrz 97	96	VU1			Ja	8500	97	1.780,1	96	1300	95
67	D	MIX	Aug 97	96	VU1			Ja	751	97	188,3	97	51200	97
68	D	24.3	Mai 96	95	VU1	VU2		Ja	2518	97			80000	97
69	D	24.3	Dez 96	95	VU1	VU2		Ja	670	97	61,2	97	18266	97
70	D	24.3	Mai 96	95	VU1	VU2		Ja	78	97			4500	97
71	D	24.4	Dez 97	96	VU1			k.A.	5400	97	680,6	96	20300	97
72	D	24.2	Dez 97	96				k.A.	60	97			729	96
73	D	24.7	Sep 95	94	VU1	VU2		Ja	850	95			37853	94
74	D	24.7	Apr 97	96	VU1			Ja	324	97			140000	97
75	D	24.5	Dez 96	95	VU1	VU2		Ja	450	97	102,0	97	25000	97
76	D	MIX	Nov 96	95				Nein	1600	98	382,7	97	100000	97
77	D	24.1	Dez 96	95	AUS	VU2		z.T.	775	97			477600	97
78	D	24.1	Nov 97	96	VU1			Ja	11000	96	1570,6	96	3000000	96
79	D	24.1	Feb 97	95	VU1			Ja	1100	97			491000	95
80	D	MIX	Apr 96	95	VU1	VU2		Ja	530	98	120,9	97	70000	97
81	D	24.7	Mai 96	95	VU1	VU2		Ja	160	96			200000	96
82	D	24.1	Nov 96	95	VU1	VU2		Ja	405	97	119,9	97	35151	97
83	D	24.1	Apr 96	95	AUS	VU2		z.T.	71	98			5990	95
84	D	24.6	Nov 97	96	VU1			Ja	170	98	30,6	98		
85	D	MIX	Aug 96	95	VU1	VU2		Ja	20	95	4,5	95	622	97
86	D	24.3	Dez 96	k.A.				Frei	500	96				
87	D	24.1	Sep 96	95				Nein	20	98	38,3	98	5300	98
88	D	24.3	Dez 97	96	VU1			Ja	85	97	20,4	97	2000	97
89	D	24.6	Jun 96	95	VU1	VU2		Ja	83	95			21000	95
90	D	24.4	Aug 96	95	AUS	2UE		z.T.	18	97	1,8	97	510	97
91	D	24.4	Mrz 97	96				Frei	490	98				
92	D	24.6	Jan 97	96				Nein	20	98				

No.	Land	NACE DG	Zert. Datum	Vorliegende UEs 1	2	3	4	VUE	MA	Jahr	Mio. ECU	Jahr	Prod. Tonnen	Jahr
93	D	24.1	Mrz 97	95				Frei	9	97	0,4	97	300	97
94	D	24.3	Okt 97	96				Frei	500	96			65583	96
95	D	24.4	Dez 95	94	AUS	AUS	2UE	z.T.	1800	94			7956	94
96	D	24.1	Okt 97	96				z.T.	240	98				
97	D	24.3	Aug 97	96				z.T.	572	96			25000	96
98	D	24.5	Jul 97	96				Nein	100	97	44,5	96	5970	96
99	D	24.4	Apr 96	95	VU1			Ja	1094	96	336,6	96	1771	96
100	D	24.4	Mai 96	95				Nein	100	98				
101	D	24.4	Aug 97	96				z.T.	49	97				
102	D	24.1	Feb 97	96				Frei	15	98	2,0	97	250	97
103	D	24.3	Sep 97	96				Ja	182	97	37,2	97	6205	96
104	D	24.1	Jul 97	96	VU1			Ja	500	97	96,9	97	36000	97
105	D	24.1	Okt 97	96	VU1			Ja	380	97	408,2	97	900000	97
106	D	24.3	Feb 96	94	AUS	VU2		z.T.	46	97			1600	97
107	D	24.1	Jun 96	95				Frei	7	95			2870	95
108	D	24.2	Dez 96	95				z.T.	43	98			4793	96
109	D	24.4	Okt 97	96				k.A.	170	97			4092	96
110	D	24.3	Okt 96	k.A.				Nein	24	95			9500	95
111	D	24.3	Sep 97	96				Nein	520	97	117,3	97	37000	97
112	D	24.1	Aug 97	96	VU1			Ja	2300	96	1.047,1	96	2523000	98
113	D	24.4	Dez 96	95				Nein	23	96				
114	D	24.1	Nov 97	96	VU1			Ja	1009	97				
115	D	24.6	Aug 97	96				k.A.	180	97				
116	D	24.4	Dez 96	96				Nein	240	98				
117	D	24.4	Nov 96	95	VU1	VU2		Ja	450	98	38,3	97	25000	97
118	D	24.4	Mrz 96	95	VU1	VU2		Ja	560	98	86,7	97	16000	97
119	D	24.5	Aug 96	95				k.A.	50	96			5190	95
120	D	24.1	Apr 97	96	VU1			Ja	134	97	35,2	97	57600	97
121	D	MIX	Apr 97	96	VU1			Ja	1284	96	192,5	96	321000	96
122	D	24.1	Apr 97	96				Frei	560	98	94,1	95	1249000	97
123	D	24.3	Dez 96	95				Frei	370	95	28,3	95	3800	95
124	D	24.4	Aug 97	96	VU1			Ja	28	98	2,6	97	104	97
125	D	24.6	Dez 97	96	VU1			Ja	1050	97	313,8	97	209000	97
126	D	24.4	Jul 97	96				Frei	100	96				
127	D	24.5	Sep 97	96				Nein	35	97	1,8	97		
128	D	24.6	Mai 97	96	VU1			Ja	600	97			4103	97
129	D	24.6	Mai 97	96	VU1			Ja	315	98	107,1	98	1140	97
130	D	24.1	Jun 96	95				Frei	210	97	43,4	97	19000	97
131	D	24.1	Sep 97	96	VU1			Ja	30	98	6,1	97	6000	97
132	D	24.1	Nov 95	94	VU1	+1	VU2	Ja	300	97				
133	D	24.3	Dez 95	94				Frei	15	95	2,7	95	321	94
134	D	24.1	Dez 96	95	AUS	VU2		z.T.	803	95	362,0	95	520	95
135	D	24.1	Nov 97	96				k.A.	424	96			146749	96
136	D	24.1	Dez 97	96				k.A.	250	97			83420	96
137	D	24.1	Dez 97	96				k.A.	84	96	61,8	96	99060	96
138	D	24.1	Nov 97	96				k.A.	208	97	107,7	97	137014	97

No.	Land	NACE DG	Zert. Datum	Vorliegende UEs 1	2	3	4	VUE	MA	Jahr	Mio. ECU	Jahr	Prod. Tonnen	Jahr
139	D	MIX	Apr 97	96	VU1			Ja	483	97	53,1	97	2800	97
140	D	24.1	Okt 97	96				Frei	54	97				
141	D	24.6	Nov 97	96				Frei	78	98	17,9	97	8000	97
142	D	24.2	Jul 97	96				Frei	100	97	6,1	97	650	97
143	D	24.5	Jun 96	95	VU1	VU2		Ja	140	95			19076	95
144	DK	24.5	Dez 96	96				Nein	18	96			2098	96
145	E	24.6	Jun 97	96				z.T.	98	96	7,8	96	2415	96
146	E	24.1	Dez 96	95	VU1	VU2		Ja	252	97			1039693	96
147	E	24.1	Nov 97	96	VU1			k.A.	56	98			20000	97
148	FIN	24.1	Jan 96	95	VU1	2UE		Ja	870	97	200,7	97	51000	97
149	FR	24.5	Mai 97	96	VU1			Ja	250	98				
150	GB	24.2	Jun 97	96	VU1			Ja	460	98	80,3	98	50000	98
151	GB	24.1	Aug 95	94	VU1	VU2	2UE	Ja	130	98	75,8	97	6000	97
152	GB	24.5	Apr 97	96	2UE			Ja	63	97	13,0	97		
153	GB	24.1	Dez 97	96	VU1			Ja	320	98	303,0	97	500000	97
154	GB	24.1	Jan 98	96	VU1			Ja	1300	98			1800000	97
155	GB	24.1	Feb 98	96				Ja	1300	98			1470000	97
156	GB	24.1	Aug 95	94	VU1	VU2	2UE	Ja	650	98	75,8	98	10000	97
157	GB	24.1	Jun 97	96	VU1			Ja	160	97			5700	96
158	GB	24.6	Aug 96	95	VU1	VU2		Ja	115	97			22152	96
159	GB	24.3	Apr 96	95				Frei	24	98	4,5	98	250	98
160	GB	24.6	Okt 96	96				Frei	4	97				
161	GB	24.1	Dez 96	95	VU1	VU2		Ja	260	98	104,5	97	88600	97
162	GB	24.1	Mai 96	95	VU1	VU2		Ja	380	97			72000	97
163	IRL	24.4	Okt 96	95	VU1	2UE		Ja	309	97			72033	97
164	IRL	24.4	Mai 97	96	VU1			Ja	60	96			49	96
165	LUX	MIX	Mrz 97	96	VU1			Ja	1279	97	478,7	97		
166	NL	24.1	Jul 95	94	2UE	3UE	4UE	Ja	300	98			900000	97
167	NL	24.1	Mai 98	97				k.A.	2000	98	2477,9	97	5000000	97
168	NL	24.1	Dez 97	96	VU1			Ja	160	97	45,2	97	10000	97
169	NL	24.3	Dez 95	94				Nein	65	95				
170	S	24.6	Mai 96	95	VU1			z.T.	22	97	4,0	97	3552	97
171	S	24.1	Mrz 98	97				k.A.	140	98	70,5	97	155	97
172	S	24.6	Nov 97	96				Ja	22	97			13600	97
173	S	24.3	Apr 97	96	VU1			z.T.	292	97	46,2	97	12600000	97
174	S	24.1	Dez 97	96	VU1			Ja	120	98	25,9	98	180000	98
175	S	24.4	Okt 96	95	VU1			z.T.	180	98				

[i] Inklusive Polen, Ungarn, der Tschechischen Republik, der Slovakischen Republik, Slovenien und der Türkei

[ii] Für grau hinterlegte Felder lagen keine Angaben vor

[iii] Standorte in Kursiv-Schrift stehen für mehrere Standorteintragungen

[iv] Vorliegende Umwelterklärungen (UE); die erste Spalte (1) steht für das Bezugsjahr der in der ersten Umwelterklärung enthaltenen Daten bezüglich in Bezug auf die kontinuierliche Verbesserung, i.d.R. das Jahr vor der Validierung. Ggfs. vorliegende Folge-Umwelterklärungen sind in den Spalten 2 bis 4 eingetragen (VU1/2 =1. bzw. 2. vereinfachte Umwelterklärung; 2UE (3UE, 4UE) = zweite (dritte, vierte) vollständige Umwelterklärung; "+ 1" bedeutet, dass für ein zusätzliches Jahr Daten in den Veröffentlichungen bereits enthalten sind; "AUS" steht für das Ausfallen lassen von einer vereinfachten Umwelterklärung

Anhang 25: Ausgewertete Umweltziele

Nr	Ziele quantifiziert	Ziele gesamt	Prozent
11	0	11	0%
12	1	20	5%
13	3	19	16%
14	0	5	0%
15	1	9	11%
16	2	11	18%
17	2	8	25%
18	0	8	0%
19	5	8	63%
20	0	8	0%
21	4	10	40%
22	6	11	55%
23	3	18	17%
24	4	13	31%
25	0	8	0%
26	10	40	25%
27	1	23	4%
28	2	2	100%
29	0	12	0%
30	1	3	33%
31	2	23	9%
32	0	6	0%
33	0	4	0%
34	0	5	0%
35	3	8	38%
36	0	6	0%
37	4	8	50%
38	4	8	50%
39	14	43	33%
40	5	13	38%
41	1	9	11%
42	3	16	19%
43	3	8	38%
44	1	6	17%
45	6	17	35%
46	4	23	17%
47	0	7	0%
48	2	6	33%
49	3	7	43%
50	3	6	50%
51	0	5	0%
52	4	9	44%
53	4	8	50%
54	2	7	29%
55	3	7	43%

Nr	Ziele quantifiziert	Ziele gesamt	Prozent
56	6	9	67%
57	1	10	10%
58	1	11	9%
59	Keine Umweltziele		
60	0	11	0%
61	2	14	14%
62	3	8	38%
63	0	6	0%
64	7	9	78%
65	1	10	10%
66	3	17	18%
67	2	10	20%
68	4	14	29%
69	1	7	14%
70	1	10	10%
71	10	14	71%
72	2	6	33%
73	4	7	57%
74	0	6	0%
75	0	7	0%
76	3	8	38%
77	2	15	13%
78	6	21	29%
79	15	26	58%
80	2	18	11%
81	2	9	22%
82	6	19	32%
83	1	4	25%
84	1	8	13%
85	2	12	17%
86	2	7	29%
87	3	8	38%
88	1	6	17%
89	3	10	30%
90	4	9	44%
91	3	14	21%
92	3	7	43%
93	0	3	0%
94	3	4	75%
95	Nicht auswertbar		
96	1	12	8%
97	1	8	13%
98	4	13	31%
99	0	14	0%
100	1	8	13%

Nr	Ziele quantifiziert	Ziele gesamt	Prozent
101	3	5	60%
102	0	7	0%
103	0	3	0%
104	0	10	0%
105	4	14	29%
106	0	7	0%
107	0	12	0%
108	1	4	25%
109	2	4	50%
110	4	6	67%
111	4	10	40%
112	2	10	20%
113	1	2	50%
114	4	14	29%
115	2	7	29%
116	4	10	40%
117	1	13	8%
118	2	9	22%
119	0	11	0%
120	2	12	17%
121	6	12	50%
122	5	10	50%
123	2	7	29%
124	2	11	18%
125	5	22	23%
126	Keine Umweltziele		
127	1	7	14%
128	Nicht auswertbar		
129	Nicht auswertbar		
130	1	5	20%
131	0	4	0%
132	3	11	27%
133	0	5	0%
134	8	18	44%
135	Nicht auswertbar		
136	Nicht auswertbar		
137	Nicht auswertbar		
138	Nicht auswertbar		
139	0	9	0%
140	2	3	67%
141	1	8	13%
142	0	7	0%
143	Keine Umweltziele		
Σ	**305**	**1270**	**24%**

Anhang 26: Ausgewertete Umweltziele nach Standorten

Nr.	Dauer	Bereich	Parameter (1-24; Sonstige)	Ganz, zum Teil, nicht (g / t / n)	Absolut, relativ, quote (a / r / q)	Bezug
12	3	Abfall	16	T	a	
13	1	Abfall	18	T	a	
13	1	Material	Hilfsst.	N	a	
13	1	Sonstige	Produkt	N	a	
15	5	Abwasser	11	G	r	Konz.
16	3	Abfall	16	T	a	
16	3	Energie	3	T	r	Allg.
17	2	Abfall	17	G	a	
17	1	Abluft	6	G	a	
19	2	Abfall	16	G	r	pro kg
19	2	Energie	3	G	r	pro kg
19	2	Material	Verpack.	N	q	
19	1	Sonstige	Grünfl.	N	a	
19	2	Wasser	3	G	r	pro kg
21	1	Abfall	18	G	a	
21	2	Abwasser	11	G	a	
21	2	Abwasser	Menge	N	r	pro kg
21	2	Wasser	5	T	r	pro kg
22	4	Abfall	18	G	a	
22	4	Abluft	8	T	a	
22	4	Abluft	6, 10	T	a	
22	3	Abwasser	11	G	a	
22	4	Abwasser	12	G	a	
22	4	Abwasser	15	G	a	
23	5	Abfall	18	G	a	
23	4	Abluft	9	G	a	
23	5	Abwasser	15	G	a	
24	1	Abfall	16	T	a	
24	2	Abluft	8, 9	T	a	
24	1	Energie	Blindstr.	N	a	
24	1	Wasser	5	G	a	
26	3	Abfall	18	T	a	
26	3	Abfall	16	T	a	
26	3	Abfall	18	T	a	
26	3	Abluft	6	G	a	
26	3	Abluft	8, 9	G	a	
26	5	Energie	3	T	a	
26	2	Material	1	G	a	
26	5	Material	Divers	N	q	
26	5	Sonstige	Divers	N	a	

Nr.	Dauer	Bereich	Parameter (1-24; Sonstige)	Ganz, zum Teil, nicht (g / t / n)	Absolut, relativ, quote (a / r / q)	Bezug
26	5	Sonstige	Grün	N	a	
27	2	Abwasser	13	G	a	
28	3	Abfall	16	T	r	pro kg
28	3	Abfall	17	G	r	pro kg
30	3	Abfall	18	G	a	
31	2	Abfall	16	G	a	
31	1	Abwasser	11	G	a	
35	4	Abfall	18	G	a	
35	3	Abwasser	14	T, N	a	
35	2	Wasser	5	T	a	
37	4	Abfall	16	G	r	pro kg
37	5	Abluft	Staub	N	r	pro kg
37	5	Sonstige	Lärm	N	a	
37	5	Wasser	5	T	r	pro kg
38	2	Abfall	17	G	a	
38	1	Abluft	6	G	a	
38	1	Abluft	8	G	a	
38	2	Material	Hilfsst.	N	a	
38	2	Wasser	5	T	a	
39	1	Abfall	16	T	a	
39	2	Abfall	16	T	a	
39	2	Abfall	18	T	a	
39	1	Abfall	16	T	a	
39	1	Abwasser	12	G	a	
39	2	Abwasser	12, 13	T	a	
39	1	Energie	3	T	a	
39	1	Energie	3	T	a	
39	3	Energie	3	T	a	
39	2	Material	1	G	r	Allg.
39	1	Material	Verpack.	N	q	
39	2	Transport	21	T	a	
39	2	Transport	20	T	a	
39	2	Wasser	5	T	a	
40	1	Energie	3	G	a	
40	1	Material	Divers	N	a	
40	1	Sonstige	Produkt	N	a	
40	2	Wasser	5	G	a	
40	2	Wasser	5	T	a	
41	2	Abwasser	13	G	r	Allg.
42	1	Energie	3	T	r	Allg.

Nr.	Dauer	Bereich	Parameter (1-24; Sonstige)	Ganz, zum Teil, nicht (g / t / n)	Absolut, relativ, quote (a / r / q)	Bezug
42	3	Material	Divers	N	a	
42	2	Wasser	5	G	r	Allg.
43	2	Abfall	16	G	a	
43	2	Energie	3	T	a	
43	1	Sonstige	Produkt	N	q	
44	1	Abluft	Divers	N	r	Konz.
45	2	Abfall	16	T	a	
45	3	Abfall	18	G	q	
45	4	Abluft	6	G	a	
45	1	Abluft	Staub	N	a	
45	2	Energie	3	G	a	
45	3	Transport	Divers	N	a	
46	2	Abfall	16	T	a	
46	3	Abfall	18	T	a	
46	3	Abluft	9	G	a	
46	3	Transport	Divers	N	a	
48	1	Abluft	Divers	N	a	
48	2	Abwasser	11	G	r	Allg.
49	4	Abfall	16	G	a	
49	4	Energie	3	T	a	
49	4	Wasser	5	T	a	
50	3	Abluft	Staub	N	a	
50	3	Energie	3	T	a	
50	1	Material	Divers	N	a	
52	2	Energie	3	T	a	
52	1	Energie	3	T	a	
52	1	Material	Hilfsst.	N	a	
52	2	Wasser	5	G	a	
53	2	Abfall	16	T	a	
53	2	Abwasser	12	G	a	
53	2	Abwasser	Menge	N	a	
53	2	Wasser	5	T	a	
54	2	Abfall	16	T	a	
54	3	Abluft	8, 9	G	a	
55	2	Abluft	6	T	r	Konz.
55	1	Sonstige	Divers	N	a	
55	1	Transport	Divers	N	r	Allg.
56	3	Abfall	16	T	a	
56	2	Abluft	Staub	N	a	
56	2	Energie	3	G	a	
56	2	Material	Verpack.	N	a	
56	3	Sonstige	Divers	N	a	
56	3	Sonstige	Produkt	N	a	

Nr.	Dauer	Bereich	Parameter (1-24; Sonstige)	Ganz, zum Teil, nicht (g /t / n)	Absolut, relativ, quote (a / r / q)	Bezug
57	3	Material	1	G	a	
58	2	Energie	3	T	a	
61	2	Abwasser	14	T	r	Konz.
61	2	Abwasser	Menge	N	a	
62	3	Abfall	18	G	a	
62	2	Abluft	Staub	N	a	
62	1	Energie	Blindstr.	N	a	
64	3	Abfall	16	T	r	pro kg
64	3	Abfall	17	G	r	pro kg
64	lfd.	Abwasser	11	G	r	Konz.
64	3	Energie	3	T	r	pro kg
64	3	Energie	3	T	r	pro kg
64	lfd.	Sonstige	Lärm	N	a	
64	3	Wasser	5	T	r	pro kg
65	2	Transport	20	G	a	
66	1	Abwasser	15	G	a	
66	1	Abwasser	Menge	N	a	
66	4	Wasser	5	T	q	
67	1	Abfall	17	G	r	Allg.
67	2	Material	Verpack.	N	a	
68	4	Abluft	8, 9	G	a	
68	lfd.	Sicherheit	22	G	r	Sonst.
68	4	Sonstige	Lärm	N	a	
68	4	Wasser	5	T	a	
69	3	Abluft	6	G	a	
70	3	Abfall	18	G	a	
71	2	Abfall	16	T	a	
71	1	Abfall	17	T	a	
71	1	Abluft	Divers	N	a	
71	1	Abwasser	12	T	r	pro kg
71	1	Energie	3	T	a	
71	1	Energie	3	G	a	
71	1	Transport	20	T	a	
71	1	Wasser	5	T	r	Allg.
71	1	Wasser	5	T	a	
72	4	Abfall	16	G	a	
72	1	Abluft	Staub	N	a	
73	1	Abfall	18	G	a	
73	2	Abluft	6	G	a	
73	2	Material	1	G	a	
73	2	Wasser	5	T	a	
76	3	Abfall	18	G	q	
76	2	Abwasser	Menge	N	a	

Nr.	Dauer	Bereich	Parameter (1-24; Sonstige)	Ganz, zum Teil, nicht (g / t / n)	Absolut, relativ, quote (a / r / q)	Bezug
76	2	Wasser	5	T	a	
77	3	Abwasser	11	G	a	
77	3	Wasser	5	G	a	
78	2	Abfall	16	G	a	
78	4	Abwasser	11	G	a	
78	2	Abwasser	Divers	N	a	
78	4	Abwasser	Menge	N	a	
78	3	Energie	3	T	a	
78	4	Wasser	5	T	a	
79	2	Abluft	6	T	a	
79	3	Abluft	8	T	a	
79	4	Abluft	Divers	N	r	Allg.
79	2	Abluft	Divers	N	a	
79	1	Abluft	Divers	N	a	
79	1	Abluft	Staub	N	a	
79	1	Abwasser	11	G	a	
79	1	Abwasser	Divers	N	a	
79	2	Abwasser	Menge	N	a	
79	1	Energie	3	T	a	
79	2	Sonstige	Lärm	N	a	
79	3	Wasser	5	T	a	
79	1	Wasser	5	T	a	
79	1	Wasser	5	T	a	
79	2	Wasser	5	T	a	
80	1	Abluft	Staub	N	a	
80	1	Abwasser	Menge	N	a	
81	3	Energie	3	G	r	Allg.
81	2	Wasser	5	T	r	Allg.
82	3	Abfall	18	G	a	
82	2	Abwasser	11	T	a	
82	2	Abwasser	Divers	N	a	
82	2	Abwasser	Menge	N	a	
82	2	Wasser	5	T	a	
83	1	Abfall	16	G	a	
84	8	Sonstige	Divers	N	a	
85	1	Energie	3	T	a	
85	1	Wasser	5	T	a	
86	1	Abfall	18	G	r	Allg.
86	2	Abwasser	Menge	N	a	
87	3	Abfall	16	T	r	pro kg
87	3	Energie	3	T	r	pro kg
87	4	Sonstige	Divers	N	q	
88	2	Abfall	16	G	a	

Nr.	Dauer	Bereich	Parameter (1-24; Sonstige)	Ganz, zum Teil, nicht (g / t / n)	Absolut, relativ, quote (a / r / q)	Bezug
89	2	Abfall	16	G	a	
89	3	Abfall	18	G	q	
89	4	Wasser	5	G	a	
90	2	Abfall	18	T	r	Allg.
90	2	Energie	3	G	r	Sonst.
90	lfd.	Sonstige	Divers	N	r	Allg.
90	2	Wasser	5	G	a	
91	3	Abluft	6	G	a	
91	2	Abwasser	Menge	N	a	
91	2	Wasser	5	T	a	
92	2	Abfall	16	T	a	
92	2	Abfall	16	G	a	
92	2	Energie	3	T	a	
94	3	Abwasser	Menge	N	a	
94	3	Energie	3	T	r	Allg.
94	3	Material	Hilfsst.	N	r	Allg.
96	3	Abfall	16	G	a	
97	3	Abluft	6	G	a	
98	3	Abfall	18	G	a	
98	3	Energie	3	T	a	
98	3	Energie	3	T	a	
98	3	Wasser	5	T	a	
100	3	Material	1	G	r	Allg.
101	4	Abfall	16	T	r	Allg.
101	4	Abfall	18	G	a	
101	4	Energie	3	T	a	
105	2	Abluft	Divers	N	a	
105	4	Abluft	Divers	N	a	
105	3	Abwasser	11	G	a	
105	4	Transport	21	G	q	
108	3	Abfall	16	G	a	
109	2	Abfall	16	T	a	
109	1	Energie	3	T	a	
110	1	Energie	3	T	a	
110	1	Energie	3	T	a	
110	1	Sonstige	Grün	N	a	
110	1	Wasser	5	G	a	
111	lfd.	Energie	3	T	r	Sonst.
111	lfd.	Sonstige	Produkt	N	r	Sonst.
111	lfd.	Sonstige	Produkt	N	a	
111	2	Wasser	5	T	a	
112	4	Abluft	6	G	a	
112	4	Transport	21	T	q	

Nr.	Dauer	Bereich	Parameter (1-24; Sonstige)	Ganz, zum Teil, nicht (g / t / n)	Absolut, relativ, quote (a / r / q)	Bezug
113	2	Energie	3	T	a	
114	3	Abfall	18	G	a	
114	2	Abluft	6	G	a	
114	3	Abluft	Divers	N	a	
114	3	Abwasser	Divers	N	a	
115	2	Abfall	16	G	a	
115	2	Wasser	5	T	a	
116	3	Abluft	8	G	a	
116	3	Abluft	9	G	a	
116	3	Abluft	Staub	N	a	
116	3	Wasser	5	G	a	
117	3	Abfall	18	G	q	
118	3	Abfall	16	G	a	
118	3	Energie	3	G	r	Allg.
120	2	Abfall	18	T	q	
120	2	Abwasser	12	T	r	pro kg
121	3	Abfall	16	T	a	
121	4	Abfall	18	T	q	
121	4	Abluft	Divers	N	r	Konz.
121	4	Abluft	Staub	N	a	
121	3	Material	Hilfsst.	N	a	
121	2	Wasser	5	T	a	
122	2	Abfall	18	G	a	
122	lfd.	Abfall	18	G	a	
122	1	Abluft	Divers	N	a	
122	2	Abluft	Staub	N	a	
122	3	Abwasser	12	G	a	
122	4	Wasser	5	T	a	
123	4	Abluft	6	G	a	
123	lfd.	Sicherheit	22	G	r	Sonst.
124	2	Material	Hilfsst.	N	a	
124	1	Wasser	5	T	r	Sonst.
125	3	Abluft	6	G	a	
125	3	Energie	3	T	a	
125	3	Energie	3	G	a	
125	3	Energie	3	T	a	
125	1	Transport	Divers	N	a	
127	3	Wasser	5	T	a	
130	3	Abfall	18	T	a	
132	1	Abwasser	Menge	N	a	
132	4	Energie	3	G	a	
132	3	Wasser	5	G	a	
134	2	Abfall	18	T	a	
134	3	Abluft	Divers	N	r	Allg.
134	2	Abwasser	14	T	a	
134	3	Energie	3	T	a	
134	2	Material	1	G	a	
134	1	Material	Hilfsst.	N	a	
134	2	Material	Hilfsst.	N	a	
134	1	Wasser	5	T	a	
140	1	Material	Hilfsst.	N	a	
140	2	Transport	Divers	N	a	
141	2	Abfall	18	T	a	

Anhang 27: Bereiche und Arten von Umweltkennzahlen

Legende:
a = absolut
r = leistungsbezogen
q = quote

Nr.	Bezug	Material	Energie	Wasser	Abluft	Abwasser	Abfall	Abdeckung Pflichtbereiche	Transport	Sicherheit / Gesundheit	Anteil nur a/r	Sonstige
11	kg	a	a+r	a	-	-	a+r	4	-	-	2	
12	kg	a	a+r	a	-	-	a+r	4	-	-	2	
13	kg	a	a+r	a	a	-	a+r	5	-	-	2	
14		a+q	a	a	-	a	-	4	-	-	1	
15	MA (U), Konz.	-	a	a	a+r	a	a+r	5	a	r	2	Lärm, Schulungen
16		a	a	a	a	a	a	6	a	-	0	
17		q	a	a	a	a+q	a	6	-	-	1	Produkte, Kosten
18		a+q	a	a	a	a	a	6	-	-	1	Produkte, Lärm
19	kg	a+q	a/q/r	a/q/r	a	a	a/q/r	6	-	-	4	Produkte, Boden, Divers
20		a	a	a	a	a	a	6	-	-	0	
21		-	a	a	a	a	a	5	-	-	0	Fläche
22		-	a	a	a+r	a	a	5	-	-	1	Kosten
23	Konz.	a	a	a	a+r	a+q	a	6	a	-	2	Kosten, Lärm
24	kg	-	a+r	a+r	a	a	a	5	-	-	2	
25	Stück	a+r	a+r	a+r	a	a	a+r	6	-	-	4	
26	Konz.	a+q	a	a	a	a+r	a	6	a	-	2	Lärm
27	Konz.	-	a	a	a+r	a+q	a	5	-	-	2	Boden
28		a	a+r	a	a	a	a+q	6	-	-	2	
29	Stück	-	a+r	a+r	a+r	-	a	4	-	-	3	
30		a+r	a+r	a+r	-	a	-	4	-	-	3	
31	MA	a	a+r	a+r	a	a	a+q	6	-	-	3	Boden
32		a	a	a	-	a	a	5	-	-	0	
33		a	a	a	-	a	a	5	-	-	0	Boden
34		a+q	a	a+q	-	a	a	5	-	-	2	
35		a	a	a	a	a	a	6	-	-	0	
36		-	a	a+q	a	a	a+q	5	a+q	-	3	
37	kg	a+r	a+r	a+r	a+r	a+r	a+r	6	q	-	6	Boden
38		a	a	a	a	a+q	a	6	-	-	1	Boden
39	kg	a	-	a	a	a+r	a+r	5	-	a	2	Kosten, Personal,
40	kg	a	a+r	a+r	a	a+r	a+r	6	-	-	4	
41		a	a	a	a	a	a	6	-	-	0	
42		q	a	a	-	a	a	5	-	-	0	
43		a	a	a	-	-	a	4	-	-	0	
44		a	a	a	r	a	a	6	-	-	0	Lärm
45		a	a	a	a	a	a	6	-	-	0	
46	kg, MA (U)	-	a	a	a	a	a	5	-	r	0	Kosten
47		a	a	a	-	a	a	5	-	-	0	
48	MA (U)	a	a	a	a	a	a	6	-	r	0	
49		a	a	a	a	a	a	6	-	-	0	
50		a	a	a	-	a	a	5	-	-	0	
51		a	a	a	a	a	a	6	-	-	0	
52		a	a	a	a	a	a	6	-	-	0	
53		a	a	a	a	a	a	6	q	-	0	

Nr.	Bezug	Material	Energie	Wasser	Abluft	Abwasser	Abfall	Abdeckung Pflichtbereich	Transport	Sicherheit / Gesundheit	Anteil nur a/r	Legende: a = absolut r = leistungsbezogen q = quote Sonstige
55		a	a	a	a	a	a	6	-	-	0	
56		a	a	a	a	a	a	6	-	-	0	
57		a	a	a	a	a	a	6	-	-	0	
58		-	a	a	-	-	a	3	-	-	0	
59		a	a	a	a	a	a	6	-	-	0	
60		-	a	a	a	a	a	5	-	-	0	
61	kg	-	a	a	a+r	a	a	5	-	-	1	
62		a	a	a	a	-	a	5	-	-	0	
63		a	a	a	a	a	a	6	-	-	0	
64		a	a	a	a	a	a	6	-	-	0	
65		a	a	a	-	a	a	5	-	-	0	
66	MA (U)	a	a	a	a	a	a	6	-	r	0	
67	MA (U)	a	a	a	a	a	a	6	-	r	0	
68		a	a	a	a	a	a	6	-	-	0	
69		a	a	a	a	a	a	6	-	-	0	
70		a+r	a+r	a	a	a	a+r	6	-	-	3	
71		a+q	a+q	a	a+q	a	a+q	6	-	-	4	
72		a	a	a	a	a	a	6	-	-	0	
73	kg	r	a+r	-	r	a+r	a+r	5	-	-	3	
74	kg	a	a+r	a+r	a+r	a+r	a+r	6	q	-	5	
75		a	a+r	a+r	a+r	-	a+r	5	-	-	4	
76		a	a	a	a	a	a	6	-	-	0	
77	kg	a	a+r	a+r	a+r	a+r	a	6	a+q	a+r	6	Kosten
78	kg	a	q+r	a+q	a+r	a/r/q	a+q	6	-	a+r	6	Kosten, Diverse
79	kg	a	a+r	a+r	a+r	a/r/q	a	6	a+q	a	5	Kosten, Lärm
80		a	a	a	a	a	a	6	a+q	a+r	2	Kosten, Lärm
81	kg, Konz	-	r	a	a+r	a/r/q	a	5	-	-	2	
82	Konz., MA (U)	a	a	a+q	a+r	a+q	a	6	a+q	a+r	5	Kosten
83	kg	-	a+r	-	a	-	a	3	-	-	1	
84		a	a	a	a	a	a	6	-	-	0	
85	kg	a+r	a+r	a	-	-	a+r	4	-	-	3	
86		a	a	a	a	-	a+q	5	-	-	1	
87		a	a	a	a	a	a	6	-	-	0	
88	Konz	a+q	a	a	a+r	-	a	5	-	-	2	
89		a+q	a	a	a	a	a	6	-	a	1	
90	kg	a	a+r	a+r	a	a+r	a+r	6	-	-	4	
91		a	a	a	a	a	a+q	6	-	-	1	
92	DM, Konz	a+r	a	-	-	a	a	4	-	r	1	
93		a	a+r	a	-	-	-	3	a	-	1	Boden
94	kg	a+r	a	a	a	a	a+r	6	-	-	2	
95	kg	a	a+r	a+r	a	a	a+r	6	-	-	3	
96	Konz	a	a	a	a+r	a+r	a	6	-	-	2	
97	kg	a	a+r	a+r	a+r	-	a+r	5	-	r	4	
98	kg	a	a+r	a+r		a+r	a+r	6	-	-	4	Lärm

Legende:
a = absolut
r = leistungsbezogen
q = quote

Nr.	Bezug	Material	Energie	Wasser	Abluft	Abwasser	Abfall	Abdeckung Pflichtbereiche	Transport	Sicherheit / Gesundheit	Anteil nur a/r	Sonstige
99		a	a+r	a	a	a	a	6	-	-	1	Kosten
100		a	-	a	-	-	a	3	-	-	0	
101	Konzentration	-	a	a	a+r	-	a	4	-	-	1	
102		a	a	a+q	a	a	a	6	-	-	1	Boden
103	kg	a	a	a	a+r	a	a	6	-	-	1	Produkte
104	Konz., kg	a	a+r	a+r	a	a+r	a+r	6	-	-	4	
105	kg, MA (U)	a+r	r	r	r	r+q	a	6	a+q	r	2	Boden, Kosten, Diverse
106		a	a	a	-	a	a	5	q	-	0	Produkte, Boden
107		a	a	a	a	a	a	6	-	-	0	
108		-	a	a	-	-	a	3	-	-	0	
109		a	a	a	-	a	a	5	-	-	0	
110	kg	a	a+r	a	a	a	a	6	-	-	1	
111		a+q	a	a	a	a	a	6	-	-	1	Produkte
112	MA (U)	a	a	a	a	a	a	6	-	r	0	Kosten
113		-	a	-	a+q	a	a	4	-	-	1	Lärm
114	MA (U)	a	a+q	a+q	a	a	a	6	a+q	r	3	Kosten
115	Konz, MA (U)	a	a	a+r	a+q	a+r	a	6	-	-	3	
116	Konz, kg	a+q	a+r	a+r	a	a+r	a+r	6	a+q	-	6	
117	Stück	a	a+r	a+r	-	a+r	a+r	5	-	-	4	
118	Kg	a	a+r	a+r	a	a+r	a+r	6	-	-	4	Boden
119		a	a	a	a	a	a	6	-	-	0	
120	kg, MA (U)	a+r	a	a	a+r	a	a+q	6	a+q	r	4	Kosten, Produkte, Diverse
121		a	a+q	a	a	a	a+q	6	a+q	-	3	Kosten, Produkte, Diverse
122	MA (U)	a	a	a	a	a	a	6	a	r	0	Boden, Kosten
123		a	a	a	a	a	a	6	-	-	0	
124		a	a	a	-	-	a	4	-	-	0	Boden
125	MA (U), Konz, kg	a	a+r	a+r	a+r	a+r	a+r	6	a+q	r	6	Kosten
126	Stück	a+r	a+r	a+r	a+r	a	a+q	6	-	-	5	
127		a+q	a+q	a+q	-	-	a+q	4	-	-	4	Diverse
128	MA, Stück, Konz.	a	a+r	a	a	a+r	a+r	6	a	-	3	Diverse
129	MA, Stück, Konz.	a	a+r	a	a	a+r	a+r	6	a	-	3	Diverse
130		a	a	a	a	a	a	6	a	a	0	
131	Konz	a+q	a	a	a+r	a+r	a	6	-	-	3	Produkte, Boden, Diverse
132	Konz	a	a	a	r	r	a	6	-	-	0	
133		a	a	a	a	a	a	6	-	-	0	
134	kg, MA (U)	a	a+r	r	a+r	a+r	a	6	a+q	a+r	5	Kosten
135	kg	a	r	r	a+r	a+r	a+r	6	-	-	3	
136	kg	a	r	r	a+r	a+r	a+r	6	-	-	3	
137	kg	a	r	r	a+r	a+r	a+r	6	-	-	3	
138	kg	a	r	r	a+r	a+r	a+r	6	-	-	3	
139	kg	a+q	a+r	a+r	a	a	a+r	6	a+q	-	5	
140		a	a	a	a	a	a	6	-	-	0	
141		a	a	a	-	-	a	4	-	-	0	
142		a	a	a	-	a	a	5	-	-	0	Boden
143	MA (U)	a	a	a	-	a	a+q	5	-	a+r	2	Kosten

Anhang 28: Anwendung der 24 Untersuchungsparameter

Nr.	NACE	Größe	Produktion	1	2	3	4	5	6	7	8	9	10	11	12	13	14	15	16	17	18	19	20	21	22	23	24
11	24.4	G	k.A.	j	n	j	n	j	n	n	n	n	n	n	n	n	n	n	j	j	j	n	n	n	n	n	n
12	24.6	M	k.A.	j	n	j	n	j	n	n	n	n	n	n	n	n	n	n	j	j	j	n	n	n	n	n	n
13	24.1	G	k.A.	n	n	j	n	j	j	n	n	n	n	n	n	n	n	n	j	n	j	n	n	n	n	n	n
14	24.3	k.A.	k.A.	j	j	j	n	j	n	n	n	n	n	n	n	n	n	n	n	n	n	n	n	n	n	n	n
15	24.1	M	P	j	n	j	n	j	n	j	j	j	n	n	n	n	n	n	j	n	j	n	j	j	j	n	n
16	MIX	G	P	j	n	j	n	j	n	j	j	j	n	n	n	n	n	n	j	j	j	n	j	j	n	n	n
17	24.3	M	k.A.	t	n	j	n	j	j	n	n	j	n	n	n	n	n	n	t	t	t	n	n	n	n	n	n
18	24.3	M	P	j	n	j	n	j	n	n	j	n	n	n	n	n	n	n	j	j	j	n	n	n	n	n	n
19	24.3	K	P	j	j	j	n	j	j	j	j	j	n	n	n	n	n	n	j	n	j	n	n	n	n	n	n
20	24.1	M	P	t	n	t	n	j	t	j	j	j	n	n	n	n	n	n	t	t	t	n	n	n	n	n	n
21	24.4	G	k.A.	n	n	j	n	j	n	n	j	j	n	n	n	n	n	n	j	j	j	n	n	n	n	n	n
22	24.1	G	P	n	n	j	n	j	j	j	j	j	j	j	j	j	j	j	j	n	j	n	n	n	n	n	n
23	MIX	G	P	t	n	j	n	j	j	j	j	j	n	j	j	j	j	j	j	n	j	n	j	j	n	n	n
24	24.6	K	P	n	n	j	n	j	n	n	t	n	n	n	n	n	n	n	t	n	n	n	n	n	n	n	n
25	24.1	M	I	j	n	t	n	n	n	n	j	j	n	n	n	n	n	n	j	j	j	n	n	n	n	n	n
26	24.4	G	k.A.	t	n	j	n	j	j	j	j	j	n	j	n	n	n	j	j	n	j	n	n	n	n	n	n
27	24.4	G	I	n	n	j	n	j	j	j	j	j	n	j	j	j	n	n	j	j	j	n	n	n	n	n	n
28	24.3	M	P	t	n	j	n	j	n	n	n	j	n	n	n	n	n	n	j	n	n	n	n	n	n	n	n
29	24.6	K	k.A.	j	n	j	n	j	n	n	n	n	n	n	n	n	n	n	t	n	n	n	n	n	n	n	n
30	24.3	k.A.	k.A.	n	n	t	n	t	n	n	n	n	n	n	n	n	n	n	t	n	t	n	n	n	n	n	n
31	24.4	M	P	t	n	j	n	j	j	j	j	j	n	j	n	n	n	n	j	j	j	n	n	n	n	n	n
32	24.6	M	P	j	n	j	n	j	n	n	n	n	n	n	n	n	n	n	t	t	t	n	n	n	n	n	n
33	24.5	K	P	t	n	j	n	j	n	n	n	n	n	n	n	n	n	n	j	j	j	n	n	n	n	n	n
34	24.5	K	k.A.	j	n	j	n	j	n	n	n	n	n	n	n	n	n	n	t	n	n	n	n	n	n	n	n
35	24.1	M	P	j	n	j	n	j	j	n	n	n	n	j	n	n	t	j	j	j	j	n	n	n	n	n	n
36	24.1	G	P	t	n	t	n	j	j	j	j	j	n	j	n	n	n	j	j	n	n	n	j	j	n	n	n
37	24.1	G	P	t	n	j	n	j	n	t	t	j	n	n	n	n	n	n	j	t	j	n	n	n	n	n	n
38	24.6	M	P	t	n	j	n	j	j	j	j	j	n	j	n	n	n	n	j	j	j	n	n	n	n	n	n
39	24.6	G	P	j	n	j	n	j	j	j	j	j	n	j	j	j	n	j	j	j	j	n	n	j	j	n	n
40	24.4	G	I	t	n	j	n	j	j	j	j	j	n	j	n	n	n	j	j	t	j	n	n	n	n	n	n

Nr.	NACE	Größe	Produktion	1	2	3	4	5	6	7	8	9	10	11	12	13	14	15	16	17	18	19	20	21	22	23	24
41	24.1	G	P	j	n	j	n	j	j	n	n	n	n	j	j	j	n	n	j	j	j	n	n	n	n	n	n
42	24.6	K	I	n	n	t	n	t	n	n	n	n	n	n	n	n	n	n	j	n	j	n	n	n	n	n	n
43	24.3	K	P	t	n	j	n	j	n	n	n	n	n	n	n	n	n	n	t	n	n	n	n	n	n	n	n
44	24.1	M	P	n	n	t	n	j	n	n	n	n	n	n	n	n	n	n	j	n	n	n	n	n	n	n	n
45	24.3	M	P	j	j	j	j	j	j	j	j	j	n	n	n	n	n	n	j	n	j	n	n	n	n	n	n
46	24.1	G	P	n	n	j	n	j	j	j	j	j	n	j	n	n	n	j	j	j	n	n	j	n	j	n	n
47	24.5	M	P	n	n	j	n	j	n	n	n	n	n	n	n	n	n	n	t	n	n	n	n	n	n	n	n
48	24.1	G	P	t	n	t	n	j	j	j	j	j	j	j	j	j	n	j	j	j	j	n	n	n	j	n	n
49	24.4	M	P	t	n	j	n	j	n	j	j	t	t	n	n	n	n	n	j	n	j	n	n	n	n	n	n
50	24.1	K	P	t	n	j	n	j	n	n	n	n	n	n	n	n	n	n	t	n	t	n	n	n	n	n	n
51	24.4	M	P	t	n	j	n	j	j	j	j	j	n	n	n	n	n	n	t	t	t	n	n	n	n	n	n
52	24.4	M	P	t	n	j	n	j	j	j	j	j	n	n	n	n	n	n	t	t	t	n	n	n	n	n	n
53	24.6	M	n.V.	t	n	j	n	j	n	j	j	j	n	j	j	n	n	n	j	n	j	n	n	n	n	n	n
54	MIX	M	P	j	n	j	n	j	j	j	j	j	n	j	j	n	j	n	j	n	j	n	n	n	n	n	n
55	24.1	M	k.A.	t	n	j	n	j	j	t	j	j	j	j	n	n	n	n	j	n	j	n	n	n	n	n	n
56	24.3	M	P	j	n	j	n	j	j	j	j	j	n	n	n	n	n	n	j	j	j	n	n	n	n	n	n
57	24.1	M	P	t	n	t	n	j	j	n	n	n	n	n	n	n	n	n	t	n	t	n	n	n	n	n	n
58	24.1	k.A.	P	n	n	j	n	j	n	n	n	n	n	n	n	n	n	n	t	t	t	n	n	n	n	n	n
59	24.5	M	I	j	j	j	n	j	n	n	j	j	n	n	n	n	n	n	j	n	n	n	n	n	n	n	n
60	24.4	G	k.A.	n	n	j	n	j	j	n	j	n	n	n	n	n	n	n	j	j	j	n	n	n	n	n	n
61	24.1	M	I	n	n	j	n	j	j	n	j	j	n	n	n	n	n	n	j	j	j	n	n	n	n	n	n
62	24.4	M	P	t	n	t	n	j	n	n	n	n	n	n	n	n	n	n	t	n	t	n	n	n	n	n	n
63	24.3	K	P	j	n	j	n	j	n	n	n	n	n	n	n	n	n	n	j	t	n	n	n	n	n	n	n
64	24.3	M	P	j	n	j	n	j	j	t	t	j	n	t	n	n	t	t	j	t	n	n	n	n	n	n	n
65	MIX	M	P	j	j	j	n	j	n	n	n	n	n	n	n	n	n	n	j	n	n	n	n	n	n	n	n
66	MIX	G	P	t	n	t	n	j	j	j	j	j	n	j	n	n	j	j	j	j	j	n	n	n	j	n	n
67	MIX	G	P	j	n	j	n	j	j	n	n	n	n	n	n	n	n	n	j	j	j	n	n	n	j	n	n
68	*24.3*	G	*P*	j	n	j	n	j	j	j	j	j	n	j	n	n	n	n	j	j	j	n	n	n	n	n	n
69	24.3	G	P	j	n	j	n	j	j	n	n	n	n	n	n	n	n	n	j	n	j	n	n	n	n	n	n
70	24.3	M	P	j	n	j	n	j	n	n	n	n	n	n	n	n	n	n	t	n	t	n	n	n	n	n	n
71	24.4	G	P	j	n	j	n	j	j	j	j	j	t	j	j	j	j	j	j	n	j	n	j	j	n	n	n
72	24.2	M	P	j	n	j	n	j	j	n	n	n	n	j	n	n	t	j	j	j	j	n	n	n	n	n	n

Nr.	NACE	Größe	Produktion	1	2	3	4	5	6	7	8	9	10	11	12	13	14	15	16	17	18	19	20	21	22	23	24
73	24.7	G	P	j	n	j	n	n	j	n	n	j	j	n	n	n	n	n	j	n	n	n	n	n	n	n	n
74	24.7	M	P	n	n	j	n	j	j	j	j	j	n	j	n	n	n	n	j	n	n	n	n	n	n	n	n
75	24.5	M	P	j	n	j	n	j	j	n	j	n	n	n	n	n	n	n	j	t	t	n	n	n	n	n	n
76	MIX	G	P	t	n	j	n	j	n	j	j	j	n	j	n	n	t	j	j	t	j	n	n	n	n	n	n
77	24.1	G	P	t	n	j	n	j	j	j	j	n	n	j	n	n	n	n	j	j	j	n	n	n	j	n	n
78	24.1	G	P	t	n	t	n	j	j	j	j	j	n	j	j	n	t	j	j	j	j	n	t	j	j	n	n
79	24.1	G	P	t	n	j	n	j	j	j	j	j	n	j	j	j	j	j	j	j	j	n	j	j	j	n	n
80	MIX	G	k.A	t	n	t	j	j	j	n	j	j	n	j	j	j	t	j	j	j	j	n	n	n	j	n	n
81	24.7	M	P	n	n	t	n	j	j	n	j	j	n	j	n	n	n	n	j	j	j	n	n	n	n	n	n
82	24.1	M	P	n	n	j	n	j	j	j	j	j	n	j	j	j	n	n	j	j	j	n	n	n	j	n	n
83	24.1	M	P	n	n	j	n	j	n	n	n	t	n	n	n	n	n	n	j	j	j	n	n	n	n	n	n
84	24.6	M	I	j	n	j	n	j	n	j	j	j	n	n	n	n	n	n	t	n	n	n	n	n	n	n	n
85	MIX	K	P	j	j	j	n	j	n	n	n	n	n	n	n	n	n	n	j	n	n	n	n	n	n	n	n
86	24.3	M	k	t	n	j	n	j	n	n	n	n	n	n	n	n	n	n	j	n	j	n	n	n	n	n	n
87	24.1	K	P	j	n	j	n	j	n	n	n	n	n	n	n	n	n	n	j	n	j	n	n	n	n	n	n
88	24.3	M	P	j	n	j	n	j	n	n	n	n	n	n	n	n	n	n	j	j	n	n	n	n	n	n	n
89	24.6	M	P	t	n	j	n	j	n	n	j	j	n	j	n	n	n	n	j	j	j	n	n	n	j	n	n
90	24.4	K	P	j	n	j	n	j	j	n	n	n	n	n	n	n	n	n	j	n	j	n	n	n	n	n	n
91	24.4	M	k.A.	n	n	j	n	j	n	n	j	j	n	n	n	n	n	n	j	n	j	n	n	n	n	n	n
92	24.6	K	k.A.	n	n	t	n	j	n	n	n	n	n	n	n	n	n	n	t	n	t	n	n	n	n	n	n
93	24.1	K	k.A.	n	n	j	n	j	n	n	n	j	n	n	n	n	n	n	n	n	n	n	n	n	n	n	n
94	24.3	M	P	j	n	j	n	j	j	j	j	j	n	n	n	n	n	n	j	n	j	n	n	n	n	n	n
95	24.4	G	P	t	n	j	n	j	n	j	j	j	n	j	n	n	n	j	j	t	t	n	n	n	n	n	n
96	24.1	M	k.A.	t	n	j	n	j	n	n	n	n	n	t	n	n	n	t	j	j	j	n	n	n	n	n	n
97	24.3	G	P	j	n	j	n	j	j	n	n	n	n	n	n	n	n	n	j	n	n	n	n	n	j	n	n
98	24.5	M	P	j	n	j	n	j	n	n	n	n	n	n	n	n	n	n	j	n	j	n	n	n	n	n	n
99	24.4	G	P	n	n	j	n	j	j	j	n	j	n	n	n	n	n	n	j	j	j	n	n	n	n	n	n
100	24.4	M	P	n	n	n	n	j	n	n	n	n	n	n	n	n	n	n	t	n	n	n	n	n	n	n	n
101	24.4	K	k.A.	n	n	j	n	j	n	n	n	n	n	n	n	n	n	n	j	n	j	n	n	n	n	n	n
102	24.1	K	P	t	n	j	n	j	n	j	j	j	n	n	n	n	n	n	t	n	n	n	n	n	n	n	n
103	24.3	M	P	j	n	j	n	j	j	n	n	n	n	n	n	n	n	n	j	j	j	n	n	n	n	n	n
104	24.1	M	P	j	n	j	n	j	j	j	j	j	n	n	n	n	n	n	t	n	t	n	n	n	n	n	n

Nr.	NACE	Größe	Produktion	1	2	3	4	5	6	7	8	9	10	11	12	13	14	15	16	17	18	19	20	21	22	23	24
105	24.1	M	k.A.	t	n	j	n	j	j	n	n	n	n	j	n	n	n	n	j	n	j	n	j	j	j	n	n
106	24.3	K	P	t	n	j	n	j	n	n	n	n	n	n	n	n	n	n	j	j	j	n	n	n	n	n	n
107	24.1	K	P	j	n	j	n	j	n	n	n	n	n	n	n	n	n	n	t	n	t	n	n	n	n	n	n
108	24.2	K	P	n	n	j	n	j	n	n	n	n	n	n	n	n	n	n	j	n	t	n	n	n	n	n	n
109	24.4	M	P	t	n	j	n	j	n	n	n	n	n	n	n	n	n	n	j	n	n	n	n	n	n	n	n
110	24.3	K	P	j	n	j	n	j	n	n	n	n	n	n	n	n	n	n	t	n	n	n	n	n	n	n	n
111	24.3	G	P	j	n	j	n	j	n	n	n	n	n	n	n	n	n	n	j	j	t	n	n	n	n	n	n
112	24.1	G	P	j	n	j	n	j	j	j	j	j	n	j	n	n	n	n	j	n	j	n	n	n	j	n	n
113	24.4	K	P	n	n	j	n	j	t	n	n	n	n	n	n	n	n	n	n	n	n	n	n	n	n	n	n
114	24.1	G	k.A.	t	n	t	n	t	j	j	j	n	n	j	j	t	j	n	j	n	j	n	j	j	j	n	n
115	24.6	M	P	n	n	j	n	j	t	j	j	j	n	j	n	n	t	t	t	j	n	n	n	n	n	n	n
116	24.4	M	k.A	j	j	j	j	j	n	j	j	j	n	t	t	t	n	n	j	n	t	n	n	n	n	n	n
117	24.4	M	P	j	n	t	n	j	n	n	n	n	n	n	n	n	n	n	j	j	j	n	n	n	n	n	n
118	24.4	G	P	t	n	j	n	j	j	j	t	n	n	n	n	n	n	n	j	n	j	n	n	n	n	n	n
119	24.5	K	P	j	n	j	n	j	n	n	j	j	n	n	n	n	n	n	j	j	n	n	n	n	n	n	n
120	24.1	M	P	j	n	j	n	j	n	n	n	j	n	j	j	n	n	j	j	j	j	n	j	j	j	n	n
121	MIX	G	P	j	n	j	j	j	n	n	j	j	n	t	j	t	t	t	j	t	j	n	j	j	j	n	n
122	24.1	G	P	t	n	j	n	j	n	n	j	n	n	j	n	n	n	n	j	t	j	n	n	n	j	n	n
123	24.3	M	P	j	n	j	n	j	j	n	n	n	n	n	n	j	n	n	j	j	j	n	n	n	n	n	n
124	24.4	K	P	t	n	t	n	j	n	n	n	n	n	n	n	n	n	n	j	n	j	n	n	n	n	n	n
125	24.6	G	P	n	n	j	n	j	j	j	j	j	n	j	t	t	n	j	j	n	j	n	j	j	j	n	n
126	24.4	M	k.A.	j	n	j	n	j	n	j	j	j	n	t	t	t	n	n	j	n	n	n	n	n	n	n	n
127	24.5	K	P	j	j	j	n	j	n	n	n	n	n	n	n	n	n	t	j	n	n	n	n	n	n	n	n
128	24.6	G	P	j	n	j	n	j	j	j	j	j	n	j	t	n	j	j	j	t	j	n	j	n	n	n	n
129	24.6	M	P	j	n	j	n	j	n	j	j	j	n	n	n	n	n	n	j	j	j	n	j	n	n	n	n
130	24.1	M	P	t	n	j	n	j	j	n	n	j	n	j	n	n	n	j	j	j	j	n	n	n	j	n	n
131	24.1	K	P	j	n	j	n	j	j	j	j	j	n	t	n	n	t	t	t	n	n	n	n	n	n	n	n
132	24.1	M	k.A.	t	n	j	n	j	n	n	n	n	n	j	n	j	j	n	j	n	j	n	n	n	n	n	n
133	24.3	K	P	t	n	j	n	j	j	j	j	j	n	n	n	n	n	n	t	n	j	n	n	n	n	n	n
134	24.1	G	P	j	n	j	n	j	j	j	j	j	n	j	n	n	j	j	j	j	j	n	j	j	j	n	n
135	24.1	M	P	t	n	t	n	j	j	n	n	n	n	j	n	n	n	n	j	n	n	n	n	n	n	n	n
136	24.1	M	P	t	n	t	n	j	j	n	n	n	n	j	n	n	n	n	j	n	n	n	n	n	n	n	n

Nr.	NACE	Größe	Produktion	1	2	3	4	5	6	7	8	9	10	11	12	13	14	15	16	17	18	19	20	21	22	23	24
137	24.1	M	P	t	n	t	n	j	j	n	n	n	n	j	n	n	n	n	j	n	j	n	n	n	n	n	n
138	24.1	M	P	t	n	t	n	j	j	n	n	n	n	j	n	n	n	n	j	n	j	n	n	n	n	n	n
139	MIX	M	P	j	j	j	n	j	n	j	j	j	n	n	n	n	n	n	j	j	j	n	j	j	n	n	n
140	24.1	M	k.A.	t	n	j	n	j	n	j	j	j	n	n	n	n	n	n	j	n	j	n	j	n	n	n	n
141	24.6	M	P	j	n	j	n	t	n	n	n	n	n	n	n	n	n	n	j	n	n	n	n	n	n	n	n
142	24.2	M	P	j	n	j	n	j	n	n	n	n	n	n	n	n	n	n	t	t	t	n	n	n	n	n	n
143	24.5	M	P	j		j	n	j	n	n	n	n	n	n	n	n	n	n	j	j	j	n	n	n	j	n	n

Auswertung nach Unternehmensgröße (Mitarbeiter)

Parameter	1	2	3	4	5	6	7	8	9	10	11	12	13	14	15	16	17	18	19	20	21	22	23	24
0-50 (K)	46%	12%	88%	0%	96%	15%	15%	19%	23%	0%	0%	0%	0%	0%	0%	50%	12%	35%	0%	0%	0%	0%	0%	0%
51-500 (M)	48%	8%	82%	2%	97%	43%	34%	48%	51%	2%	31%	6%	5%	3%	6%	77%	35%	57%	0%	9%	6%	11%	0%	0%
>501 (G)	38%	0%	85%	2%	95%	77%	64%	72%	69%	8%	64%	31%	23%	21%	46%	100%	49%	85%	0%	28%	28%	41%	0%	0%

Auswertung nach Unterbranche (NACE-Code)

Parameter	1	2	3	4	5	6	7	8	9	10	11	12	13	14	15	16	17	18	19	20	21	22	23	24
NACE 24.1	26%	0%	71%	0%	95%	60%	40%	50%	52%	7%	55%	19%	14%	12%	24%	79%	36%	67%	0%	21%	19%	33%	0%	0%
NACE 24.3	71%	13%	96%	4%	96%	50%	25%	29%	38%	0%	4%	0%	4%	0%	0%	71%	33%	50%	0%	0%	0%	4%	0%	0%
NACE 24.4	24%	4%	84%	4%	100%	44%	52%	56%	52%	0%	24%	8%	8%	4%	16%	80%	28%	64%	0%	4%	4%	0%	0%	0%

Anhang 29: Grundlagen der Auswertung zur Sicherung der Datenqualität

Produktionsmenge

Die Ermittlung von Veränderungen der Produktionsmenge sind die Grundlage für die Bildung relativer, leistungsbezogener Kennzahlen. Als Basis dafür wurden 50 Standorte ermittelt, für die Jahresvergleiche der betrieblichen Leistungserstellung möglich waren. Davon waren bei 40 Standorten vergleichbare Produktionsdaten in Massenströmen (kg, t) verfügbar. Da die Zahlen die betriebliche Leistungserstellung auf Standortebene widerspiegeln sollen, wurden in drei Fällen die Verpackungsmengen (129, 131, 71) und in einem Fall fremdbezogene Handelswaren (104) aus den Produktionszahlen herausgerechnet.

In den verbleibenden Fällen war die Entwicklung der Produktionsmenge rechnerisch ermittelbar bzw. in anderen Einheiten angegeben . So konnte bei vier Standorten (55, 75, 81, 134) die produzierte Menge aus parallel veröffentlichten absoluten und relativen Leistungsdaten errechnet werden. In weiteren vier Fällen wurden die Produktionsmengen nicht in Masseneinheiten, sondern in Stück (84), in Kubikmeter (62, 117) oder als Produktionsumsatz in DM (27) angegeben. Zwei Umwelterklärungen enthielten verbale Beschreibungen (z.B. "Produktionsanstieg im Vergleich zum Vorjahr um x %") der Produktionsentwicklung (40, 42).

Energieverbrauch

Zum Energieverbrauch waren Vergleichsdaten von 40 Standorten auswertbar. Voraussetzung dafür war, dass entweder der Gesamtenergieverbrauch als solcher gekennzeichnet war oder die einzelnen eingesetzten Energieträger (Brennstoffe, Strom) aufsummiert werden konnten. In elf Fällen waren zwar vollständige Angaben über alle Energieträger enthalten, jedoch aufgrund unterschiedlicher Einheiten nicht aggregierbar (32, 54, 57, 66, 68, 69, 76, 85, 88, 131, 143). Um die Gesamtentwicklung dennoch über die Jahre vergleichen zu können, wurden nach BMU / UBA (vgl. 1997, S. 22) anerkannte Umrechnungsfaktoren herangezogen:

Energieträger	Volumen	Masse	Umrechnungsfaktoren	Volumen	Masse
Erdgas	10,0 kWh/m³	12,7 kWh/kg	Heizöl schwer	10,3 kWh/l	11,2 kWh/kg
Heizöl leicht	9,9 kWh/l	11,7 kWh/kg	Steinkohle	-	8,1 kWh/kg

Nicht einbezogen in die Betrachtung wurden interne Energieumwandlungen wie die Druckluft- oder Dampferzeugung (57), es sei denn diese wurden fremdbezogen. Herausgerechnet wurde externe Energieabgaben (z.B. Stromeinspeisung ins Netz,

66), der Verbrauch von Treibstoffen für Kraftfahrzeuge (27, 45, 54, 58, 73, 128, 131, 143) sowie die Verwertung von Produktionsrückständen (z.B. Altlösemittel 27). In insgesamt zehn Fällen war der Gesamtenergieverbrauch über die Jahre nicht vergleichbar, da u.a.

- nur indexierte Werte für einzelne Energieträger vorlagen, jedoch keine Summenbildung möglich war (42, 78, 81)
- die Erfassungsgrenzen geändert wurden (121)
- keine exakten Daten vorlagen wegen Mischbetriebs einer Anlage mit verschiedenen Energieträgern (124)
- die standardisierte Umrechnung unterschiedlicher Energieträger in vergleichbare Einheiten nicht möglich war, beispielsweise bei der Angabe des Dampfverbrauchs in t bzw. des (extern bezogenen) Drucklufteinsatzes in m^3 (117, 57, 44)
- Nur über drei Jahre gemittelte Angaben zum Gesamtenergieverbrauch vorlagen (62).

Wasserverbrauch

Von den 50 untersuchten Umwelterklärungen waren nur in einem Fall keine Vergleichsdaten zum Wasserverbrauch enthalten (73). In einem Fall wurden die enthaltenen Daten herausgenommen, da der Zeitreihenvergleich durch den vorübergehenden Betrieb einer bereits stillgelegten Anlage verzerrt worden wäre (74). In je einem weiteren Fall wurden die Zahlen in Folge-Umwelterklärungen nicht fortgeschrieben bzw. waren diese nicht vergleichbar, da sie keine Gesamtangaben zum Wasserverbrauch sondern nur indexierte Vergleichszahlen zu einzelnen Teilströmen enthielten (52). Für die verbleibenden 56 Standorte konnten für die Auswertung vergleichbare absolute und relative Verbrauchszahlen ermittelt werden.

Abfallaufkommen

Zu den Veränderungen des absoluten und relativen Abfallaufkommens konnten für 39 Standorte valide Daten zur Auswertung herangezogen werden. Für die verbleibenden 11 Standorte waren die zugrunde gelegten Daten nicht vergleichbar. Die Ursache hierfür lag:

- in drei Fällen bei im Jahresvergleich geänderten Erhebungsverfahren, beispielsweise der Änderung des zugrunde gelegten Abfallbegriffs oder der Systemgrenzen (68, 69, 78)
- in acht Fällen konnte keine Gesamtabfallmenge ermittelt werden, da Angaben in unterschiedlichen, nicht umrechenbaren Einheiten vorlagen, beispielsweise in cbm, Stück oder kg (32, 57, 58, 62, 84,104,106, 131)

In vier Fällen wurden Anpassungen an der Datenbasis vorgenommen, um einmalige Effekte (z.B. Bauschutt aus größeren Umbauten oder Metallschrott einer Anlagenstillegung) und nicht periodengerechte Zuordnungen von Abfallströmen (z.B. Abbau von in der Vergangenheit gefüllten Deponien) zu bereinigen (22, 23, 77, 121).

Verwertungsquote

Die Verwertungsquote der Gesamtabfallmenge wurde entweder direkt aus den Umwelterklärungen übernommen oder aus dem Verhältnis von Abfall zur Verwertung zur Gesamtabfallmenge errechnet. Sie konnte für 30 der 50 untersuchten Standorte ermittelt werden. Für die verbleibenden 20 Standorte waren in:

- 11 Fällen keine Daten über das Gesamtabfallaufkommen oder den Entsorgungsweg vorhanden (44, 64, 74, 75, 84, 85, 88, 95, 106, 131, 143)
- 1 Fall die Daten nicht beschriftet (112)
- 8 Fällen die Daten wegen unterschiedlicher Erfassungseinheiten nicht vergleichbar (32, 57, 58, 62, 68, 69, 78, 104)

CSB-Emissionen

Zu den CSB-Emissionen konnten absolute und relative Vergleichswerte von 15 der 50 untersuchten Standorte ermittelt werden. Dabei wurde nicht unterschieden, ob es sich um Indirekt- oder Direkteinleiter handelte. In insgesamt 35 Fällen konnten keine validen Daten zum Vergleich der Umweltleistung ermittelt werden. Davon waren in

- 22 Fällen keine Daten zu den CSB-Emissionen angegeben (32, 37, 42, 44, 57, 58, 62, 66, 67, 69, 73, 75, 84, 85, 88, 90, 104, 106, 117, 118, 124, 139)
- 3 Fällen die CSB-Emissionen als "nicht relevant" bzw. "nicht repräsentativ" deklariert (45, 129, 143)
- 3 Fällen die Daten in Folgeumwelterklärungen nicht fortgeschrieben (40, 64, 68)
- 7 Fällen die Daten nicht valide vergleichbar, auf Grund
  - der Angabe als organisch gelöster Kohlenstoff anstelle der CSB-Fracht (134)
  - der Angabe als Schadstoffkonzentration anstelle der Jahresfracht (131)
  - der vorübergehenden Inbetriebnahme einer stillgelegten Anlage (74)
  - fehlender Beschriftung der Diagramme (38)
  - der Berechnung der CSB-Emissionen als Maximalwert aus dem Abwasservolumen und dem CSB-Grenzwert (121)
  - der Einleitung der kommunalen Abwässer von zwei anliegenden Gemeinden in die betriebliche Abwasserreinigungsanlage (22)

VOC-Emissionen

Für die Ermittlung von absoluten und relativen Entwicklungstrends konnten Vergleichsdaten zu den VOC-Emissionen von insgesamt 25 Standorten ausgewertet werden. Darin einbezogen waren alle Angaben zu Lösemittelemissionen sowie als Gesamtkohlenstoff dargestellte Abluftbelastungen mit organischen Schadstofffrachten.

- In 22 Fällen waren keine Daten zur Entwicklung der Luftbelastung mit leichtflüchtigen Kohlenwasserstoffen angegeben (32, 37, 42, 44, 58, 62, 75, 84, 85, 88, 89, 90, 95, 106, 117, 120, 121, 124, 139, 143)
- In 2 Fällen waren die Daten nicht vergleichbar. Der Grund lag in beiden Fällen bei nicht vollständig erfassten VOC-Quellen (z.B. nur Verdampfungsemissionen aus Lagern) und sich über die Zeit ändernden Systemgrenzen (125, 131).
- An einem Standort wurden die Kennzahlen in der Folge-Umwelterklärung nicht fortgeschrieben (112).

SO_2-Emissionen

Absolute und relative Vergleichsdaten waren für 21 der 50 untersuchten Standorte ermittelbar. In den verbleibenden Fällen war(en) für:

- 24 Standorte keine Daten enthalten (32, 40, 42, 44, 57, 58, 62, 67, 69, 73, 75, 81, 85, 88, 89, 90, 106, 117, 120, 121, 124, 125, 143)
- 3 Standorte die Daten nicht über die Zeit vergleichbar (37, 64, 131), z.B. wegen geänderter Erhebungsmethoden oder nicht vollständig erfassten Quellen
- 1 Standort die Vergleichsbasis nicht sinnvoll, da dort bereits ein Nullemissionsniveau erreicht wurde (79) und daher keine prozentualen Veränderungsquoten ermittelbar sind
- 1 Standort die Daten nicht fortgeschrieben in den Folge-Umwelterklärungen (68)
- 1 Standort die Daten aufgrund fehlender Beschriftungen nicht auswertbar (112)

NOx-Emissionen

Bei der Ermittlung der NOx-Emissionen waren Vergleichsdaten von 26 der 24 Standorte auswertbar. In 19 Fällen (32, 42, 44, 57, 58, 62, 67, 69, 73, 85, 88, 90, 106, 117, 120, 121, 124, 131, 143) waren keine Daten zu den NOx-Emissionen enthalten bzw. umfassten nicht alle Emissionsquelle am Standort (z.B. nur einzelne Angabe von Prozess- oder Feuerungsemissionen). In insgesamt sieben Fällen waren die Emissionen nicht vergleichbar. Die Gründe hierfür lagen in

- der Veröffentlichung als Summenparameter zusammen mit Kohlenmonoxid-emissionen (118)
- der fehlenden Beschriftung von Diagrammen (112)
- der fehlenden Fortschreibung in Folge-Umwelterklärungen (40, 64, 68, 75)
- nicht vergleichbaren Systemgrenzen bei der Datenerhebung (37)

CO_2-Emissionen

Bei den CO_2-Emissionen waren valide Vergleichsdaten von 27 Standorten ermittelbar. Davon wurde für einen Standort die zugehörigen CO_2-Emissionen aus der Stromabgabe herausgerechnet (22). Bei insgesamt 19 Standorten waren keine oder nur unvollständige Emissionsdaten in den Umwelterklärungen enthalten (32, 42, 44, 57, 58, 68, 69, 75, 77, 85, 88, 90, 106, 117, 118, 124, 143). In zwei Fällen (52, 112) waren die Daten nicht vergleichbar wegen geänderter Systemgrenzen. In drei Fällen wurden die CO_2-Daten nicht in Folge-Umwelterklärungen fortgeschrieben (68, 81, 134).

Arbeitssicherheit

Über die Jahre vergleichbare Daten zu den Arbeitsunfällen waren in insgesamt zehn der 50 untersuchten Umwelterklärungen enthalten. Für alle anderen Standorte waren keine Daten zu den Arbeitsunfällen auswertbar. Da sich die relativen Arbeitssicherheitszahlen nicht auf die betriebliche Leistungserstellung, sondern auf die Anzahl der am Standort tätigen Mitarbeiter bzw. die gearbeiteten Arbeitsstunden beziehen, konnten von fünf weiteren Standorten die Arbeitsunfallzahlen mit in die Analyse integriert werden. Diese waren bei den anderen Parametern von der Untersuchung ausgenommen, da die Produktionsmenge als Basis für die Bildung (produktions-) leistungsbezogener Kennzahlen nicht in den Umwelterklärungen enthalten waren (46, 48, 80, 82, 114).

No.	NACE	Basis	Jahre	Größe	Output	Energie		Wasser		Abfall		Verw.	CSB		VOC		SO_2		NOx		CO_2		Unfall
						abs.	rel.	abs.	rel.	abs.	rel.	quo.	abs.	rel.	abs.	rel.	abs.	rel.	abs.	rel.	abs.	rel.	quo.
22	24.1	95	2	G	10,7	0,8	-12,3	-1,6	-14,4	0,3	-12,7	7,9			-5	-17,6	-65	-69	-19	-30	11	-3,3	
23	MIX	94	3	G	10,7	1,3	-8,6	-2,5	-12,0	-1,9	-11,4	-4,6	-3,3	-12,7	-4,9	-14,1	-1,6	-11,1	-0,7	-10,3	2,6	-7,3	
27	24.4	96	1	G	3,1	5,0	2,9	4,4	1,30	25,3	22,2	6,3	7,4	4,2	-10,2	-13,3	7,5	4,4	4,4	1,3	-0,6	-6,7	
31	24.4	96	1	M	62,9	9,4	-32,8	133,1	43,1	22,7	-24,7	-5,8	-18,3	-49,9	0,3	-38,4	27,9	-21,5	47,9	-9,2	26,3	-22,5	
32	24.6	95	2	M	14,6	12,0	-2,2	13,2	-1,2														
37	24.1	95	1	G	-1,0	-0,94	0,1	-1,43	-0,4	-11,5	-10,7	2,0											
38	24.6	96	1	M	50,8	13,4	-24,8	39,6	-7,5	-7,9	-38,9	-19,2			-46,0	-64,2	25,6	-16,7	12,4	-25,4	12,4	-25,5	
39	24.6	94	3	G	-5,8	-3,1	3,0	-4,9	1,0	-15,9	-10,7	-1,8	-21,5	-16,7	-12,6	-7,2	0,0	6,2	-5,0	0,9	-6,1	-0,3	-8,4
40	24.4	95	2	G	3,0	0,0	-2,9	-2,9	-5,7	-5,7	-8,5	6,7									-8,0	-11,0	
42	24.6	94	3	K	2,6					-46,0	-48,6	-2,1											
44	24.1	95	1	M	-18,5			-96,5	-95,7	-69,0	-61,9	3,3											
45	24.3	94	3	M	-0,4	3,4	3,8	-0,6	-0,1	7,7	8,1	2,3			-22,6	-22,2	17,0	17,5	31,4	32,0	5,0	5,5	
54	MIX	96	1	M	18,9	-23,5	-35,6	-31,9	-42,7	2,2	-14,1	-21,7	-35,1	-45,4	-71,2	-75,8	-32,8	-43,5	-34,2	-44,6	-34,1	-44,6	
57	24.1	96	1	M	23,6			-26,9	-40,9														
58	24.1	94	3	G	8,9	-9,3	-16,7																
62	24.4	95	1	M	4,6			21,2	15,9														
64	24.3	96	1	M	-0,2	-7,2	-7,0	-9,6	-9,4	4,4	4,6				42,7	43,1					1,9	2,1	
66	MIX	96	1	G	-7,1			-4,5	2,9	4,5	12,5	-7,6			-55,7	-52,3	11,7	20,3	-8,8	-1,9	2,3	10,2	-33,3
67	MIX	96	1	G	17,1	-4,6	-18,5	1,4	-13,5	-2,9	-17,1	0,4			-14,5	-27,0							-40,3
68	24.3	95	2	G	22,1	2,1	-16,4	-2,2	-19,9						-3,0	-20							
69	24.3	95	2	G	9,2	-5,4	-13,3	-4,9	-12,9						-3	-10							
71	24.4	96	1	G	10,9	1,5	-8,5	4,1	-6,2	5,4	-5,0	-3,1	17,6	6,0	-5,0	-14,4	2,8	-7,4	-1,2	-10,9	-1,0	-10,8	
73	24.7	94	2	G	-11,2	-6,7	5,1			-12,2	-5,0				-3,0	9,3					-11	0,3	
74	24.7	96	1	M	16,7	3,4	-11,4	n.a.	n.a.	42,9	22,4		n.a.	n.a.	-22,3	-33,5	-66,4	-71,2	12,9	-3,3	-4,6	-18,3	
75	24.5	95	2	M	21,3	0,0	-17,5	-20,8	-34,7	-11,8	-27,3												
77	24.1	95	2	G	-6,1	-8,9	-2,9	-18,4	-13,0	-30,3	-26,5	-9,7	-47	-43,5	-17	-12,1	-15	-9,5	-17	-11,6			-11,5
78	24.1	96	1	G	0,5			-2,7	-3,2				-30,3	-30,7	-14,7	-15,1	-6,3	-6,8	-15,2	-15,7	11,0	10,4	0,0
79	24.1	95	1	G	-1,2	3,9	5,2	8,1	9,4	-37,2	-36,4	2,4	4,0	5,0	4,0	5,4			2,0	3,4	3,0	-1,5	-6,9

No.	NACE	Basis	Jahre	Größe	Output	Energie		Wasser		Abfall		Verw.	CSB		VOC		SO_2		NOx		CO_2		Unfall
						abs.	rel.	abs.	rel.	abs.	rel.	quo.	abs.	rel.	abs.	rel.	abs.	rel.	abs.	rel.	abs.	rel.	quo.
81	24.7	95	2	M	-7,6			-37,9	-32,8	-8,3	-0,7	12,3	-47,0	-42,3	-19	-12,3			-12	-4,5			
84	24.6	96	1	M	9,6	17,4	7,8	25,6	16,0								20,1	10,5	18,8	9,2	17,6	8,0	
85	MIX	95	2	K	2,7	1,0	-1,7	-7,3	-9,7	43,4	39,7												
88	24.3	96	1	M	-0,3	-15,6	-15,3	27,6	28,0	-21,4	-21,2												
89	24.6	95	2	M	0,7	3,4	2,7	8,0	7,2	4,5	3,8	7,9	-22,0	-22,2					14	13,1	,0	2,5	0,0
90	24.4	95	2	K	10,6	-1,0	-10,5	-38,6	-44,5	8,6	-1,8	38,0											
95	24.4	94	3	G	17,4	1,7	-13,3	-11,9	-24,9	1,3	-13,7		61,5	37,6			6,1	-9,6	7,2	-8,7	6,8	-9,1	
104	24.1	96	1	M	10,8	-2,1	-11,6	6,3	-4,0						3,8	-6,3	-38,0	-44,1	-16,8	-24,9	-13,2	-21,6	
106	24.3	94	2	K	-5,8	-3,4	2,6	6,9	13,5														
112	24.1	96	1	G	6,6	12,1	5,2	19,2	11,8	-23,3	-28,1		9,1	2,3									
117	24.4	95	2	M	13,3			-14,2	-24,3	-3,7	-15,0	1,3											
118	24.4	95	2	G	3,8	-3,1	-6,6	-18,6	-21,6	-11,2	-14,5	12,5			-20,0	-22,7	-3,0	-6,6					
120	24.1	96	1	M	-3,0	6,5	9,8	6,5	9,8	1,6	4,8	-15,0									23,0	26,9	
121	MIX	96	1	G	-1,9			-3,9	-2,1	-13,3	-11,7	-36,0									30,2	32,7	
124	24.4	96	1	K	2,0			-2,9	-4,8	0,0	-1,9	0,0											
125	24.6	96	1	G	6,5	2,7	-3,6	7,9	1,3	-21,1	-26,0	0,8	24,8	17,2					-21,3	-26,1	3,2	-3,2	0,0
128	24.6	96	1	G	11,8	-2,7	-13,0	27,2	13,8	25,9	12,6	5,1	-0,8	-11,2	6,2	-5,0	13,8	1,8	8,1	-3,3	-2,3	-12,6	
129	24.6	96	1	M	96,0	26,4	-35,5	-17,4	-57,9	119,8	12,1	-4,2			50,2	-23,4	82,9	-6,7	60,1	-18,3	8,2	-44,8	
131	24.1	96	1	K	30,3	-2,7	-25,3	-13,6	-33,7												-2,1	-24,9	
134	24.1	95	2	G	2,1	-0,2	-2,2	-8,4	-10,3	8,8	6,6	-0,5			-7,0	-8,8	-6	-8,4	1,0	-1,4			-16,5
139	MIX	96	1	M	9,6	2,9	-6,1	11,4	1,7	14,6	4,5	-4,2					2,1	-6,9	-0,4	-9,1	-0,3	-9,1	
143	24.5	95	2	M	-5,2	-0,5	5,0	9,7	15,7	2,6	8,2												-14,8

Zusammenfassung

	Output	Energie		Wasser		Abfall		Verw.	CSB		VOC		SO_2		NOx		CO_2		Unfall
		abs.	rel.	abs.	rel.	abs.	rel.	quo.	abs.	rel.	abs.	rel.	abs.	rel.	abs.	rel.	abs.	rel.	quo.
Anzahl auswertbarer Parameter	50	40	40	46	46	39	39	30	15	15	25	25	21	21	24	24	27	27	10
Durchschnitt in Prozent	9,4	0,7	-8,1	-0,6	-8,9	-0,2	-8,5	-0,9	-6,7	-13,5	-10,0	-18,3	-0,8	-13,3	2,8	-8,3	3,1	-6,6	-13,2

GPSR Compliance

The European Union's (EU) General Product Safety Regulation (GPSR) is a set of rules that requires consumer products to be safe and our obligations to ensure this.

If you have any concerns about our products, you can contact us on ProductSafety@springernature.com

In case Publisher is established outside the EU, the EU authorized representative is:

Springer Nature Customer Service Center GmbH
Europaplatz 3
69115 Heidelberg, Germany

Batch number: 10815964

Printed by Printforce, the Netherlands